"十三五"职业教育国家规划教材

电子技术基础与技能（第3版）

DIANZI JISHU JICHU YU JINENG

主　编　张金华
副主编　周　燕

高等教育出版社·北京

内容提要

本书是“十三五”职业教育国家规划教材，依据教育部颁布的“中等职业学校电子技术基础与技能教学大纲”，并参照了有关国家职业技能标准和行业职业规范，结合近年来中等职业教育的实际教学情况，在2014年出版的《电子技术基础与技能（电类专业通用）》（第2版）的基础上修订而成。

本书风格和体例与第2版基本一致，内容包括模拟电子技术与技能和数字电子技术与技能两部分。模拟电子技术与技能部分包括二极管及其应用、三极管及放大电路基础、常用放大器、直流稳压电源、正弦波振荡电路；数字电子技术与技能部分包括数字电路基础、组合逻辑电路、触发器、时序逻辑电路、脉冲波形的产生与变换。以技能实训作为学习总结与提高，将关键知识点、基本技能融合在项目完成过程中。

本书配套有学习指导与同步练习、教学参考、实训指导及数字化教学资源，包括电子教案、演示文稿、动画素材、图片、模拟仿真实训等。使用本书封底所赠的学习卡，登录 http://abook.hep.com.cn/sve，可获得相关资源。部分配套学习资源可通过扫描书中的二维码进行查看，随时随地获取学习内容，享受立体化阅读体验。

本书配套在线开放课程“电子技术基础与技能 MOOC”，可登录“爱课程网”的“中国职教 MOOC”频道选课学习。

本书可作为中等职业学校电类相关专业教材，也可作为岗位培训用书。

图书在版编目(CIP)数据

电子技术基础与技能/张金华主编.--3版.--北京:高等教育出版社,2019.6(2023.9重印)

ISBN 978-7-04-051431-5

Ⅰ.①电… Ⅱ.①张… Ⅲ.①电子技术-中等专业学校-教材 Ⅳ.①TN

中国版本图书馆 CIP 数据核字(2019)第036310号

策划编辑 陆 明　责任编辑 陆 明　封面设计 姜 磊　版式设计 马 云
插图绘制 于 博　责任校对 窦丽娜　责任印制 韩 刚

出版发行 高等教育出版社
社　　址 北京市西城区德外大街4号
邮政编码 100120
印　　刷 涿州市星河印刷有限公司
开　　本 850mm×1168mm 1/16
印　　张 17.5
字　　数 530千字
购书热线 010-58581118
咨询电话 400-810-0598
网　　址 http://www.hep.edu.cn
　　　　 http://www.hep.com.cn
网上订购 http://www.hepmall.com.cn
　　　　 http://www.hepmall.com
　　　　 http://www.hepmall.cn
版　　次 2010年7月第1版
　　　　 2019年6月第3版
印　　次 2023年9月第16次印刷
定　　价 43.40元

物 料 号 51431-A0

前　言

本书第 2 版自 2014 年出版以来，受到全国各地中等职业学校师生的欢迎，使用较为广泛。随着中等职业教育人才培养目标与教学模式的变化，为使该教材适应新的职业教育教学改革方向，更贴近教学的实际需求，我们对该教材及配套教学用书进行了修订。本次修订依据教育部颁布的“中等职业学校电子技术基础与技能教学大纲”，同时参照了有关的国家职业技能标准和行业职业技能鉴定规范，也充分吸收了使用学校一线教师的反馈意见和建议。修订后的教材更好地体现了课程的基础性和职业性，为学生后续专业课程的学习、职业生涯的发展奠定扎实的基础。

修订后的教材具有以下特色：

(1) 保留原有教材深入浅出的论述风格，力求从岗位职业能力要求出发，尽量降低理论难度，剔除复杂且不必要的工作原理分析与计算。教材中应用实例和技能项目的选择，注重学生基本概念的建立和基本技能的生成。

(2) 强调以应用为主线，从“电子元器件”→“基本电路”→“制作功能电路”→“形成职业能力”来组织教材内容，充实和增加了原教材中“岗位知识积累”“资料库”“应用拓展”等栏目，突出了教学内容的实用性和应用性。

(3) 以技能实训项目作为教材各教学单元的总结与提高，技能实训项目采用工作任务书的形式将关键知识点、基本技能融合在项目完成过程中，使学习过程对接工作过程。

（4）职业教育是促进经济社会发展和提高国家竞争力的重要支撑，担负着培养输出大批高素质技术技能型人才的艰巨任务。为落实全员全过程全方位育人，引导教师加强课程思政建设，将思政教育全面融入专业课程，本次修订注重发掘自然科学技术背后的人文素质和价值关怀，把理想信念、职业道德、工匠精神、奉献社会等思想政治教育元素融入课程教学内容。

(5) 为推动信息化环境下职业教育教学模式的改革，本书配有较为丰富的数字化教学资源，教材中标示的二维码可用手机等设备直接扫码观看教学资源，“仿真实训”和“多媒体演示”等资源可从 Abook 网站获取(见“郑重声明”页)，为教学创造生动、直观、形象的环境。本书同时配套在线开放课程“电子技术基础与技能 MOOC”，可登录“爱课程网”的“中国职教 MOOC”频道选课学习。

根据教学大纲的要求，按通用性、基础性和专业需要与学生个性发展配置教学基础模块与选学模块，课程总学时数应至少保证 96 学时，学时安排建议见下表。

学时安排建议

模块	教学单元		建议学时数	
基础模块	模拟电子技术与技能	二极管及其应用	10	84
		三极管及放大电路基础	10	
		常用放大器	20	

续表

模块	教学单元		建议学时数	
基础模块	数字电子技术与技能	数字电路基础	10	84
		组合逻辑电路	12	
		触发器	10	
		时序逻辑电路	12	
选学模块	模拟电子技术与技能	三极管及放大电路基础	4	42
		常用放大器	4	
		直流稳压电源	10	
		正弦波振荡电路	8	
	数字电子技术与技能	数字电路基础	2	
		触发器	2	
		脉冲波形的产生与变换	12	

本书配套学习卡网络教学资源，使用本书封底所赠的学习卡，登录 http://abook. hep. com. cn/sve，可获得相关资源，详见书末“郑重声明”页。

本次修订由张金华担任主编，周燕担任副主编。 修订过程中得到了上海电气集团自动化研究所教授级高级工程师张玉龙、工业和信息化部电子行业职业技能鉴定指导中心副主任周明和上海第二工业大学实验实训中心主任周政新教授的指导和帮助，在此表示衷心感谢。

由于编者水平有限，书中难免存在一些疏漏和不足之处，恳请广大师生批评指正，以便我们修改完善。 读者意见反馈邮箱：zz_dzyj@pub. hep. cn。

编者

2019 年 2 月

第1版前言

本书是中等职业教育课程改革国家规划新教材，依据教育部2009年颁布的“中等职业学校电子技术基础与技能教学大纲”，同时参照了有关的国家职业技能标准和行业职业技能鉴定规范编写而成。本书总体结构力求符合中职学生的学习规律，把电子技术基础与技能课程的学习过程分为感知、体验、领悟和应用四个阶段，培养和提高学生运用所学专业基础知识和技能进行分析问题、解决问题的能力，以及继续学习专业课程的能力，为学生职业生涯的发展奠定基础。

本书体现“电子技术基础与技能”课程的基础性与职业性，面向电子信息类、电气电力类专业，支撑后续专业课程的学习，为学生职业生涯发展与终身学习奠定基础；同时面向多个相关岗位群、职业群，涉及能源类、加工制造类、信息技术类等多个行业几十个职业(工种)的电工电子基本职业素养。

本书在编写中吸收了先进的教学经验和当前中职教学改革的成果，主要特点有：

(1) 突出基础性和典型性

即在阐述电子技术的基本概念、基本原理和基本技能方面，反映电子技术发展的新技术、新方法、新器件和新工艺。选择与生产生活相联系的实例和实训项目，突出集成电路的应用，突出基本电子仪器仪表的正确使用。

(2) 突出简约性和新颖性

即用尽可能少的篇幅阐明有关内容，在有限的篇幅内阐明教学目标所要求的内容，表现形式直观生动、图文并茂。本书各章内容设计了“职业岗位群应知应会目标”“做中学”“电路评价”“岗位知识积累”“资料库”“应用拓展”“技能实训”“应知应会要点归纳”等若干小栏目。教学内容由基础模块与选学模块构成，以“技能实训”作为教学单元的总结与提高，将关键知识点、基本技能融合在项目完成过程中。

(3) 突出逻辑性和层次性

即教材内容的组织与编排既注意符合知识和技能的逻辑顺序，又着眼于中职生的年龄与智力水平，充分考虑到符合学生的思维发展和技能生成规律，章节之间、“技能实训”之间既相对独立又有一定的梯度。

(4) 突出实用性和趣味性

即在教材知识点和技能点的选择安排上不单单考虑知识结构问题，还加强了制作和调试电路等工程应用背景的实用性内容，强化学生与职业岗位对接的能力，激发学生学习兴趣，项目的选择与设计常常集声光于一体，兼顾一定的趣味性。

本书总学时数为126学时，各章内容的参考教学时数见学时安排建议表。根据教学大纲的要求，按通用性、基础性和专业需要与学生个性发展配置教学基础模块与选学模块，既适合不同学制使用，也适合各地不同设备条件的学校灵活选用。基础模块是各专业学生必修的教学内容和应该达到的基本教学要求，建议安排 84 学时；选学模块是适应不同专业需要，以及不同地域、学校、学制差异，满足学生个性发展的选学内容，选定后也为该专业的必修内容，建议至少选择 12 学时的选择模块的教学内容，课程总学时数应至少保证 96 学时。

学时安排建议表

<table>
<tr><th>模块</th><th colspan="2">教学单元</th><th colspan="2">建议学时数</th></tr>
<tr><td rowspan="7">基础模块</td><td rowspan="3">模拟电子技术与技能</td><td>二极管及其应用</td><td>10</td><td rowspan="7">84</td></tr>
<tr><td>三极管及放大电路基础</td><td>10</td></tr>
<tr><td>常用放大器</td><td>20</td></tr>
<tr><td rowspan="4">数字电子技术与技能</td><td>数字电路基础</td><td>10</td></tr>
<tr><td>组合逻辑电路</td><td>12</td></tr>
<tr><td>触发器</td><td>10</td></tr>
<tr><td>时序逻辑电路</td><td>12</td></tr>
<tr><td rowspan="7">选学模块</td><td rowspan="4">模拟电子技术与技能</td><td>三极管及放大电路基础</td><td>4</td><td rowspan="7">42</td></tr>
<tr><td>常用放大器</td><td>4</td></tr>
<tr><td>直流稳压电源</td><td>10</td></tr>
<tr><td>正弦波振荡电路</td><td>8</td></tr>
<tr><td rowspan="3">数字电子技术与技能</td><td>数字电路基础</td><td>2</td></tr>
<tr><td>触发器</td><td>2</td></tr>
<tr><td>脉冲波形的产生与变换</td><td>12</td></tr>
</table>

为推动信息化环境下职业教育教学模式的改革，创新教材呈现方式，本书配套有练习册、教学参考、实训指导以及助教光盘、助学光盘，包括电子教案、演示文稿、动画素材、图片、模拟及仿真实训等数字化教学资源，为教师教学和学生学习提供便利。书中标示的“多媒体演示”，可从助教光盘相关章节中获取，为教学创造生动、直观、形象的环境。

本书由教育部 2009 年“教学大纲”审定工作组的主要成员、上海工商信息学校张金华任主编并统稿，上海电子工业学校陈国培任副主编。其中，陈国培编写第 1、4、5 章，上海电子工业学校谭克清编写第 2、3 章，张金华编写第 6、10 章，上海工商信息学校陆冬荣编写第 7 章，上海石化工业学校李怡然编写第 8、9 章。

本书编写过程中，得到了上海市教委教研室骆德溢老师、上海工商信息学校方德明老师和上海电子工业学校杨秀英老师的指导和帮助，在此一并表示感谢。

鉴于编者水平、经验有限，教材中错误及不妥之处在所难免，恳请读者、同仁予以指正，以便进一步完善本书，读者反馈邮箱：zz_dzyj@pub.hep.cn。

编者

2010 年 6 月

目　录

第 1 部分　模拟电子技术与技能

第 2 部分　数字电子技术与技能

第1部分

模拟电子技术与技能

二极管及其应用

1
2
3
*4
*5
6
7
8
9
*10

课程引入

手机充电器是一款生活中常用的电子设备，打开某种手机充电器外壳，如图 1.0.1 所示。组成其电子电路的元器件有变压器、电容器和半导体器件(4 个二极管)，如图 1.0.2 所示。

图 1.0.1 手机充电器

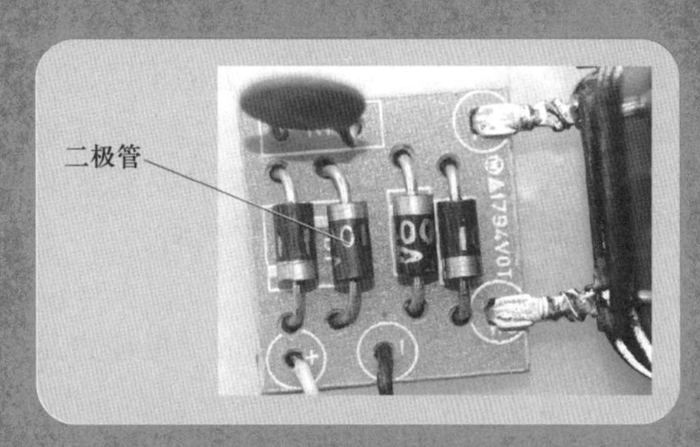

图 1.0.2 手机充电器电路

半导体器件是组成电子电路的主要元器件，而最基本的半导体器件就是二极管和三极管。半导体器件的基本功能是按照预定的要求来控制电压或电流。

下面我们一起来学习二极管的基本知识和二极管在工程中的应用，它们是电工电子类行业专业工种所必备的基本知识和技能。

职业岗位群应知应会目标

- 了解二极管的单向导电特性、主要参数及伏安特性。
- 会用万用表检测二极管极性和质量优劣。
- 了解其他类型二极管的外形特征、功能及应用。
- 了解整流和滤波电路的作用。
- 会估算桥式整流电路和电容滤波电路的输出电压。
- 会合理选用整流元器件。
- 会用万用表和示波器测量整流、滤波电路相关电量参数和波形。

1.1 二极管

1.1.1 半导体的奇妙特性

自然界中的物质,按照导电能力的不同,可分为导体、半导体和绝缘体。半导体的导电能力介于导体和绝缘体之间,常用的半导体材料有硅(Si)、锗(Ge)等。它们都是单晶体,所以半导体器件又称晶体器件。

半导体的导电能力受多种因素影响。

一、对温度反应灵敏

当温度升高时,大多数半导体的导电能力显著增强,当温度下降时,这些半导体的导电能力显著下降。利用半导体对温度十分敏感的特性,制成了工业自动控制装置中常用的热敏电阻,实物如图 1.1.1 所示。利用热敏电阻可以测量出非常小的温度变化,把热敏电阻装在设备的重要部位就能控制和测量出设备的温度。

二、对光照反应灵敏

当有光线照射在某些半导体上时,这些半导体就像导体一样,导电能力很强;当没有光线照射时,这些半导体就像绝缘体一样不导电,这种特性称为"光敏"特性。利用这一特性可制成光敏电阻、光电二极管、光电三极管及光电池等光电器件,如图 1.1.2 所示。

图 1.1.1 热敏电阻

图 1.1.2 光敏电阻

由此可见,温度和光照对半导体的影响很大。因此,半导体器件不能存放在高温和强烈的光照环境中。

三、掺入杂质后会改善导电性

完全纯净的半导体称为本征半导体。在纯净的半导体中,掺入适量的杂质,会使半导体的导电能力显著增强。人们正是通过掺入某些特定的杂质元素,精确地控制半导体的导电能力,制造成各种性质、用途的半导体器件。几乎所有的半导体器件(如二极管和三极管、场效晶体管、晶闸管以及集成电路等)都是采用掺有特定杂质的半导体制作的。

资料库

用得最多的半导体是四价元素硅和锗,在纯净的半导体中掺入极微量的其他元素后所得到的半导体称为杂质半导体,其类型有 P 型半导体和 N 型半导体两种。掺杂过程是在高温炉中进行的，将特定元素和纯净半导体材料一起蒸发，这一过程受到严格控制。

（1）N型半导体　在纯净的半导体硅或锗中掺入适量的五价磷元素（或其他五价元素），可形成带负电的自由电子（又称多数载流子）参与导电，如图1.1.3（a）所示，故被称为电子型半导体，简称N型半导体。

（2）P型半导体　在纯净的半导体硅或锗中掺入适量的三价硼元素（或其他三价元素），可形成带正电的空穴（又称多数载流子）参与导电，如图1.1.3(b)所示，故被称为空穴型半导体，简称P型半导体。

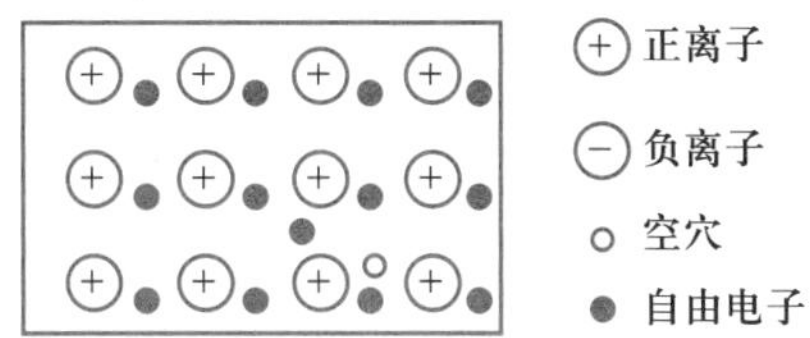

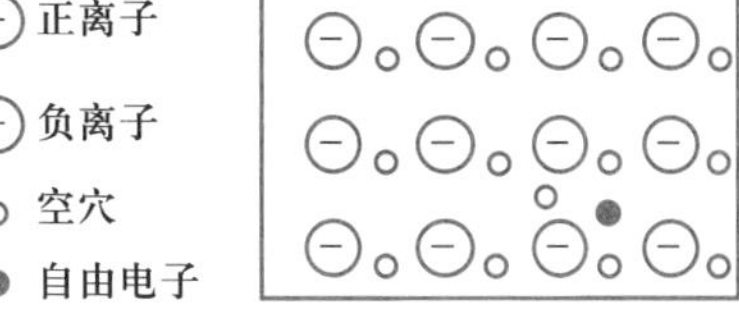

图1.1.3　N型和P型半导体简化结构示意图

应用拓展

新型半导体材料助力神舟飞船

2021年9月17日，神舟十二号载人飞船（如图1.1.4所示）的返回舱在东风着陆场成功着陆，中国空间站阶段首次载人飞行任务取得圆满成功。神舟十二号创造了多个“首次”：首次实施载人飞船自主快速交会对接，空间站阶段首次出舱活动，首次实现长期在轨停靠，首次绕飞空间站并与空间站径向交会，首次具备从不同高度轨道返回东风着陆场的能力。

图1.1.4　神舟十二号载人飞船

宇宙飞船是靠什么供电的呢？利用太阳能供电是宇宙飞船一种非常重要的供电方式。当飞船工作在光照区，太阳能电池帆板工作，将太阳能转换为电能，一边为飞船供电，一边为蓄电池充电；当飞船工作在非光照区时，就由蓄电池为飞船供电。太阳能电池的基本工作原理就是利用了半导体的光敏特性。从神舟一号飞船到神舟六号飞船，采用的是由半导体硅（Si）材料制成的太阳能电池。硅材料制成的太阳能电池只能吸收特定光谱范围内的太阳光，光电转换效率不高。随着飞船内新设备和搭载航天员人数的增加，电力消耗也大大增加，科研人员采用了一种名为三结砷化镓的新型半导体材料，制作成太阳能电池阵，其光电转化效率比硅太阳能电池提高了50%以上。这种新型太阳能电池装备神舟九号飞船后,能够很好地满足飞船的电能需求,为飞船的运行提供了有力支撑。

1.1.2 二极管的结构与图形符号

二极管是最简单的半导体器件,将 P 型半导体和 N 型半导体结合在一起,在结合处会形成一个特殊的薄层,即 PN 结,一个 PN 结可以制作一只二极管。

一、二极管的结构

普通二极管是由一个 PN 结加上两条电极引线做成管芯,从 P 区引出的电极作为正极,从 N 区引出的电极作为负极,并且用塑料、玻璃或金属等材料作为管壳封装起来,这样就构成了二极管,如图 1.1.5 所示。二极管一般采用两种方式进行电极的极性标识。体积较小时,在其中的一端用一个色环来表示负极,无色环一端就是正极;体积较大时,常在壳体上印有标明正极和负极的符号,如图 1.1.6 所示。

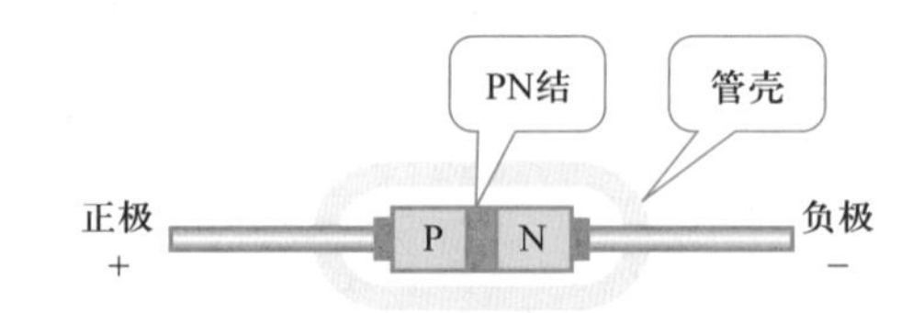

图 1.1.5 二极管基本结构

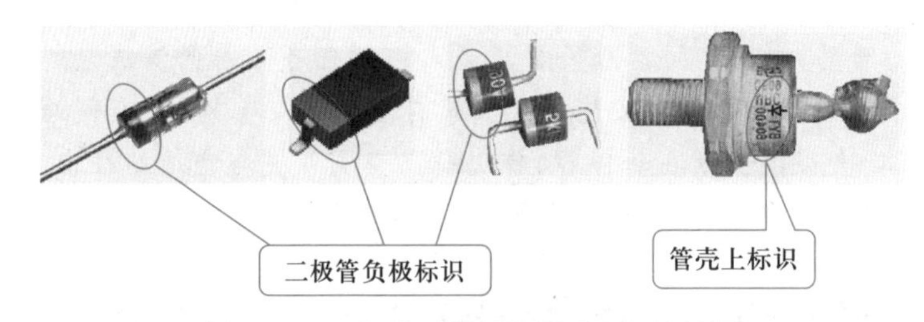

图 1.1.6 二极管不同封装类型和极性标识

二、二极管的图形符号

图 1.1.6 所示的各类二极管广泛应用于各类电子产品中,其图形符号如图 1.1.7所示,文字符号用字母“VD”表示。

VD

正极 + —▷|— 负极 −

图 1.1.7 二极管的图形符号

图形符号用箭头形象地表示了二极管正向电流流通的方向,箭头的一边代表正极,用“+”号表示,另一边代表负极,用“-”号表示。

1.1.3 二极管的单向导电特性

做中学

将一只二极管 VD 与一只 2.5 V 的指示灯 HL 按图 1.1.8(a)所示连接。二极管的正极通过开关 S 与一个 3 V 的两节电池(电源)正极相连,负极通过指示灯与电池负极相连。合上开关,观察到指示灯被点亮,表明二极管导通。图 1.1.8

(b)所示是它的电路原理图。

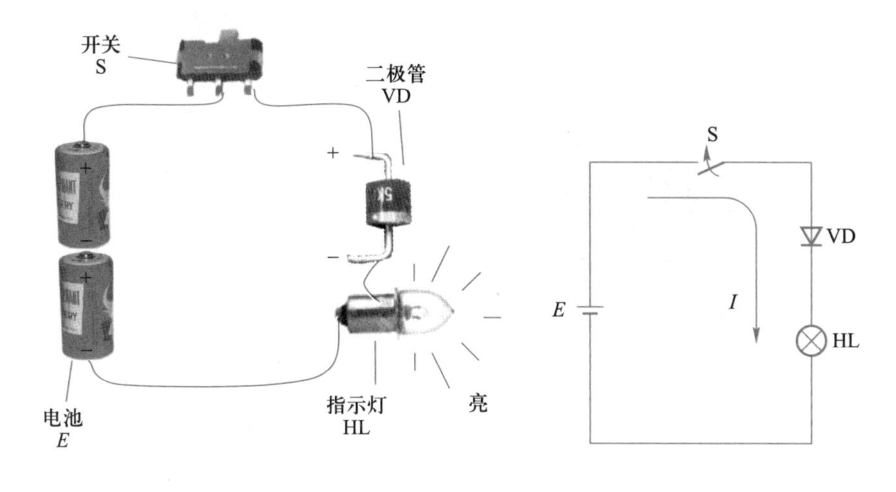

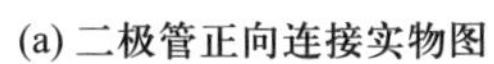
(a) 二极管正向连接实物图

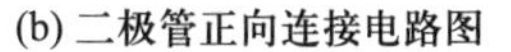
(b) 二极管正向连接电路图

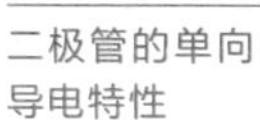

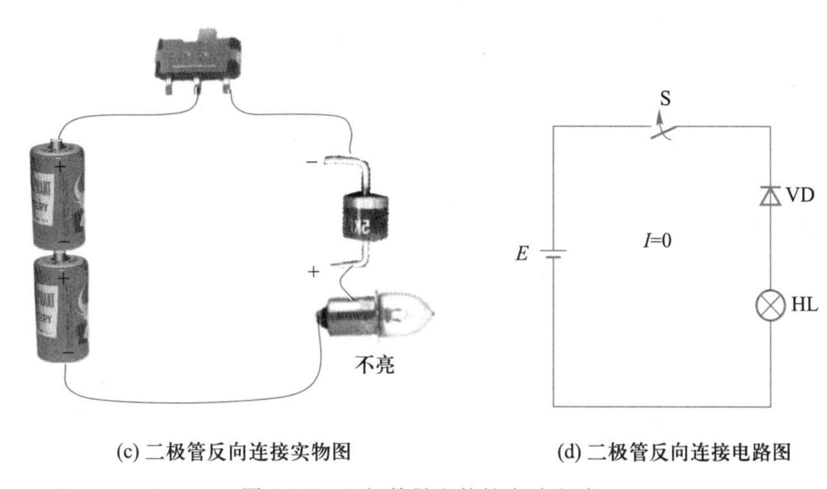

(c) 二极管反向连接实物图　　(d) 二极管反向连接电路图

图 1.1.8　二极管导电特性实验电路

如果将二极管的负极通过开关 S 与电源的正极相连，正极通过指示灯 HL 与电源负极相连，合上开关，指示灯不亮，表明二极管不导通（截止），连接图如图 1.1.8(c)所示，图 1.1.8(d)所示是它的电路原理图。

一、二极管的单向导电特性

以上实验过程可以说明：

（1）加正向电压二极管导通

将二极管的正极接电路中的高电位，负极接低电位，称为正向偏置（正偏）。此时二极管内部呈现较小的电阻，有较大的电流通过，二极管的这种状态称为正向导通状态。

（2）加反向电压二极管截止

将二极管的正极接电路中的低电位，负极接高电位，称为反向偏置（反偏）。此时二极管内部呈现很大的电阻，几乎没有电流通过，二极管的这种状态称为反向截止状态。

二、二极管的特性曲线

当加在二极管两端的电压大小和方向发生变化时，流过二极管的电流又是如何变化的呢？

利用晶体管特性图示仪可以直接测出二极管两端的电压、电流变化的关系曲线,即二极管的伏安特性曲线,如图 1.1.9 所示。二极管的伏安特性分为正向特性和反向特性。

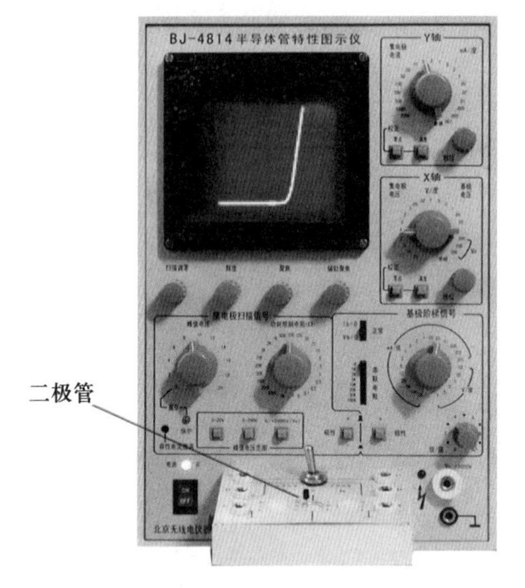

(a) 晶体管特性图示仪(4814)

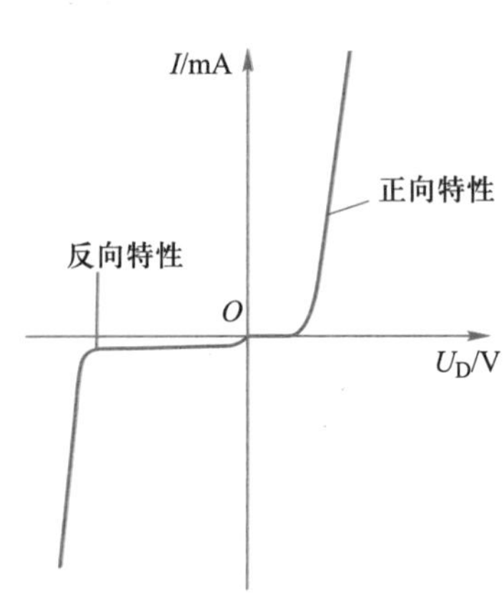

(b) 硅二极管伏安特性曲线

图 1.1.9　晶体管特性图示仪和二极管伏安特性曲线

1. 正向特性

观察二极管的伏安特性曲线可以看出,当正向电压较小时,二极管呈现的电阻很大,基本上处于截止状态,这个区域称为正向特性的"死区",如图 1.1.10 所示。一般硅二极管的"死区"电压约为 0.5 V,锗二极管约为 0.2 V。

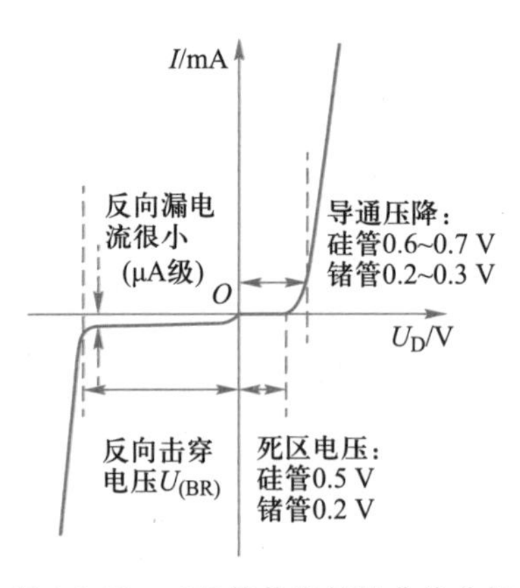

图 1.1.10　二极管伏安特性曲线分析

当正向电压超过"死区"电压后,二极管的电阻变得很小,二极管处于导通状态,电流随电压按指数规律增长,即正向电压只要略微增加一点,电流就会增加很多。二极管导通后两端电压降基本保持不变,硅二极管约为 0.7 V,锗二极管约为 0.3 V。

岗位知识积累

二极管最重要的特性就是单向导电性。在电路中,电流只能从二极管的正极流入,负极流出。二极管加正向电压时并不一定能导通,必须是正向电压超过"死区"电压时,二极管才能导通。

2. 反向特性

在电路中,若将二极管的正极接在低电位端,负极接在高电位端,则二极管呈现很大的电阻,二极管中几乎没有电流流过,二极管处于截止状态,如图 1.1.10 所示。

反向截止区　二极管加反向电压时,仍然会有反向电流流过二极管,称为漏电流。小功率管的漏电流很小,在微安(μA)级,而且在很大范围内,基本不随反向电压的变化而变化，称为反向截止区。

反向击穿区　当加到二极管两端的反向电压超过某一规定数值时，反向电流突然急剧增大，这种现象称为反向击穿，反向击穿电压用 $U_{(BR)}$ 表示。实际应用时，普通二极管应避免工作在反向击穿区，否则会因电流过大而损坏管子，使其失去单向导电性。

岗位知识积累

从二极管伏安特性曲线可以看出，二极管的电压与电流变化不呈线性关系，其内阻不是常数，所以二极管属于非线性器件。

1.1.4 二极管的使用常识

二极管的类型非常多，性能不一，从半导体器件手册可以查找二极管的技术参数和使用资料，这些参数是正确使用二极管的依据。

一、二极管的型号

国产二极管型号命名规定由五部分组成（国外产品依各国标准而确定，需要对应查阅相关资料），意义如下（部分二极管无第五部分）：

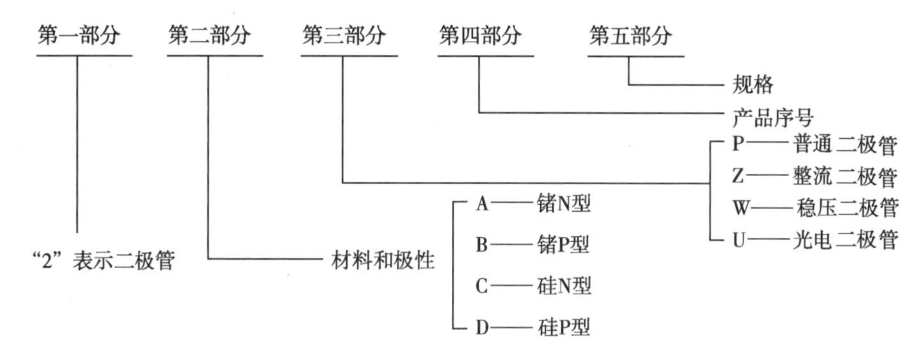

示例：2CZ31D 表示 N 型硅材料整流二极管。

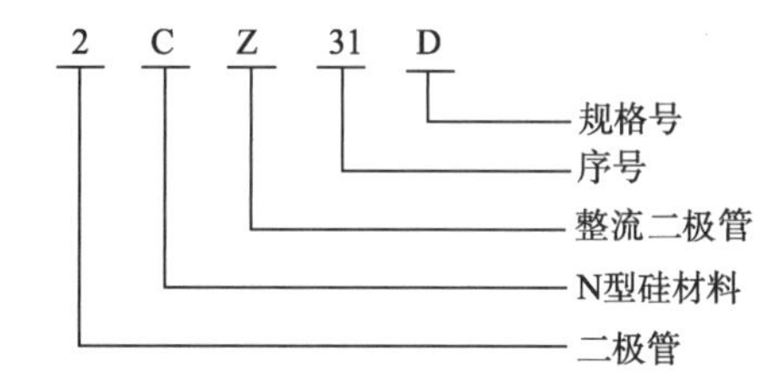

目前市场上还可见到国外型号的二极管，常以"1N"或"1S"开头，如 1N4812、1N4001、1S1885 等，"N"表示该器件是美国电子工业协会注册产品，"S"则表示该器件是日本电子工业协会注册产品。现将 1N4812 型号意义说明如下：

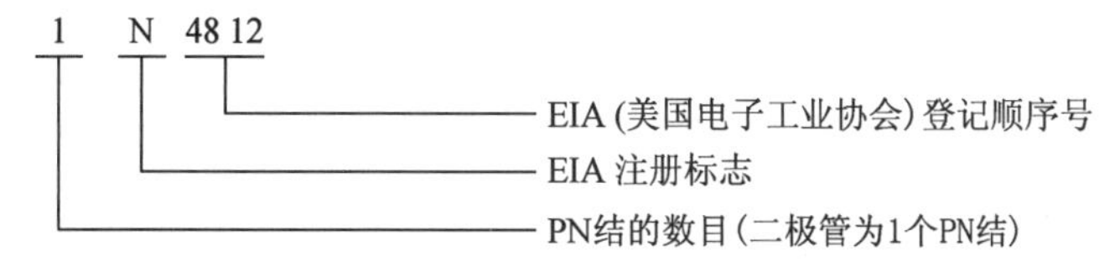

二、二极管的主要参数

二极管的主要参数是用来表示二极管的性能和适用范围的技术指标。不同用途、不同功能的二极管其参数也不同，普通二极管的主要参数见表 1.1.1。

表 1.1.1　普通二极管的主要参数

参数	名称	说明
I_{FM}	最大整流电流	通常称为额定工作电流，是二极管长期连续工作时，允许通过二极管的最大正向电流值。因为电流通过二极管时就要发热，如果正向电流超过此值，二极管就会有烧坏的危险，通常为几微安至几百毫安
I_R	反向饱和电流	是指在二极管加上规定反向偏置电压的情况下，通过二极管的反向电流值。反向饱和电流大，说明管子的单向导电性差。反向饱和电流受温度影响较大，温度越高，反向饱和电流越大。硅管的反向饱和电流在纳安(nA)级；锗管在微安(μA)级，因此硅二极管比锗二极管在高温下的稳定性好
U_{RM}	最高反向工作电压	通常称为额定工作电压，是指二极管在正常工作时所能承受的最大反向工作电压值(也称耐压)。为了确保二极管安全工作，通常取反向击穿电压的一半作为 U_{RM}，工作实际值不能超过此值
f_M	最高工作频率	是指二极管正常工作所能承受的最高频率，主要受到 PN 结的结电容限制，如果通过 PN 结的交流电频率高于此值，二极管将不能正常工作

应用拓展

由于二极管的非线性特性，当电路中加入二极管时，便成为非线性电路，实际应用中通常根据二极管的应用条件作合理近似。在应用时，为简化分析，常将二极管理想化，即二极管导通时，两端压降很小，可视为短路，相当于开关闭合，如图 1.1.11(a)所示；二极管反向截止时，反向电流很小，相当于开关断开，如图 1.1.11(b)所示。

(a) 相当于开关闭合　　(b) 相当于开关断开

图 1.1.11　二极管的开关作用

整流　整流就是把交流电变换为脉动直流电，利用二极管的单向导电性，可以实现整流。

限幅　利用二极管的单向导电性和导通后两端电压基本不变的特点，可以构成限幅(削波)电路来限制输出电压的幅度。图 1.1.12(a)所示为单向限幅电路。设输入电压 $u_i=10\sin\omega t$ V，$U_S=5$ V，则输出电压 u_O 被限制在 −10～+5 V 之间，其波形如图 1.1.12(b)所示。将电路稍做改动便可构成双向限幅电路。二极管的这一特性通常可以应用于电路的过电压保护。

续流　在电子电路中，常利用二极管来续流保护其他元器件免受过高电压的损害。图 1.1.13 所示为二极管续流保护电路。在开关 S 接通时，电源给线圈 L 供电，L 中有电流通过。在开关 S 突然断开时，线圈 L 中将产生感应电动势 e_L。在未接入二极管 VD 时，电动势 e_L 和电源 E 叠加作用在开关 S 的端子上，会使端子产生火花放电；接入二极管后，e_L 通过二极管形成放电回路，给储存有能量的电感线圈 L 提供释放能量的回路(此二极管又称续流二极管)，电感两端不会产

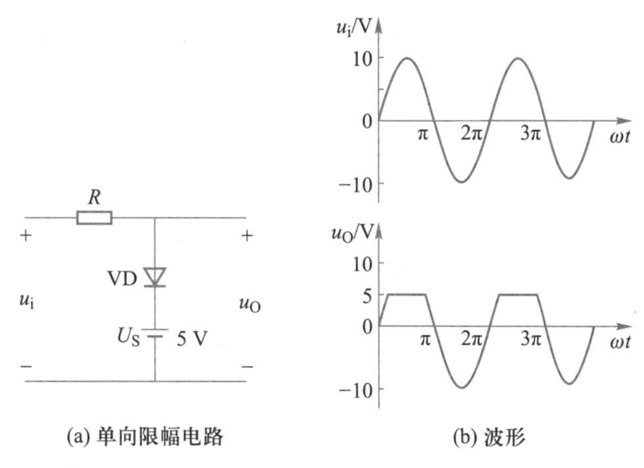

图 1.1.12　二极管的限幅电路及波形

生很高的电压，从而保护周围的元器件。

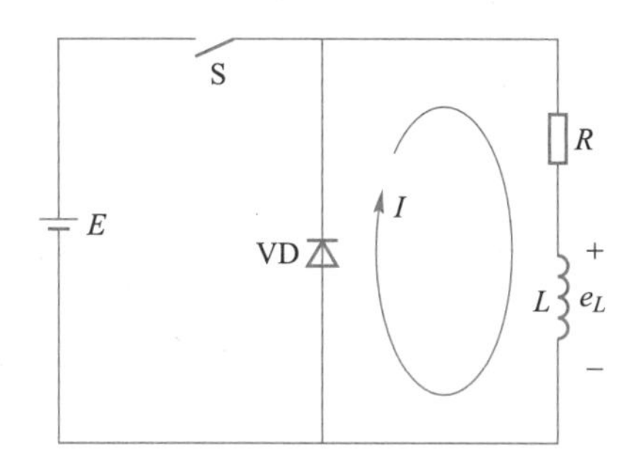

图 1.1.13　二极管续流保护电路

三、二极管的检测

二极管性能的好坏，可以依据单向导电性的测量予以简单判断。常使用万用表检测二极管。

1. 用万用表判断二极管极性

用指针式万用表测量、判断二极管的正、负极性的一般方法如图 1.1.14 所示。

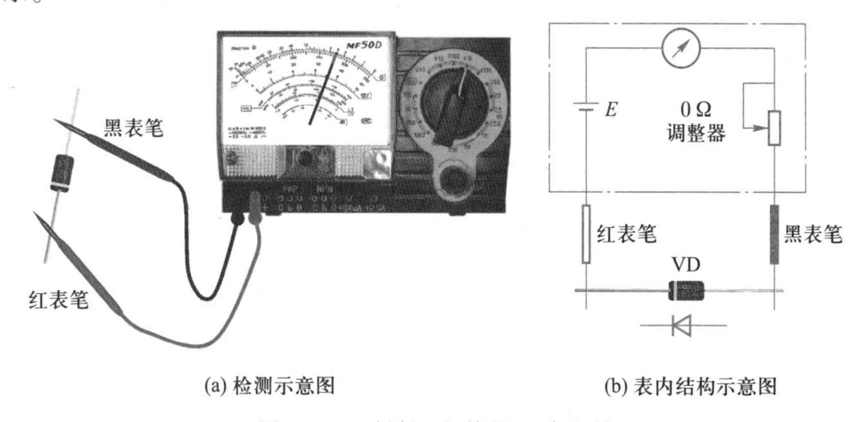

图 1.1.14　判断二极管的正、负极性

（1）将万用表置于电阻挡 $R×100$ 或 $R×1$ k，并调零。

（2）用万用表红、黑表笔任意测量二极管两引脚间的电阻值。

（3）交换万用表表笔再测量一次。如果二极管是好的，两次测量结果必定一大一小。

(4) 以阻值较小的一次测量为准,黑表笔所接的一端为二极管正极,红表笔所接的一端为二极管负极。

在测量中,测得阻值较小的一次数值称为正向电阻值,如图 1.1.14(b)所示。因为万用表的黑表笔接表内电池的正极,红表笔接表内电池的负极,所以二极管处于正向导通状态。

2. 用万用表检测普通二极管的好坏

通过测量二极管的正向电阻、反向电阻可以鉴别二极管的质量好坏,如图 1.1.15所示。

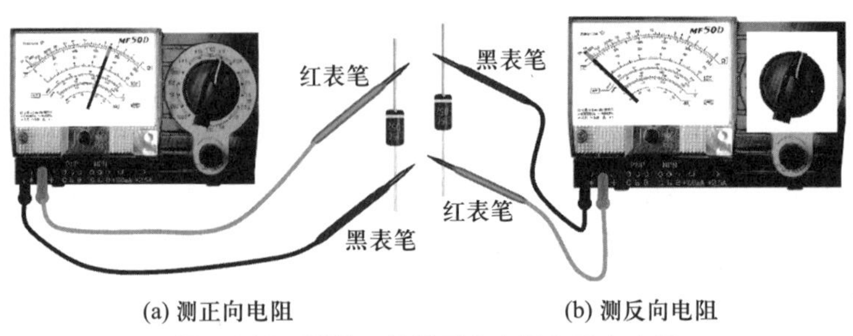

图 1.1.15 测量二极管正向电阻和反向电阻

(1) 图 1.1.15(a)所示是测量二极管正向电阻的示意图。万用表置于 R×1 k 电阻挡。测量正向电阻时,万用表的黑表笔接二极管的正极,红表笔接二极管的负极。

(2) 图 1.1.15(b)所示是测量二极管反向电阻的示意图。万用表置于R×1 k 电阻挡。测量反向电阻时,万用表的红表笔接二极管的正极,黑表笔接二极管的负极。

(3) 根据表 1.1.2 所示二极管正、反向电阻阻值的变化判断二极管的质量好坏。

表 1.1.2 二极管正、反向电阻值检测分析

检测结果		二极管状态	性能判断
正向电阻	反向电阻		
几百欧至几千欧	几十千欧至几百千欧	二极管单向导电	正常
趋于无穷大	趋于无穷大	二极管正、负极之间已经断开	开路
趋于零	趋于零	二极管正、负极之间已经通路	短路
二极管正向电阻增大	反向电阻减小	单向导电性变劣	性能变劣

应用拓展

用数字式万用表测量二极管

(1) 极性判别

将数字式万用表置于二极管测量挡,表笔分别接二极管的两个电极,若显示屏显示“1”以下数字时,说明二极管正向导通,红表笔接的是正极,黑表笔接的是负极。此时显示的数字为二极管的正向压降,单位为 V。若显示的数字为“1”,则说明二极管处于反向截止状态,红表笔接的是负极,黑表笔接的是

正极。

(2) 判别硅管和锗管

将万用表置于二极管测量挡,红表笔接二极管正极,黑表笔接二极管负极,若显示屏显示电压为0.5~0.7 V,说明被测管是硅管;若显示电压为0.1~0.3 V,则被测管是锗管。

做中学

实验——普通二极管的识别与检测

(1) 识别二极管外壳上的符号

根据二极管型号,识别其极性、材料和用途。将观察结果填入表1.1.3中。

表1.1.3 二极管识别记录

序号	型号	极性	材料	用途
1				
2				

(2) 用万用表检测二极管

测量二极管正、反向电阻,判断二极管的引脚极性及质量好坏。将检测结果填入表1.1.4中。

表1.1.4 二极管测试记录

型号	万用表挡位	正向电阻/kΩ	反向电阻/kΩ	极性	质量

仿真实训

二极管的检测

1.1.5 其他类型的二极管

二极管的种类很多,用途各有不同,其他类型的二极管有:稳压二极管、发光二极管、光电二极管和变容二极管等。

一、稳压二极管

1. 稳压二极管的图形符号

稳压二极管又称齐纳二极管,是一种用于稳压(或限压)、工作于反向击穿状态的二极管。其文字符号用V或VZ表示,稳压二极管的种类很多,图1.1.16(a)所示为常用稳压二极管的外形,图1.1.16(b)所示为稳压二极管的图形符号。

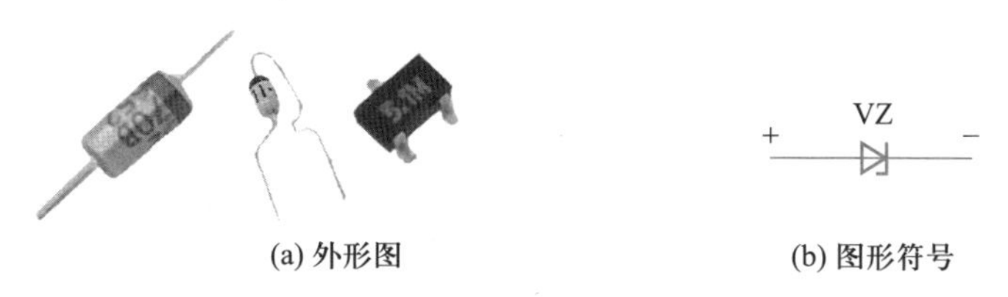

(a) 外形图 (b) 图形符号

图1.1.16 稳压二极管外形图和图形符号

2. 稳压二极管的伏安特性

稳压二极管的伏安特性曲线如图1.1.17所示,从图中可以看出,当反向电压达到U_Z时,反向电流突然剧增,稳压二极管处于击穿状态,此后,电流在很大范围内变化，其两端电压基本保持不变（稳压区）。如果把击穿电流通过电阻限制在一定的范围内，管子就可以长时间在反向击穿状态下稳定工作，而且稳压二极管的反向击穿特性是可逆的，即去掉反向电压，稳压二极管又恢复常态。

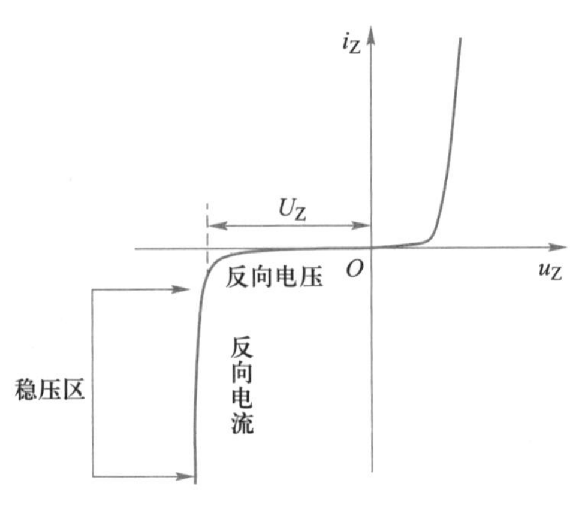

图 1.1.17　稳压二极管的伏安特性曲线

稳压二极管的击穿电压值就是稳压值。稳压二极管主要用于基准电源电路、辅助电源及恒压源电路。稳压二极管的类型很多，主要有 2CW、2DW 系列，如 2CW15，其稳定电压为 7.0～8.5 V。从晶体管手册可以查到常用稳压二极管的技术参数和使用资料。

3. 稳压二极管的检测

（1）检测方法与普通二极管相同，但稳压二极管的正向电阻比普通二极管的正向电阻要大一些。

（2）若需要对稳压二极管稳定电压做精确测量，可用晶体管特性图示仪测量。

应用拓展

在实践中，稳压二极管的应用相当广泛。图 1.1.18 所示电路是摩托车上使用的充电电路。在该电路中，交流发电机内已接有整流二极管用来产生直流电流，以驱动摩托车的电子系统（负载），并给电池充电。当 12 V 电池充满后，其端电压将为 14 V，如果给电池提供的电压超过 14 V，电池将会有充电过度的危险。该电路中的稳压二极管与交流发电机及电池相互并联，一旦充电电压超过 14 V，稳压二极管就被击穿，其两端电压稳定在 14 V，从而保护了电池。稳压二极管的限流电阻是利用交流发电机的内阻 r 来实现的。

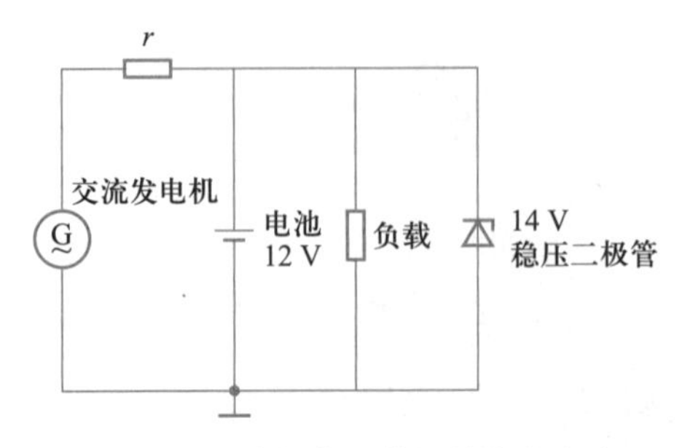

图 1.1.18　摩托车上使用的充电电路

二、发光二极管(LED)

1. 发光二极管的图形符号和文字符号

发光二极管与普通二极管一样也是由 PN 结构成,同样具有单向导电性。发光二极管工作在正偏置状态,其图形符号和文字符号如图 1.1.19 所示。

VL

图 1.1.19　发光二极管的图形符号和文字符号

2. 发光二极管的基本特性

发光二极管是采用磷化镓或砷化镓等半导体材料制成的,是直接将电能转换成光能的发光器件。发光二极管的发光颜色和它本身外壳的颜色相同,但也有的发光二极管外壳是透明的,能发出红色、黄色、绿色、白色等可见光。还有三色变色发光二极管和人眼看不见的红外线发光二极管,其实物如图 1.1.20 所示。因其体积小、用电省、工作电压低、寿命长、单色性好、响应速度快,它们被广泛运用于电路的状态显示、信息显示、装饰工程、照明等领域。

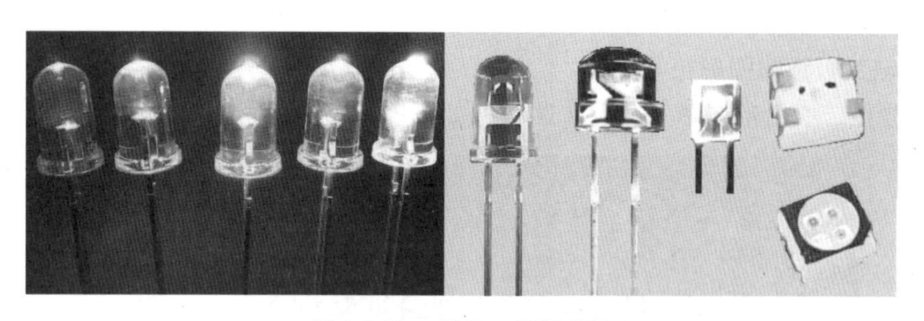

图 1.1.20　发光二极管实物

一般发光二极管通过 10 mA 电流时,就可发出强度令人满意的光线,高强度的发光二极管只需 5 mA 左右电流。电流通过发光二极管时,其两端有一个“管压降”,根据制造材料的不同,管压降通常在 1.7~3.5 V 之间。如红色发光二极管的管压降为 1.7 V 左右,黄色的为 1.8 V 左右,绿色的为2 V左右,蓝色的为 3.5 V 左右。

应用拓展

发光二极管可以用直流、交流和脉冲电源点亮,它属于电流控制型半导体器件,使用时需串联一合适的限流电阻,以避免电流超过发光二极管的允许值,造成它的寿命缩短甚至烧毁。

发光二极管用作交流电源指示灯的电路如图 1.1.21 所示,二极管 VD 与发光二极管 VL 并联。开关 S 接通时 VL 发光,作为工作指示灯,此时 VD 两端的反向电压只有 1.7 V 左右,可选用 1N4001 等低压二极管。

用发光二极管来判断电源极性的电路如图 1.1.22 所示。VL1 和 VL2 采用两只不同颜色的发光二极管,它们的正、负极相对并联,再与限流电阻串联构成测量电路。如果两只管子同时发光,则所测得电源为交流电,如果只有一只管子发光,可根据发光二极管的颜色判断出电压的极性,R 的阻值根据 U_1 的大小来选择,应将流过发光二极管的电流限制在 1~4 mA 范围内。

随着 LED 技术的发展,LED 不仅仅应用于指示,在显示领域更是大显身手,先后出现了 OLED、micro LED、Mini LED 等显示产品。2020 年 6 月,《Mini LED 商用显示屏通用技术规范》团体标准成功上传至全国标准信息平台,这是全球首个 Mini LED 商用显示屏团体标准,对国内乃至国际显示屏新技术、新产品、新业态的发展都具有重要的作用。

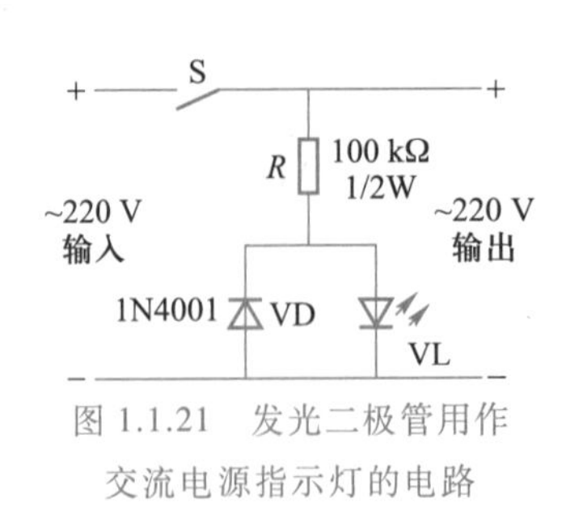

图 1.1.21　发光二极管用作交流电源指示灯的电路

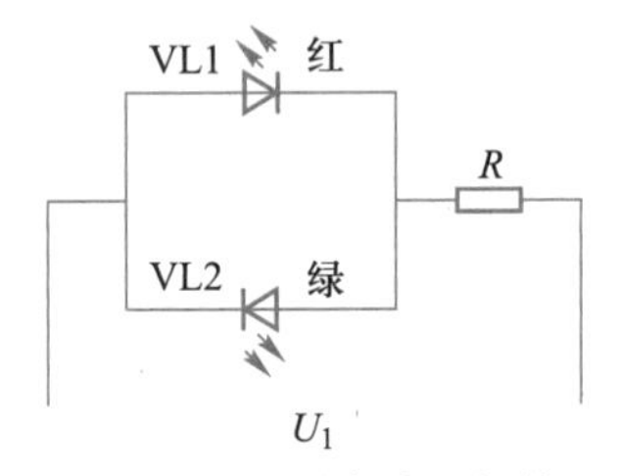

图 1.1.22　用发光二极管判断电源极性的电路

三、 光电二极管

光电二极管是一种能将接收到的光信号转换成电信号输出的二极管,又称光敏二极管,其基本特性是在光的照射下产生光电流。光电二极管也具有单向导电性,它广泛用于制造各种光敏传感器、光电控制器等,其实物如图 1.1.23(a)所示。

1. 光电二极管的图形符号

光电二极管的图形符号及文字符号如图 1.1.23(b)所示。

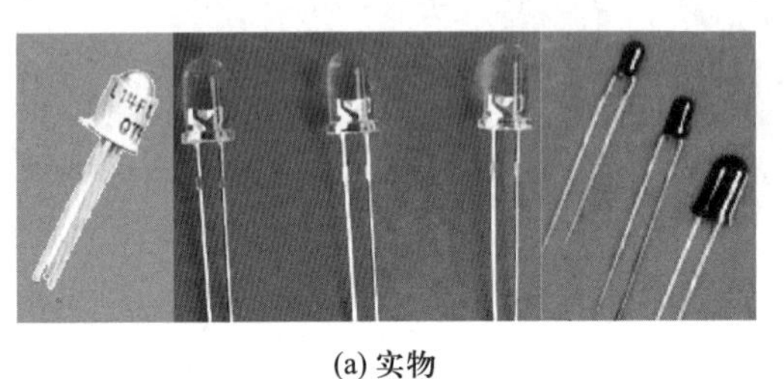

(a) 实物

(b) 图形符号及文字符号

图 1.1.23　光电二极管

2. 光电二极管的基本特性

光电二极管是在反向电压作用下工作的,它的正极接较低的电平,负极接较高的电平。没有光照时,反向电流极其微弱,称为暗电流;有光照时,反向电流迅速增大到几十微安,称为亮电流。光的强度越大,反向电流也越大。光的变化引起光电二极管电流变化,该电流流经负载,产生输出电压 U_0,如图 1.1.24 所示。这就可以把光信号转换成电信号,成为光电传感器件。

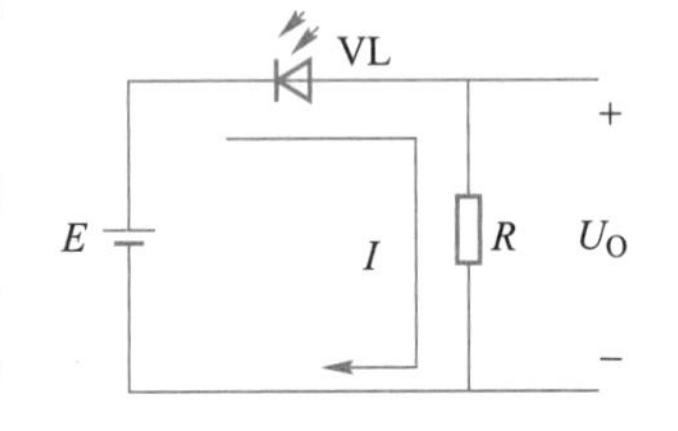

图 1.1.24　光电二极管工作电路

四、 变容二极管

1. 变容二极管的图形符号

变容二极管像稳压二极管一样,工作于反向偏置状态。其实物如图 1.1.25(a)所示,图形符号及文字符号如图 1.1.25(b)所示。

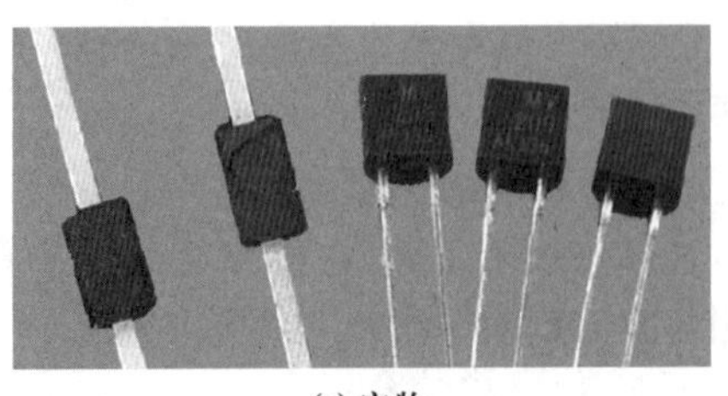

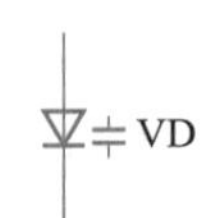

(a) 实物

(b) 图形符号及文字符号

图 1.1.25　变容二极管

2. 变容二极管的基本特性

当给变容二极管施加反向电压时，由于 PN 结展宽而呈现电容特性，其两个电极之间的 PN 结电容大小随加到变容二极管两端反向电压大小的改变而变化，其特性相当于一个可以通过电压控制的自动微调电容器。

变容二极管的电容量为皮法（pF）级，如 2CB14 型变容二极管，当反向电压在 3～25 V 之间变化时，其结电容在 20～30 pF 之间变化。

应用拓展

图 1.1.26 所示为变容二极管在电子调谐电路中的应用，图中变容二极管与电容串联后与电感并联，构成并联谐振电路。直流控制电压的正极通过电阻加到变容二极管上，当这一直流电压大小变化时，变容二极管上的反向偏置电压也变化，变容二极管两极间的电容随之变化，这样 *LC* 并联谐振电路的谐振频率也随之改变。

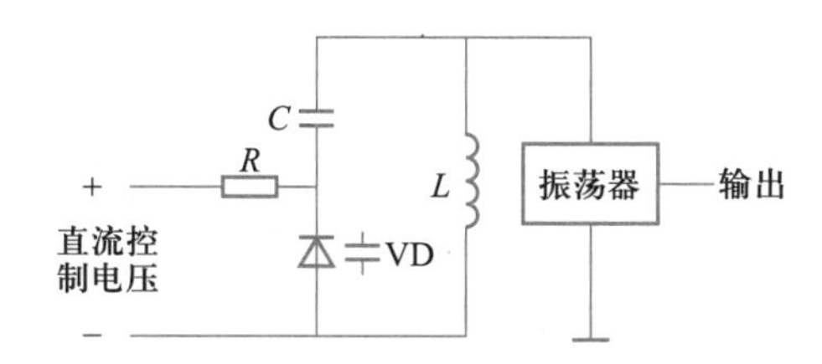

图 1.1.26　变容二极管在电子调谐电路中的应用

变容二极管还应用于彩色电视机的直接调频、自动频率控制及倍频器等微波电路中。

岗位知识积累

不同类型的二极管，其外形、内部结构及特性都有差异，应用场合也不同。但通常各种类型的二极管都具有特定条件下的单向导电特性，可以用万用表检测判断其极性和质量。

1.2 二极管整流及滤波电路

整流电路是直流电源的核心部分，它是利用二极管的单向导电性，将输入的交流电压转换为脉动的直流电压。脉动的直流电压还不能满足大多数电路的需要，因此在整流电路后面要加一个滤波电路，滤波电路的作用是将脉动的直流电压转变为平滑的直流电压。

常用的整流电路有半波整流电路和桥式整流电路。

1.2.1 半波整流电路

一、 电路组成

单相半波整流电路由电源变压器 T、整流二极管 VD 和用电负载 R_L 构成，如图 1.2.1（a）所示，图 1.2.1（b）所示为其电路原理图。

图中电源变压器将电网提供的交流电压 u_1 降压为数值适当的交流电压 u_2。

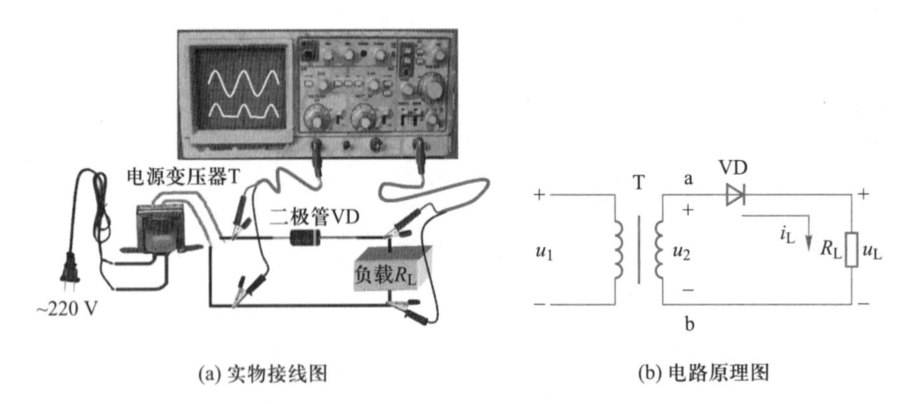

图 1.2.1　单相半波整流电路

整流二极管在这里主要是利用它的单向导电性,即交流正半周时导通,负半周时截止。R_L是需要直流供电的负载电阻,u_L是脉动的直流输出电压。

做中学

按图 1.2.1(a)所示电路连接(T:220 V/12 V;VD:1N4001;R_L:1 kΩ),将双踪示波器输入探头分别接在变压器二次侧和负载两端,接入电源后,观察电压 u_2、输出电压 u_L的波形,如图 1.2.2 所示。

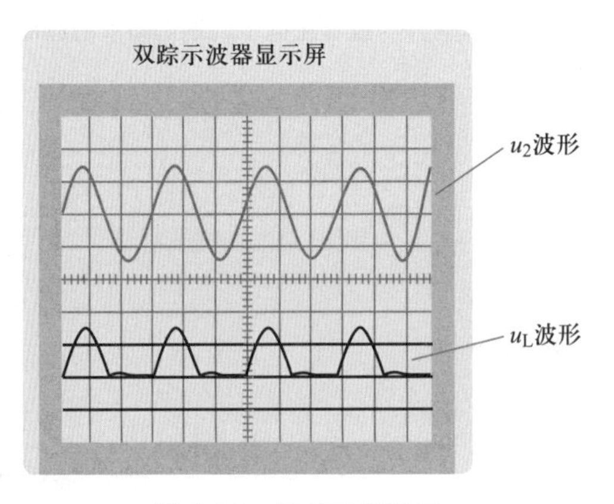

图 1.2.2　半波整流波形

二、 半波整流的工作过程

(1) 当 u_2为正半周时,a 端电位高于 b 端电位,二极管 VD 正向偏置而导通,电流 i_L由 a 端→VD→R_L→b 端,自上而下流过 R_L,在 R_L上得到一个极性为上正下负的电压 U_L。若不计二极管的正向压降,此期间负载上的电压 $u_L=u_2$。

(2) 当 u_2为负半周时,b 端电位高于 a 端电位,二极管 VD 反向偏置而截止,若不计二极管的反向漏电流,此期间无电流通过 R_L,负载上的电压 $u_L=0$。

由此可见,在交流电一个周期内,二极管有半个周期导通,另半个周期截止,在负载电阻 R_L上的脉动直流电压波形是交流电压 u_2 的一半,故称单相半波整流。

输出电压的极性取决于二极管在电路中的连接方式,如将图 1.2.1(b)中二极管反接时,输出电压的极性也将变反。

三、负载上的直流电压与直流电流的估算

（1）负载上的直流电压 U_L

负载 R_L 上的半波脉动直流电压平均值可用直流电压表直接测得，也可按下式计算求出

$$U_L = 0.45\ U_2 \qquad (1-2-1)$$

式中，U_2 为变压器二次电压有效值。

（2）负载上的直流电流 I_L

流过负载 R_L 的直流电流为

$$I_L = \frac{U_L}{R_L} = 0.45\frac{U_2}{R_L} \qquad (1-2-2)$$

四、整流二极管的选择

由图 1.2.1(b)可知，整流二极管与负载是串联的，所以流经二极管的电流 I_D（平均值）与负载上的直流电流 I_L 相等，故选用二极管时要求其

$$I_{FM} \geqslant I_D = I_L \qquad (1-2-3)$$

二极管承受的最大反向工作电压是发生在 u_2 达到最大值时，即

$$U_{RM} \geqslant \sqrt{2}U_2 \qquad (1-2-4)$$

根据最大整流电流和最高反向工作电压的计算值，查阅有关半导体器件手册，选用合适的二极管型号，使其额定值大于计算值。

【例 1.1】 有一直流负载，电阻为 1.5 kΩ，要求工作电流为 10 mA，如果采用半波整流电路，试求电源变压器的二次电压，并选择适当的整流二极管。

解： 因为

$$U_L = R_L I_L = 1.5\times10^3\times10\times10^{-3}\ \text{V} = 15\ \text{V}$$

由 $U_L = 0.45\ U_2$，变压器二次电压的有效值为

$$U_2 = \frac{U_L}{0.45} = \frac{15}{0.45}\ \text{V} \approx 33\ \text{V}$$

二极管承受的最大反向工作电压为

$$\sqrt{2}U_2 \approx 1.41\times33\ \text{V} \approx 47\ \text{V}$$

根据求得的参数，查阅整流二极管参数手册，可选择 I_{FM} = 100 mA、U_{RM} = 50 V的 2CZ82B 型整流二极管，或选用符合条件的其他型号二极管，如 1N4001、1N4002 等。

1.2.2 桥式整流电路

一、电路组成

单相桥式整流电路由电源变压器和 4 个同型号的二极管接成电桥形式组成，桥路的一对角点接变压器的二次绕组，另一对角点接负载，如图 1.2.3(a)所示。图中 T 为电源变压器，其作用是将电网上的交流电压变为整流电路要求的交流电压 u_2，VD1～VD4 为整流二极管，R_L 是要求供电的负载电阻。图 1.2.3(b)所示是整流电桥的简化画法，在这个电路中，要注意框中二极管图形符号的极性

与输出电压 u_L 正负极性的关系。

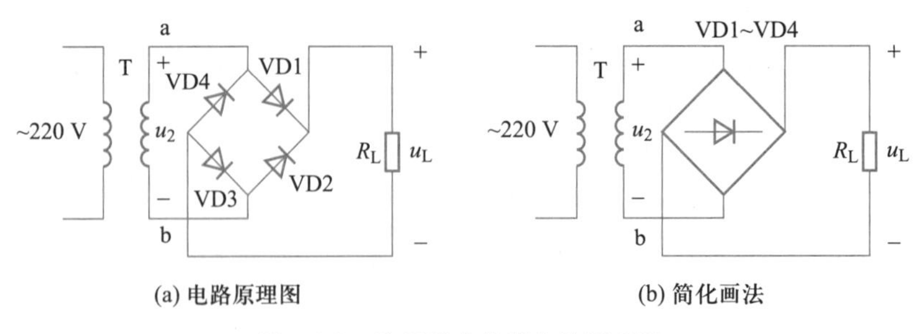

图 1.2.3　单相桥式整流电路原理图

做中学

按图 1.2.4 所示电路连接（元器件型号规格与半波整流电路相同），4 个整流二极管接成电桥形式时，应将 4 个二极管分为两组，各自串接，并将负-正连接点接交流电源；再将两组并接，将负-负连接点（高电位点）和正-正连接点（低电位点）接直流负载。将双踪示波器输入探头分别接在变压器二次侧和负载两端，接入交流电源，观察电压 u_2 和输出电压 u_L 的波形，如图 1.2.5 所示。

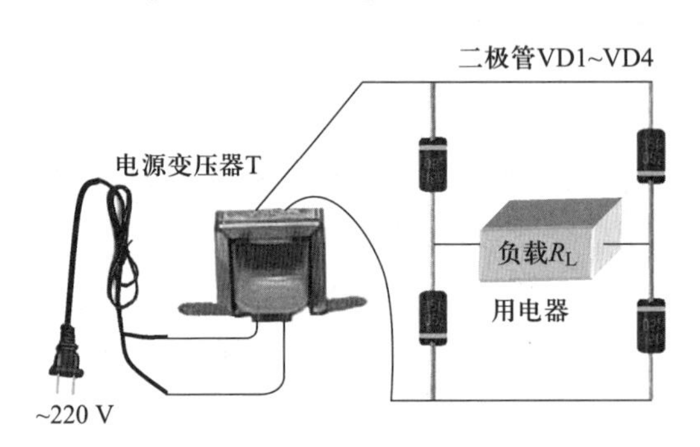

图 1.2.4　桥式整流电路实物接线图

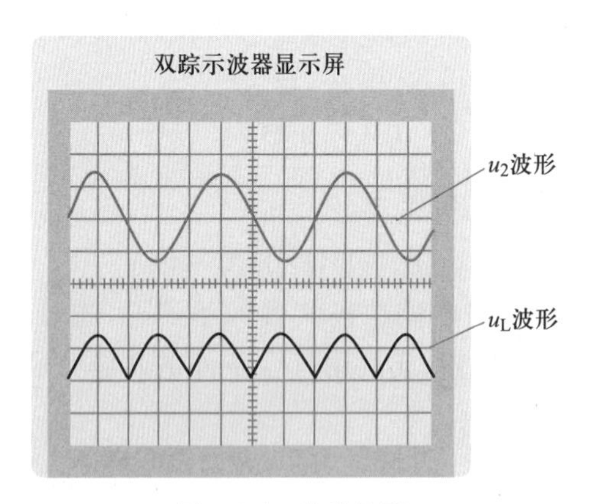

图 1.2.5　整流波形

二、 单相桥式整流的工作过程

（1）当 u_2 为正半周时，即 a 端为正、b 端为负，这时 VD1、VD3 导通，VD2、VD4 截止，电流 I_L 由 a 端→VD1→R_L→VD3→b 端，如图 1.2.6（a）中虚线箭头所示。此电流流经负载 R_L 时，在 R_L 上形成了上正下负的输出电压。

（2）当 u_2 为负半周时，即 a 端为负、b 端为正，这时 VD2、VD4 导通，VD1、

VD3 截止，电流 I_L 由 b 端→VD2→R_L→VD4→a 端，如图 1.2.6(b) 中虚线箭头所示。此电流流经 R_L 的方向和 u_2 正半周时流向一致，同样在 R_L 上形成了上正下负的输出电压。

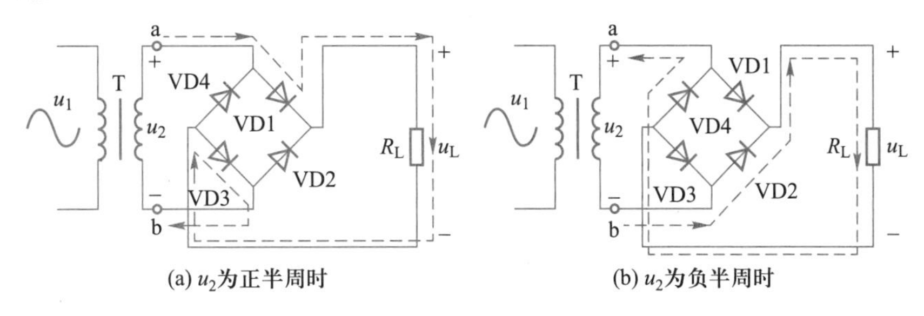

图 1.2.6　单相桥式整流电路中的电流路径

由此可见，无论 u_2 处于正半周还是负半周，都有电流分别流过两对二极管，并以相同方向流过负载 R_L，是单方向的全波脉动波形。

三、负载上的直流电压与直流电流的估算

从以上分析得知，桥式整流电路中负载所获得的直流电压比半波整流电路提高了一倍。

(1) 负载上的直流电压 U_L

$$U_L = 0.9\ U_2 \tag{1-2-5}$$

(2) 负载上的直流电流 I_L

$$I_L = \frac{U_L}{R_L} = 0.9\ \frac{U_2}{R_L} \tag{1-2-6}$$

四、整流二极管的选择

在桥式整流电路中，每只二极管都是在交流电的半个周期内导通，每只管子的平均电流是输出电流的二分之一，故选用二极管时要求其

$$I_{FM} \geqslant I_D = \frac{I_L}{2} \tag{1-2-7}$$

二极管承受的最大反向工作电压是交流电压 u_2 的峰值，所以选用二极管的最大反向工作电压为

$$U_{RM} \geqslant \sqrt{2}\,U_2 \tag{1-2-8}$$

【例 1.2】 有一直流负载需直流电压 6 V，直流电流 0.4 A，如果采用单相桥式整流电路，试求电源变压器的二次电压，并选择整流二极管的型号。

解： 由 $U_L = 0.9U_2$，可得变压器二次电压的有效值为

$$U_2 = \frac{U_L}{0.9} = \frac{6}{0.9}\ \text{V} \approx 6.7\ \text{V}$$

通过二极管的平均电流

$$I_D = \frac{1}{2}I_L = \frac{1}{2}\times 0.4\ \text{A} = 0.2\ \text{A} = 200\ \text{mA}$$

二极管承受的最高反向工作电压

$$\sqrt{2}\,U_2 \approx 9.4\ \text{V}$$

根据以上求得的参数，查阅整流二极管参数手册，可选择 $I_{FM}=300$ mA、$U_{RM}=10$ V 的 2CZ56A 型整流二极管，或者选用符合条件的其他型号二极管，如 1N4001 等。

电路评价

半波整流电路结构简单，使用元器件少，但半波整流是以“牺牲”一半的交流为代价而换取整流效果的，电源利用率很低，输出电压脉动大。桥式整流电路与半波整流电路相比具有电源利用率高、平均直流电压高、脉动小等优点。交流电压经整流电路整流后输出的是直流电压，含有较大的脉动成分，仅能用于电镀、电焊、电池充电器等要求不高的设备中。

资料库

表 1.2.1 给出了几种常见整流电路的电路图、整流电压的波形及计算公式。

表 1.2.1　几种常见整流电路

类型	电路图	整流电压的波形	整流电压平均值	每管电流平均值	每管承受最高反向电压
单相半波	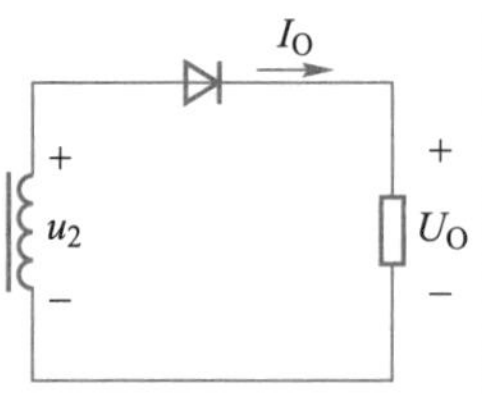	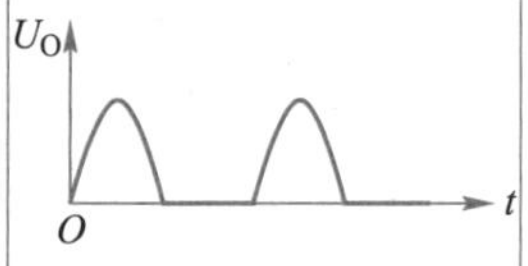	$0.45U_2$	I_o	$\sqrt{2}U_2$
单相全波	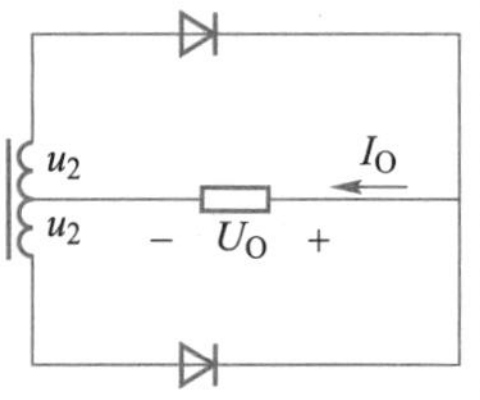	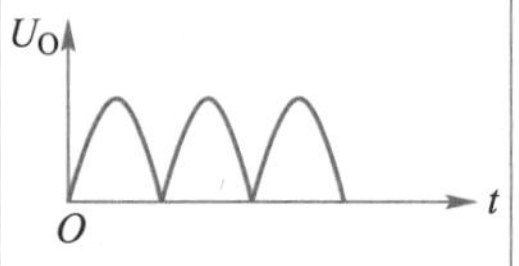	$0.9U_2$	$\frac{1}{2}I_o$	$2\sqrt{2}U_2$
单相桥式	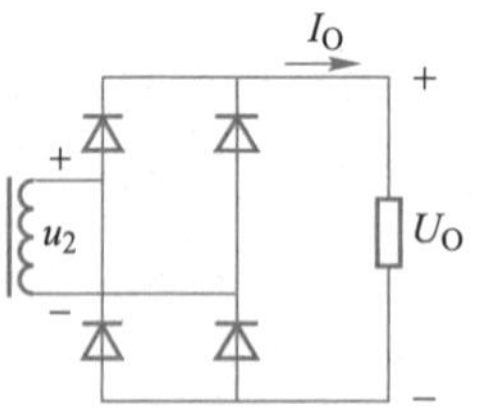		$0.9U_2$	$\frac{1}{2}I_o$	$\sqrt{2}U_2$
三相半波	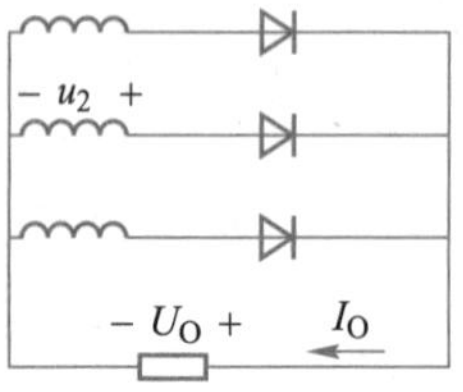	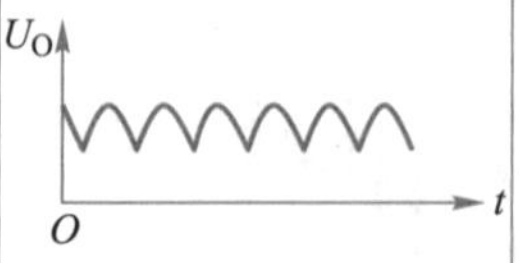	$1.17U_2$	$\frac{1}{3}I_o$	$\sqrt{6}U_2$

续表

类型	电路图	整流电压的波形	整流电压平均值	每管电流平均值	每管承受最高反向电压
三相桥式			$2.34U_2$	$\frac{1}{3}I_o$	$\sqrt{6}U_2$

1.2.3 常用滤波电路

如果将一台用 4.5 V 电池供电的收音机改由交流电供电，需要利用变压器将交流 220 V 电压降低为交流 5 V 电压，然后由二极管桥式整流电路输出 4.5 V 左右的直流电压，如图 1.2.7 所示。

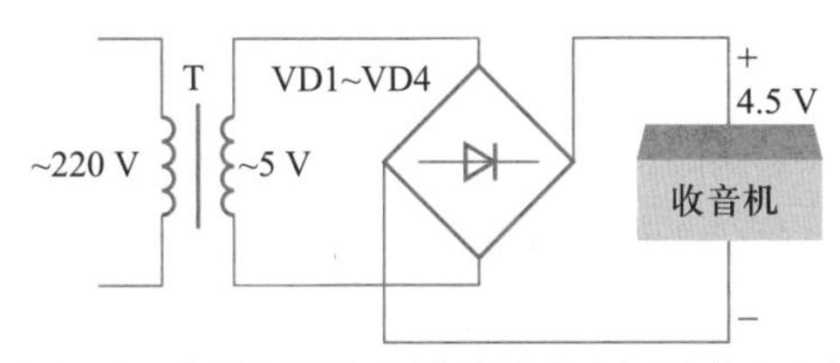

图 1.2.7　收音机直接接整流输出电压的供电电路

虽然整流输出的 4.5 V 直流电压可用于收音机，但是收音机会产生令人烦恼的交流噪声。交流噪声是由加到收音机的直流脉动电压引起的。要使收音机无噪声地工作，就必须加装滤波电路，以滤除直流脉动电压的交流成分。

滤波电路直接接在整流电路后面，通常由电容、电感和电阻按一定的方式组合成多种形式的滤波电路。

电容滤波电路

一、电容滤波电路

1. 电路组成

电容滤波电路是使用最多也是最简单的滤波电路，其结构是在整流电路的负载两端并联一较大容量的电解电容，如图 1.2.8(a)所示。利用电容两端电压不能突变的特性，在电容充、放电过程中使输出电压趋于平滑。

做中学

在图 1.2.4 所示桥式整流电路的负载 R_L 两端并接电容 C(470 μF/25 V)和开关 S，如图 1.2.8(a)所示。将双踪示波器输入探头分别接在变压器二次侧和负载两端，接入交流电源。

(1) 当开关 S 断开时，没有电容滤波作用，电路为桥式整流，示波器观察到的波形如图 1.2.8(b)、(c)所示。

(2) 当开关 S 闭合时，电容 C 接入电路起滤波作用，示波器观察到的波形如图 1.2.8(b)、(d)所示。

2. 工作过程

电容 C 接入电路，假设开始时电容上的电压为零，接通电源后 u_2 从零开始增大，整流输出的电压在向负载 R_L 供电的同时，也给电容 C 充电。当充电电压达到最大值 $\sqrt{2}U_2$ 后，u_2 开始下降，于是电容 C 开始通过负载电阻放电，维持负载两端电压缓慢下降，直到下一个整流电压波形的到来。当 u_2 大于电容端电压 u_C 时，电容又开始充电。如此循环下去，使输出电压的脉动成分减小，平均值增大，从而达到滤波的目的，负载上就得到了图 1.2.8(d)所示的输出电压。

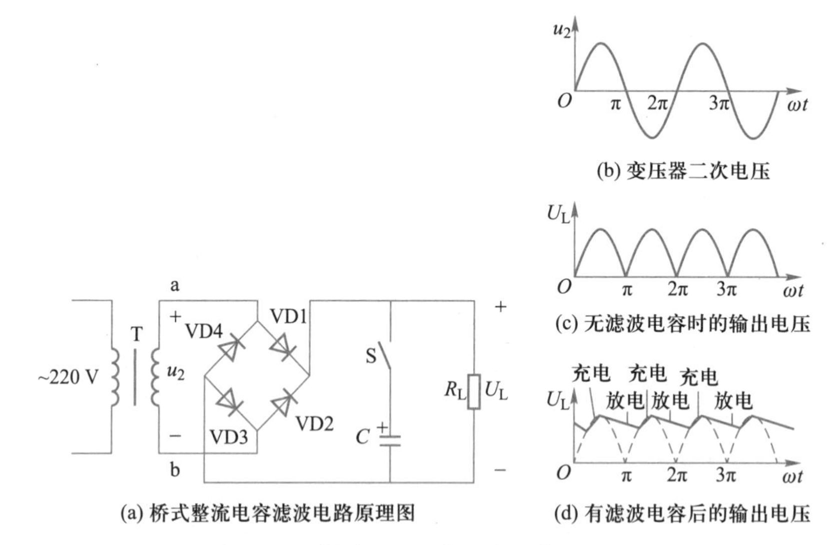

图 1.2.8　桥式整流电容滤波电路原理图

电解电容只能滤除低频波动，对于直流电源中的高频干扰噪声波，可以并联一个0.1 μF 或 0.01 μF 的独石电容或者瓷片电容来滤除。

岗位知识积累

用电解电容作为滤波电容时，其正负极性不允许接反，否则会加大电容的漏电，引起温度上升使电容爆裂。滤波电容 C 的取值，工程上一般按经验公式计算，应当取 $R_LC=(3\sim5)T/2$(T 为变压器二次电压 u_2 的周期)。

3. 输出直流电压的估算

整流电路接入滤波电容时，通常输出电压可按下面的经验公式估算：

半波整流电容滤波　　$U_L=U_2$　　(1-2-9)

桥式整流电容滤波　　$U_L=1.2U_2$　　(1-2-10)

空载时(负载 R_L 开路)　　$U_L=1.4U_2$　　(1-2-11)

即空载时输出电压值接近 u_2 的最大值。

【例 1.3】　一个桥式整流电容滤波电路，如图 1.2.8(a)所示。电源由220 V、50 Hz 的交流电压经变压器降压供电，负载电阻 R_L 为 40 Ω，输出直流电压为 20 V。当开关闭合时，试求变压器二次电压，并估算滤波电容的耐压值和容量。

解：(1) 变压器二次电压按式(1-2-10)可得

$$U_2=\frac{U_L}{1.2}=\frac{20}{1.2}\ \text{V}\approx17\ \text{V}$$

(2) 当负载空载时，电容承受最大电压，所以电容的耐压值为

$$U_{RM}\geqslant\sqrt{2}U_2=\sqrt{2}\times17\ \text{V}\approx24\ \text{V}$$

电容的容量应满足 $R_LC=(3\sim5)T/2$，取 $R_LC=2T$，$T=1/f$，因此

$$C=\frac{2T}{R_L}=\frac{2}{40\times50}\ \text{F}=1\,000\ \mu\text{F}$$

可选用 1 000 μF/50 V 的电解电容 1 只。

滤波电容的容量可根据负载电流的大小参考表 1.2.2 进行选择。

表 1.2.2　滤波电容的选择

输出电流 I_L	2 A	1 A	0.5~1 A	0.1~0.5 A	<100 mA	<50 mA
电容的容量 C/μF	4 700	2 200	1 000	470	200~500	200

注：此表为桥式整流电容滤波，$U_L=12\sim36$ V 时的参考值。

二、电感滤波电路

电感滤波电路如图 1.2.9 所示。由于电感中的电流不能突变，因此电感 L 对于交流电呈现一个很大的感抗 $X_L=2\pi fL$，能有效地阻止交流电通过，而对直流电的阻抗则很小，使直流电容易通过，因此，交流成分大多降落在电感 L 上，而直流成分则顺利地通过电感 L 流到负载 R_L 上，于是在负载 R_L 上获得的输出电压 U_L 中，交流成分就很小，从而达到滤波的目的。随着电感 L 的增加，即 $X_L=2\pi fL$ 增加，阻止交流电的作用越强，滤波作用也越强，输出电压 U_L 中的交流成分就越小。

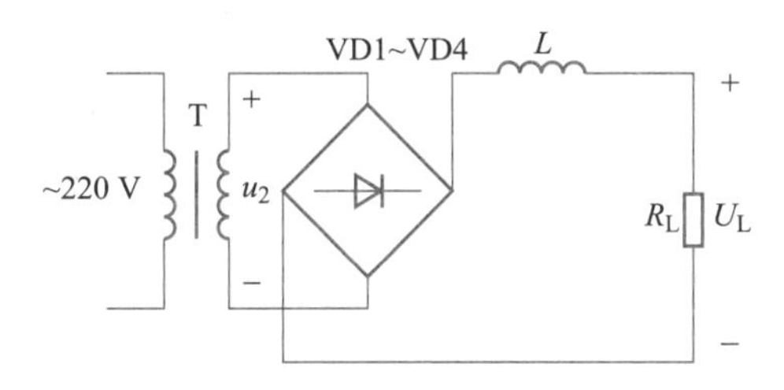

图 1.2.9　电感滤波电路

应用拓展

为了进一步减小输出电压的脉动成分，提高滤波效果，可以采用复式滤波器。

倒 LC 形滤波器见表 1.2.3，整流后的脉动电压经过双重滤波作用；交流分量大部分被电感阻止，小部分通过电感后，再经过电容滤波，这样负载 R_L 上的交流分量就很小了。

RC π 形滤波器见表 1.2.3，用电阻 R 取代电感 L 构成电路，这是由于 R 本身对交、直流分量同样降压。R 选值大，直流压降也大，降低了直流输出电压，R 选值过小，滤波效果差。一般 R 取几十欧至几百欧。

LC π 形滤波器见表 1.2.3，可以看成是电容滤波与 LC 滤波的组合，因此滤波效果更好。为了减小通电瞬间因 C_1 充电引起的浪涌电流，保护整流二极管，所以一般取 $C_1<C_2$。

资料库

各种滤波电路的特点和使用场合归纳在表 1.2.3 中，供选用参考。

表 1.2.3　各种滤波电路的比较

名称	电路	优点	缺点	使用场合
电容滤波	+ − C R_L U_L	1. 输出电压高； 2. 在小电流时滤波效果好	1. 负载能力差； 2. 电源接通瞬间因充电电流很大，整流二极管要承受较大的浪涌电流	负载电流较小的场合
电感滤波	L R_L U_L	1. 负载能力较好； 2. 对变动的负载滤波效果好； 3. 整流二极管不会受到浪涌电流的损害	1. 体积大； 2. 输出电压较低	适用于负载变动大、负载电流大的场合。在晶闸管整流电源中用得较多
倒 LC 形滤波	L C R_L U_L	1. 输出电流较大； 2. 负载能力较好； 3. 滤波效果好	电感线圈体积较大，成本高	适用于负载变动大、负载电流大的场合
RC π 形滤波	R C_1 C_2 R_L U_L	1. 输出电压高； 2. 滤波效果好	1. 输出电流较小； 2. 负载能力差	适用于负载电流较小、要求稳定的场合
LC π 形滤波	L C_1 C_2 R_L U_L	1. 滤波效果较好； 2. 结构简单，经济； 3. 能兼起降压、限流作用	1. 输出电流较小； 2. 负载能力差	适用于负载电流小的场合

技能实训 单相整流滤波电路的安装与调试

工作任务书

一、任务目标

1. 会根据图 1.2.10 绘制电路安装布线图。

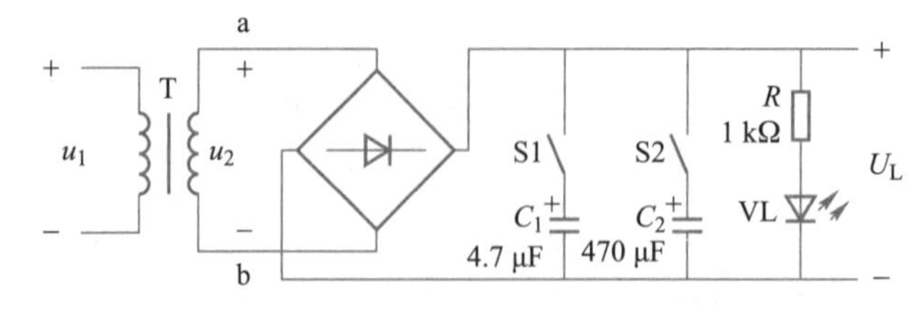

图 1.2.10　桥式整流电容滤波测试图

2. 会在通用印制电路板上搭接单相桥式整流滤波电路。
3. 能说明电路中各元器件的作用，并能检测元器件。
4. 用示波器观察单相桥式整流电路的输入、输出电压波形。测定其输入、输出电压间的量值关系。

5. 用示波器观测电容滤波电路的工作效果，测定其输出电压的量值关系。

6. 提高电子产品装接能力。

二、 实施步骤

1. 装调流程

绘制安装布线图→清点元器件→元器件检测→插装和焊接→通电前检查→通电测量→数据记录。

2. 装调步骤

（1）先安装单相桥式整流电路，整流元件采用整流桥堆。

（2）在桥式整流电路工作正常的情况下，接入滤波电容。

注意：电源变压器一次绕组的两个接线端与电源插头的连接处应用套管套住后再用绝缘胶布包住，以防止短路或触电。

三、 调试与记录

检查元器件安装正确无误后，才可以接通电源。测量时，先连线后接电源（或断开电源开关），拆线、改线或检修时一定要先关电源；另外电源线不能接错，否则将可能损坏元器件。

1. 整流电路测量（断开开关 S1、S2）

（1）用数字式万用表交流电压挡测量图 1.2.10 所示电路中的 a、b 端电压 u_2，再用直流电压挡测量直流输出电压 U_L，记录在表 1.2.4 中。

（2）用示波器观察 u_2 和 U_L 的波形，并描绘在表 1.2.4 中。

2. 整流、滤波电路测量

（1）将开关 S1 闭合，S2 断开，接滤波电容 C_1，用数字式万用表测量输出电压，并用示波器观察其波形，并描绘在表 1.2.4 中。

（2）将开关 S1 断开，S2 闭合，接滤波电容 C_2，用数字式万用表测量输出电压，并用示波器观察其波形，并描绘在表 1.2.4 中。

表 1.2.4　桥式整流电容滤波电路测试记录表

测试项目	变压器二次电压 u_2		输出电压 U_L	
	有效值/V	波形	平均值/V	波形
断开开关 S1、S2		u_2 / O / t		U_L / O / t
开关 S1 闭合、S2 断开		u_2 / O / t		U_L / O / t
开关 S2 闭合、S1 断开		u_2 / O / t		U_L / O / t

相关技能

▶ 相关技能一　元器件的选择

整流器件采用整流桥堆。将桥式整流电路的4只二极管用绝缘瓷、环氧树脂和外壳封装成一体，成为一个器件，称为整流桥堆。整流桥堆具有体积小、可靠性高、使用方便等特点，广泛应用在各种电子电路或电气设备中，用作工频整流、高频整流和高压整流等，其外形如图1.2.11(a)所示。它有4个接线端，“~”标识表示接变压器的二次侧，“+”“-”标识表示接负载。单相全桥整流桥堆内部电气原理图如图1.2.11(b)所示。

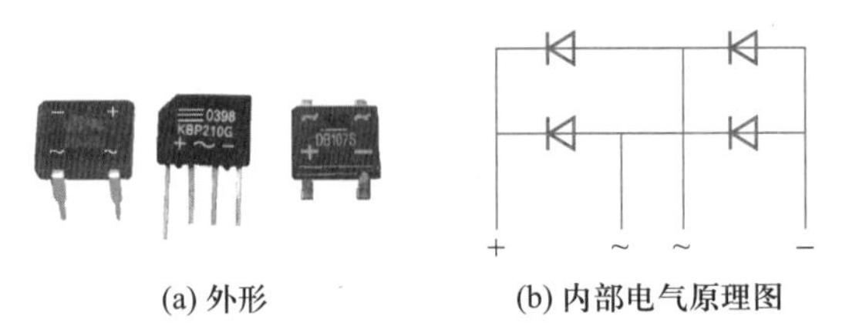

(a) 外形　　(b) 内部电气原理图

图1.2.11　单相全桥整流桥堆

▶ 相关技能二　绘制安装布线图

1. 元器件布局的一般方法

布局就是将元器件放置在通用印制电路板布线区域内，布局是否合理不仅影响后面的布线工作，而且对整个电路的性能也很重要。

(1) 布局要求

① 首先要保证电路功能和电气性能。

② 然后满足检测、维修方面的要求。

③ 适当兼顾美观性，即元器件排列整齐，疏密得当。

(2) 布局方法

① 就近放置。相关电路部分应就近安放，避免走远路，绕弯路，尤其忌讳交叉穿插。

② 元器件一般应布置在印制电路板的同一面，在印制电路板上的分布应尽量均匀，疏密一致，排列整齐美观，不允许斜排、立体交叉和重叠排列。

③ 发热元器件(如整流桥堆)尽可能布放在印制电路板的边缘，不允许贴板安装，以便于元器件散热。

④ 将元器件样品在1∶1的草图上排列，如图1.2.12所示，寻找最优布局。

元器件外壳或引线不得相碰，要保证0.5~1 mm的安全间隙。无法避免接触时，应套绝缘套管。

2. 绘制安装布线图

由图1.2.10借助于元器件实物，在通用印制电路板工艺图上绘制安装布线图，其中电解电容占3孔，电阻占5孔，发光二极管占3孔。参考安装布线图如图1.2.13所示(注意：该图为焊接面)，图中的虚线是安装的元器件。

▶ 相关技能三　元器件插装和焊接

图1.2.14所示为通用印制电路板，用于焊接训练和搭建实验电路等。

1. 元器件的插装

(1) 元器件成形

在加工少量元器件时，通常需要使用尖嘴钳、镊子、模板和钟表起子等工具

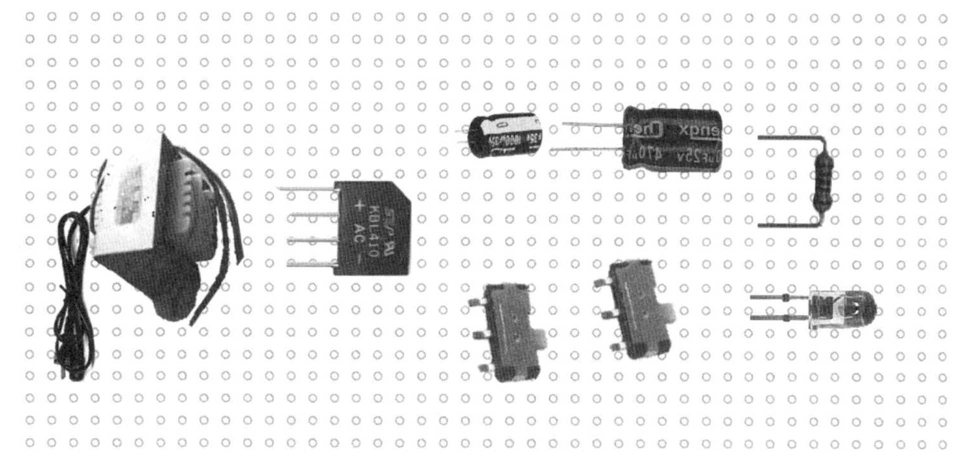

图 1.2.12　元器件布放

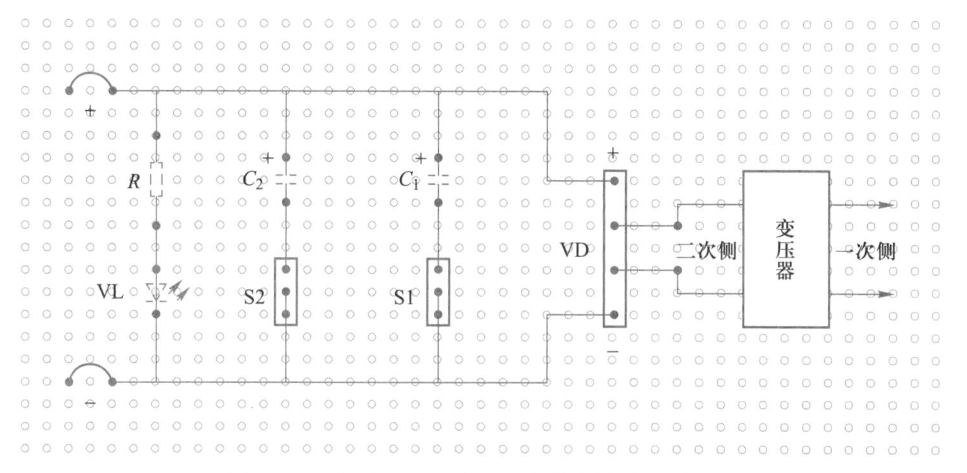

图 1.2.13　桥式整流电容滤波安装布线图(焊接面)

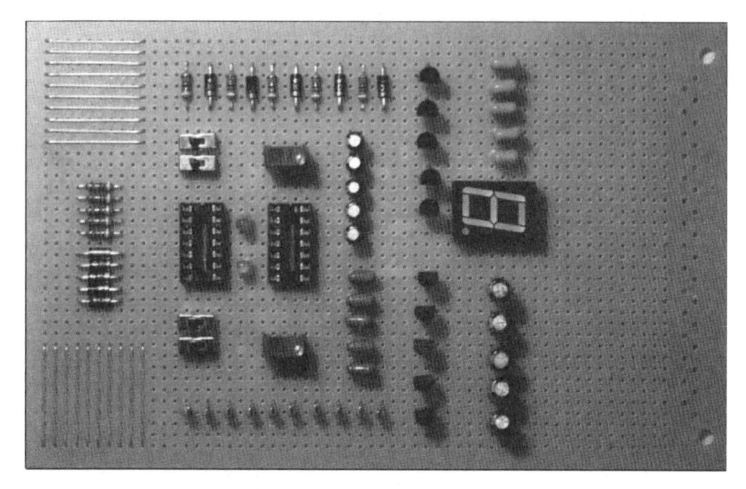

图 1.2.14　通用印制电路板

完成元器件引脚的手工成形。

轴向引脚型元器件有电阻、整流二极管、稳压二极管等,它们的安装方式一般有两种,一种是卧式安装,另一种是立式安装。具体采用何种安装方式,可视印制电路板空间和安装位置大小来选择,如图 1.2.15 所示。

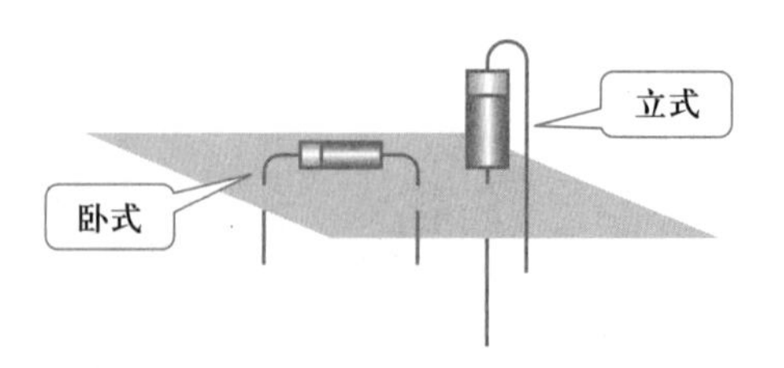

图 1.2.15　轴向引脚型元器件的安装

① 卧式安装的引脚加工

A. 用镊子(或尖嘴钳)在离元器件封装点 2~3 mm 处夹住某一引脚。

B. 再适当用力将元器件引脚弯成一定的弧度,如图 1.2.16 所示。

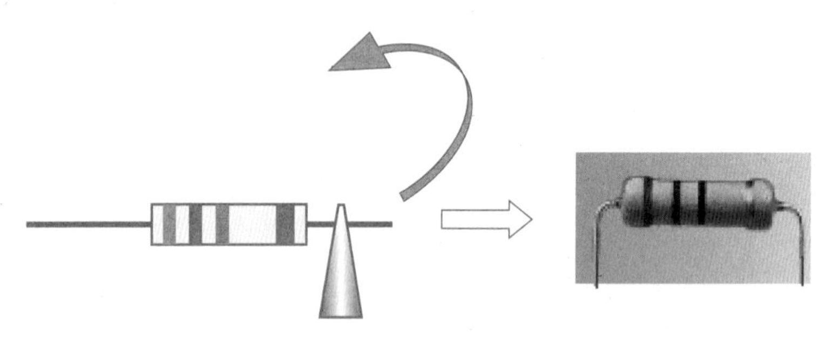
图 1.2.16　卧式安装的元器件成形示意图

C. 用同样的方法对该元器件另一引脚进行加工成形。

D. 引脚的尺寸要根据印制电路板上具体的安装孔距来确定,且一般两引脚的尺寸要一致。

弯折引脚时不要采用直角弯折,且用力要均匀,尤其要防止玻璃封装的二极管壳体破裂,造成管子报废。

② 立式安装的引脚加工

对于立式安装的元器件,在进行引脚成形加工时,可以选用合适的钟表起子或镊子,在元器件的某引脚(一般选元器件有标记端)离元器件封装点 3~4 mm 处将该引脚弯成半圆形状,注意阻值色环向上,如图 1.2.17 所示。

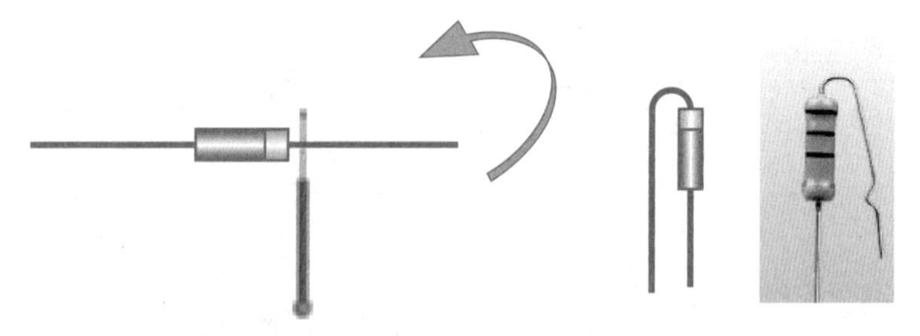
图 1.2.17　立式安装的元器件成形示意图

实际引脚的尺寸要视印制电路板上的安装位置的孔距来确定。

(2) 元器件的安装

安装顺序一般为先低后高,先轻后重,先易后难,先一般元器件后特殊元器件。有安装高度的元器件要符合规定要求,统一规格的元器件尽量安装在同一高度上。

本测试电路元器件的安装工艺可参考表 1.2.5。

表 1.2.5　元器件安装工艺表

符号	名称	规格	安装工艺	
VD	整流桥	KBL410		直插到底，不要歪斜，注意极性
C	电解电容	C_1:4.7 μF/25 V C_2:470 μF/25 V	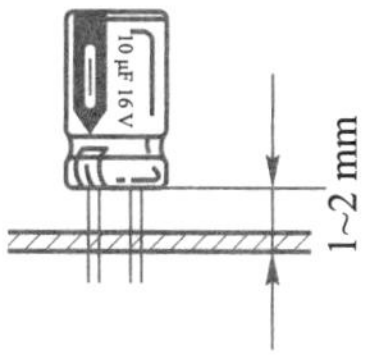	采用立式安装，注意其正负极性，特别是大容量电容的极性装反时易造成炸裂
R	电阻	1 kΩ	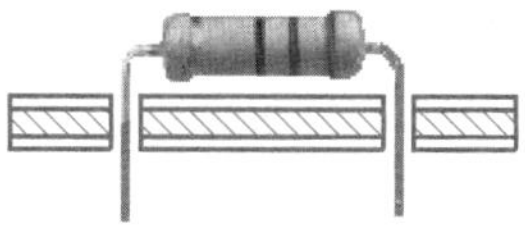	电阻采用贴印制电路板卧式装，如有多个电阻安装，色环方向应一致
VL	发光二极管	绿色，ϕ3 mm	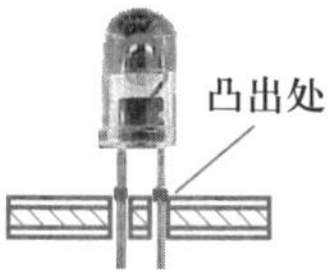	采用立式安装，注意其正负极性（长脚为正）
T	变压器	220 V/12 V/10 W		变压器用螺钉固定在通用印制电路板上，注意直流电阻大的一侧绕组外接 220 V 交流电压
S	开关	1×2（2 只）		直插到底，不要倾斜

2. 元器件焊接

（1）印制电路板上元器件的焊接

印制电路板上的元器件的引脚与焊盘往往采用插焊通孔技术直接焊接。

焊接质量离不开一个好的焊接工艺流程，一般手工焊接的步骤根据被焊件的热容量采用五步或三步焊接操作法，通常采用五步焊接操作法：准备→加热→供给焊锡→移开焊锡→移开电烙铁。用五步焊接操作法完成一个焊点的具体操作步骤见表 1.2.6。

表 1.2.6　五步焊接操作法

操作步骤	操作示意图	说明
准备	焊锡丝 电烙铁 元器件引脚 焊接面 印制电路板	使焊接点处于焊接状态
加热	焊锡丝 电烙铁 元器件引脚 焊接面 印制电路板	烙铁头加热焊接部位，使焊接点的温度加热到焊接需要的温度。加热时，烙铁头和连接点要有一定的接触面和压力
供给焊锡	焊锡丝 电烙铁 元器件引脚 焊接面 印制电路板	在烙铁头和连接点的接触部位加上适量的焊锡，以熔化焊锡，并使焊锡浸润被焊金属
移开焊锡	焊锡丝 电烙铁 元器件引脚 焊接面 印制电路板	当焊锡丝适量熔化后迅速移开
移开电烙铁		当焊接点上的焊锡流散接近饱满，焊点中有青烟冒出，助焊剂尚未完全挥发时，迅速移开电烙铁。焊锡冷却后，剪掉多余的引脚，就得到了一个理想的焊接点

焊接完成待焊点冷却后，在焊点上方 1~2 mm 处用偏口钳剪去多余的引脚，如图 1.2.18 所示。

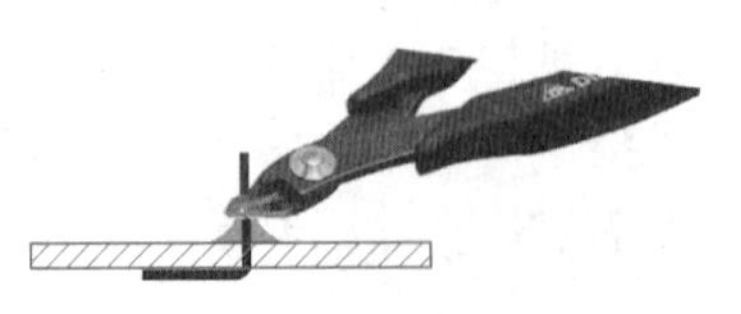

图 1.2.18　剪去多余的引脚

(2) 元器件的连接

在通用印制电路板焊接面上,通常采用 ϕ0.5~0.8 mm 的镀锡裸铜丝将各元器件按装配图连接。裸铜丝加工方法如下:

① 用偏口钳将镀锡裸铜丝剪成约 20 cm 长短的线材,然后按如图 1.2.19(a)所示,用尖嘴钳用力拉住镀锡裸铜丝两头,这时镀锡裸铜丝有伸长感觉。镀锡裸铜丝经拉伸后变直。

② 用偏口钳将镀锡裸铜丝剪成长短不同的线材待用。

③ 按图 1.2.19(b)所示工艺要求,用尖嘴钳对拉直后的镀锡裸铜丝进行成形(弯成直角)。

④ 按照装配工艺要求,将成形后的镀锡裸铜丝插装在通用印制电路板的相应位置,并用镊子固定。镀锡裸铜丝紧贴印制电路板,不得拱起、弯曲,然后完成各焊点的连接焊接。

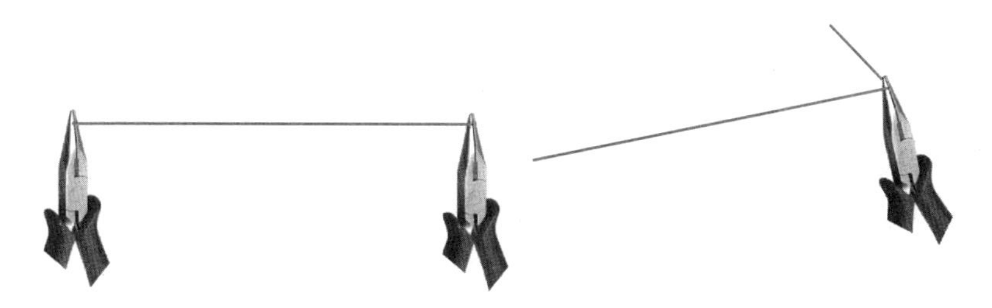

(a) 将镀锡裸铜丝拉伸变直　　(b) 将镀锡裸铜丝弯成直角

图 1.2.19　镀锡裸铜丝成形

▶ 相关技能四　电路常见故障处理方法

1. 电路故障产生的原因

电路故障产生的原因很多,情况也很复杂。有一种原因引起的简单故障,也有多种原因引起的复杂故障。这里仅进行一般性分析。

(1) 电路中元器件故障

各类元器件有特有的损坏形式,例如电阻容易开路或阻值变大;元器件故障常使电路有输入而无输出或输出异常等。对于这种故障,往往需要更换相应的元器件,电路才能恢复正常。

(2) 电路连接不良引起的故障

电路中连接点接触不良,如焊接点虚焊、连接线断、元器件脱焊、元器件引脚折断、印制电路板上印制导线断裂等。有时检查这种故障比较困难,必须格外注意。

(3) 调试中对仪器仪表操作不当引起的故障

为了避免这种故障,必须在调试前熟悉仪器仪表的性能、使用方法及使用注意事项。

2. 故障处理的基本原则

(1) 应先进行分析后动手检查,不能乱拆、乱换。

(2) 先简后繁。先用简易的方法检修,若不行,再用复杂的方法进行检修。

(3) 先断电检查后通电检修。先进行断电检查,然后通电检修。

3. 故障处理的一般方法

电路部分故障包括工艺性故障和元器件故障。

(1) 工艺性故障

工艺性故障是指漏焊、虚焊、装配错误等。可借助直观检查法检查。直观检查法主要是通过看、听、摸、闻、敲等措施判断出故障部位。这种方法特别适用于检查由于装配错误而造成的整机故障。

(2) 元器件故障

元器件故障需要使用万用表电压挡测量电路的工作电压,并和原理图上的正常值比较,经过检查可找出电路的故障元器件。用万用表电阻挡检查电路中的短路、断路故障也很有效。

4. 故障处理的注意事项

(1) 在进行故障处理时,要注意安全用电,防止产生事故;焊接时不要带电操作。

(2) 严禁用手触摸电源进线部分的元器件和零部件,以免造成事故。

(3) 测量管子、集成电路各引脚电压时,注意防止极间短路。

问题与讨论

1. 在整流电路中,滤波器的作用是什么? 滤波电容的大小对输出电压有什么影响? 如果想设置负电压输出,电路应如何改接?

2. 请叙述在通用印制电路板上插装和焊接元器件的体会。

3. 在制作过程中团队合作有何重要性? 如何利用团队合作完成任务?

技能评价

单相整流滤波电路的安装与调试技能评价表见附录附表 1、附表 2 和附表 3。

复习与考工模拟

一、 判断题

1. 硅和锗是制作半导体器件的主要材料。( )

2. 二极管的正向电阻比反向电阻大。( )

3. 二极管两端加上正向电压就能导通。( )

4. 整流输出电压加电容滤波后,电压脉动减小了,输出电压也下降了。( )

5. 滤波电容的耐压必须大于变压器二次电压 u_2 的峰值,即 $U_C \geqslant \sqrt{2}\,U_2$。( )

6. 在半波整流电路中,接入滤波电容时的输出电压平均值 $U_L = U_2$。( )

二、 选择题

1. 二极管具有( )。

A. 信号放大作用　　B. 单向导电性

C. 双向导电性　　D. 负阻特性

2. 如果用万用表测得二极管的正、反向电阻都很大,则二极管( )。

A. 特性良好　　B. 已被击穿

C. 内部开路　　D. 功能正常

3. 在用万用表测量二极管过程中,对于同一种二极管,用万用表不同的挡位测出的正向电阻值不同,主要原因是( )。

A. 万用表在不同的挡位,其内阻不同

B. 二极管有非线性的伏安特性

C. 被测二极管的质量差

D. 二极管已损坏

4. 发光二极管的特点是(　　)。

A. 工作电压低,工作电流小,耗电省,寿命长

B. 工作电压高,工作电流小,耗电省,寿命长

C. 工作电压低,工作电流大,耗电省,寿命长

D. 工作电压高,工作电流大,耗电省,寿命长

5. 在题图 1-1 所示电路中,(　　)图指示灯不会亮。

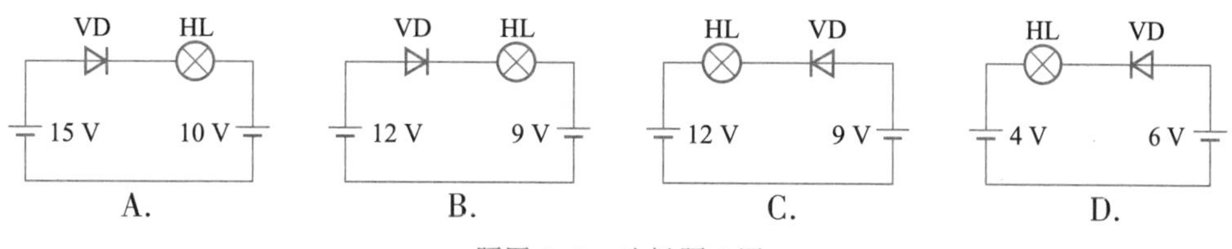

题图 1-1　选择题 5 图

三、填空题

1. 锗二极管的死区电压为______ V,导通管压降为______ V;硅二极管的死区电压为______ V,导通管压降为______ V。

2. 二极管最主要的特性是____________________,使用时应考虑的两个主要参数是______和______。

3. 2AP 系列二极管是由______半导体材料制成的,2CP、2CZ 系列二极管是由______半导体材料制成的。

4. 整流是将交流电压转换为______电压,但整流后的电压是______直流电压,含有交流成分;滤波是从______电压中滤除交流分量,使之成为______电压。滤波常用的方法有__________,__________,__________。

5. 电容滤波即将电容器________连接于负载两端,滤去交流分量;电感滤波是将电感器与______串联,以限制________通过负载。

四、综合题

1. 判断题图 1-2 中的二极管是否导通,并求出 U_{ab} 值(可不计二极管管压降)。

2. 在印制电路板上 4 只二极管排列如题图 1-3 所示,如何接交流电源和负载电阻实现桥式整流?要求画出最简的接线图。

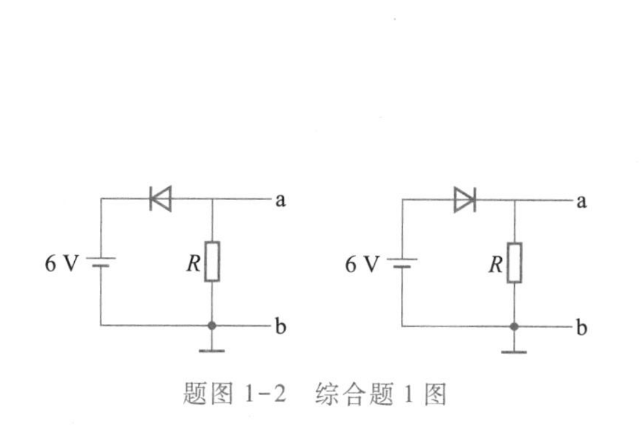

题图 1-2　综合题 1 图

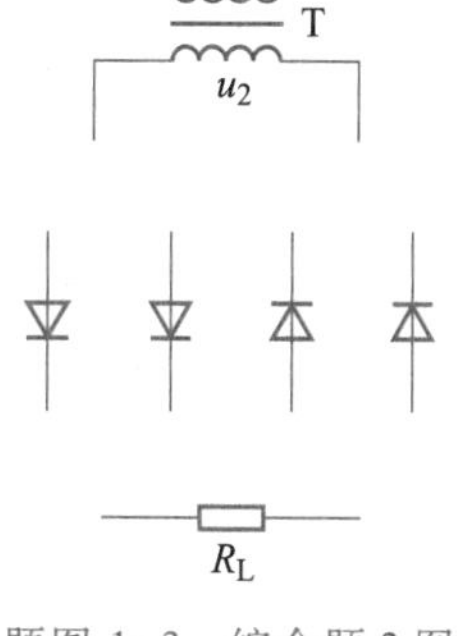

题图 1-3　综合题 2 图

3. 电路如题图 1-4 所示。

(1) 电路是什么类型的整流和滤波电路?

(2) 在电阻 R_L 两端标出电压的正负极性。

(3) 当开关 S 断开时,电阻 R_L 两端电压为多少?

(4) 当开关 S 闭合时,电阻 R_L 两端电压为多少?

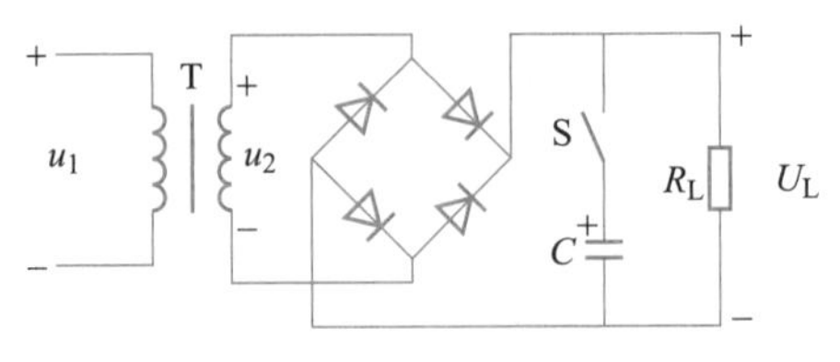

题图 1-4 综合题 3 图

4. 电路如题图 1-5 所示,已知发光二极管 VL 的导通电压为 1.6 V,正向电流为 5~20 mA 时才能发光。试问:

(1) 开关处于何种位置时发光二极管 VL 可能发光?

(2) 为使发光二极管 VL 发光,电路中 R 的取值范围为多少?

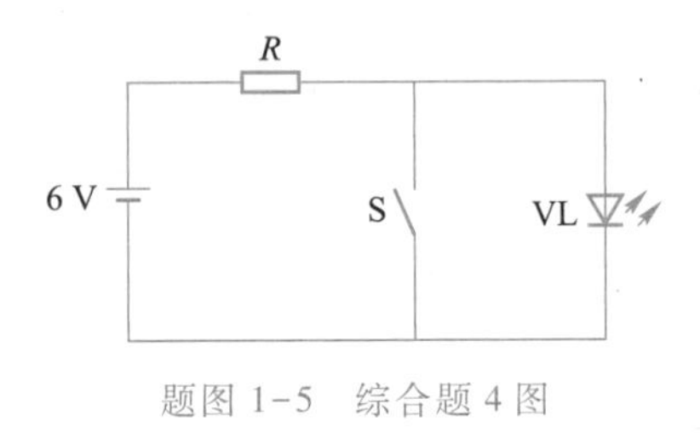

题图 1-5 综合题 4 图

应知应会要点归纳

1. 本征半导体导电性能很差,掺入杂质后半导体导电性能就会显著增强,根据所掺杂质的不同可形成 P 型半导体和 N 型半导体。

2. 二极管由一个 PN 结构成,具有单向导电特性。

3. 二极管的特性可用伏安特性曲线来描述,二极管的伏安特性分为正向特性和反向特性。

4. 二极管是组成电子电路的最基本的元器件之一,掌握其结构、性能、识别方法及简易检测方法十分重要。

5. 利用二极管的单向导电性,可以组成各种整流电路,并实现整流功能。

6. 整流电路的作用是将交流电变为脉动的直流电,滤波电路可使脉动直流电压平滑。

7. 按输出波形的不同,整流可分为半波整流和全波整流。最常见的整流电路是单相桥式整流电路,其输出电压约为 $0.9U_2$(U_2为变压器二次电压有效值)。

8. 滤波电路可分为电容滤波、电感滤波和复式滤波。负载电流较小时,可采用电容滤波;负载电流较大时,应采用电感滤波;对滤波效果要求较高时,可采用复式滤波。

三极管及放大电路基础

课程引入

晶体管交流毫伏表是一种可以测量微弱信号的交流电压表，是实验实训室、企业技术检修部门常用仪表之一。图 2.0.1 所示是一种常用的 DA-16 型晶体管交流毫伏表，它对输入的被测信号进行放大后送往整流指示电路。打开 DA-16 型晶体管交流毫伏表外壳，如图 2.0.2 所示，不难找到构成放大电路的核心器件——三极管。

图 2.0.1　晶体管交流毫伏表

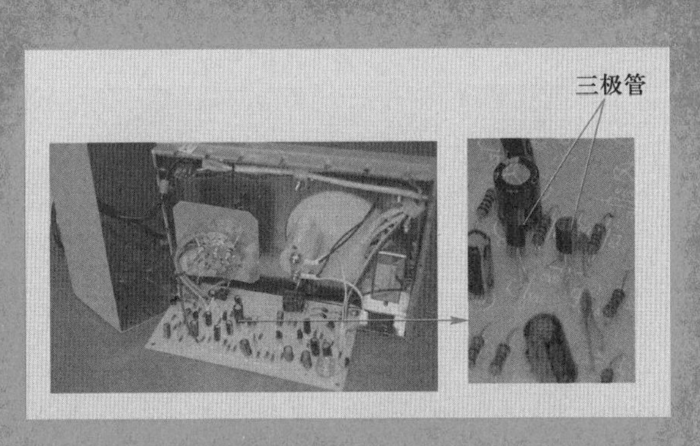

图 2.0.2　三极管及其构成的放大电路

放大电路在电子电路中无处不在。如：住宅门厅中安装的电子门铃、对讲电话机以及音响设备等，都是由于其中的放大电路，才使扬声器发出较大的声音。而常见放大电路的核心部分——电信号的放大器件就是三极管。

下面我们一起来学习三极管及其组成的基本放大电路。

职业岗位群应知应会目标

— 了解三极管的特性曲线、主要参数。
— 理解三极管的电流放大作用。
— 会用万用表判别三极管的引脚和质量优劣。
— 理解基本共射放大电路的组成和主要元件的作用。
— 会测量和调整放大电路的静态工作点。
— 会估算基本放大电路的静态工作点、输入电阻、输出电阻和电压放大倍数。
— 了解多级放大电路的级间耦合方式。
— 了解多级放大电路的幅频特性、增益、输入和输出电阻的概念及在工程中的应用。

2.1 三极管

2.1.1 三极管的外形、结构与图形符号

一、三极管的外形

图 2.1.1 所示是几种常见的三极管,从封装外形来分,一般有硅酮塑料封装、金属封装以及用于表面安装的片状封装。目前常用的 90××系列三极管采用 TO-92型塑封,它们的型号一般都标在塑壳上。

图 2.1.1 常见的三极管

二、三极管的结构与图形符号

三极管有三个电极,分别从三极管内部引出,其结构示意如图 2.1.2 所示。从图中可以看出,三极管的核心是两个互相联系的 PN 结,它根据不同的掺杂工艺在一个硅片上制造出三个掺杂区域而形成。

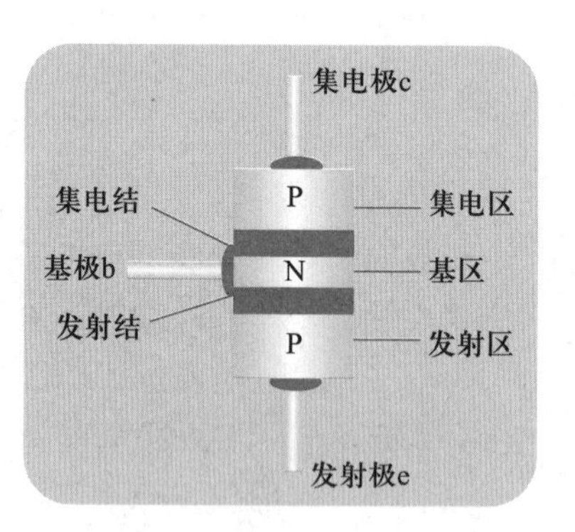

图 2.1.2 三极管结构示意

在三个掺杂区域中,位于中间的区域称为基区,引出极为基极 b,两边的区域称为发射区和集电区,分别引出发射极 e 和集电极 c;基区和发射区的 PN 结称为发射结,基区和集电区的 PN 结成为集电结。

岗位知识积累

发射区是高浓度掺杂区,基区很薄且杂质浓度低,集电结面积大。

按两个 PN 结组合方式的不同,三极管可分为 PNP 型、NPN 型两类,其结构示意如图 2.1.3 所示。如果两边是 N 区,中间夹着 P 区,就称为 NPN 型三极管;

反之，则称为 PNP 型三极管。

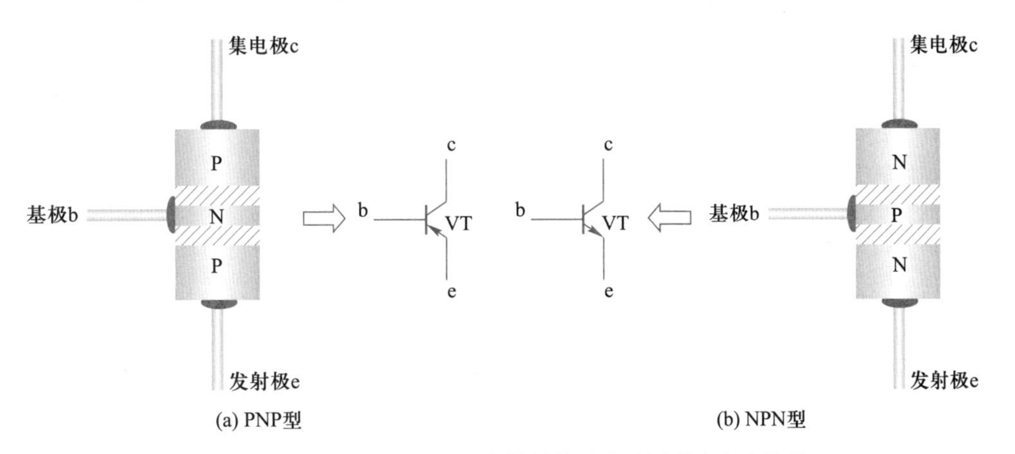

图 2.1.3　PNP 型、NPN 型三极管结构示意及图形和文字符号

在电路原理图中，三极管是用图 2.1.3 中所示的图形符号和文字符号 VT 表示的。其中，有箭头的电极是发射极，箭头方向表示发射结正向偏置时的电流方向，由此可以判断管子是 PNP 型还是 NPN 型。

无论是 PNP 型还是 NPN 型三极管都可以用锗或硅两种材料制作，所以三极管又可分为锗三极管和硅三极管。

2.1.2　三极管中的电流分配和放大作用

仿真实训

三极管电流的测试

一、 放大的概念

三极管的电流放大并不是指其自身能把小电流变成大电流，它仅仅是起着一种控制作用，控制着电路中的电源，使其按确定的比例向三极管提供 i_B、i_C 和 i_E 三个电流。电流的这种控制作用就好比图 2.1.4 中的水流控制，三极管的基极 b、集电极 c 和发射极 e 分别对应着图 2.1.4 中的细管、粗管和粗细交汇的管子。粗的管子内装有闸门，闸门开启大小受细管子中的水量控制。如果细管子中没有水流，粗管子中的闸门就会关闭；注入细管子中的水量越大，闸门就开得越大，相应地流过粗管子的水就越多，最后，细管子的水与粗管子的水汇合在一根管子中，这就体现出“以小控制大，以弱控制强”的道理。

图 2.1.4　三极管电流放大作用示意图

所以，只要给电路中的三极管外加合适的电源电压，就会产生电流 i_B、i_C和 i_E，这时很小的 i_B就可以控制比它大上百倍的 i_C。显然 i_C不是由三极管产生的，而是在 i_B的控制下由电源电压提供的，这就是三极管的能量转换作用。

二、 三极管的电流放大作用

三极管的电流分配关系

做中学

实验——三极管中电流的分配和放大作用

1. 连接电路

按图 2.1.5 所示连接电路。

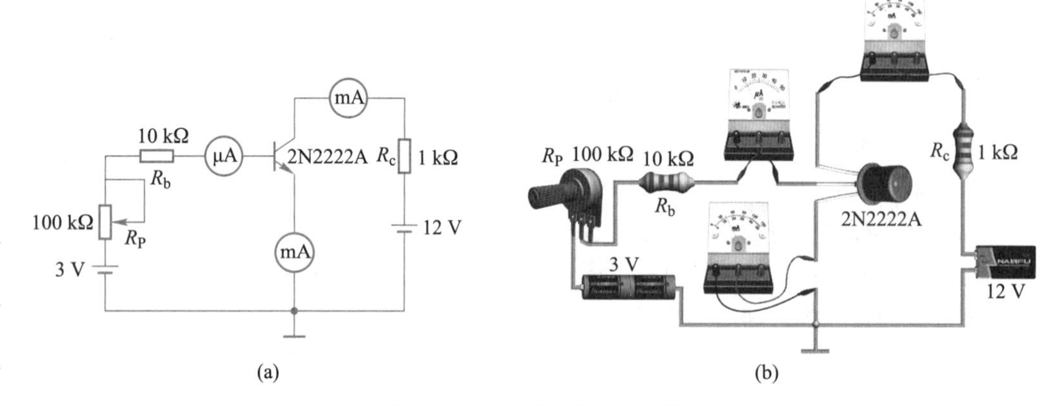

图 2.1.5 三极管电流放大电路

2. 测量

调节电位器 R_P，以改变基极电流 I_B；用电流表测得相应的 I_B、I_C、I_E 的数值（表 2.1.1 中提供的数据为实验参考数据）。

表 2.1.1 三极管电流测试数据

电流	第 1 次	第 2 次	第 3 次	第 4 次	第 5 次
I_B/μA	0	40	46	50	56
I_C/mA	0	8.084	9.099	9.803	10.85
I_E/mA	0	8.124	9.145	9.852	10.91

3. 数据分析

分析实验参考数据可得到以下结论：

（1）观察实验数据表中的每一列，可得出三极管各极电流分配关系为

$$I_E = I_B + I_C \qquad (2-1-1)$$

显然，此结果符合基尔霍夫电流定律，即流入三极管的电流之和等于流出三极管的电流之和。

（2）比较各列数据，发现 $I_E \approx I_C \gg I_B$，同时对第 3、4 次数据进行计算比较，从中可以得出：

① 基极电流和集电极电流之比基本为常量

$$\frac{I_{C3}}{I_{B3}} = \frac{9.099}{0.046} \approx 198, \quad \frac{I_{C4}}{I_{B4}} = \frac{9.803}{0.05} \approx 196$$

由于上述实验电路中的发射极是输入回路、输出回路的公共端，称该常量为

共发射极直流放大系数 $\bar{\beta}$(也可用 h_{FE}表示),定义为

$$\bar{\beta}=\frac{I_C}{I_B} \tag{2-1-2}$$

② 基极电流有微小的变化量 Δi_B,集电极电流就会产生较大的变化量 Δi_C,且变化电流量之比也基本为常量

$$\frac{\Delta i_C}{\Delta i_B}\approx 180$$

该常量称为共发射极交流放大系数 β(也可用 h_{fe}表示),定义为

$$\beta=\frac{\Delta i_C}{\Delta i_B} \tag{2-1-3}$$

实验数据表明:

(1) 三极管的电流放大作用,实质上是用较小的基极电流信号控制较大的集电极电流信号,实现"以小控大"的作用。

(2) 三极管电流放大作用的实现需要外部提供直流偏置,即必须保证三极管发射结加正向电压(正偏),集电结加反向电压(反偏)。图 2.1.6(a)所示为 NPN 型三极管放大工作时电源接法的示意图,这时,三个电极电流 I_B、I_C、I_E方向如图 2.1.6(b)所示,电位关系应为 $V_C>V_B>V_E$。

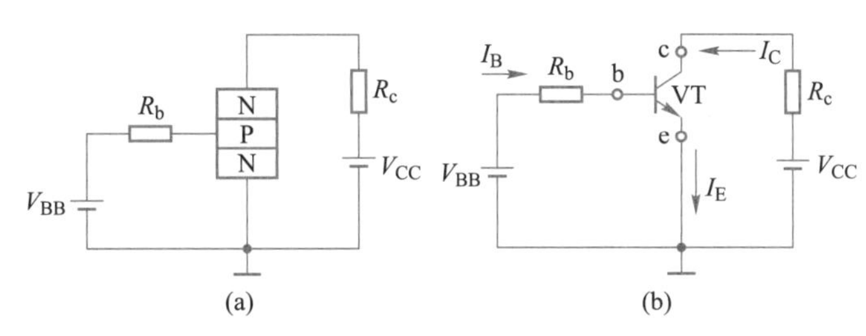

图 2.1.6　NPN 型三极管放大工作时的直流偏置

由于 PNP 型三极管半导体导电极性的不同,因此,PNP 型三极管放大工作时,其电源电压 V_{BB}和 V_{CC}的极性就应与 NPN 型管相反,这时,管子的三个电极的电流方向也与 NPN 型管的电流方向相反,电位关系则为$V_E>V_B>V_C$。

2.1.3　三极管的特性曲线

与二极管相似,三极管各电极电流和极间电压之间的关系也可以用曲线来描述,它们是三极管特性的主要表示形式,称为三极管的伏安特性曲线。这些特性曲线主要有输入和输出特性曲线,可以通过晶体管特性图示仪直观地显示出来,如图 2.1.7 所示。

一、 三极管在电路中的连接

三极管在电路应用时,必定有一个电极作为信号的输入端,另一个电极作为信号的输出端,还有一个电极作为输入回路、输出回路的公共端。由此,三极管在电路中有三种组态(连接方式),如图 2.1.8 中所示,即以发射极为公共端的共发射极组态、以集电极为公共端的共集电极组态和以基极为公共端的共基极组态。

由于三极管的连接方式不同,三极管的伏安特性也不同,其中共发射极特性曲线是最常用的。

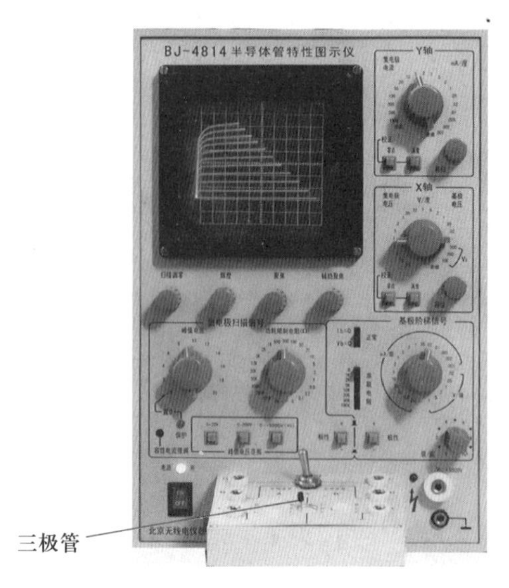

图 2.1.7　晶体管特性图示仪测得的共发射极特性曲线

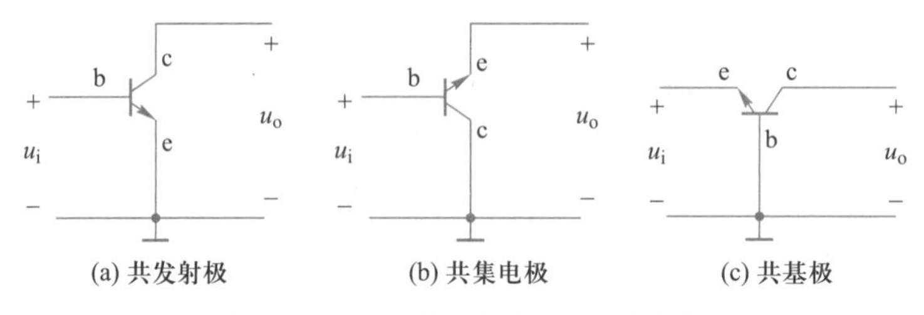

图 2.1.8　三极管在电路中的三种组态

二、 共发射极输入特性曲线

图 2.1.9 所示的共发射极输入特性曲线是指当 U_{CE} 为某一定值时，基极电流 i_B 和发射结电压 u_{BE} 之间的关系曲线。

当 $U_{CE}=0$ 时，输入特性曲线与二极管的正向伏安特性曲线相似，存在死区电压 U_{on}（也称开启电压），硅管的 $U_{on}\approx0.5$ V，锗管的约为 0.1 V。只有当 u_{BE} 大于 U_{on} 时，基极电流 i_B 才会上升，三极管才会正常导通。硅管的导通电压约为 0.7 V，锗管的导通电压约为 0.3 V。

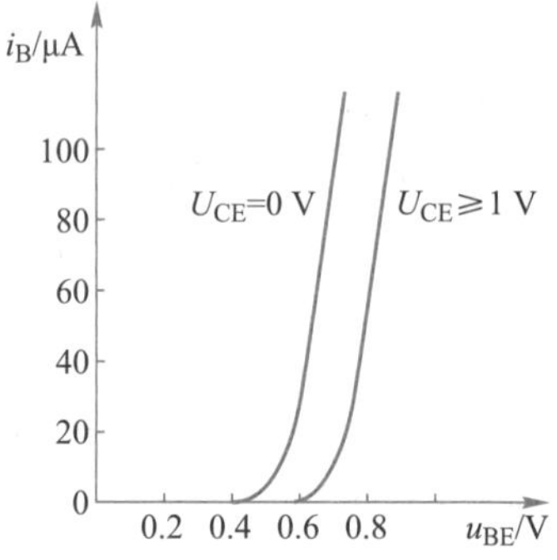

图 2.1.9　共发射极输入特性曲线

随着 U_{CE} 增大，输入特性曲线右移，但当 U_{CE} 超过某一定数值（$U_{CE}>1$ V）后，曲线不再明显右移而基本重合。

三、 共发射极输出特性曲线

共发射极输出特性曲线是在基极电流 I_B 为一常量的情况下，集电极电流 i_C 和管压降 u_{CE} 之间的关系曲线。描述小功率三极管的特性曲线时，一般以 10 μA 或 20 μA 为增量，将 I_B 从 0 开始取 6~8 个常量，对应形成 6~8 根 $i_C\sim u_{CE}$ 曲线，所以我们看到的三极管的输出特性曲线实际是 $i_C\sim u_{CE}$ 曲线簇。通常把三极管的输出特性曲线分为截止、饱和和放大三个区域。

1. 截止区

习惯上把 $I_B=0$ 曲线以下的区域称为截止区。在该区域，发射结电压小于开启电压且集电结反偏，即共发射极电路在该区域有 $u_{BE}\leqslant U_{on}$，且 $u_{CE}>u_{BE}$。此时，i_C很微小作为穿透电流存在，可以近似认为 $i_C \approx 0$。

2. 饱和区

u_{CE}较小的区域称为饱和区。在该区域发射结和集电结均处于正偏，即共发射极电路在该区域有 $u_{BE}>U_{on}$，且 $u_{CE}<u_{BE}$。此时，i_C基本不受 I_B控制，但随 u_{CE}增大而明显增大。三极管饱和时的 u_{CE}值称为饱和电压降 U_{CES}，小功率硅管约为 0.3 V，锗管约为 0.1 V。

3. 放大区

在图 2.1.10 中，一簇与横轴平行的曲线，且各条曲线距离近似相等的区域称为放大区。在该区域发射结正偏且集电结反偏，即共发射极电路在该区域 $u_{BE}>U_{on}$，且 $u_{CE} \geqslant u_{BE}$。此时，i_C几乎仅仅决定于 I_B，而与 u_{CE}无关，表现出三极管放大时的两个特性：① 电流受控，I_B对 i_C有控制作用，即 $\Delta i_C=\beta\Delta i_B$；② 恒流特性，只要 I_B一定，i_C基本不随 u_{CE}变化而变化。

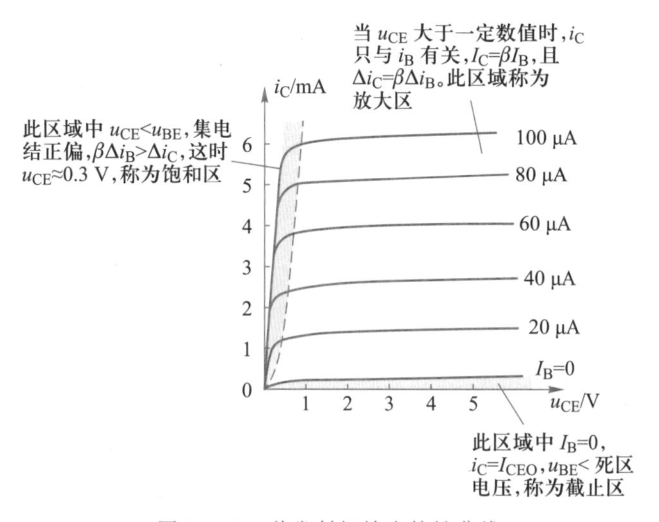

图 2.1.10 共发射极输出特性曲线

对应输出特性曲线上的三个区域，三极管的工作状态有：放大、饱和和截止三个状态，NPN 型三极管的三种工作状态见表 2.1.2。

表 2.1.2 NPN 型三极管的三种工作状态

项目 状态	直流偏置	u_{BE}	i_C	u_{CE}	集电极和发射极间相当于
放大状态	发射结正偏 集电结反偏	硅管 0.6~0.7 V 锗管 0.2~0.3 V	$\Delta i_C=\beta\Delta i_B$——受控（电流放大作用） i_B 一定时，i_C 恒定——恒流特性	$u_{CE}>u_{BE}$	受控电流源 c, b, e, Δi_C, Δi_B, $\beta\Delta i_B$
饱和状态	发射结正偏 集电结正偏	硅管 ≥0.7 V 锗管 ≥0.3 V	$\Delta i_C \neq \beta\Delta i_B$——不受控（无电流放大） i_C 随 u_{CE} 增大，急剧增大	$u_{CE}<u_{BE}$	闭合开关 c, b, e, $\Delta i_C \neq \beta\Delta i_B$, Δi_B, S

续表

状态＼项目	直流偏置	u_{BE}	i_C	u_{CE}	集电极和发射极间相当于
截止状态	发射结反偏 集电结反偏	$\leqslant U_{on}$	$i_B=0$ $\beta i_B=0$ $i_C\approx 0$	$u_{CE}\approx V_{CC}$	断开开关

岗位知识积累

三极管工作在放大状态时，可在模拟电路中作放大管，用来控制电流的大小；三极管工作在饱和与截止状态时，具有开关特性，常作为开关应用在自动控制和传感装置中。

2.1.4 三极管的使用常识

一、三极管器件手册查阅

在使用三极管前，应从有关器件手册或网上查找到三极管的型号、主要用途、主要参数和器件的外形尺寸与引脚排列等，这些资料是正确使用三极管的重要依据。

1. 三极管型号命名

三极管的种类很多，其型号的命名方法各个国家也不尽相同，一般由五部分组成。部分三极管型号的命名方法见表 2.1.3。

表 2.1.3　部分三极管型号的命名方法

产地＼型号	一	二	三	四	五
	电极数目	三极管材料和极性	三极管类型	器件序号	规格号
中国	3:三极管	A:PNP 型锗材料 B:NPN 型锗材料 C:PNP 型硅材料 D:NPN 型硅材料	X:低频小功率管 G:高频小功率管 D:低频大功率管 A:高频大功率管	反映参数的差别	反映承受反向击穿电压的程度，如规格号 A、B、C、D、…，其中 A 承受反向击穿电压的程度最低，B 次之……
日本	2:三极管(2 个 PN 结)	S(日本电子工业协会注册产品)	A:PNP 高频 B:PNP 低频 C:NPN 高频 D:NPN 低频	登记序号	对原型号的改进
美国	2:三极管(2 个 PN 结)	N(美国电子工业协会注册标志)	登记序号		—

产地							
韩国	9011	9012	9013	9014	9015	9016	9018
	NPN	PNP	NPN	NPN	PNP	NPN	NPN
	高频放大	低频功率管	低频功率管	低噪放大	低噪放大	超高频	超高频

2. 常用三极管主要参数查阅

常用三极管主要参数可从有关器件手册上查阅，表 2.1.4 是 C90 系列三极管的部分参数。

表 2.1.4　C90 系列三极管的部分参数

型号	材料与极性	P_{CM}/W	I_{CM}/mA	I_{CEO}/μA	$U_{(BR)CEO}$/V	f_T/MHz	$\bar{\beta}$
C9011	SI-NPN	0.4	30	0.05	18	150	28～198
C9012	SI-PNP	0.625	-500	0.05	-25	—	78～246
C9013	SI-NPN	0.625	500	0.05	25	—	78～246
C9014	SI-NPN	0.45	100	0.05	18	150	68～800
C9015	SI-PNP	0.45	-100	0.05	-18	100	60～800
C9016	SI-NPN	0.4	25	0.05	20	620	50～200
C9018	SI-NPN	0.4	50	0.05	12	1 100	54～198

通过查阅，可以知道三极管参数主要有直流、交流和极限参数三大类。

(1) 电流放大系数

电流放大系数是反映三极管电流放大能力的参数。

共发射极直流电流放大系数 $\bar{\beta}$　三极管共发射极接法时，当 U_{CE} 为一定值时，集电极直流电流 I_C 和基极直流电流 I_B 的比值为 $\bar{\beta}$，即

$$\bar{\beta}=\left.\frac{I_C}{I_B}\right|_{U_{CE}=常量} \tag{2-1-4}$$

共发射极交流电流放大系数 β　三极管共发射极接法时，当 U_{CE} 为一定值时，集电极交流电流变化量 Δi_C 和基极电流变化量 Δi_B 的比值为 β，即

$$\beta=\left.\frac{\Delta i_C}{\Delta i_B}\right|_{U_{CE}=常量} \tag{2-1-5}$$

【例 2.1】　图 2.1.11 所示为某三极管的输出特性曲线，从曲线上大致确定该管在 $u_{CE}=7.5$ V，$I_B=60$ μA（b 点）附近的 $\bar{\beta}$ 和 β 值。

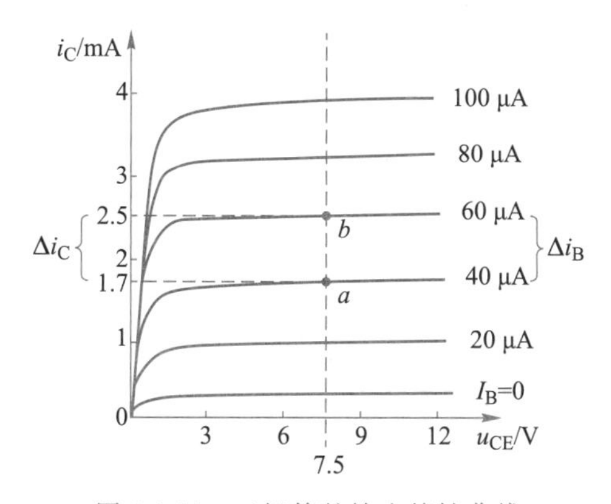

图 2.1.11　三极管的输出特性曲线

解：在图 2.1.11 所示的输出特性曲线上作 $u_{CE}=7.5$ V 垂线，与 $I_B=60$ μA 的输出特性曲线交于 b 点，由此可得该点对应的

$$\bar{\beta}=\frac{I_C}{I_B}=\frac{2.5\times10^{-3}\ \text{A}}{60\times10^{-6}\ \text{A}}\approx42$$

$$\beta=\frac{\Delta i_C}{\Delta i_B}=\frac{(2.5-1.7)\times10^{-3}\ \text{A}}{(60-40)\times10^{-6}\ \text{A}}=40$$

从上面的计算结果可以看出，虽然，$\bar{\beta}$ 和 β 的含义不同，但由于两者的数值近似相同，所以在使用时经常相互代用。

（2）极间反向饱和电流 I_{CBO} 和 I_{CEO}

极间反向电流是反映三极管稳定性的参数。

集-基极间反向饱和电流 I_{CBO}　I_{CBO} 是发射极开路时，集电极和基极之间的反向饱和电流。

集-射极间反向饱和电流 I_{CEO}　I_{CEO} 是基极开路时，集电极和发射极之间的反向饱和电流。

$$I_{CEO}=(1+\bar{\beta})I_{CBO} \tag{2-1-6}$$

同型号的管子反向电流越小，性能越稳定。

（3）主要极限参数

三极管的极限参数是三极管正常工作时所能达到的最大的电流、电压和功率等参数，它们关系到三极管的安全使用。

集电极最大允许电流 I_{CM}　一般规定，三极管电流放大系数 β 下降到额定值的 2/3 时的集电极电流称为集电极最大允许电流。实际使用时，必须使 $I_C<I_{CM}$，否则 β 将明显下降。

集电极最大允许耗散功率 P_{CM}　P_{CM} 表示集电结允许损耗功率的最大值。在应用中，必须使三极管的 $I_CU_{CE}\leqslant P_{CM}$，否则会使三极管性能变坏或烧毁。

从有关器件手册中查到的大功率三极管的 P_{CM} 值，通常是带规定散热器时的数值，因此，使用时一定要保证管壳与散热器紧密接触，以便散热。

集-射极间反向击穿电压 $U_{(BR)CEO}$　$U_{(BR)CEO}$ 是基极开路时（$I_B=0$），允许加在集、射极之间的最大反向电压。若集电结反偏电压超过该值，将导致反向电流剧增，从而使三极管被损坏。

三极管的极限参数将三极管限制在图 2.1.12 所示的安全工作区域内，从而确保三极管的正常工作。

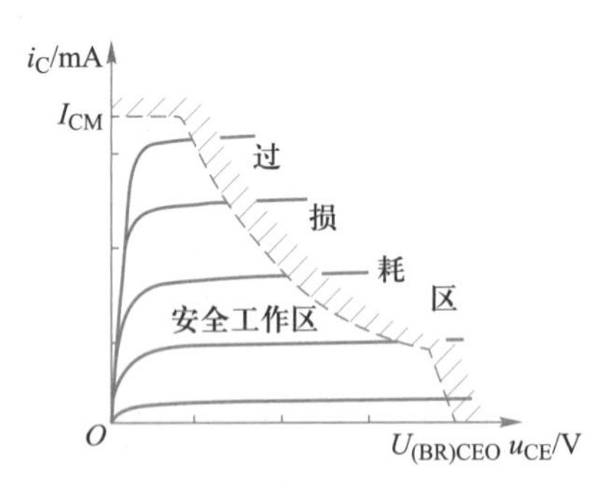

图 2.1.12　三极管安全工作区域

3. 三极管引脚排列

由于三极管引脚排列有很多形式，在使用前应查阅有关器件手册或相关资料核对引脚排列。如果有些管子的引脚排列不清楚，可以用万用表来判断三极管的引脚排列，切不可主观臆断，更不可凭经验，避免装错返工。

小功率三极管的检测

二、 小功率三极管的检测

1. 三极管基极和类型的判断

用万用表判断三极管基极和类型的方法如图 2.1.13 所示。将万用表置于 $R\times1$ k电阻挡。用万用表的一支表笔依次接三极管的一个引脚，而另一支表笔分别接另外两个引脚，以测量三极管三个引脚中每两个引脚之间的正、反向电阻值。

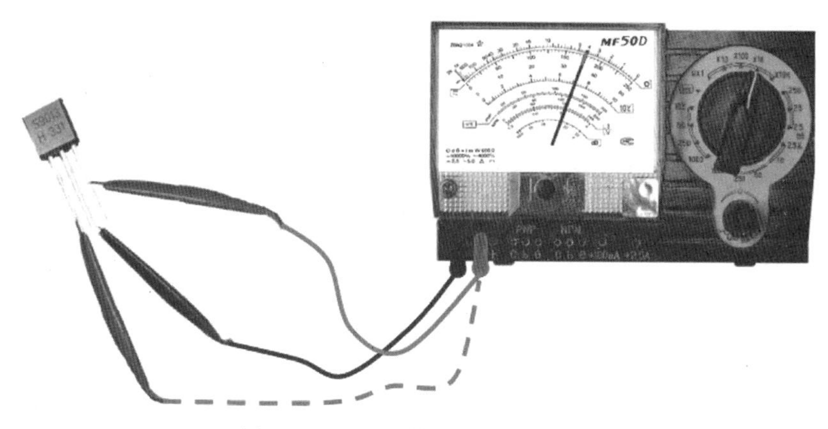

图 2.1.13　三极管基极和类型判断

当第一支表笔接某个引脚，而第二支表笔先后接触另外两个引脚均测得较小电阻值时，则第一支表笔所接的那个引脚即为基极 b。如果接基极 b 的第一支表笔是红表笔，则可判定该三极管为 PNP 型；如果是黑表笔接基极 b，则可判定该三极管为 NPN 型。

2. 三极管引脚的判别和$\overline{\beta}$值估测

选择能测 h_{FE} 的万用表，例如图 2.1.14 所示的 MF50D 型指针式万用表。将万用表置于 h_{FE} 挡，根据被测三极管的管型，将三极管的基极引脚 b 插入 NPN 或 PNP 对应的插孔，另两根引脚分别插入 NPN 或 PNP 的其他插孔，以测量三极管的 $h_{FE}(\overline{\beta})$，然后再将管子反插（基极 b 位置不变）再测一遍，两次测量结果明显不同。测得 $h_{FE}(\overline{\beta})$ 值比较大的一次时，三极管的三个引脚恰好分别对应 NPN 或 PNP 插孔上的 e、b、c。这时测得的 h_{FE} 值，即为该三极管的直流电流放大系数的估测值。若欲获得三极管 h_{FE} 的确切值，可以进一步通过晶体管特性图示仪进行测量。

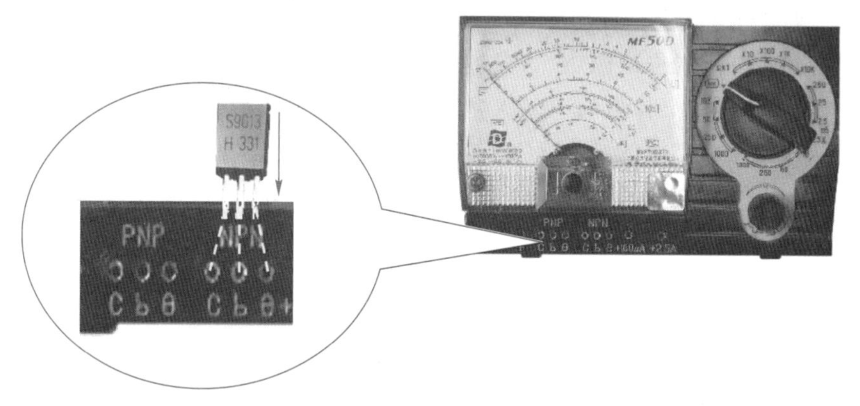

图 2.1.14　三极管引脚判别

3. 三极管性能的简易判断

简易判断三极管的性能时，可将万用表置于 $R\times1$ k 电阻挡，分别用红、黑表笔测量三极管各极间阻值，然后将测量结果与表 2.1.5 对照，大致判断三极管的好坏。

表 2.1.5　三极管极间阻值分析

类型	测量电极	正向电阻	反向电阻	正向电阻	反向电阻	正向电阻	反向电阻
硅	b-e	几百欧~几千欧	大于 500 kΩ	∞	0	几百欧~几千欧	小于 500 kΩ
	b-c	几百欧~几千欧	大于 500 kΩ	∞	0	几百欧~几千欧	小于 500 kΩ
	c-e	大于 2 MΩ		—	—	大于 2 MΩ	
	判断	正常		b-c、b-e 极开路	b-c、b-e 极短路	管子漏电大	
锗	b-e	几百欧~1 kΩ	大于 400 kΩ	∞	0	几百欧~1 kΩ	小于 400 kΩ
	b-c	几百欧~1 kΩ	大于 400 kΩ	∞	0	几百欧~1 kΩ	小于 400 kΩ
	c-e	大于几千欧		—	—	大于几千欧	
	判断	正常		b-c、b-e 极开路	b-c、b-e 极短路	管子漏电大	

三、 三极管的选用

选用三极管时，应从以下几个方面考虑：

1. 三极管使用频率

首先要明确电路是工作在低频场合还是在高频场合。工程设计中一般要求三极管的f_T高于电路工作频率的 3 倍以上。

2. 三极管工作的安全性

对于工作在大电流场合的三极管，如驱动继电器等，应根据实际工作电流选用I_{CM}较大的管子，从而保证集电极工作电流$I_C \leq I_{CM}$。

对于工作在大功率场合的三极管，应重点考虑三极管的集电极最大耗散功率P_{CM}，使三极管额定消耗功率$P_C \leq P_{CM}$。同时，大功率三极管在使用时，因功耗较大，应加装一定规格的散热片。

另外小功率的三极管的$U_{(BR)CEO}$可以根据电路的电源电压来确定。一般情况下，只要使电路电源的最高电压不大于$U_{(BR)CEO}$即可。

在换用三极管时，也应注意所替换三极管的极限参数、材料、管型以及性能等。

应用拓展

光电三极管

以接收光信号并将其变换成电信号为目的而制成的三极管称为光电三极管。光电三极管最常用的材料是硅，一般仅引出集电极和发射极，其外形与发光二极管一样（也有引出基极的光电三极管，常作温度补偿用），图 2.1.15（a）、（b）所示为光电三极管实物和符号。

光电三极管是靠光的照射量来控制集电极电流大小的器件，其功能可等效看作一个光电二极管与一只三极管的结合，如图 2.1.15（c）所示，所以它具有放大作用。

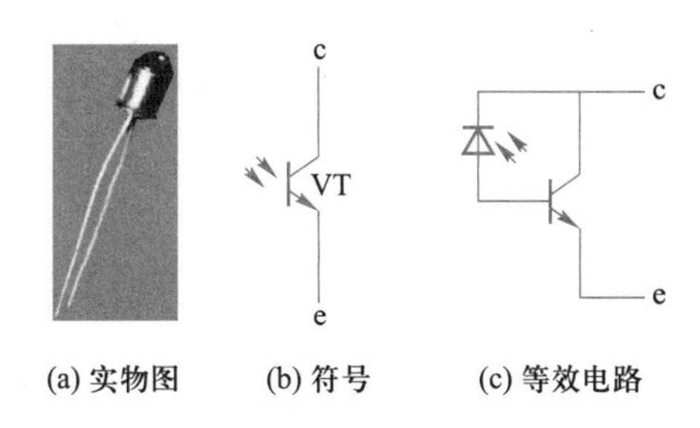

图 2.1.15　光电三极管外形、符号和等效电路

光电三极管的输出特性曲线与普通三极管相似，只是将基极电流 I_B 用入射光照度 E 代替。无光照时，集电极电流 I_{CEO} 很小，称为暗电流。但有光照时，集电极电流成为光电流，一般为零点几毫安到几毫安。

做中学

测试三极管

1. 识别

识别三极管外壳上符号的意义。

2. 查阅参数

根据三极管的型号，借助于有关器件手册或其他资料，识别其极性、材料和主要参数，并将结果填入表 2.1.6 中。

3. 用万用表估测三极管

(1) 判别三极管的极性、材料。

(2) 估测三极管的 β 值。

表 2.1.6　三极管识别记录表

型号	类型		主要参数			
	材料	极性	β	I_{CM}	P_{CM}	$U_{(BR)CEO}$

2.2 三极管基本放大电路

在众多的三极管应用电路中，放大电路（或放大器）是其主要用途之一。利用三极管的电流放大作用可以构成各种放大电路，下面以共发射极（简称共射）放大电路为例，讨论三极管放大电路的结构、工作原理和分析方法。

2.2.1　共发射极基本放大电路

一、电路组成

图 2.2.1 所示是以三极管为核心的共射基本放大电路，输入信号 u_i 从三极管

基本放大电路的组成

的基极和发射极之间输入，放大后的输出信号 u_o 从三极管的集电极和发射极之间输出。发射极是输入、输出回路的公共端，故称该电路为共射基本放大电路。

为了省去电源 V_{BB}，共射放大电路习惯上画成图 2.2.1(b) 所示的形式，图中电源电压 V_{CC} 也以常见的电位形式标出。

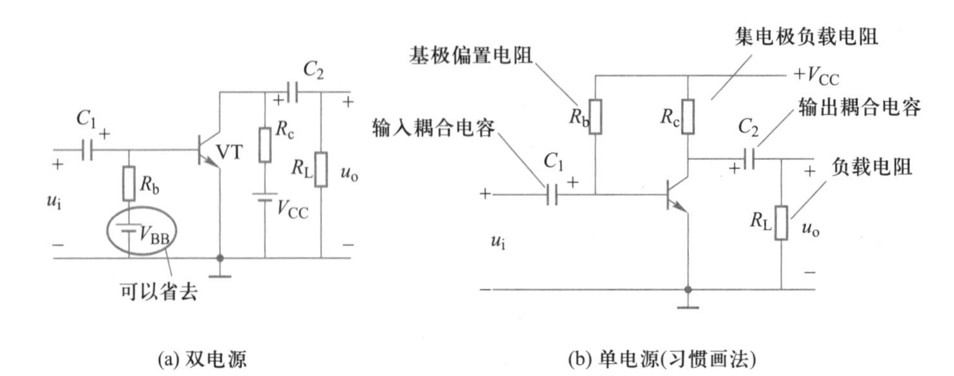

图 2.2.1 共射基本放大电路

二、元器件的作用

图 2.2.1 所示的输入端连接需放大的信号源，输入端电压为 u_i，输出端接负载电阻 R_L，电源 V_{CC} 给电路提供能量，同时也为三极管提供合适的直流偏置电压。电路中各元器件的作用见表 2.2.1。

表 2.2.1 共射放大电路主要元器件名称和作用

符号	元器件名称	元器件作用
VT	三极管	实现电流放大
R_b	基极偏置电阻	提供偏置电压
R_c	集电极负载电阻	提供集电极电流通路； 将放大的集电极电流的变化转换为集电极电压的变化
C_1	输入耦合电容	使信号源的交流信号畅通地传送到放大电路输入端
C_2	输出耦合电容	把放大后的交流信号畅通地传送给负载

2.2.2 静态工作点和放大原理

从图 2.2.1 中可以看出，电路既有输入信号源产生的交流量，又有直流电源 V_{CC} 产生的直流量。为了能简单明了地加以区分，每个量都用相应的符号表示，一般情况下，电压、电流符号规定如下：

U_{BE}	U_{CE}	I_B	I_C	直流分量电压、电流
u_i	u_o	i_b	i_c	交流分量电压、电流的瞬时值
u_{BE}	u_{CE}	i_B	i_C	直流分量和交流分量的叠加，如 $i_B=i_b+I_B$
U_i	U_o	I_i	I_o	交流分量电压、电流的有效值
U_{im}	U_{om}	I_{im}	I_{om}	交流分量电压、电流的最大值

【例 2.2】 试用图表示集电极和发射极之间的电压 u_{CE}。

解： 如图 2.2.2 所示。

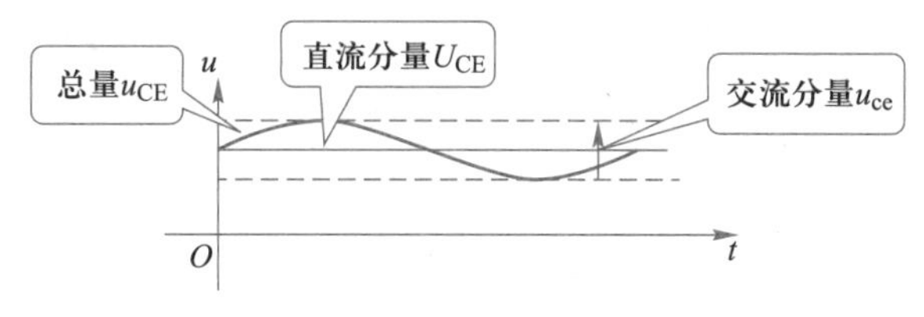

图 2.2.2　u_{CE}及各分量示意图

一、设置合适的静态工作点

基本放大电路中交、直流量共存，电路在没有输入信号（即输入端短路），只有直流电源单独作用下的直流工作状态简称为静态。放大电路在静态时，三极管各极的电压和电流（I_B、I_C、I_E、U_{BE}和U_{CE}）均为直流量，它们在输入、输出特性曲线上可以确定为一个图 2.2.3 中所示的坐标点 Q，该 Q 点称为静态工作点。Q 点处的直流电流、电压习惯上用 I_{BQ}、I_{CQ}、I_{EQ}、U_{BEQ}和 U_{CEQ}表示。

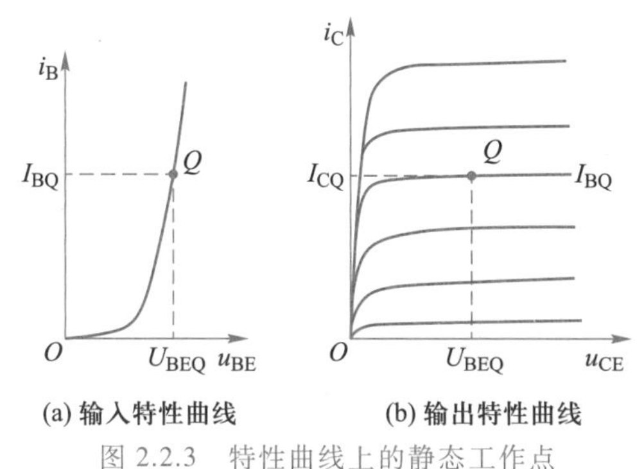

图 2.2.3　特性曲线上的静态工作点

假设图 2.2.1 所示电路基极无直流偏置电压（基极电阻 R_b 开路），静态时，$I_B=0$，那么 Q 点就在图 2.2.4 中所示的坐标原点上。如果这时在三极管 b、e 两端加一个正弦电压 u_{be}，那么产生的 i_B波形将如图 2.2.4 所示。显然，从波形上可以看出，i_B出现了失真，这种由于三极管非线性造成的失真称为放大电路的非线性失真。

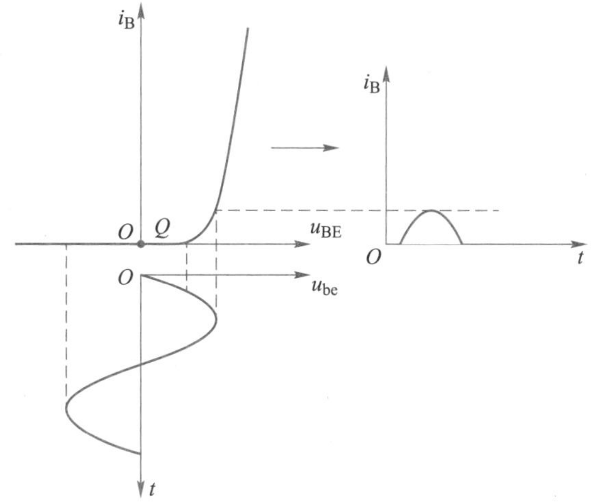

图 2.2.4　基极不加偏置电阻时的工作波形

所以，为了避免放大电路的非线性失真，必须设置合适的静态工作点，才能保证放大电路不失真地放大输入信号。

二、共射放大电路的工作原理

在放大电路中，输入信号 u_i经过 C_1耦合加至三极管 b、e 极后，各极电压、电流的大小均在直流量的基础上，叠加了一个随 u_i 变化而发生变化的交流量，这时电路处于交流状态或动态工作状态，简称动态。

当输入信号 u_i 为正弦信号时，共射放大电路工作波形如图 2.2.5 所示。

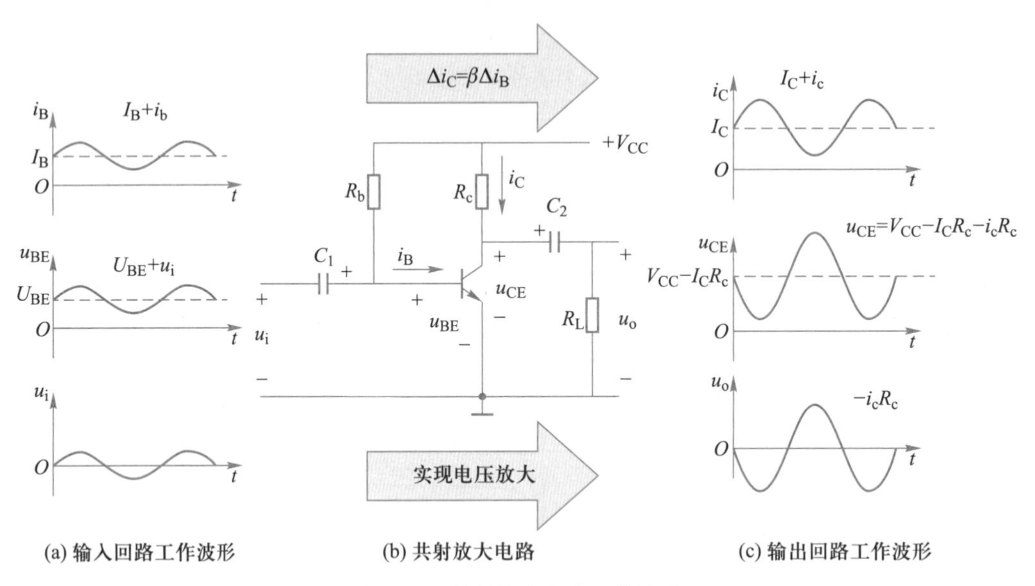

图 2.2.5　共射放大电路工作波形

从图 2.2.5 中可以看出，基极电流 i_B 经过三极管电流放大后，在集电极获得了相应的电流 $i_C=\beta i_B$，这样，i_C 在集电极负载电阻 R_c 上产生了一个压降 i_CR_c。由图 2.2.5(b)可以看出，$u_{CE}=V_{CC}-i_CR_c$，则

$$u_{CE}=V_{CC}-i_CR_c=V_{CC}-I_CR_c-i_cR_c=U_{CE}+u_{ce}$$

式中 $u_{ce}=-i_cR_c$，负号表明 u_{ce} 的变化方向和 i_c 相反。

u_{CE} 经过输出耦合电容 C_2，直流成分 U_{CE} 被隔断，交流成分 u_{ce} 被畅通地传送到输出端并成为输出电压 u_o。

由于输出端得到了一个与输入电压反相的输出电压 u_o，因此，该放大电路通常也称反相放大器。

岗位知识积累

要使放大电路具有电压放大作用，必须满足以下信号转化中的每个条件：

$$u_i \rightarrow i_b \xrightarrow{\text{（三极管工作在放大状态）}} i_c \xrightarrow{(R_c、C_2\text{ 的作用})} u_o$$

做中学

仿真实训
基本放大电路的测试

按图 2.2.6 所示在放大电路的输入端送入 $f=1$ kHz，幅度适当的正弦信号，用示波器观察输出端的电压波形。

(1) 调节 R_P，使输出端输出一个不失真的电压波形，如图 2.2.7(a)所示。

(2) 保持输入信号 u_i 不变，调节电位器 R_P(增大阻值)。调节到一定程度，可以在示波器上观察到图 2.2.7(b)所示的输出电压波形。波形的顶部被削平。

(3) 保持输入信号 u_i 不变，调节电位器 R_P(减小阻值)。调节到一定程度，可以在示波器上观察到图 2.2.7(c)所示的输出电压波形。波形的底部被削平。

以上实验过程表明，静态工作点不合适，将会引起输出电压波形的失真。

如果 $R_b(R_P)$ 太大，基极电流就会过小，导致在输入信号 u_i 负半周的一段时

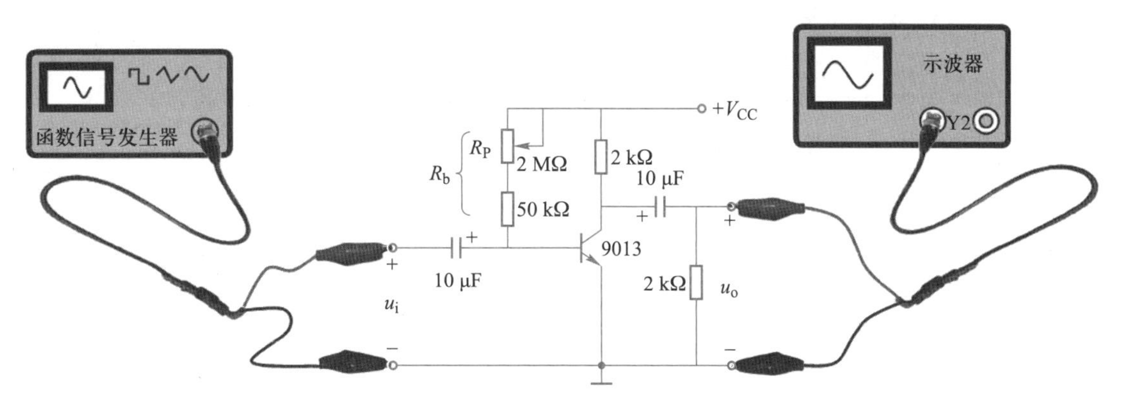

图 2.2.6　共射基本放大电路实验示意图

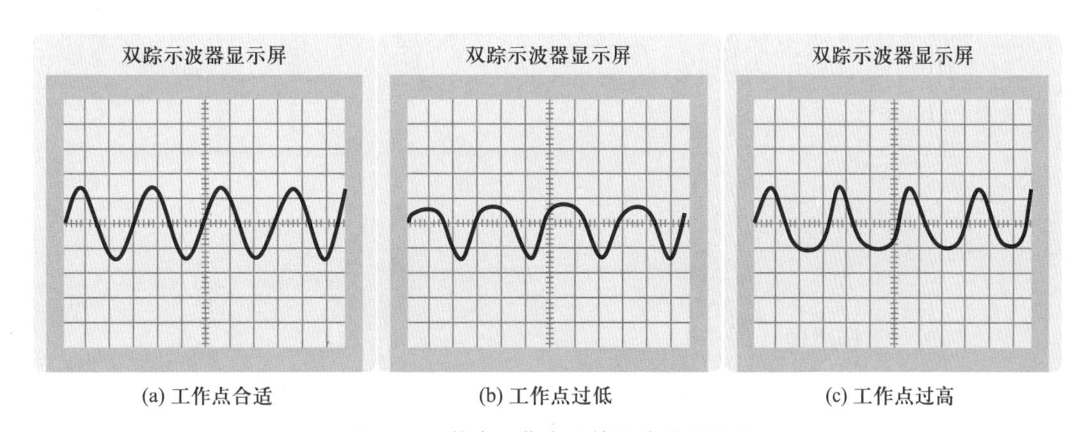

(a) 工作点合适　　(b) 工作点过低　　(c) 工作点过高

图 2.2.7　静态工作点对输出波形的影响

间内，三极管进入截止区。这时，在 i_C 的负半周、u_{CE} 的正半周出现了切割失真，输出电压波形的正半周也相应出现了失真，如图 2.2.7(b) 所示。这种波形失真称为截止失真。

如果 $R_b(R_P)$ 太小，基极电流就会过大，导致在输入信号 u_i 正半周的一段时间内，三极管进入饱和区。这时，i_C 无法随 i_B 增大而相应增大，于是在 i_C 的正半周、u_{CE} 的负半周出现了切割失真，输出电压波形的负半周也相应出现了失真，如图 2.2.7(c) 所示。这种波形失真称为饱和失真。

电路评价

共射基本放大电路结构简单，只要电源 V_{CC} 和基极偏置电阻 R_b 固定，I_B 也就固定了，所以又称固定偏置放大电路。固定偏置放大电路的静态工作点极易受温度、电源电压或更换管子等因素的影响而变动，当 Q 点变动到不合适的位置时，将引起放大信号的失真。因而实际应用中，放大电路必须能自动稳定工作点，以保证尽可能大的输出动态范围和避免输出信号失真。

2.2.3　工作点稳定的三极管放大电路

三极管参数受温度影响会导致放大电路的静态工作点发生漂移，为了减小温度对放大电路的影响，可以选用参数受温度影响小的三极管，但更多的是选用具有稳定工作点的放大电路——分压式偏置放大电路。

一、分压式偏置放大电路的构成

图 2.2.8 所示为分压式偏置放大电路。图中 R_{b1}、R_{b2} 分别为上、下偏置电阻，

V_{CC}通过 R_{b1}和 R_{b2}分压后,为三极管 VT 提供基极偏置电压。R_e为发射极电阻,起稳定静态工作点的作用。C_e称为射极旁路电容,由于 C_e容量较大,对交流信号来讲相当于短路,从而减小了电阻 R_e对交流信号放大能力的影响。

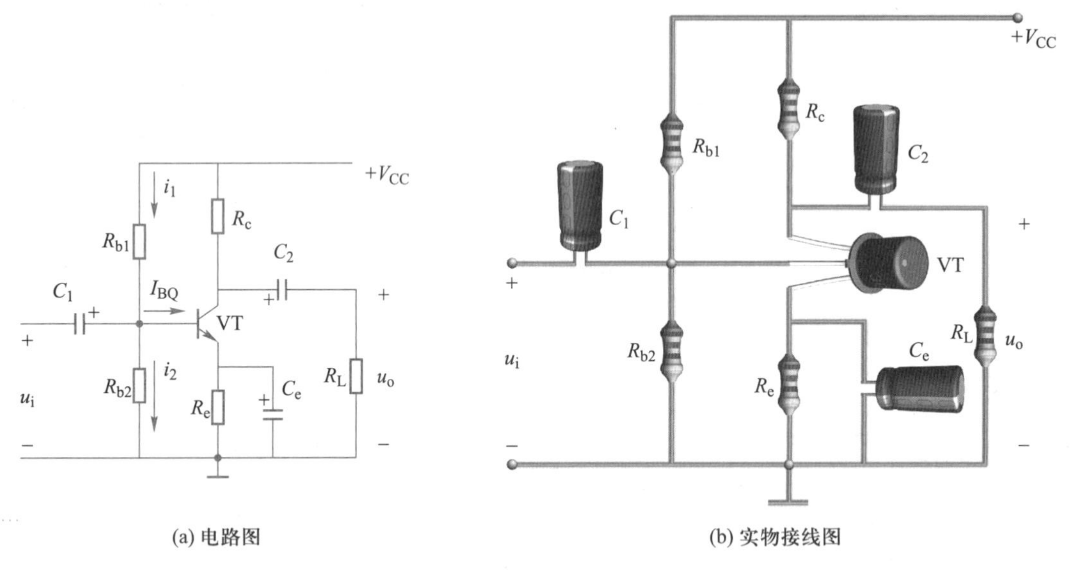

(a) 电路图　　(b) 实物接线图

图 2.2.8　分压式偏置放大电路

二、 工作原理

为了稳定静态工作点,通常情况下,电路参数的选取应满足

$$I_1 \gg I_{BQ}$$

因此,$I_2 \approx I_1$,U_{BQ}为

$$U_{BQ} \approx \frac{R_{b2}}{R_{b1}+R_{b2}} V_{CC} \qquad (2-2-1)$$

分压式偏置放大电路的基极电压由 R_{b1}、R_{b2}分压决定,其数值的大小仅由 R_{b1}、R_{b2}和 V_{CC}决定,而与三极管的参数无关。

当温度升高,分压式偏置放大电路稳定工作点的过程可表示为:

$$T(\text{温度})\uparrow(\text{或}\beta\uparrow)\rightarrow I_{CQ}\uparrow\rightarrow I_{EQ}\uparrow\rightarrow U_{EQ}\uparrow\rightarrow U_{BEQ}\downarrow\rightarrow I_{BQ}\downarrow\rightarrow I_{CQ}\downarrow$$

电路评价

在分压式偏置放大电路稳定静态工作点的过程中,除了在 $I_1 \gg I_{BQ}$情况下,U_{BQ}基本不随温度变化之外,发射极电阻 R_e也起着重要的反馈作用。当输出回路电流 I_C发生变化时,通过 R_e上的电压变化来影响 b、e 间的电压,从而使基极电流 I_B向相反方向变化。显然,电路抑制了集电极电流 I_{CQ}的增大,从而自动地稳定了静态工作点。

应用拓展

1. 共集电极放大电路

共集电极放大电路如图 2.2.9 所示。由图可知,输入信号 u_i 从基极和集电极之间输入,放大后的信号电压从发射极和集电极之间输出。这样集电极成为输入和输出信号的公共端,称为共集电极放大电路,又称射极输出器。

共集电极放大电路是电流放大电路，主要特点是：电压放大倍数略小于 1，输出电压与输入电压同相，输入电阻高，输出电阻低。

利用输入电阻高和输出电阻低的特点，射极输出器广泛用于阻抗变换电路。例如用作多级放大电路的输入级时，由于输入电阻大，故对信号源影响小；用作输出级时，由于输出电阻小，故带负载能力强；当射极输出器用作中间级时，可以隔离前后级的影响，所以又称缓冲级。

2. 共基极放大电路

共基放大电路如图 2.2.10 所示。其中 R_c 为集电极电阻，R_{b1}、R_{b2} 为基极分压偏置电阻，C_b 保证基极对地交流短路。从电路的交流通路可以看出，输入信号 u_i 从发射极和基极之间输入，放大后的信号从集电极和基极之间输出。基极是输入和输出回路的公共端，因此称为共基极放大电路。

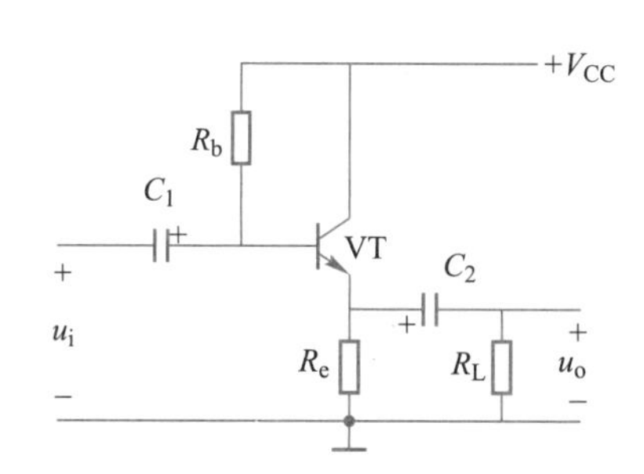

图 2.2.9 共集电极放大电路

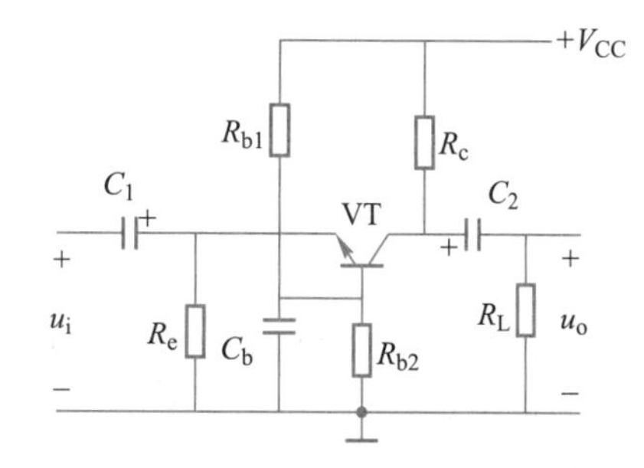

图 2.2.10 共基极放大电路

共基极放大电路没有电流放大作用，但是由于共基极放大电路的频率特性好，因此多用于高频和宽频带电路及高频振荡电路中。

2.2.4 放大电路的分析方法

一、主要性能指标

任何一个放大电路都可以看成一个图 2.2.11 所示的二端口网络，左边是输入端，电路在内阻为 R_s 的信号源作用下，产生输入电流 i_i；右边为输出端，输出电压为 u_o，输出电流为 i_o，R_L 为负载电阻。

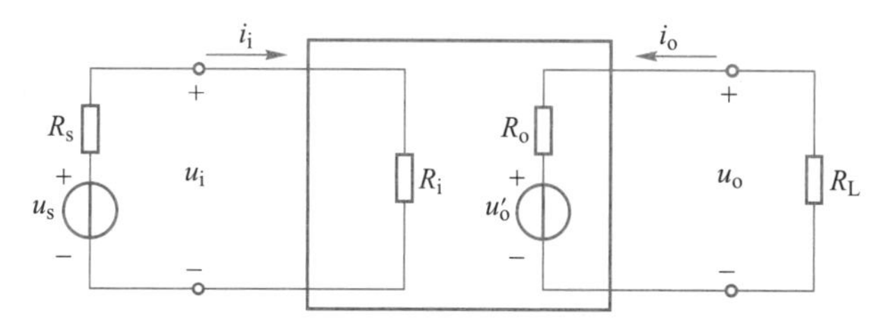

图 2.2.11 放大电路框图

那么，怎样的放大电路算是好的呢？比如，我们希望扩音机能把声音变得更大，经过扩音机放出的声音不走调等，这些都能通过放大电路的性能指标来体现。

1. 放大倍数

放大倍数 A 是直接衡量放大电路放大能力的重要指标，是输出量与输入量之比。

电压放大倍数 A_u 是放大电路输出电压有效值与输入电压有效值之比，定义为

$$A_u=\frac{U_o}{U_i} \tag{2-2-2}$$

电流放大倍数 A_i　是放大电路输出电流有效值与输入电流有效值之比，定义为

$$A_i=\frac{I_o}{I_i} \tag{2-2-3}$$

功率放大倍数 A_p　是放大电路输出功率有效值与输入功率有效值之比，定义为

$$A_p=\frac{P_o}{P_i} \tag{2-2-4}$$

2. 输入电阻R_i

输入电阻R_i是从放大电路输入端看进去的等效电阻，对信号源来说，就是负载。放大电路从信号源索取电流的大小反映了放大电路对信号源的影响程度，R_i定义为输入电压有效值与输入电流有效值之比，即

$$R_i=\frac{U_i}{I_i} \tag{2-2-5}$$

从图2.2.11中可以看出，R_i越大，U_i越接近U_s，信号电压损失越小。

3. 输出电阻R_o

输出电阻R_o是从放大电路输出端看进去的等效内阻，如图2.2.11所示。U'_o为空载时输出电压的有效值，U_o为带负载后输出电压的有效值，由此可得

$$U_o=\frac{R_L}{R_L+R_o}U'_o$$

$$R_o=\left(\frac{U'_o}{U_o}-1\right)R_L \tag{2-2-6}$$

R_o越小，负载电阻变化时，U_o的变化越小，就称放大电路的带负载能力越强。

二、直流通路

直流通路是放大电路在$u_i=0$，仅V_{CC}作用下直流电流所流过的路径。画直流通路的原则：

(1) 输入信号u_i短路。

(2) 电容视为开路(电容所在支路断开)。

(3) 电感视为短路。

图2.2.1所示放大电路的直流通路如图2.2.12所示。它主要用于分析和估算放大电路的直流静态量。

三、交流通路

交流通路是放大电路在$V_{CC}=0$，仅u_i作用下交流电流所流过的路径。画交流通路的原则：

(1) 由于耦合电容容量大，所有耦合电容视为通路。

(2) 电源电压对地短路。

图2.2.1所示放大电路的交流通路如图2.2.13所示。它主要用于分析和估算放大电路的交流动态量。

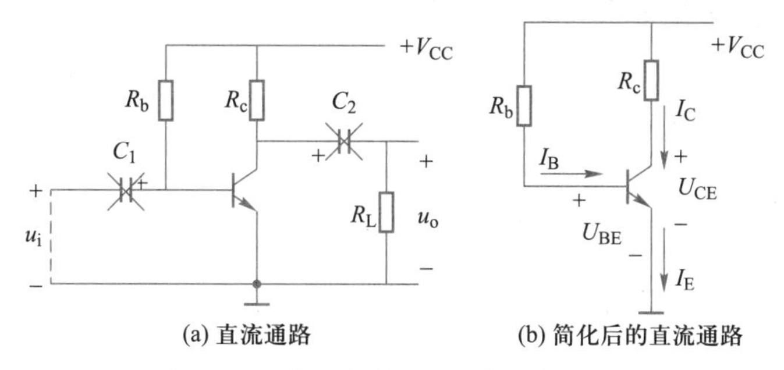

图 2.2.12　单级共射放大电路的直流通路

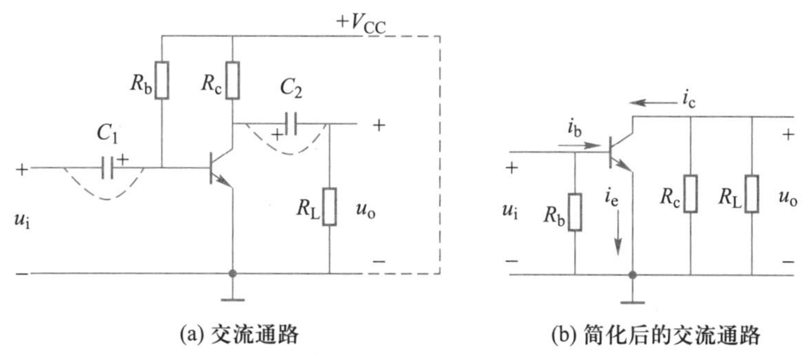

图 2.2.13　单级共射放大电路的交流通路

*2.2.5　放大电路的估算法

一、估算静态工作点

估算静态工作点就是根据放大电路的直流通路，求 I_{BQ}、I_{CQ}、I_{EQ} 和 U_{CEQ} 这 4 个量。

由图 2.2.12 所示的直流通路，可以得到固定偏置放大电路的静态工作点计算公式

$$I_{BQ}=\frac{V_{CC}-U_{BEQ}}{R_b} \tag{2-2-7}$$

$$I_{BQ}\approx\frac{V_{CC}}{R_b} \tag{2-2-8}$$

$$I_{CQ}\approx\bar{\beta}I_{BQ} \tag{2-2-9}$$

$$U_{CEQ}=V_{CC}-I_{CQ}R_c \tag{2-2-10}$$

【例 2.3】　在图 2.2.1 中，已知：$V_{CC}=12\ \text{V}$，$R_c=4\ \text{k}\Omega$，$R_b=300\ \text{k}\Omega$，$\bar{\beta}=37.5$。试确定放大电路的静态工作点。

解： $U_{BEQ}\approx0.7\ \text{V}$

$$I_{BQ}\approx\frac{V_{CC}}{R_b}=\frac{12}{300}\ \text{mA}=0.04\ \text{mA}=40\ \mu\text{A}$$

$$I_{CQ}\approx\bar{\beta}I_{BQ}=37.5\times0.04\ \text{mA}=1.5\ \text{mA}$$

$$U_{CEQ}=V_{CC}-I_{CQ}R_c=(12-1.5\times4)\ \text{V}=6\ \text{V}$$

二、估算主要性能指标

估算放大电路的主要性能指标就是根据放大电路的交流通路求 A_u、R_i 和 R_o 这些主要参数。

在图 2.2.13 所示的交流通路中，三极管 b、e 之间存在一个等效电阻，称为三极管的输入电阻 r_{be}。对于在共射接法时的小功率三极管，r_{be} 通常用下式近似计算（其中 I_E 的单位为 mA）

$$r_{be} \approx 300\ \Omega + (1+\beta)\frac{26\ \text{mV}}{I_E} \tag{2-2-11}$$

1. 电压放大倍数A_u

根据放大倍数的定义，从电路的交流通路可得

$$U_i = I_i(R_b /\!/ r_{be}) \approx I_b r_{be}$$

$$U_o = -I_c(R_c /\!/ R_L) = -I_c R_L'$$

式中，$R_L' = R_c /\!/ R_L$。

故电压放大倍数为

$$A_u = \frac{U_o}{U_i} = -\frac{I_c R_L'}{I_b r_{be}} = -\beta\frac{I_b R_L'}{I_b r_{be}}$$

$$A_u = -\frac{\beta R_L'}{r_{be}} \tag{2-2-12}$$

2. 输入电阻R_i

R_i 是从放大电路的输入端看进去的等效电阻，如图 2.2.14 所示。因为 $U_i = I_i R_b /\!/ r_{be}$，所以输入电阻为

$$R_i = R_b /\!/ r_{be} \tag{2-2-13}$$

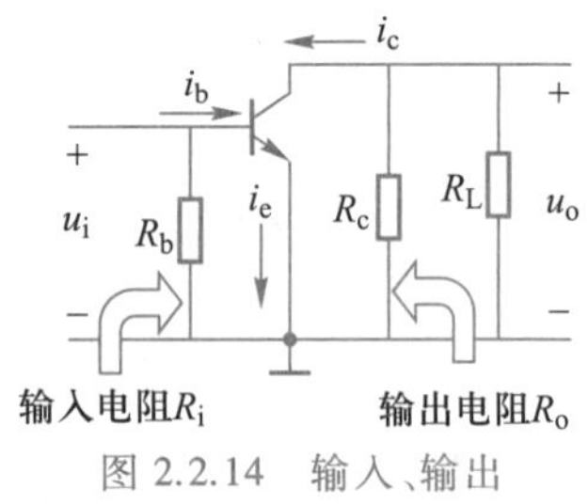

图 2.2.14　输入、输出电阻示意图

3. 输出电阻R_o

根据输出电阻 R_o 的定义，R_o 是从放大电路的输出端（负载 R_L 之前）看进去的等效电阻，如图 2.2.14 所示。可以看出

$$R_o = R_c \tag{2-2-14}$$

【例 2.4】　在图 2.2.1(b) 所示电路中，已知 $V_{CC}=12$ V，$R_b=300$ kΩ，$R_c=3$ kΩ，$R_L=3$ kΩ，$R_s=3$ kΩ，$\beta=50$。试求：

(1) 在 R_L 接入和断开两种情况下，电路的电压放大倍数 A_u。

(2) 输入电阻 R_i 和输出电阻 R_o。

解：先求静态工作点

$$I_{BQ} = \frac{V_{CC}-U_{BEQ}}{R_b} \approx \frac{V_{CC}}{R_b} = \frac{12}{300}\ \text{mA} = 40\ \mu\text{A}$$

$$I_{CQ} \approx \bar{\beta} I_{BQ} \approx 50\times0.04\ \text{mA} = 2\ \text{mA}$$

$$U_{CEQ} = V_{CC} - I_{CQ}R_c = (12-2\times3)\ \text{V} = 6\ \text{V}$$

然后求三极管的动态输入电阻

$$r_{be} \approx 300\ \Omega + (1+\beta)\frac{26\ \text{mV}}{I_E} = \left[300 + (1+50) \times \frac{26}{2}\right]\ \Omega = 0.963\ \text{k}\Omega$$

（1）R_L 接入时的电压放大倍数 A_u 为

$$A_u = -\frac{\beta R'_L}{r_{be}} = -\frac{50 \times \frac{3 \times 3}{3+3}}{0.963} \approx -78$$

R_L 断开时的电压放大倍数 A_{u0} 为

$$A_{u0} = -\frac{\beta R_c}{r_{be}} = -\frac{50 \times 3}{0.963} \approx -156$$

（2）输入电阻 R_i 为

$$R_i = R_b /\!/ r_{be} = \frac{300 \times 0.963}{300 + 0.963}\ \text{k}\Omega \approx 0.96\ \text{k}\Omega$$

输出电阻 $$R_o = R_c = 3\ \text{k}\Omega$$

技能实训 单管低频放大电路的安装与调试

工作任务书

一、任务目标

1. 学会搭建单级共射放大电路。
2. 熟悉常用电子仪器设备和模拟电路装置的使用。
3. 学会放大电路静态工作点的调试方法。
4. 掌握放大电路电压放大倍数的测试方法。

二、实施步骤

清点元器件→元器件检测→按图 2.2.15 所示搭建共射放大电路→通电前检查→通电调试→测试数据记录→数据分析。

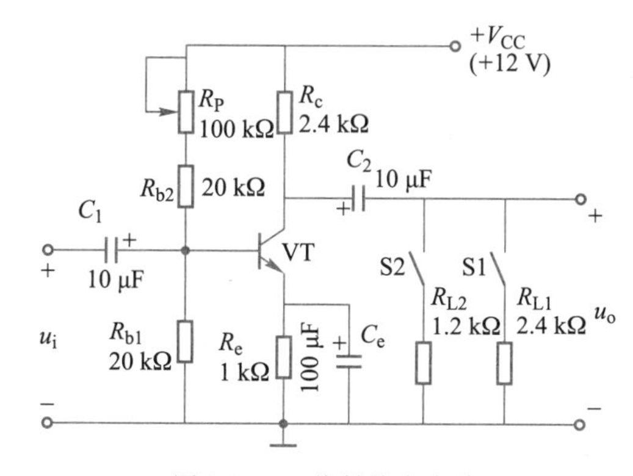

图 2.2.15　共射放大电路

三、调试与记录

1. 调试静态工作点

接通电源前，先将 R_P 调至最大，函数信号发生器输出旋钮旋至零。

（1）接通+12 V 电源，调节 R_P 使 $I_C = 2$ mA。

（2）用万用表测量 U_B、U_E、U_C 和 R_{B2}（$R_{b2} + R_P$）的值。将测量数据填入表 2.2.2 中。

表 2.2.2　静态工作点测量记录($I_C = 2$ mA)

测量值				计算值		
U_B/V	U_E/V	U_C/V	R_{B2}/kΩ	U_{BE}/V	U_{CE}/V	I_C/mA

2. 测量电压放大倍数

(1) 在上述放大电路的输入端加入频率为 1 kHz 的正弦信号 u_i,调节函数信号发生器输出旋钮使放大器输入信号 $U_i = 10$ mV。

(2) 用示波器观察放大器输出电压 u_o 的波形。

(3) 在波形不失真的条件下,用交流毫伏表测量以下三种情况下的 U_o 值,并将测量结果填入表 2.2.3 中。

表 2.2.3　电压放大倍数测量记录($U_i = 10$ mV, $f = 1$ kHz)

R_c/kΩ	R_L/kΩ	U_o	A_u	$R_c = 2.4$ kΩ、$R_L = 2.4$ kΩ 时 u_o 和 u_i 的波形
2.4	∞			u_i O t
1.2	∞			
2.4	2.4			u_o O t

3. 观察静态工作点对电压放大倍数的影响

使电路的 $R_c = 2.4$ kΩ,$R_L = \infty$,$U_i = 20$ mV。

(1) 调节 R_P,并用示波器观察 u_o 的波形。

(2) 在保持输出不失真的情况下,测量不同工作点的电压放大倍数 A_u,并将测量结果填入表 2.2.4 中。

表 2.2.4　不同工作点的 A_u 的测量值

测量项目	第一次	第二次	第三次	第四次	第五次
	测量条件:$R_c = 2.4$ kΩ,$R_L = \infty$,$U_i = 20$ mV				
I_C/mA			2.0		
U_o/V					
A_u					

注意:测量 I_C 时,必须将函数信号发生器输出旋钮置于零。

4. 观察静态工作点对输出波形失真的影响

使电路的 $R_c = 2.4$ kΩ,$R_L = 2.4$ kΩ。

(1) 使 $u_i = 0$,调节 R_P 使 $I_C = 2$ mA,测量 U_{CE} 的值。

(2) 接入输入信号 u_i,并逐步加大输入信号 u_i,使输出信号 u_o 足够大且不失真。然后保持输入信号不变,改变 R_P,以增大和减小 I_C,使输出波形失真。

(3) 测量失真情况下的 I_C、U_{CE},将测量结果填入表 2.2.5 中,并绘制不同情况下 u_o 的失真波形。

表 2.2.5　静态工作点对输出波形的影响

测试记录				分析判断	
I_C/mA		U_{CE}/V	u_o 波形	失真	三极管工作状态
I_C 减小					
I_C = 2 mA	2				
I_C 增大					

注意：测量 I_C、U_{CE} 时，必须将函数信号发生器输出旋钮置于零（u_i=0）。

相关技能

▶ 相关技能一　元器件的选择与检测

1. 元器件的选择

图 2.2.15 所示电路元器件的清单见表 2.2.6，参照电路原理图核对元器件数目、型号规格等。

表 2.2.6　元器件清单

序号	符号	名称	型号规格	数量
1	VT	三极管	9013	1
2	R_{b1}、R_{b2}	电阻	20 kΩ	2
3	R_P	电位器	100 kΩ	1
4	R_e	电阻	1 kΩ	1
5	R_c、R_{L1}	电阻	2.4 kΩ	2
6	R_{L2}	电阻	1.2 kΩ	1
7	C_1、C_2	电解电容	10 μF/16 V	2
8	C_e	电解电容	100 μF/16 V	1
9	S1、S2	开关	—	2

2. 元器件检测

(1) 三极管检测

用万用表检测三极管，并将检测结果记录在表 2.2.7 中。

表 2.2.7　三极管检测记录

三极管引脚排列	1 2 3			引脚 1： 引脚 2： 引脚 3：	
β 值		类型		材料	

(2) 检测电位器

先看标称值,选择好万用表的合适电阻挡位,再按下列步骤用万用表的电阻挡进行检测。旋转电位器旋柄时其阻值应连续变化,旋柄转动应平滑。

图 2.2.16 所示为电位器检测示意图。

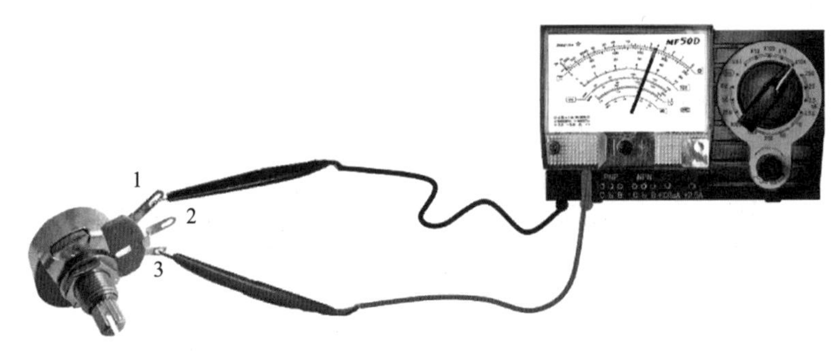

图 2.2.16 电位器检测示意图

① 用万用表的电阻挡检测 1、3 两端,其读数应为电位器的标称阻值,如万用表的指针不动或阻值与标称阻值相差很多,则表明该电位器已损坏。

② 检测电位器的活动臂与电阻片的接触是否良好。用万用表的电阻挡检测 1、2(或 2、3)两端,将电位器的旋柄按逆时针方向旋至接近"关"的位置,这时电阻值越小越好。再顺时针慢慢旋转旋柄,电阻值应逐渐增大,万用表的指针应平稳移动。当旋柄旋至极端位置 3 时,阻值应接近电位器的标称值。

③ 如万用表的指针在电位器的旋柄转动过程中有跳动现象,则说明活动触点有接触不良的故障。

▶ 相关技能二 电路搭建

1. 安装布线图的绘制

根据电路原理图和元器件实物,在通用印制电路板工艺图上绘制安装布线图,其中电容占 3 孔,电阻占 5 孔,电位器占 3 孔,三极管占 3 孔。图中的虚线是安装的元器件,参考安装布线图如图 2.2.17 所示(注意:该图为焊接面)。

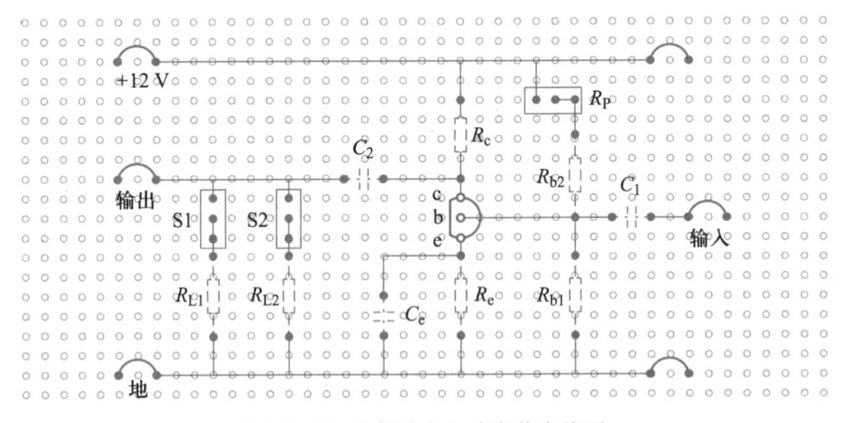

图 2.2.17 共射放大电路安装布线图

2. 元器件插装、焊接

按表 1.2.5 元器件安装工艺表完成电阻、电解电容等的插装,三极管采用直立式安装,插装时注意三极管引脚的极性。

▶ 相关技能三 通电调试

电路搭建完成后不要急于通电调试,应先目视检查元器件型号、规格、安装位置、安装方向是否与安装图符合，焊点有无虚焊、漏焊及搭焊等缺陷，若有应及时修正。然后用万用表电阻挡测量电源与地之间有无短路现象，经检查正确无误后才能接通电源。

在进行电路测试时，可按信号的流向，遵循“连线简捷、调节顺手、观察与读数方便”的原则，进行合理布局。可将多个测试仪器同时接入电路。常用测试仪器在电路中的连接布局示意图如图 2.2.18 所示。

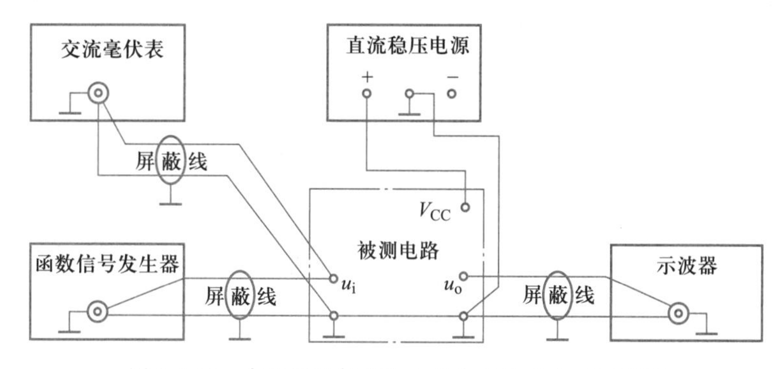

图 2.2.18　常用测试仪器在电路中的连接布局示意图

问题与讨论

1. 总结放大电路静态工作点、负载的变化，对放大电路的电压放大倍数及输出波形的影响。

2. 在什么情况下输出波形会出现正半周或负半周失真？如何获得最大不失真输出？

3. 在实验测量中，为什么所有仪器的公共端（接地端）要连接在一起？

技能评价

单管低频放大电路的安装与调试技能评价表见附录附表 1、附表 2 和附表 3。

*2.3 多级放大电路

在实际应用中，需要放大的信号往往很弱，如扩音机从话筒拾取的信号仅有几十毫伏，甚至更低，而推动扩音机扬声器的信号需要几十伏，甚至更高，这样要求扩音机达到 10^3 以上的放大倍数。显然，靠单级放大电路是无法实现的，而需要将多个单级放大电路用合适的方法级联起来，以获得更高的放大倍数。

图 2.3.1 所示是多级放大电路的组成框图。输入级和中间级的任务是电压放大，根据需要将微弱的信号放大到足够大，为输出级提供所需要的输入信号；输出级一般为功率放大电路，驱动负载动作。

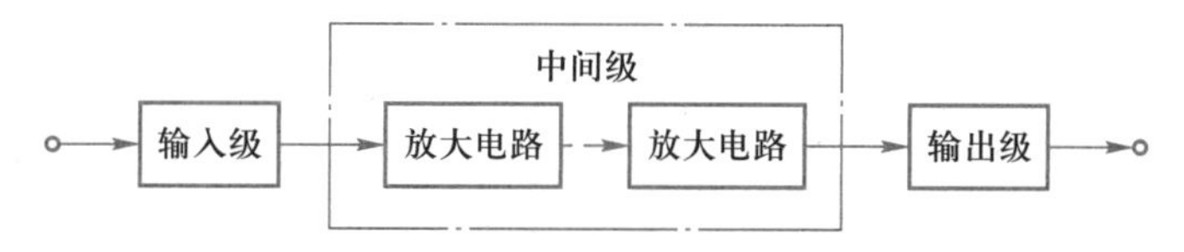

图 2.3.1　多级放大电路的组成框图

2.3.1 多级放大电路的耦合方式

多级放大电路中级与级之间的连接称为耦合，耦合方式就是指连接方式。常用的耦合方式有阻容耦合、变压器耦合和直接耦合三种，见表 2.3.1。

表 2.3.1 多级放大电路的三种耦合方式

耦合方式	电路形式	连接特点	电路特点
阻容耦合	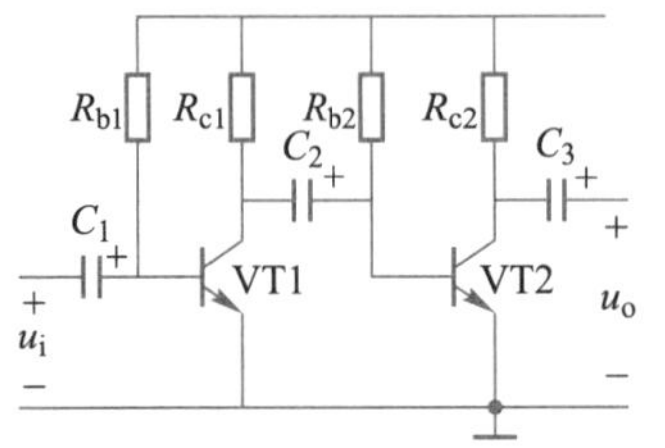 R_{b1} R_{c1} R_{b2} R_{c2} C_2 C_3 C_1 VT1 VT2 u_i u_o	前级放大电路的输出通过耦合电容 C_2 与后级放大电路的输入连接起来传输交流信号	各级电路的静态工作点各自独立，互不影响，交流信号传输损耗小；缺点是不宜传输直流或变化缓慢的信号
变压器耦合	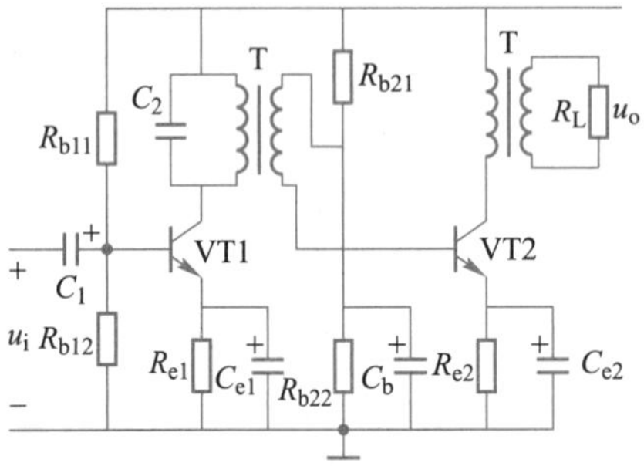 T R_{b21} T C_2 R_L u_o R_{b11} VT1 VT2 C_1 u_i R_{b12} R_{e1} C_{e1} R_{b22} C_b R_{e2} C_{e2}	前、后级之间通过变压器 T 连接起来传输交流信号	各级放大电路的工作点相互独立，但由于变压器体积大、频率特性差，很难在集成电路中使用，且不能传输直流信号
直接耦合	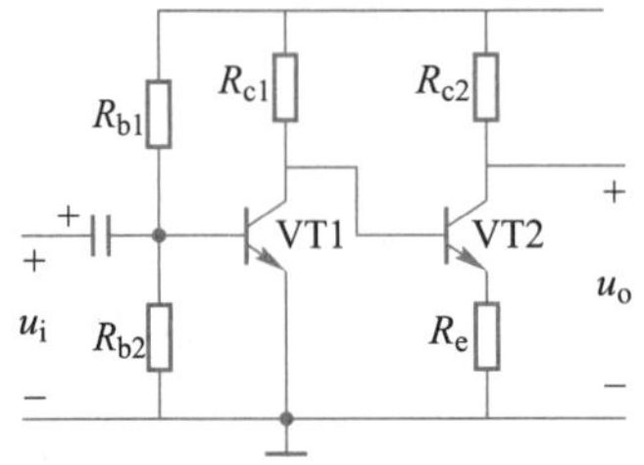 R_{c1} R_{c2} R_{b1} VT1 VT2 u_i u_o R_{b2} R_e	前、后级的连接无电抗性元件（电容或电感）	使含有直流分量的信号也能得以传输，使前、后级电路的静态工作点相互牵制，但该耦合方式适用于集成电路，并具有良好的低频响应

岗位知识积累

多级放大电路的级间耦合方式应能保证信号在级与级之间顺利地传输，但耦合后各级电路仍具有合适的静态工作点。把若干级放大电路级联起来，就可以很容易得到非常大的放大倍数，但电路放大倍数过大时，难以实现稳定地放大，这时需要加入负反馈，才能做到稳定地放大。在后面将深入讨论这个问题。

2.3.2 阻容耦合放大电路

在图 2.3.2 所示的两级放大电路框图中，对放大信号而言，多级放大电路的前一级的输出信号就是后一级的输入信号，所以可将后级放大电路的输入电阻视为前级放大电路的负载。

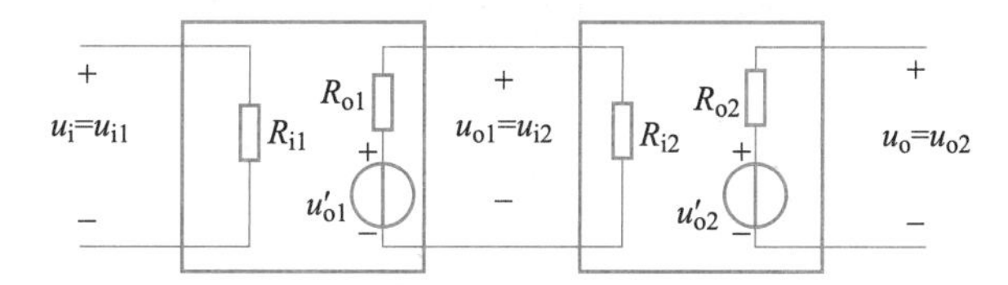

图 2.3.2　两级放大电路框图

一、电压放大倍数

在图 2.3.2 所示电路中，前级放大电路的电压放大倍数为

$$A_{u1}=\frac{U_{o1}}{U_{i1}}$$

后级放大电路的电压放大倍数为

$$A_{u2}=\frac{U_{o2}}{U_{i2}}$$

级联后的总电压放大倍数为

$$A_u=\frac{U_o}{U_i}=\frac{U_{o2}}{U_{i1}}=\frac{U_{o2}}{U_{i2}}\cdot\frac{U_{i2}}{U_{i1}}=\frac{U_{o2}}{U_{i2}}\cdot\frac{U_{o1}}{U_{i1}}=A_{u1}\cdot A_{u2} \tag{2-3-1}$$

从式(2-3-1)中可知，多级放大电路的电压放大倍数是每级“有载电压放大倍数”的乘积。所谓“有载电压放大倍数”是指接上后级时的电压放大倍数，即在计算每级电压放大倍数时，一定要把后级的输入电阻作为前级的负载电阻。

在工程应用中，当放大电路的级数增加时，总的放大倍数会增大。为了方便计算和表示，往往使用常用对数表示放大倍数，即放大倍数的分贝表示法。

一般将用分贝表示的放大倍数称为增益，用 G 表示。

功率增益 G_p 的折算公式

$$G_p=10\lg\frac{P_o}{P_i}(\text{dB}) \tag{2-3-2}$$

电压增益 G_u 的折算公式

$$G_u=20\lg\frac{U_o}{U_i}(\text{dB}) \tag{2-3-3}$$

若用分贝表示，则多级放大电路的总增益为各级增益的代数和，即

$$G_u=G_{u1}+G_{u2} \tag{2-3-4}$$

电压放大倍数与电压增益的对应关系见表 2.3.2。

表 2.3.2　电压放大倍数与电压增益的对应关系

电压放大倍数	10^{-2}	0.1	1	10	20	100	200	10^3	10^4
电压增益	−40 dB	−20 dB	0 dB	20 dB	26 dB	40 dB	46 dB	60 dB	80 dB

二、输入和输出电阻

1. 输入电阻

由于输入级连接着信号源，它的主要任务是从信号源获得输入信号。

多级放大电路的输入电阻就是输入级的输入电阻，即

$$R_i=R_{i1} \tag{2-3-5}$$

2. 输出电阻

多级放大电路的输出级就是电路的最后一级，其作用是推动负载工作。

多级放大电路的输出电阻就是输出级的输出电阻,即

$$R_o = R_{on} \tag{2-3-6}$$

在图 2.3.2 所示电路中,$R_o = R_{o3}$。

三、 幅频特性

1. 基本概念

幅频特性曲线反映放大电路的电压放大倍数的幅度与频率的关系。图 2.3.3 所示为阻容耦合放大电路的幅频特性曲线。从图中可以看出,阻容耦合放大电路对一定频率范围内的信号放大倍数高且稳定,这个频率范围称中频区。在中频区以外的区域,随着信号频率的升高或下降,都将使放大倍数急剧下降。

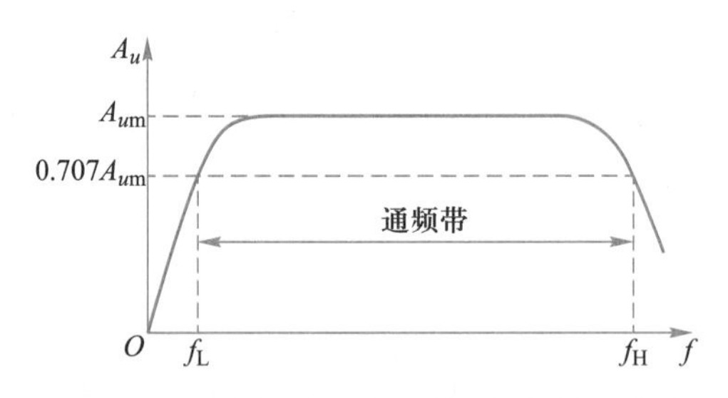

图 2.3.3 阻容耦合放大电路的幅频特性曲线

工程上将放大倍数下降到 A_{um} 的 $\frac{1}{\sqrt{2}}$ 倍时,所对应的低端频率 f_L 称为下限频率,高端频率 f_H 称为上限频率。f_L 与 f_H 之间的频率范围称为通频带,用 BW 表示,则

$$BW = f_H - f_L$$

通频带是放大器的一个重要指标,例如音频放大电路的下限频率越低,低音特性越好;上限频率越高,高音特性越好。放大器的通频带可使用频率特性测试仪(扫频仪)来测量得到。

2. 影响通频带的因素

引起低频段放大倍数下降的主要因素是级间耦合电容和旁路电容的容抗作用使低频段信号受到衰减。

造成高频段放大倍数下降的主要因素是三极管结电容和电路分布电容的影响使高频段信号受到衰减。

在多级放大电路中,由于高频区和低频区的信号逐级受到衰减,因此多级放大电路的通频带要比单级放大电路的窄。

资料库

光 电 耦 合

图 2.3.4(d)所示电路是以光信号为传输媒介来实现电信号的耦合和传递的电路,它可以使输入与输出之间在电气上完全隔离,电路的这种耦合方式称为光电耦合。由于光电耦合在传输信号的同时能有效地抑制尖脉冲和各种杂乱信号干扰而得到越来越广泛的应用。

图 2.3.4(a)所示为光电耦合器,它是实现光电耦合的基本器件。光电耦合器种类繁多,图 2.3.4(b)所示为光电耦合器原理示意图。常见的是以砷化镓发光二极管为发光部分和以硅光敏器件为受光部分构成的光电耦合器。光电三极管输出型光电耦合器在一般电子产品中经常用到,其结构示意图如图 2.3.4(c)

所示。从构造上看，它是把发光器件（常采用发光二极管）与光电接收器件（常采用光电三极管）集成在一起（或用一根光导纤维把两部分连接起来）以实现信号传输作用的器件。当信号加在光电耦合器的输入端时，发光管发光，光电管受光线照射而导通，输出相应的信号，实现了光-电的传输和转换。其主要特点是以光为媒介实现信号的传输，使输入与输出之间在电气上完全隔离。

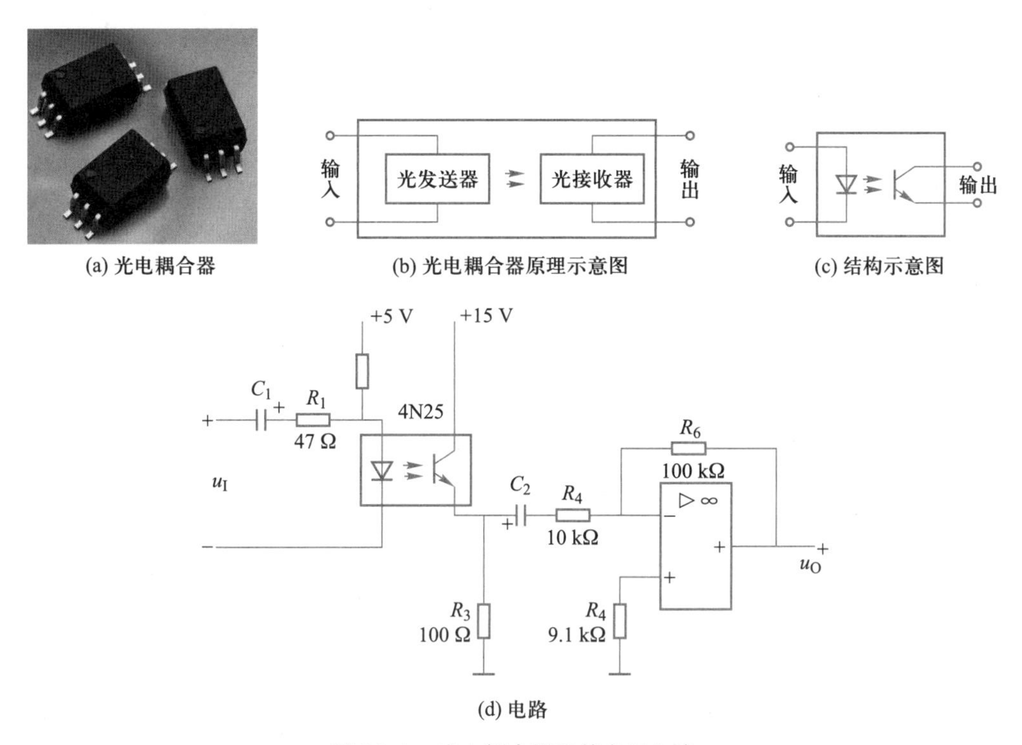

图 2.3.4　光电耦合器及其应用电路

复习与考工模拟

一、判断题

1. 放大电路必须加上合适的直流电源才能正常工作。（　　）

2. 三极管的发射区和集电区是同一类半导体（N 型或 P 型）构成的，所以发射极和集电极可以互换使用。（　　）

3. 无论是哪种三极管，当处于放大工作状态时，基极电位总是高于发射极电位，集电极电位也总是高于基极电位。（　　）

4. 放大器的静态工作点一经设定后，不会受外界因素的影响。（　　）

5. 放大器常采用分压式偏置电路，主要目的是为了提高输入阻抗。（　　）

6. 放大器的放大倍数与信号频率无关，即无论信号是高、中、低任一频段，放大倍数是相同的。（　　）

二、选择题

1. 工作在放大区的某三极管，如果当 I_B 从 12 μA 增大到 22 μA 时，I_C 从 1 mA变为 2 mA，那么它的 β 约为（　　）。

A. 83　　　B. 91　　　C. 100

2. 欲使 NPN 型三极管具有放大功能，其外部条件是（　　）。

A. $U_{BE}>0, U_{BC}>0$　　　B. $U_{BE}<0, U_{BC}<0$　　　C. $U_{BE}>0, U_{BC}<0$

3. 放大电路的交流通路是指（　　）。

A. 电压回路　　　　B. 电流回路　　　　C. 交流信号流通的回路

4. 三极管工作在饱和状态时，它的 i_C 将(　　)。

A. 随 i_B 增加而增加

B. 随 i_B 增加而减小

C. 与 i_B 无关，只决定于 R_c 和 V_{CC}

5. 共发射极放大器的输出电压和输入电压在相位上的关系是(　　)。

A. 同相位　　　　B. 相位差 90°　　　　C. 相位差 180°

三、 填空题

1. 三极管工作在放大区时，其发射结两端加__________，集电结两端加__________。

2. 三极管输出特性是指__________和__________的数量关系。

3. 放大器的静态是指__________时的工作状态，表征放大器静态工作点的参数有__________、__________和__________。

4. 三极管放大电路中，当输入电流一定时，静态工作点设置太低，将产生__________失真；静态工作点设置太高，将产生__________失真。

5. 对于一个三极管放大器来说，一般希望其输入电阻要__________些，以减轻信号源的负担，输出电阻要__________些，以增大带动负载的能力。

四、 综合题

1. 已知两只三极管的电流放大系数 β 分别为 50 和 100，现测得放大电路中这两只管子两个电极的电流如题图 2-1 所示。分别求另一电极的电流，标出其实际方向，并在圆圈中画出管子。

10 μA　1 mA　100 μA　5.1 mA

题图 2-1　综合题 1 图

2. 设题图 2-2 所示电路的静态工作点均合适，所有电容对交流信号均可视为短路。画出各电路的直流通路和交流通路。

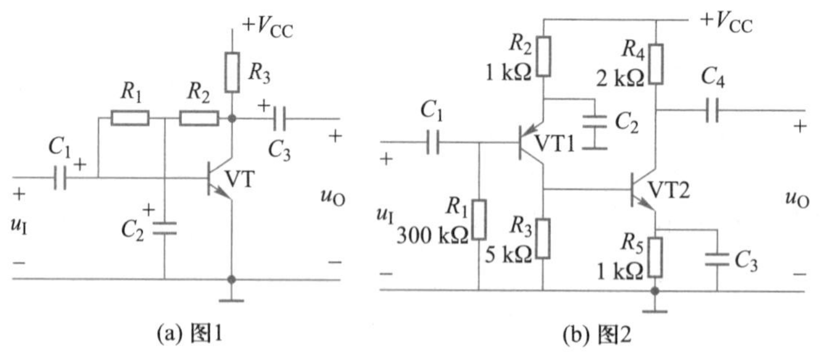

题图 2-2　综合题 2 图

3. 某三极管的输出特性曲线如题图 2-3 所示，其集电极最大耗散功率 P_{CM} = 200 mW，试画出它的过损耗区。

4. 如题图 2-4 所示的三级放大器，若每个放大器的增益分别为 40 dB、20 dB、10 dB，则放大器总的电压增益 G_u 为多少？在这个放大电路上加输入信号电压为 30 μV 时的输出信号电压为多少？

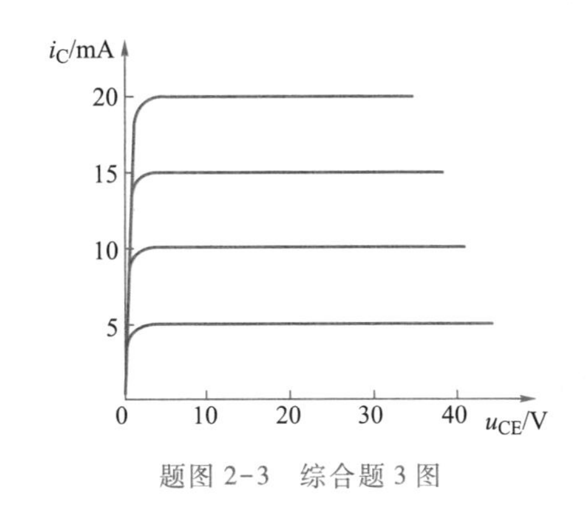

题图 2-3　综合题 3 图

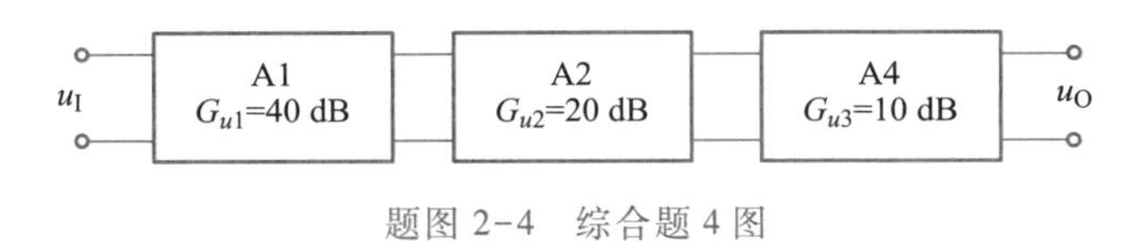

题图 2-4　综合题 4 图

应知应会要点归纳

1. 三极管是一种电流控制器件，有 NPN 型和 PNP 型两大类型，三极管内部有发射结、集电结两个 PN 结，外部有基极、集电极和发射极三个电极。

2. 三极管在发射结正偏、集电结反偏的外部条件下，具有电流放大作用，其各极电压、电流之间的关系可以用三极管的输入、输出特性曲线来描述。

3. 根据不同的工作状态，三极管有截止、放大和饱和三个工作区域，β、I_{CM}、P_{CM}、$U_{(BR)CEO}$是三极管的主要参数。

4. 放大电路中的放大本质是能量的控制和转换。放大电路组成的原则：

（1）设置直流电源，为电路提供能源。

（2）电源的极性和大小保证三极管工作在放大区。

（3）电路中电阻的取值与电源电压配合，使三极管有合适的静态工作点，避免产生非线性失真。

（4）输入信号能有效传输，且能作用于三极管的输入回路，三极管的输出信号能送到负载。

5. 衡量放大电路主要性能的指标有电压放大倍数 A_u、输入电阻 R_i、输出电阻 R_o 等。

6. 分析放大电路时，先进行静态分析，然后进行动态分析。

（1）静态分析是估算静态工作点的过程。

（2）动态分析是估算动态参数、分析输出波形。

7. 多级放大电路级与级之间有直接耦合、阻容耦合、变压器耦合和光电耦合等方式。其电压放大倍数是组成多级放大电路的各级放大电路有载电压放大倍数的乘积；输入电阻是第一级放大电路的输入电阻；输出电阻是末级放大电路的输出电阻。

常用放大器

课程引入

放大器在各类电子产品中有着非常广泛的应用，图 3.0.1 所示是一款家用有源音箱，它内置了功率放大电路，将音源输出的微弱信号放大到足够的功率去推动音箱，使音箱发出音量强劲、音质优美的声音。打开这款音箱的后盖，不难发现由两片集成运算放大器构成的前置放大电路板和一片集成功率放大器构成的功率放大电路板，如图 3.0.2 所示。

图 3.0.1　家用有源音箱

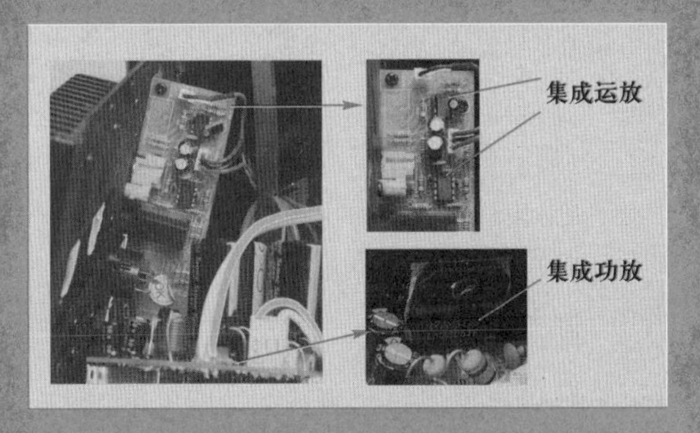

图 3.0.2　音箱前置放大和功放电路

图 3.0.3 所示是电子专业学生制作的带前置放大的音频功放电路，前级采用 LM358 集成运放(IC1)，后级采用 TDA2822 集成功放(IC2)。

图 3.0.3　音频功放电路

根据放大器的应用场合和性能要求的不同，放大器的类型有许多。按电路是否引入负反馈可分为基本放大器和负反馈放大器，按使用元器件的不同可分为分立元件放大器和集成运算放大器，按工作信号的大小不同可分为小信号放大器和功率放大器。

下面我们一起来学习几种常用放大器的功能和电路组成。

职业岗位群应知应会目标

— 理解反馈的概念，了解负反馈应用于放大电路中的类型。
— 了解集成运放的主要参数和理想集成运放的特点。
— 能识读集成运放构成的常用电路，会估算输出电压。
— 了解低频功放电路的基本要求和分类，会识读 OTL、OCL 功率放大电路。
— 了解典型功放集成电路的引脚功能及实际应用。
— 会安装与调试音频功放电路。
— 了解场效晶体管放大电路的特点及应用。

3.1 集成运算放大器

集成运算放大器是模拟集成电路中发展最早、应用最广的集成电路，最初用于模拟计算机中各种模拟信号的运算（如比例、求和、求差、积分和微分、乘法等），故被称为集成运算放大器，简称集成运放。现在，集成运放作为通用器件，其功能已远远超出了模拟运算的范围，成为能实现信号放大、有源滤波、波形发生和信号处理等多种功能的重要器件。

3.1.1 放大器中的负反馈

电子技术中的反馈是指将放大器输出量（电压或电流）的一部分或全部，按一定方式反送回到输入端，并与输入信号叠加的过程。

一、反馈放大器的组成

反馈放大器的一般形式如图 3.1.1 所示。图中基本放大电路 A 和反馈电路 F 构成一个闭环系统，通常称这种放大器为闭环放大器，而未引入反馈的放大器为开环放大器。

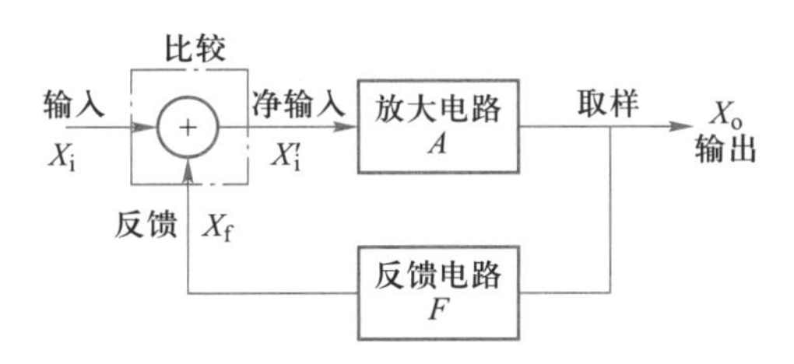

图 3.1.1 反馈放大器的一般形式

在图 3.1.1 所示的反馈过程中，输出量 $X_o(u_O、i_O)$ 经过反馈网络处理后得到的反馈信号 $X_f(u_F、i_F)$ 在比较环节与输入信号 $X_i(u_I、i_I)$ 叠加，叠加后的净输入信号 $X_i'(u_I'、i_I')$ 送入放大器的输入端。由此可得：

反馈系数
$$F=\frac{X_f}{X_o} \tag{3-1-1}$$

开环放大倍数
$$A=\frac{X_o}{X_i'} \tag{3-1-2}$$

闭环放大倍数
$$A_f=\frac{X_o}{X_i} \tag{3-1-3}$$

二、反馈类型

1. 直流反馈和交流反馈

根据反馈量是直流量还是交流量，可将反馈分为直流反馈和交流反馈。

若将直流量反馈到输入端，称为直流反馈。直流反馈多用于稳定静态工作点。

若将交流量反馈到输入端，称为交流反馈。交流反馈多用于改善放大器的动态性能。

2. 正反馈和负反馈

根据反馈的效果可以区分反馈的极性。

当输入量不变时，引入反馈后使净输入量增加的反馈称为正反馈。正反馈多用于振荡电路和脉冲电路。

当输入量不变时，引入反馈后使净输入量减小的反馈称为负反馈。负反馈多用于改善放大器的性能。

显然，在负反馈放大器中，$X_i'=X_i-X_f$，故负反馈放大器的放大倍数（即闭环放大倍数）为

$$A_f=\frac{X_o}{X_i}=\frac{A}{1+AF}$$

其中 $1+AF$ 称为反馈深度，若反馈深度 $1+AF\gg1$，称为深度负反馈，则

$$A_f=\frac{A}{1+AF}\approx\frac{A}{AF}=\frac{1}{F} \tag{3-1-4}$$

三、负反馈放大器的四种组态

放大器引入交流负反馈后，根据反馈网络与放大器输出端连接方式的不同，可分为电压和电流反馈，当反馈量取自输出电压时称为电压反馈，取自输出电流时称为电流反馈；根据反馈网络与放大器输入端连接方式的不同，可分为串联和并联反馈，当反馈量与输入量以电压方式相叠加时称为串联反馈，以电流方式相叠加时称为并联反馈。

这样，交流负反馈放大器有四种组态，即电压串联、电压并联、电流串联、电流并联。不同组态的负反馈对放大器输入、输出电阻的影响也不一样。

当电路引入电压反馈时，可以减小输出电阻，稳定输出电压；当电路引入电流反馈时，可以增大输出电阻，稳定输出电流。如果电路引入串联反馈，可以提高输入电阻；当电路引入并联反馈时，可以减小输入电阻。

电路评价

负反馈放大器以减小放大器的放大倍数为代价，获得电路增益的稳定性，减小非线性失真，扩展频带宽度，改变放大器的输入、输出电阻，从而改善放大器的性能。因此，负反馈在放大器中得到了广泛应用。

3.1.2 集成运放的图形符号及引脚功能

一、图形符号

集成运放的图形符号如图 3.1.2 所示，其中（a）图为国标符号，（b）图为曾用符号。图中“▷”表示运算放大器，“∞”表示开环增益极高。从图中可以看出，集成运放有两个输入端，其中“+”为同相输入端 u_{I+}，“-”为反相输入端 u_{I-}，有一个输出端 u_O。

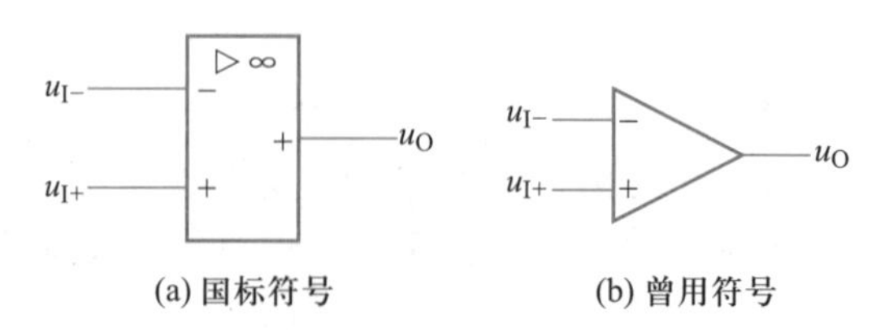

图 3.1.2　集成运放的图形符号

二、引脚功能

在实际应用中，集成运放除了输入和输出端外，还有电源端，有些集成运放

还有调零和相位补偿端。

图 3.1.3 所示为不同封装外形的集成运放。从封装外形来分，集成运放有双列直插式封装、金属圆壳封装和小外形封装等，其中双列直插式封装形式较多。双列直插式封装有 8、10、12、14、16 引脚等，材料大部分为塑料，有一些性能要求高的则采用陶瓷材料。

图 3.1.4(a)所示的 μA741 就是一块 8 引脚高增益单运放集成电路，同类产品有 LM741、CF741、F007 等。在图 3.1.4(b)所示的引脚排列图中，引脚 1 和 5 为偏置(调零)端，引脚 2 为反相输入端，引脚 3 为同相输入端，引脚 4 为接地端(也可接负电源)，引脚 6 为输出端，引脚 7 为电源端，引脚 8 为空引脚。

图 3.1.3　不同封装外形的集成运放

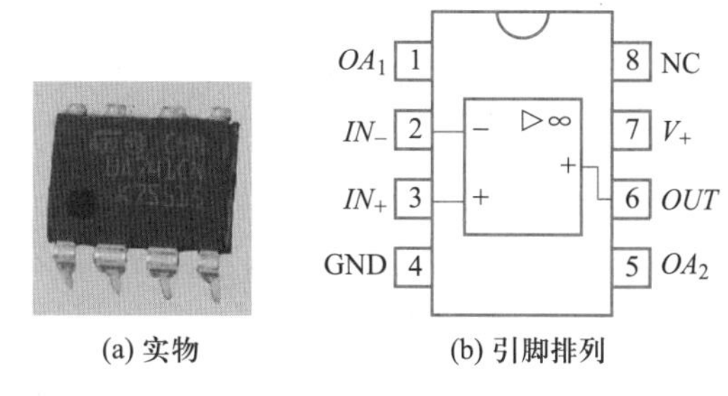

(a) 实物　(b) 引脚排列

图 3.1.4　μA741

应用拓展

我国集成电路的发展

集成电路是指采用一定的工艺，把一个电路中所需的晶体管、电阻、电容和电感等元器件及布线互连在一起，制作在一小块或几小块半导体晶片或介质基片上，然后封装在一个管壳内，成为具有所需电路功能的微型结构。

集成电路产业是信息产业的核心之一，是引领新一轮科技革命和产业变革的关键力量。近年来我国集成电路产业发展迅速，集成电路的整体水平稳步提升，产业规模不断扩大，关键领域取得突破，越来越多技术空白被填补。例如：2019 年，海思麒麟 990 手机芯片发布，成为全球首款 5G SoC 芯片；2020 年，中芯国际 14 nm 工艺量产成功；2020 年，长江存储实现了对 192 层 3D NAND 存储工艺的突破；2021 年 2 月，一款新型可编程硅基光量子计算芯片研发成功，实现了多种图论问题的量子算法求解，未来有望在大数据处理等领域获得应用。

集成电路的制造过程如图 3.1.5 所示。

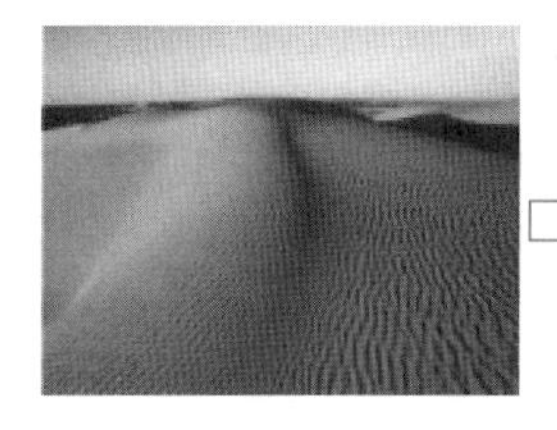

硅片的原始材料来源于地球上最为常见的沙子

将沙子在高温下加工提炼并分离，经冷却后形成多晶硅块

多晶硅块经过高温加工以及提拉和冷却过程，最终形成一根很粗的圆柱体——单晶硅棒

晶圆片中的集成电路经过切割、封装、测试后，便成为了各种具有特定功能的集成电路芯片

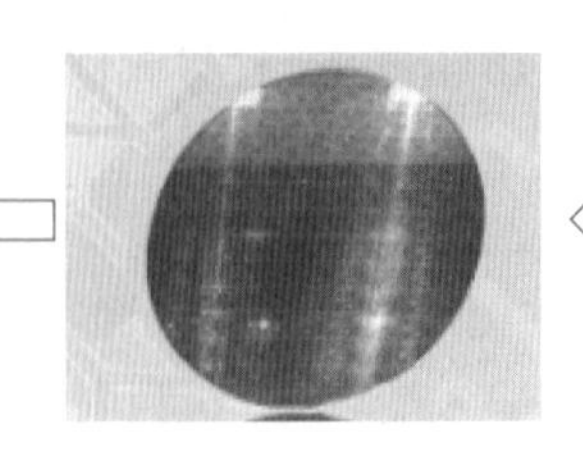

通过外延生长、离子注入、薄膜沉积、光刻等集成电路制造工艺，在晶圆片上制作出成千上万个集成电路

单晶硅棒被打磨至所需要直径后被切割成很多薄片，经过研磨及抛光，成为制作芯片的衬底材料——晶圆片

图 3.1.5　集成电路的制造过程

3.1.3　集成运放的组成和主要参数

一、集成运放的组成框图

集成运放的组成框图如图 3.1.6 所示，它由 4 部分组成，即输入级、中间级、输出级以及偏置电路。

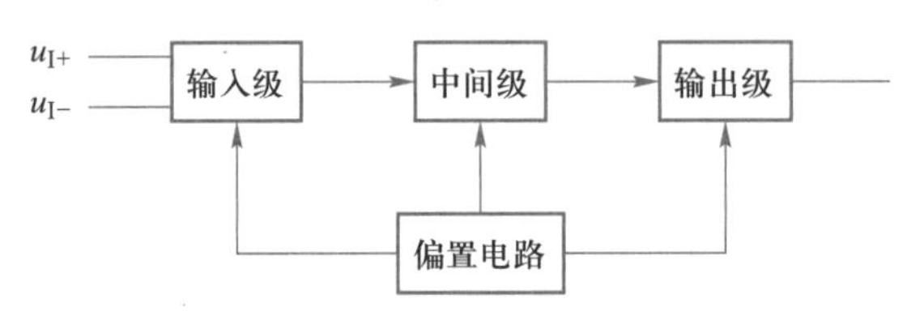

图 3.1.6　集成运放的组成框图

1. 输入级

温度变化时，工作点发生变动，使放大电路在无输入信号的情况下，输出电压也发生缓慢的不规则的波动，这种现象称为零点漂移。集成运放是采用高增益多级直接耦合的放大电路，而在直接耦合的放大电路中，前级放大电路产生的零点漂移会被逐级放大，在末级输出端形成大的漂移电压，严重时甚至淹没输入信号电压，使放大电路无法正常工作。因此解决零点漂移是集成运放的首要任务，为此集成运放的输入级大都采用差分放大电路。

2. 中间级

中间级的作用是提供高的放大倍数，通常由一或两级有源负载放大电路构成。

3. 输出级

集成运放的输出级一般由互补对称电路或准互补对称电路构成，以提高集成运放的输出功率和带负载能力。

4. 偏置电路

为各级提供稳定的静态工作电流，确保静态工作点的稳定。

应用拓展

差分放大电路

图 3.1.7 所示为差分放大电路的基本形式，由于只有当两个输入端信号之间

有差别时，输出电压才有变动，所以该电路也称差分放大电路。

图 3.1.7 是由两个对称的单级共射放大电路演变过来的。为了满足电路对称的要求，通常必须选择特性相同的三极管 VT1、VT2，偏置电阻 $R_{b1}=R_{b2}$，集电极负载电阻 $R_{c1}=R_{c2}$。由于差分放大电路完全对称，当 $u_I=0$ 时，$U_O=U_{C1}-U_{C2}=0$。

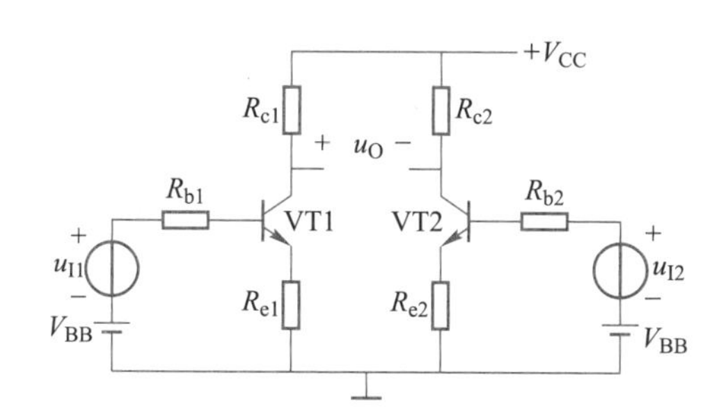

图 3.1.7　差分放大电路的基本形式

当电路的 u_{I1} 与 u_{I2} 所加信号为大小相等、极性相反的输入信号（称为差模信号，即放大信号）时，由于变化方向相反，这时，$\Delta i_{C1}=-\Delta i_{C2}$，$\Delta u_{C1}=-\Delta u_{C2}$，$u_O=(U_{C1}+\Delta u_{C1})-(U_{C2}+\Delta u_{C2})=2\Delta u_{C1}$，从而实现电压的放大。

但是，对于由温度变化等因素引起的两管输出漂移电压，由于电路对称，相当于以大小相等、极性相同的一对信号加在两管的输入端（称为共模信号，即有害信号），由于变化方向相同，这时，产生的 $\Delta i_{C1}=\Delta i_{C2}$，$\Delta u_{C1}=\Delta u_{C2}$，$u_O=(U_{C1}+\Delta u_{C1})-(U_{C2}+\Delta u_{C2})=0$，即在电路参数完全对称的情况下，共模输出电压为零，说明电路对共模信号有很强的抑制作用。

因此，差分放大电路不但能有效地放大信号，而且还能有效地抑制零点漂移。

为了全面反映差分放大电路放大有用的差模信号和抑制有害的共模信号的能力，通常用一个综合指标来衡量，即共模抑制比，用 K_{CMR} 表示，定义为

$$K_{CMR}=\left|\frac{A_{ud}}{A_{uc}}\right| \tag{3-1-5}$$

式中，A_{ud} 是差模电压放大倍数，A_{uc} 是共模电压放大倍数。显然，K_{CMR} 越大，电路对共模信号的抑制能力越强。理想情况下，$A_{uc}=0$，$K_{CMR}\to\infty$。

二、集成运放的主要参数

集成运放的性能常用下列参数来描述：

1. 开环差模增益 A_{od}

指集成运放本身（无外加反馈回路）的差模增益，即 $A_{od}=\dfrac{u_O}{u_{I+}-u_{I-}}$。它体现了集成运放的电压放大能力，一般在 $10^4\sim10^7$ 之间。A_{od} 越大，电路越稳定，运算精度也越高。

2. 开环共模增益 A_{oc}

指集成运放本身的共模增益，它反映集成运放抗温漂、抗共模干扰的能力，优质集成运放的 A_{oc} 应接近于零。

3. 共模抑制比 K_{CMR}

用来综合衡量集成运放的放大能力和抗温漂、抗共模干扰的能力，一般应大

于 80 dB。

4. 差模输入电阻 R_{id}

指差模信号作用下集成运放的输入电阻。

3.1.4 集成运放的理想特性

一、 理想运放的概念

在分析集成运放的各种实用电路时，为了简化分析，通常将集成运放的性能指标理想化，即将集成运放看成理想运放。当集成运放参数具有以下特征时，称为理想运放。

(1) 开环差模放大倍数趋于无穷大。

(2) 两输入端之间的输入电阻趋于无穷大。具有这样的输入阻抗，集成运放就不消耗信号源的能量。

(3) 输出电阻为零。这时，集成运放就可以接任何负载。

(4) 共模抑制比趋于无穷大(即零点漂移为零)。

(5) 通频带趋于无穷大。它可以放大几乎所有的输入信号。

当然，实际上并不存在理想运放，但自从第一个集成运放诞生以来，至今已经历四代，目前实际集成运放的性能已越来越接近理想运放。

二、 理想运放的特点

虽然集成运放引入各种不同的反馈，就可以构成各种具有不同功能的实用电路，但其工作区域却只有两个，即线性区和非线性区。

岗位知识积累

集成运放工作在线性区的特征是引入了负反馈；若集成运放处于开环(没有引入反馈)或引入了正反馈，则表明集成运放工作在非线性区。

当集成运放工作在线性放大状态时，由于 $A_{od}>0$，则输出电压

$$u_O=A_{od}(u_{I+}-u_{I-})$$

理想运放电压与电流示意图如图 3.1.8(a)所示，工作在线性放大状态的理想运放具有两个重要特点：

1. 虚短

两输入端电位相等，即 $u_{I+}=u_{I-}$。

对于理想运放，由于 $A_{od}\to\infty$，而输出电压 u_O 为有限值，则有差模输入电压

$$u_{Id}=u_{I+}-u_{I-}=\frac{u_O}{A_{od}}=0 \text{ 或 } u_{I+}=u_{I-} \tag{3-1-6}$$

相当于两输入端短路，但又不是真正的短路，如图 3.1.8(b)所示，故称为“虚短”。

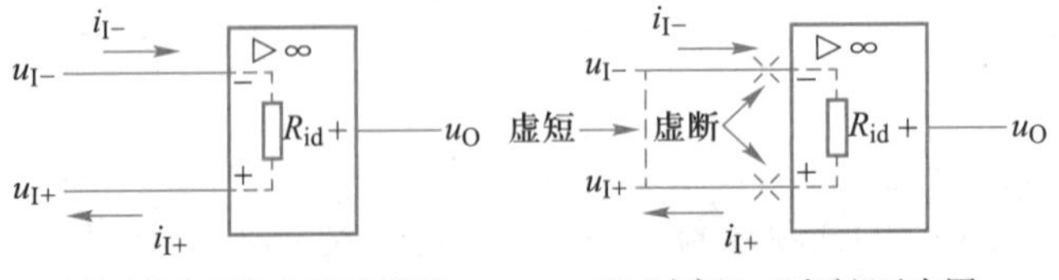

(a) 运放电压和电流示意图　(b)“虚短”、“虚断”示意图

图 3.1.8 理想运放

2. 虚断

净输入端电流等于零，即 $i_I=0$。

理想运放的差模输入电阻 $R_{id}\to\infty$，流经理想运放两输入端的电流

$$i_{I+}=i_{I-}=i_I=\frac{u_{I+}-u_{I-}}{R_{id}}=0 \qquad (3-1-7)$$

相当于两输入端断开，但又不是真正的断开，如图 3.1.8(b)所示，故称为“虚断”。

岗位知识积累

显然理想运放是不存在的，但只要实际集成运放的性能较好，u_{Id} 和 i_I 非常小，其应用效果与理想运放是很接近的。

3.1.5 集成运放的基本运用

当集成运放引入深度负反馈，在线性工作条件下，根据两个输入端的不同连接，集成运放有反相、同相和差分输入三种输入方式，并利用反馈网络就能够实现比例、加减、积分和微分等各种数学运算，即输出电压反映输入电压某种运算的结果。

一、 反相输入放大电路

电路如图 3.1.9 所示，反相输入放大电路是将输入信号 u_I加到集成运放的反相输入端；输出电压通过反馈电阻 R_f反馈到反相输入端；R_1 为输入端电阻；R_2为平衡电阻或补偿电阻，用于消除偏置电流带来的误差，一般取 $R_2=R_1//R_f$。

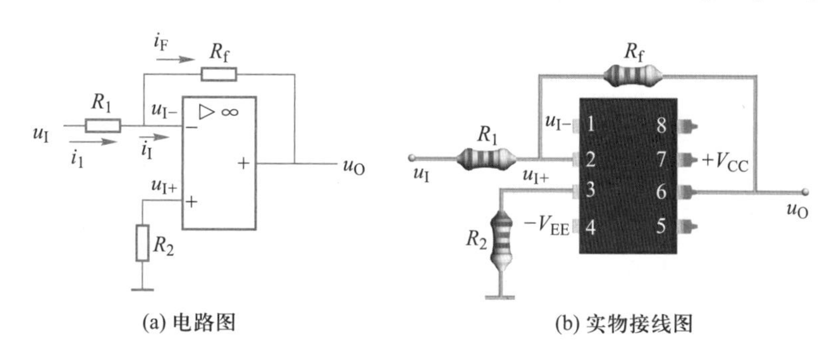

图 3.1.9 反相输入放大电路

利用理想运放虚断($i_I=0$)的概念，流过 R_2的电流为零，则 $u_{I+}=0$，再利用虚短($u_{I-}=u_{I+}$)的概念，所以

$$u_{I-}=u_{I+}=0 \qquad (3-1-8)$$

式(3-1-8)表明，集成运放两个输入端的电位均为零，相当于接地。但实际上，它们并没有接地，故称之为“虚地”。虚地是虚短的特例，是集成运放工作在线性区的反相输入放大电路的重要特征。

根据理想运放的 $i_I=0$ 和 $u_{I-}=u_{I+}$，有

$$i_1=i_F,i_1=\frac{u_I}{R_1}\text{和 } i_F=-\frac{u_O}{R_f}$$

则输出电压为

$$u_O=-\frac{R_f}{R_1}u_I \qquad (3-1-9)$$

由式(3-1-9)可见,式中的负号表示输出电压与输入电压相位相反,且两者之间存在着一定的比例关系,比例系数为 R_f/R_1,所以图 3.1.9(a)所示电路又可称为反相比例运算电路。

反相放大器的电压放大倍数为

$$A_u=\frac{u_O}{u_I}=-\frac{R_f}{R_1} \qquad (3-1-10)$$

从式(3-1-10)看出,反相放大器的电压放大倍数只由运放的外界条件决定,但千万不能认为运放不起作用了,事实上集成运放的外界条件之所以能起这么大的作用,恰恰是运放的性能在发挥作用。

应用拓展

加法运算电路

图 3.1.10 所示是有两个输入端的反相求和电路。输入电压 u_{I1}、u_{I2}分别通过 R_1和 R_2同时接到反相输入端,反馈电阻 R_f将输出电压引回到反相输入端。为了保证两输入端平衡,$R=R_1//R_2//R_f$。

利用线性叠加定理,当 u_{I1}单独作用时,$u_{I2}=0$,由于两输入端虚地,流过 R_2的电流为零,这时,电路为反相输入放大电路,由式(3-1-9)可知

$$u_{O1}=-\frac{R_f}{R_1}u_{I1}$$

同样,当 u_{I2}单独作用时

$$u_{O2}=-\frac{R_f}{R_2}u_{I2}$$

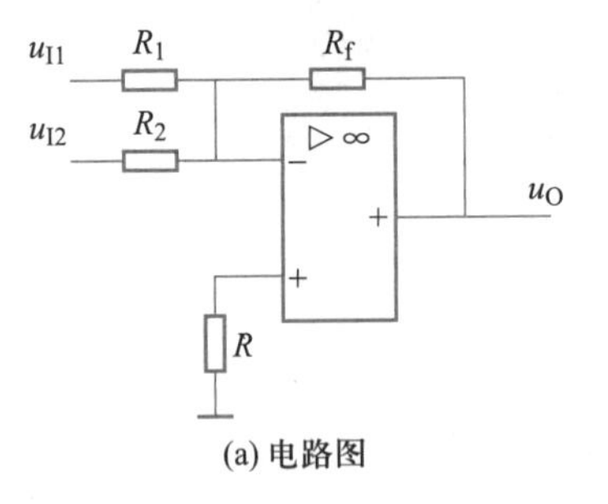

(a) 电路图

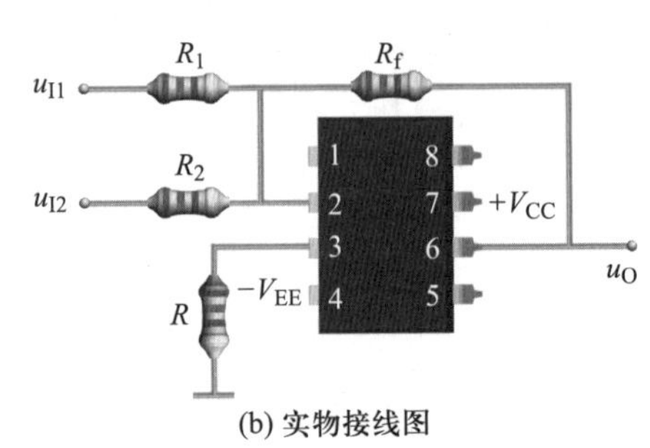

(b) 实物接线图

图 3.1.10 反相求和电路

由此可得,u_{I1}、u_{I2}共同作用下电路的输出电压为

$$u_O=u_{O1}+u_{O2}=-\frac{R_f}{R_1}u_{I1}-\frac{R_f}{R_2}u_{I2}$$

当 $R_1=R_2=R_f$时,则 $u_O=-(u_{I1}+u_{I2})$,实现求和运算,负号表示输出电压与输入电压相位相反。

二、同相输入放大电路

同相输入放大电路的输入信号 u_I是通过 R_2加到集成运放的同相输入端,如图 3.1.11 所示。输出电压通过反馈电阻 R_f反馈到反相输入端;$R_2=R_1//R_f$。

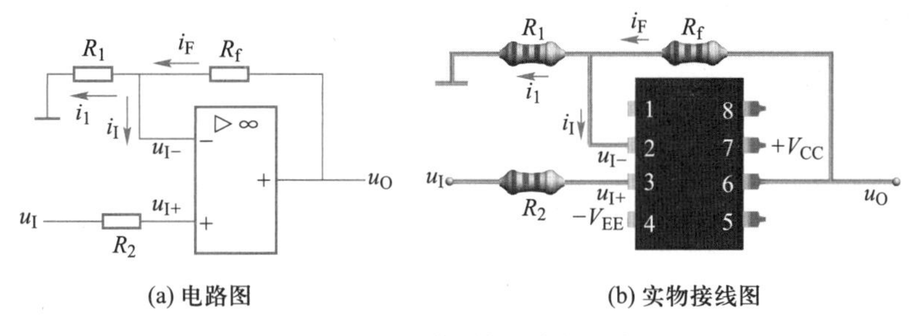

(a) 电路图　　(b) 实物接线图

图 3.1.11　同相输入放大电路

利用理想运放虚断（$i_I=0$）的概念，流过 R_2 的电流为零，则 $u_{I+}=u_I$，又利用虚短（$u_{I-}=u_{I+}$）的概念，那么，同相输入放大电路中

$$u_{I-}=u_{I+}=u_I \tag{3-1-11}$$

由于 $i_I=0$，则 $i_1=i_F$，即

$$\frac{u_{I-}-0}{R_1}=\frac{u_O-u_{I-}}{R_f}$$

$$u_O=\left(1+\frac{R_f}{R_1}\right)u_{I-}=\left(1+\frac{R_f}{R_1}\right)u_{I+} \tag{3-1-12}$$

将式（3-1-11）代入式（3-1-12），得输出电压为

$$u_O=\left(1+\frac{R_f}{R_1}\right)u_I \tag{3-1-13}$$

由式（3-1-13）可见，输出电压与输入电压相位相同，且两者之间存在着一定的比例关系，比例系数为（$1+R_f/R_1$），所以图 3.1.11（a）所示电路又可称为同相比例运算电路。

同相输入放大电路的电压放大倍数

$$A_u=\frac{u_O}{u_I}=\left(1+\frac{R_f}{R_1}\right) \tag{3-1-14}$$

应用拓展

电压跟随器

若将图 3.1.11 所示电路中 R_1 开路，得到如图 3.1.12 所示的实际电路。由于 $R_1\to\infty$，由式（3-1-12）、式（3-1-13）可知，$A_u=1$，$u_O=u_I$，因此称该电路为电压跟随器。因为该电路具有高的输入阻抗和低的输出阻抗，故应用极为广泛，常作为阻抗变换器或缓冲器。

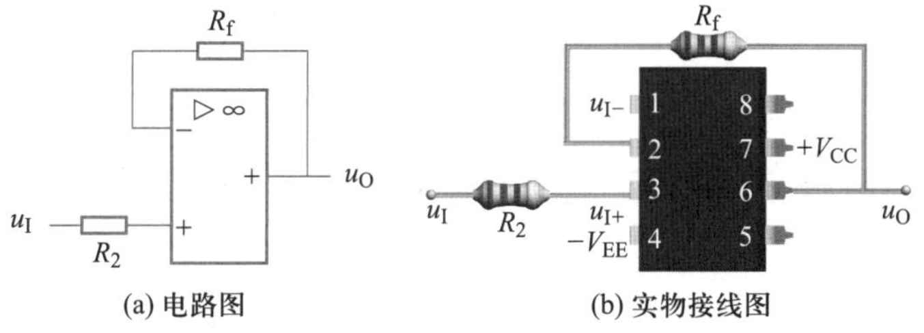

(a) 电路图　　(b) 实物接线图

图 3.1.12　电压跟随器

三、差分输入放大电路

电路如图 3.1.13 所示，差分输入放大电路有两个输入信号 u_{I1} 和 u_{I2}，u_{I1} 通过 R_1 加到集成运放的反相输入端，u_{I2} 通过 R_2 和 R_3 分压加到集成运放的同相输入端。输出电压通过 R_f 反馈到反相输入端，且 $R_2//R_3=R_1//R_f$。

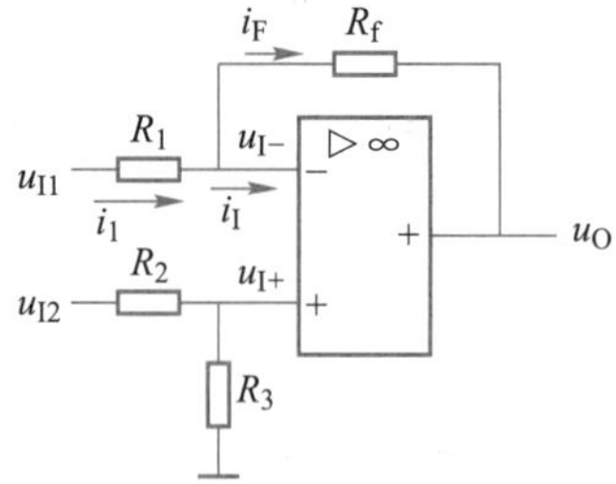

图 3.1.13 差分输入放大电路

利用线性叠加定理可以得到差分放大电路的输出和输入之间的关系。

当 u_{I1} 单独作用时，$u_{I2}=0$，电路为反相输入方式，输出电压为

$$u_{O1}=-\frac{R_f}{R_1}u_{I1}$$

当 u_{I2} 单独作用时，$u_{I1}=0$，电路为同相输入方式，根据理想运放虚断的概念，$i_I=0$，则

$$u_{I+}=\frac{R_3}{R_2+R_3}u_{I2} \tag{3-1-15}$$

将式(3-1-15)代入式(3-1-12)，则可得输出电压为

$$u_{O2}=\left(1+\frac{R_f}{R_1}\right)\frac{R_3}{R_2+R_3}u_{I2}$$

那么，u_{I1} 和 u_{I2} 共同作用时，输出电压则为

$$u_O=-\frac{R_f}{R_1}u_{I1}+\left(1+\frac{R_f}{R_1}\right)\frac{R_3}{R_2+R_3}u_{I2} \tag{3-1-16}$$

如果在电路应用中，选择 $R_1=R_2$，$R_3=R_f$，则式(3-1-16)可简化为

$$u_O=\frac{R_f}{R_1}(u_{I2}-u_{I1})$$

差分输入放大电路可以实现减法运算。当图中 $R_1=R_2=R_3=R_f$ 时，输出电压为 $u_O=u_{I2}-u_{I1}$。

应用拓展

减法运算电路

在实际应用中，通常用反相求和电路来实现减法运算。如图 3.1.14 所示电路，电路由第一级的反相器和第二级的反相加法运算电路级联而成，因

$$u_{O1}=-u_{I2}$$

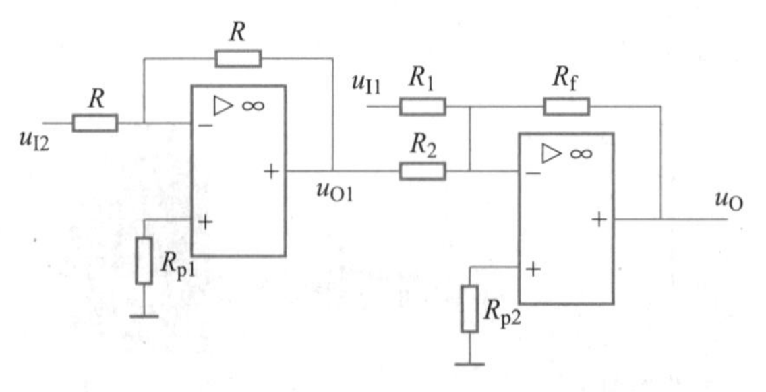

图 3.1.14 减法运算电路

故

$$u_O=-\left(\frac{R_f}{R_1}u_{I1}+\frac{R_f}{R_2}u_{O1}\right)=\frac{R_f}{R_2}u_{I2}-\frac{R_f}{R_1}u_{I1}$$

当图中 $R_1=R_2=R_f$ 时，输出电压 $u_O=u_{I2}-u_{I1}$，实现了减法运算。

岗位知识积累

集成运放在应用中若不加负反馈，由于运放的开环电压放大倍数很大，往往工作在非线性区，这时运放两输入端的电压略有差异，输出电压不是在最高值就是在最低值（只有两种输出状态），输出电压将不随输入电压连续线性变化。这一特性在数字电子技术、自动控制系统中有广泛应用。

3.1.6 集成运放的使用常识

一、集成运放的调零

集成运放调零的作用是保证集成运放实现零输入时零输出。当选用的集成运放有调零端时，应查阅集成电路手册，按接线图正确接上调零电位器进行调零。

二、集成运放的保护

集成运放在使用过程中容易出现电源接反或电压过高、输入电压过高以及输出端过载等情况，从而导致集成运放的损坏。因此，在使用过程中需加各种保护电路。

1. 输入保护

为了防止由于集成运放输入电压过高而引起的集成运放损坏，输入保护电路在集成运放输入端起限幅保护作用，图 3.1.15 所示为反相输入保护电路。由图可知，两只二极管 VD1、VD2 和电阻 R_1 构成了限幅电路，这样，集成运放输入电压的幅度被限制为二极管的正向导通压降，有效地防止了差模信号过大的现象出现。

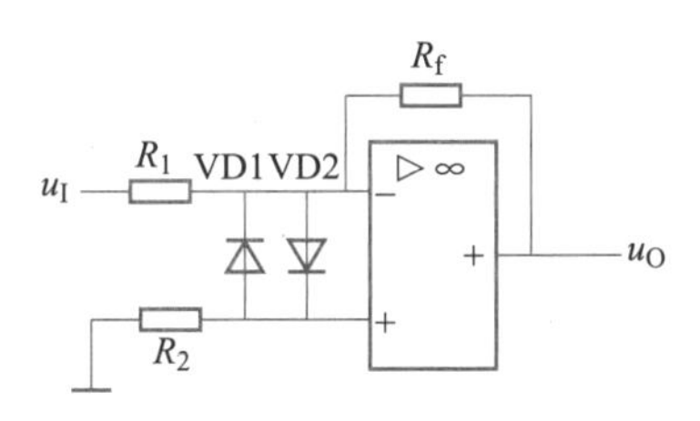

图 3.1.15　反相输入保护电路

2. 输出保护

为了防止输出端可能接到外部过高的电压上而造成集成运放损坏，可在输出端接入双向稳压二极管，如图 3.1.16 所示，其中（a）图为双向稳压二极管与输出电压并联，（b）图为双向稳压二极管与反馈电阻并联。

3. 电源端反接保护

图 3.1.17 所示为利用二极管的单向导电性构成的电源端反接保护电路。一旦电源接反，二极管 VD1、VD2 反向截止，切断电源；而电源极性连接正确时，二极管正偏导通，从而保护集成运放不受损坏。

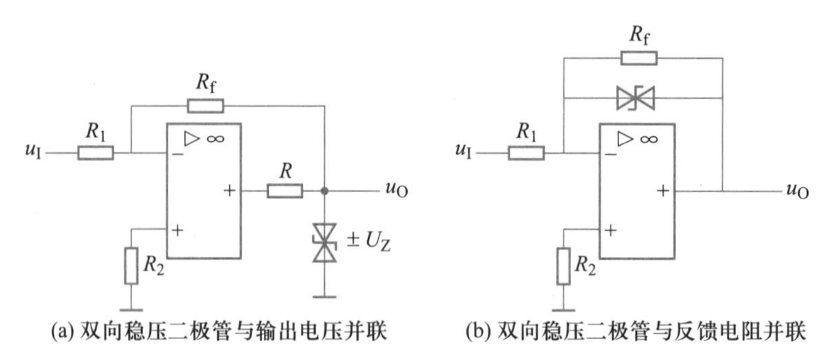

(a) 双向稳压二极管与输出电压并联　　(b) 双向稳压二极管与反馈电阻并联

图 3.1.16　输出端保护电路

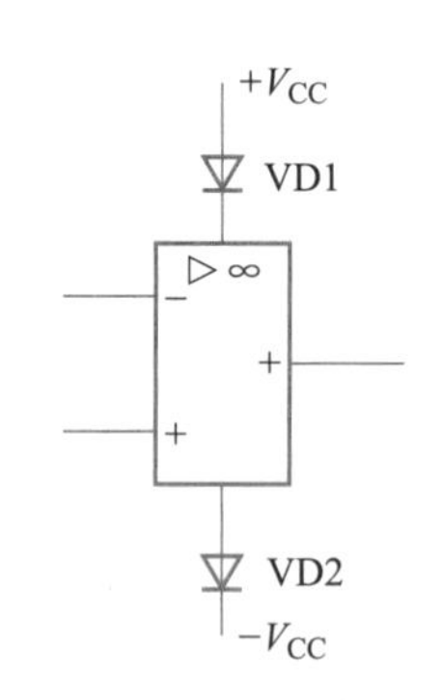

图 3.1.17　电源端反接保护电路

资料库

常见集成运放芯片简介

几种常见集成运放芯片简介见表 3.1.1。

表 3.1.1　几种常见集成运放芯片简介

型号	外形图	结构图	简要说明
LM324		OUT_1 1, IN_{1-} 2, IN_{1+} 3, V_+ 4, IN_{2+} 5, IN_{2-} 6, OUT_2 7, OUT_3 8, IN_{3-} 9, IN_{3+} 10, GND 11, IN_{4+} 12, IN_{4-} 13, OUT_4 14 LM324	LM324 在芯片上集成了 4 组通用运算放大器。它的内部除电源共用外，4 组运算放大器相互独立，每一组运算放大器用运算放大器图形符号来表示。常见封装形式有双列直插（DIP-14）塑封、小外形（SOP-14）封装。 其特点是既可以单电源（3~30 V）工作，又可以双电源（±1.5~±15 V）工作，而且静态功耗小
LM358		OUT_1 1, IN_{1-} 2, IN_{1+} 3, GND 4, IN_{2+} 5, IN_{2-} 6, OUT_2 7, V_+ 8	LM358 是通用型单片高增益双运算放大器，既可以单电源使用，也可双电源使用。单电源为 3~30 V，双电源为（±1.5~±15 V）。 它的应用范围包括传感放大器、直流增益模块和其他所有可用单电源供电使用运放的场合

续表

型号	外形图	结构图	简要说明
OP07			OP07 是一种低噪声、非斩波稳零的双极性运算放大器，具有非常低的输入失调电压，在很多应用场合不需要额外的调零措施，同时具有输入偏置电流低和开环增益高的特点。这种低失调、高开环增益的特性特别适用于高增益的测量设备和放大传感器的微弱信号等方面

应用拓展

集成运放应用举例

图 3.1.18 所示是一个采用气敏传感器和 LM358 制作的烟雾报警器电路。

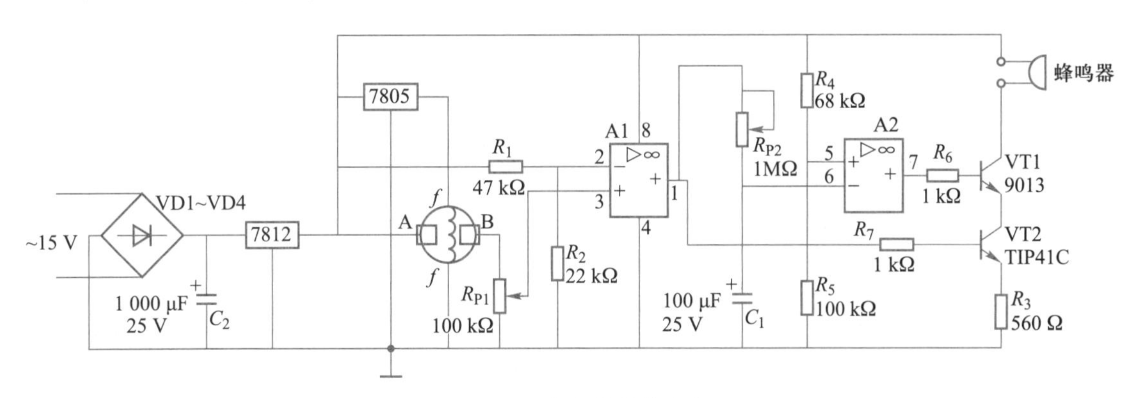

图 3.1.18　烟雾报警器电路

整个电路分为电源、检测和定时报警输出三部分。电源部分将 220V 市电经变压器降至 15V，由 VD1 ~ VD4 组成的桥式整流电路整流，并经 C_2 滤波后供给后面电路。烟雾检测器件 QM-N5 所需 12 V 和 5 V 直流电源由三端稳压器 7812、7805 供给，运算放大器所需 12 V 电源也由 7812 提供。

图中气敏传感器选用 QM-N5 型气敏管；A1、A2 构成两个电压比较器，选用 LM358（双运放）。

烟雾报警器的工作原理如下：

（1）在无烟环境中，QM-N5 型气敏管 AB 间电阻阻值为几十千欧，而在有烟雾环境中，阻值下降到几千欧。工作时，一旦气敏管检测到周围环境中有烟雾存在，AB 间电阻便迅速减小，AB 间分压也减小，R_{P1}上的分压增加，A1 同相输入端的输入电压（即电位器 R_{P1} 的分压）则随之增加，A1 迅速翻转，（输出由低到高）使 VT2 导通，在 A1 翻转之前，A1 输出低电平，使 A2 输出高电平，VT1 处于待导通状态。只要 A1 翻转，VT1 与 VT2 便同时导通，输出端便可输出报警信号。输出端可接蜂鸣器或发光器件。

（2）A1 翻转后（输出由低到高），由 R_{P2}、C_1 组成的定时器开始工作。当电

容 C_1 被充电到 A2 阈值电压时，A2 翻转，输出低电平，使 VT1 关断，停止输出报警信号。

(3) 烟雾消失后，比较器复位，C_1 通过 R_{P2} 向 A1 放电。

综上所述，改变 R_{P2} 阻值可改变报警信号的长短。通过调节电位器 R_{P1}，可改变比较器 A1 的阈值电压，亦即调节需要报警时的烟雾浓度。

3.2 低频功率放大器

本质上三极管放大器都是功率放大器。这里学习的功率放大器是特指供给最终负载较大信号功率的电路，以推动执行机构工作。如让扬声器发出优质的声音，使显像管的偏转线圈扫描，令继电器动作等。

3.2.1 低频功率放大器的要求与分类

以最小的失真、最高的效率向负载提供尽可能大的输出功率的放大器，称为功率放大器，简称功放。功放电路中的主要器件——三极管又简称功放管。由于功率放大器是工作在大信号情况下，信号动态范围大，三极管往往工作在线性应用的极限状态，因此，功放电路从电路的组成和分析方法，到电路元器件的选择，都与小信号电压放大电路有着明显的区别和不同的要求。

一、 功率放大器的基本要求

1. 尽可能大的输出功率

功率放大器提供给负载的信号功率称为输出功率 $P_o = I_o U_o$。最大输出功率 P_{om} 是在电路参数确定的情况下，负载上可能获得的最大交流功率。为了获得最大的输出功率，功放管往往接近极限工作状态。

2. 尽可能高的效率

功率放大器的最大输出功率与电源所提供的功率之比称为效率 η，即

$$\eta = \frac{P_o}{P_E} \times 100\%$$

在功率放大器中，直流电源提供的能量在转换成交流电能传送给负载的过程中，一部分能量会损耗在电路元器件和功放管的集电极上。通常功放电路输出功率越大，电源消耗的直流功率也就越多。因此，必须考虑在输出功率一定的情况下，尽可能减小直流电源的消耗，即提高电路的效率。

3. 较小的非线性失真

处在大信号工作状态的功率放大器，由于电压、电流幅度大，一旦进入截止和饱和区，不可避免地会产生非线性失真，因此，必须将功率放大器的非线性失真限制在允许范围内。

4. 较好的散热装置

由于功放管工作在极限运用状态，管耗大，其中大部分被集电结承受并转化为热量，使集电结温度升高，过高的结温将导致管子损坏。如果采用较好的散热装置，就可以降低结温，从而提高管子允许承受的最大管耗，使功放电路输出较大功率而不损坏管子。

二、 功率放大器的分类

功放电路种类很多，根据功放管静态工作点的不同，常用功率放大器可分为甲类、乙类和甲乙类三种。

1. 功放管静态工作点选择在放大区内的称为甲类功放电路

在工作过程中，功放管处于导通状态，输出波形无失真，如图 3.2.1(a)所示。由于设置的静态电流大，放大器的效率较低，最高只能达到 50%。

2. 功放管静态工作点设置在截止区边缘的称为乙类功放电路

在工作过程中，功放管仅在输入信号的正半周导通，负半周截止，只有半波输出，如图 3.2.1(b)所示。由于几乎无静态电流，电路的功率损耗减到最少，使效率大大提高(最高可达 78.5%)。在实际使用中，乙类功放电路采用两个功放管组合起来交替工作，就可输出完整的信号。

3. 功放管的静态工作点介于甲类和乙类之间的称为甲乙类功放电路

它的波形失真情况和效率介于上述两类之间，如图 3.2.1(c)所示，是实用功放电路经常采用的方式。

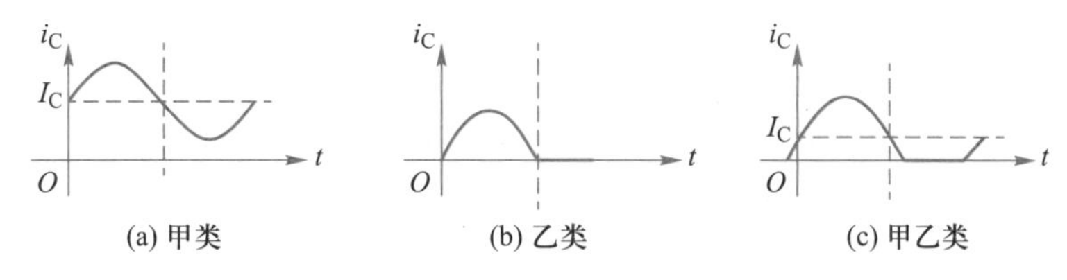

图 3.2.1 功放电路的工作状态分类

按功放输出端特点的不同，功率放大器又可分为变压器耦合功率放大器、无输出变压器功率放大器和无输出电容功率放大器等。

3.2.2 OCL 电路

双电源互补对称功率放大器，又称无输出电容功率放大器，简称 OCL 电路。

一、 电路构成

OCL 基本电路结构如图 3.2.2 所示。图中 VT1、VT2 是一对特性对称的 PNP 型三极管和 NPN 型三极管，电路工作在乙类状态。从交流通路可以看出，两管的基极相连后作为输入端，发射极连在一起作为信号的输出端，集电极则是输入、输出的公共端，所以两只三极管均连接为射极输出器形式。输出端与负载采用直接耦合方式。

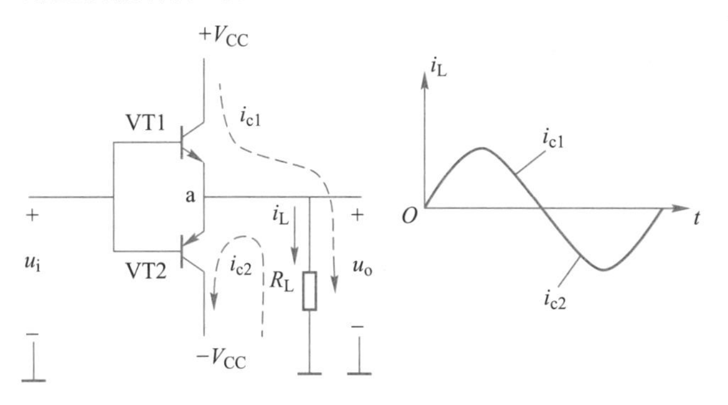

(a) 电路图及电流波形　　(b) 实物接线图

图 3.2.2 OCL 基本电路结构

二、 工作原理

1. 静态分析

$u_i=0$ 时，由于电路结构对称，无偏置电压，$I_B=0$，a 点的静态电位 $U_a=0$，流过 R_L 的静态电流为零。因此，该电路的输出不接输出电容。

2. 动态分析

设输入信号 u_i 为正弦信号。在 u_i 的正半周内，VT1 导通，VT2 截止，VT1 的集电极电流 i_{c1} 流经方向如图 3.2.2 所示，由 $+V_{CC}$→VT1→自上而下流过负载电阻 R_L→接地端。在 u_i 的负半周内，VT2 导通，VT1 截止，VT2 的集电极电流 i_{c2} 流经方向如图 3.2.2 所示，由接地端→自下而上流过负载电阻 R_L→VT2→$-V_{CC}$。由于 VT1 和 VT2 管型相反，特性对称，在 u_i 的整个周期内，VT1、VT2 交替工作，互相补充，向负载 R_L 提供了完整的输出信号。故该电路称为互补对称功率放大电路。

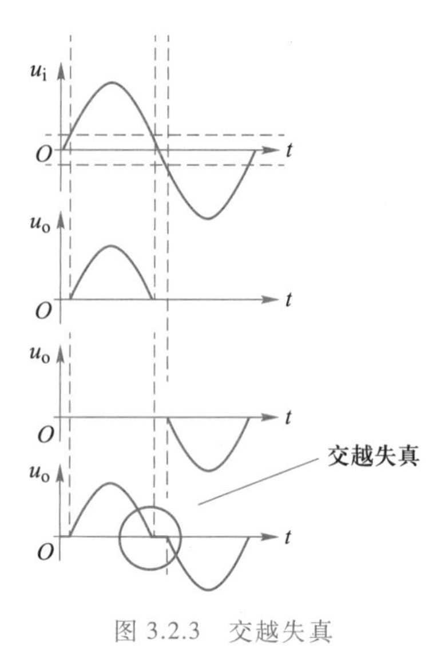

图 3.2.3 交越失真

三、 交越失真

多媒体演示
交越失真

在如图 3.2.2 所示的 OCL 基本电路中，当输入电压小于三极管的开启电压时，VT1、VT2 均截止，从而出现如图 3.2.3 所示的交越失真现象。一旦音频功率放大器出现交越失真，会使声音质量明显下降。为了避免交越失真，在实际使用的 OCL 电路中，必须设置合适的静态工作点。

应用拓展

加偏置的 OCL 电路

为了消除交越失真，OCL 电路通常如图 3.2.4 所示，在两只功放管的基极之间串入二极管和电阻，为三极管 VT2、VT3 的发射结提供正向偏置电压，使电路在静态时处于微导通状态，从而减小交越失真。

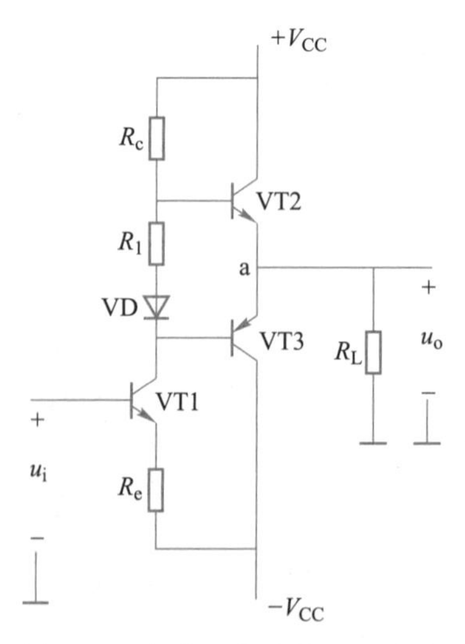

图 3.2.4 加偏置电路的 OCL 电路

电路评价

由于 OCL 电路静态时两管的发射极是零电位，所以负载可直接接到发射极而不必采用输出耦合电容，故称无输出电容的互补功放电路。该电路采用直接耦合方式，具有低频响应好、输出功率大、电路便于集成等优点，广泛应用于一些高级音响设备中。但 OCL 电路需要两个独立的电源，使用起来会有些不方便。

3.2.3 OTL 电路

单电源互补对称功率放大电路，又称无输出变压器功率放大电路，简称 OTL 电路。

一、电路构成

图 3.2.5 所示为 OTL 电路。与 OCL 电路不同的是，电路由双电源改为单电源供电，输出端经大电容 C_L 与负载 R_L 耦合。

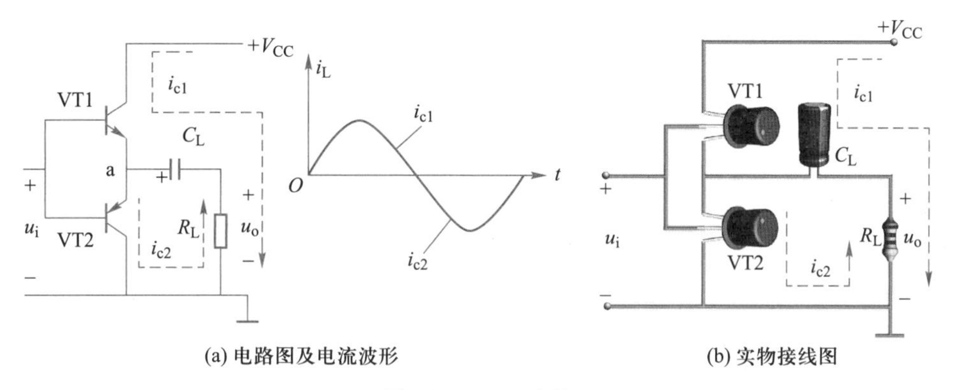

(a) 电路图及电流波形　　(b) 实物接线图

图 3.2.5　OTL 电路

二、工作原理

1. 静态分析

$u_i=0$ 时，$I_B=0$，由于两管特性对称，a 点的静态电位 $U_a=\frac{1}{2}V_{CC}$，则 C_L 上充有左正右负的静态电压 $U_{C_L}=\frac{1}{2}V_{CC}$。由于 C_L 容量很大，所以相当于一个电压为 $\frac{1}{2}V_{CC}$ 的直流电源。此外，在输出端耦合电容 C_L 的隔直作用下，流过 R_L 的静态电流为零。

2. 动态分析

在 u_i 的正、负周期，电路与 OCL 电路相似，VT1、VT2 交替工作，互相补充，通过 C_L 的耦合，向负载 R_L 提供完整的输出信号。

应用拓展

加偏置的 OTL 电路

图 3.2.6 所示为加偏置的 OTL 电路。电路由激励级和功率放大输出级组成。电路的激励级为由 VT1、R_1、R_2、R_3、R_4 和 C_1 构成的分压式偏置放大电路，a 点的 $\frac{1}{2}V_{CC}$ 电压经过 R_1、R_2 分压为三极管 VT1 提供基极电压，R_4 是 VT1 的集电极电阻，将放大电流信号转换成电压信号送至 VT2、VT3 的基极，为后级功放提供

足够的推动信号。VT2、VT3 是 OTL 电路的一对互补管，为了克服交越失真，在两个互补管的基极之间串接二极管 VD1、VD2，以给输出管的发射结提供所需的正向偏压。

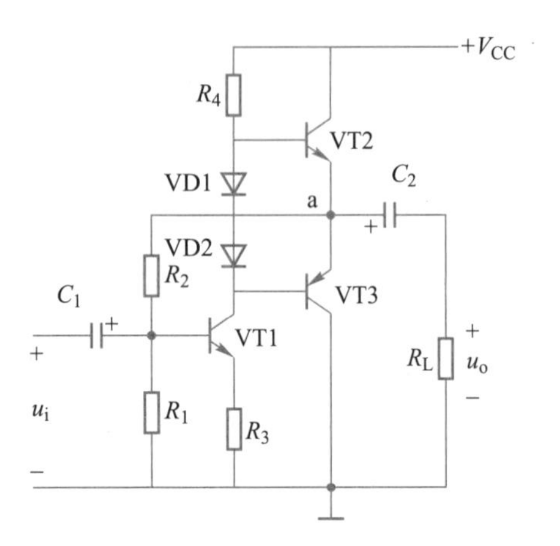

图 3.2.6 加偏置的 OTL 电路

电路评价

OTL 电路采用单电源供电，输出通过大容量的耦合电容与负载连接，称为无输出变压器的互补功放电路。与 OCL 电路相比，该电路少用一个电源，故结构简单、使用方便。但 OTL 电路输出采用大电容耦合，所以其频率响应较差，不利于电路的集成化。

3.2.4 集成功率放大器

集成功率放大器以其输出功率大、外围连接元器件少、使用方便等优点，使用越来越广泛。目前，OTL 电路、OCL 电路均有各种不同输出功率和不同输出电压的多种型号的集成电路。使用时应注意输出引脚外接电路的特征，图 3.2.7 所示为单声道集成功放输出引脚外电路示意图，其中(a)图为 OTL 电路输出引脚外电路特征，(b)图为 OCL 电路输出引脚外电路特征。

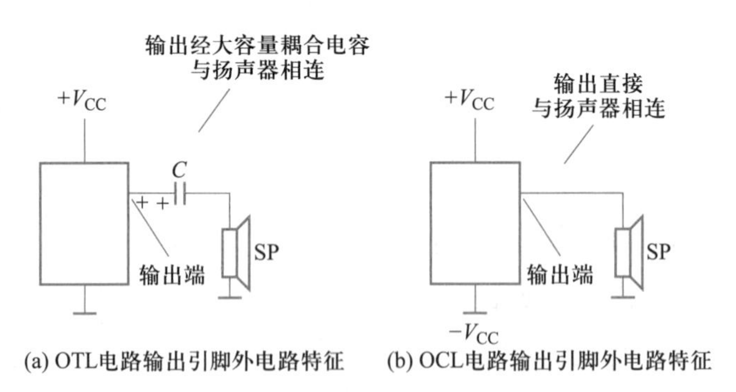

图 3.2.7 单声道集成功放输出引脚外电路示意图

对于双声道功率放大器，左、右声道电路完全对称，即两个输出端引脚外电路结构、元器件参数完全一致。

一、LM386 集成功放

LM386 集成功放由美国国家半导体公司生产，是一种目前应用较多的小功率音频集成功率放大器，其内部电路为 OTL 电路。

图 3.2.8(a)所示为 LM386 双列直插式(DIP-8)、小外形(SOP-8)两种封装的实物,它们的引脚功能如图 3.2.8(b)所示。

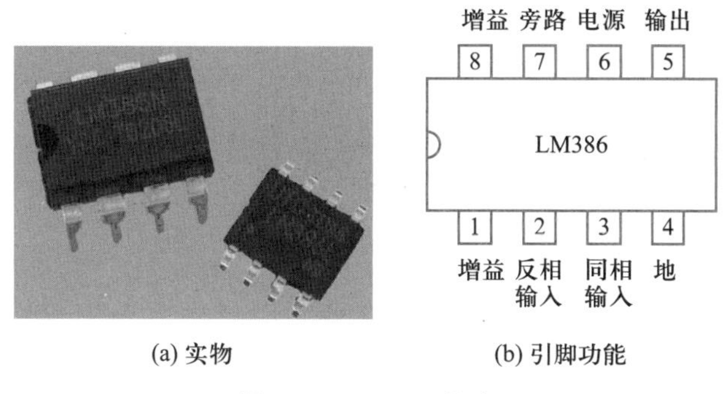

(a) 实物　　(b) 引脚功能

图 3.2.8　LM386 芯片

LM386 芯片额定电源电压范围为 4~12 V,不工作时仅消耗 4 mA 电流,极适合电池供电,且失真小。LM386 芯片内建增益为 26 dB(即电压放大倍数为 20),在引脚 1 和 8 之间电容的作用下,增益最高可达 46 dB(即电压放大倍数为 200),额定输出功率为 660 mW。

LM386 芯片功耗低、增益可调、允许的电源电压范围宽、通频带宽、外接元器件少,广泛应用于收录机、电视机伴音等系统中,是专为低损耗电源所设计的集成功率放大器。

应用拓展

图 3.2.9 所示为 LM386 芯片的典型应用电路。图中 10 kΩ 的电位器用来调整扬声器音量大小,若直接输入 u_i,即为音量最大的状态。引脚 1 与引脚 8 之间的 10 μF 电容用以改变交流反馈,使电压放大倍数可达 200。引脚 7 外接旁路电容,与 LM386 芯片内部电路组成电源去耦电路,以提高纹波抑制能力。为了抵消扬声器音圈电感的部分感抗,电路在输出端外接了由 C_2、R_1 组成的串联补偿网络,与扬声器并联,以防止高频自激和过压现象,改善放大器音质。由于 LM386 芯片内部为 OTL 电路,因此在其输出端外接了一个 220 μF 大容量的耦合电容 C_3。

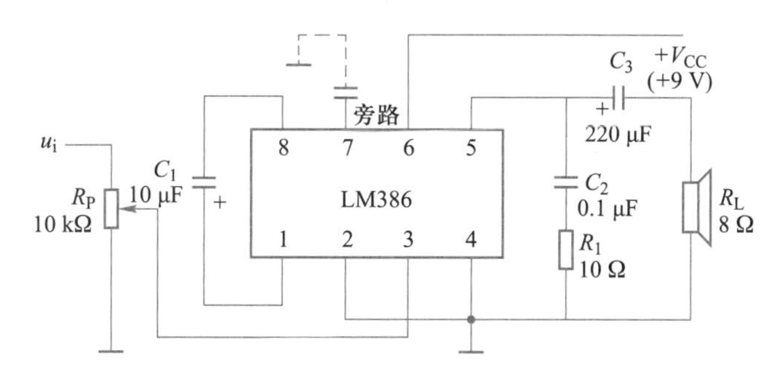

图 3.2.9　LM386 芯片的典型应用电路

二、TDA2822 集成功放

TDA2822 集成功放是小功率双通道功率放大电路,内含两个独立的功效模块。图 3.2.10(a)所示为 TDA2822 双列直插式(DIP-8)封装的实物,引脚排列如图 3.2.10(b)所示,引脚功能见表 3.2.1。

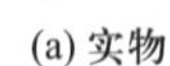

(a) 实物

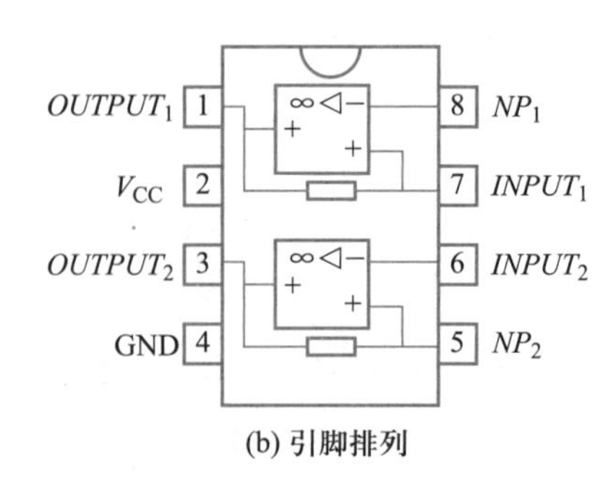

(b) 引脚排列

图 3.2.10　TDA2822M

表 3.2.1　TDA2822 集成功放引脚功能

引脚	功能	引脚	功能
1	功放电路 1 信号输出端	5	功放电路 2 负反馈端
2	电源电压输入端	6	功放电路 2 信号输入端
3	功放电路 2 信号输出端	7	功放电路 1 信号输入端
4	接地端	8	功放电路 1 负反馈端

它具有使用电源范围宽(3~15 V)、静态电流小、交叉失真小等特点,可组成双声道 BTL 电路,适用于便携式、微小型收录机、计算机音响中作功率放大。

应用拓展

BTL 功率放大电路又称平衡式无输出变压器功放电路,它由两个独立且参数相同的功放模块搭建组成,负载的两端分别接在两个放大器的输出端。其中一个放大器的输出是另外一个放大器的镜像输出,即负载两端的信号仅在相位上相差 180°,负载上将得到原来单端输出的 2 倍电压。从理论上来讲,电路的输出功率将增加 4 倍。

如图 3.2.11 所示是用 LM386 组成的 BTL 电路。两集成功放 LM386 的 4 脚接“地”,6 脚接电源,3 脚与 2 脚互为短接,其中输入信号从一组(3 脚和 2 脚)输入,5 脚输出分别接扬声器 R_L,驱动扬声器发出声音。

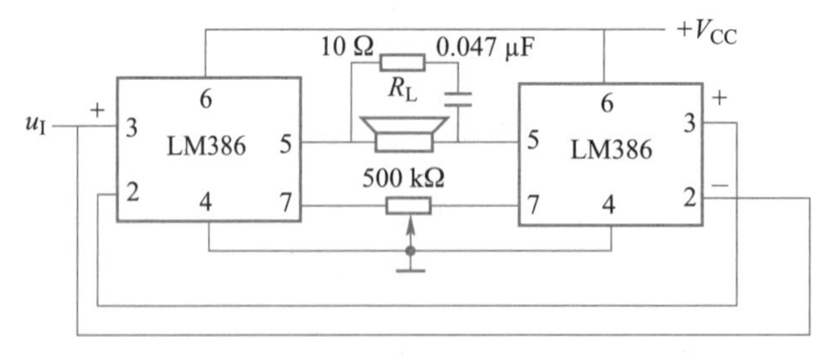

图 3.2.11　用 LM386 组成的 BTL 电路

技能实训 音频功放电路的安装与调试

工作任务书

一、任务目标

1. 会根据图 3.2.12 绘制电路装接图和布线图。

2. 能说明电路中各元器件的作用，并能检测元器件。

3. 了解功放器件的安全使用知识。

4. 会搭建和调试功放电路。

5. 会判断和检修简单故障。

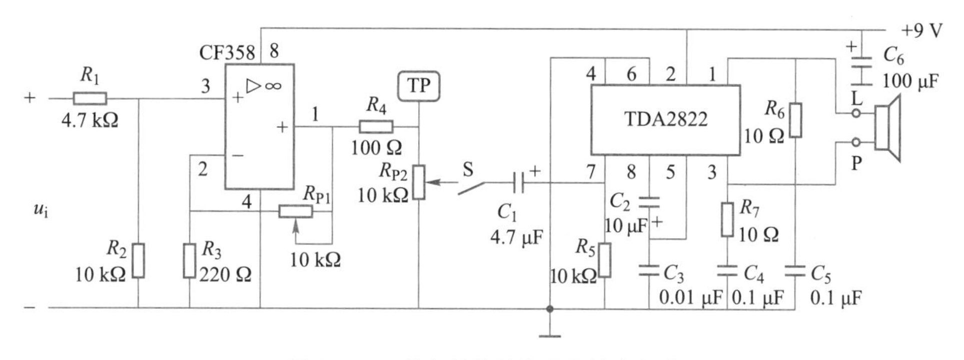

图 3.2.12　带音频前置的功率放大电路

二、器材与工具

1. 通用印制电路板、直流稳压电源、万用表、示波器和毫伏表。

2. 常用装联和焊接工具。

3. 功放电路元器件套件和 8 Ω/2 W 假负载。

三、实施步骤

绘制安装布线图→清点元器件→元器件检测→插装和焊接→通电前检查→通电测量→数据记录。

四、调试与测量

检查元器件安装正确无误后，才可以接通电源。测量时，先连线后接电源（或开电源开关）；拆线、改线或检修时一定要先关电源；电源线不能接错，否则将可能损坏元器件。

1. 测量音频前置放大器的参数

（1）电路连接

按图 3.2.13 所示连接电路，并将图 3.2.12 所示电路中的开关 S 断开。把函数信号发生器置于正弦波输出，输出探头接至电阻 R_1，作为前置放大器的输入电压 u_i，示波器接至测试点 TP 点。

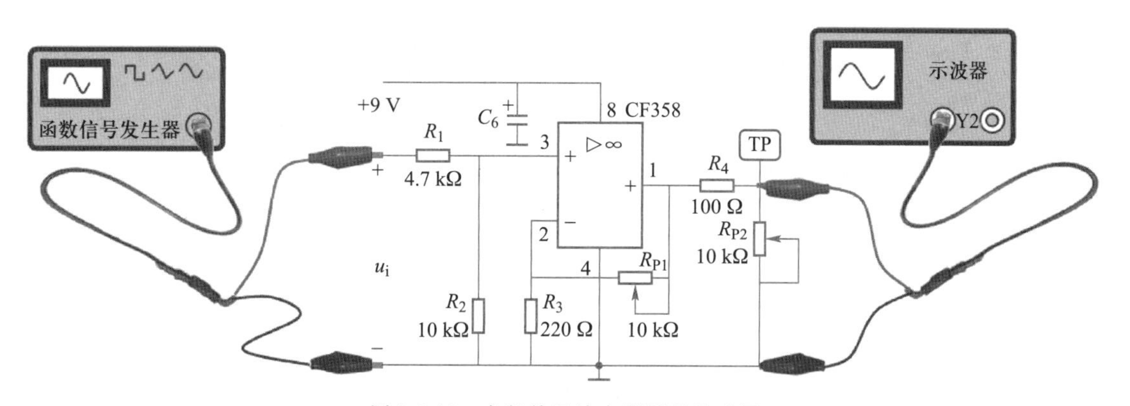

图 3.2.13　音频前置放大器测量示意图

（2）信号输入

输入 1 kHz、20 mV 的正弦波电压信号。

(3) 参数测量

接上 9 V 直流电压,用示波器观察 TP 端波形。调节电位器 R_{P1},使输出波形为最大不失真,并测出其幅度(若示波器观察不到输出波形,建议 CF358 使用双电源供电),用万用表测量 CF358 芯片各引脚的电压,将测量结果填入表 3.2.2 中。

表 3.2.2 前置放大器与功率放大器的测试

测试项目	前置放大器的测量					功率放大器的测量						
电压	CF358 引脚号					TDA2822 引脚号						
	1	2	3	4	8	1	2	3	4	5	7	8
波形测量	TP 端输出					L、P 端输出						
	时间挡位: 幅度挡位: $U_{o(p-p)}$:					时间挡位: 幅度挡位: $U_{o(p-p)}$:						

2. 功率放大器的测量

(1) 按图 3.2.14 所示电路接线

把函数信号发生器置于正弦波输出,输出探头接至电容 C_1 作为功放输入电压 u_i,功放输出 L、P 端接 8 Ω/2 W 的假负载,示波器接至假负载两端。

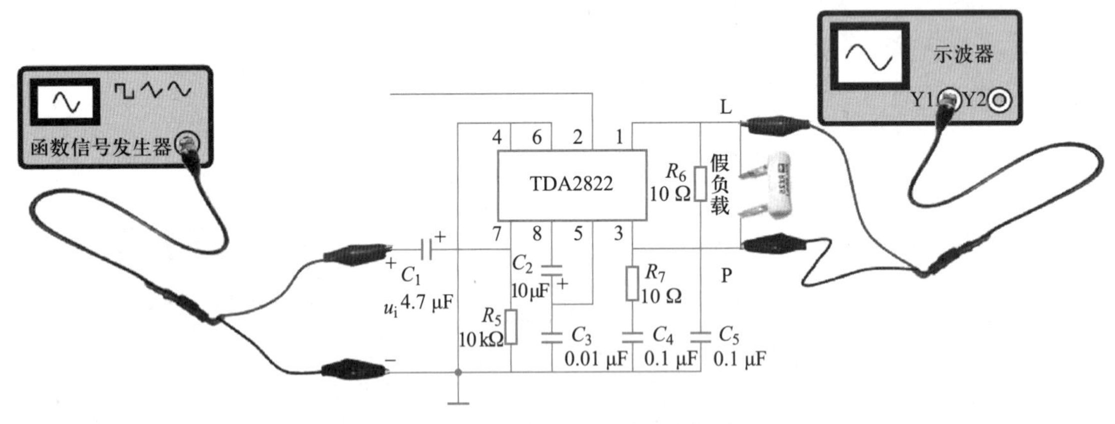

图 3.2.14 功率放大器测量示意图

(2) 信号输入

输入 1 kHz、10 mV 的正弦波电压信号,将直流稳压电源的+9 V 电压接入电路(若示波器测量时出现烧毁功放或市电电路跳闸等情况,可将测量电路的电源通过隔离变压器供电)。

(3) 观测电路的输出 u_o

用示波器观察电路的输出波形,用万用表测量 TDA2822 芯片各引脚的电压，将测量结果填入表 3.2.2 中。

3. 整机测量

(1) 电路连接

合上开关 S，接入函数信号发生器和示波器，检查电路连接正确无误后接入 9 V 直流电源。

(2) 输出功率测量

输入 1 kHz、10 mV 的正弦波电压信号，接入 8 Ω/2 W 假负载，用示波器监测负载两端的波形。分别调节 R_{P1} 和 R_{P2}，使输出波形为最大不失真，用毫伏表测出其输出电压，并计算电路的输出功率，填入表 3.2.3 中。

表 3.2.3 输出功率测量

测试项目(用毫伏表测量)	测试结果
输入信号有效值/V	
输出信号有效值/V	
输出功率/W	

相关技能

▶ 相关技能一 元器件的选择与检测

1. 元器件的选择

(1) 电位器选用多圈式 3296 型；集成运算放大器采用 CF358 芯片，DIP-8PIN 封装，外形与表 3.1.1 中 LM358 芯片相同；功率放大器采用集成功放 TDA2822 芯片，DIP-8PIN 封装，引脚排列如图 3.2.10 所示；两块集成电路的引脚功能见表 3.2.4。

(2) 其他元器件均无特殊要求，可按电路图所标型号及参数进行选用，或查阅相关器件手册自行选定。

2. 元器件检测

(1) 检测运算放大器

在专用的测试装置上检测或用代换法，例如在正常工作的含有 CF358 和 TDA2822 芯片的电路上检查运算放大器的好坏。

表 3.2.4 CF358、TDA2822 集成电路引脚功能

CF358			TDA2822		
IC 引脚	符号	功能说明	IC 引脚	符号	功能说明
1	OUT_1	输出端	1	$OUTPUT_1$	功放电路 1 输出端
2	IN_{1-}	反相输入端，输出信号与输入信号反相位	2	V_{CC}	电源电压输入端
3	IN_{1+}	同相输入端，输出信号与输入信号同相位	3	$OUTPUT_2$	功放电路 2 输出端
4	V_-	负电源端(单电源供电时接地)	4	GND	接地端

续表

CF358			TDA2822		
IC 引脚	符号	功能说明	IC 引脚	符号	功能说明
5	IN_{2+}	同相输入端,输出信号与输入信号同相位	5	NP_2	功放电路 2 负反馈端
6	IN_{2-}	反相输入端,输出信号与输入信号反相位	6	$INPUT_2$	功放电路 2 输入端
7	OUT_2	输出端	7	$INPUT_1$	功放电路 1 输入端
8	V_+	正电源端	8	NP_1	功放电路 1 负反馈端

(2) 检测扬声器

如图 3.2.15 所示,万用表置于 $R\times1$ 电阻挡,用任一表笔接一端,另一表笔点触另一端。正常时会发出清脆响亮的“哒”声。如果不响,则是线圈断了;如果响声小而尖,则是有擦圈问题,也不能用。

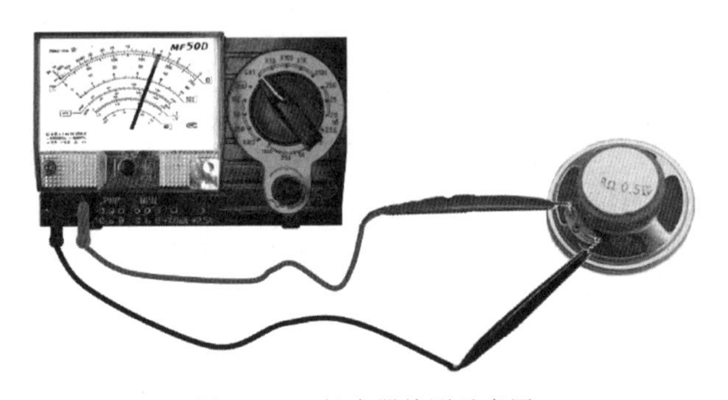

图 3.2.15 扬声器检测示意图

▶ 相关技能二 绘制安装布线图

按图 3.2.12,结合元器件实物,在通用印制电路板工艺图上绘制安装布线图。功放级的接地线应尽量接在一起,连线尽可能短,功放级应尽量远离前置级,否则容易产生自激。参考安装布线图如图 3.2.16 所示。

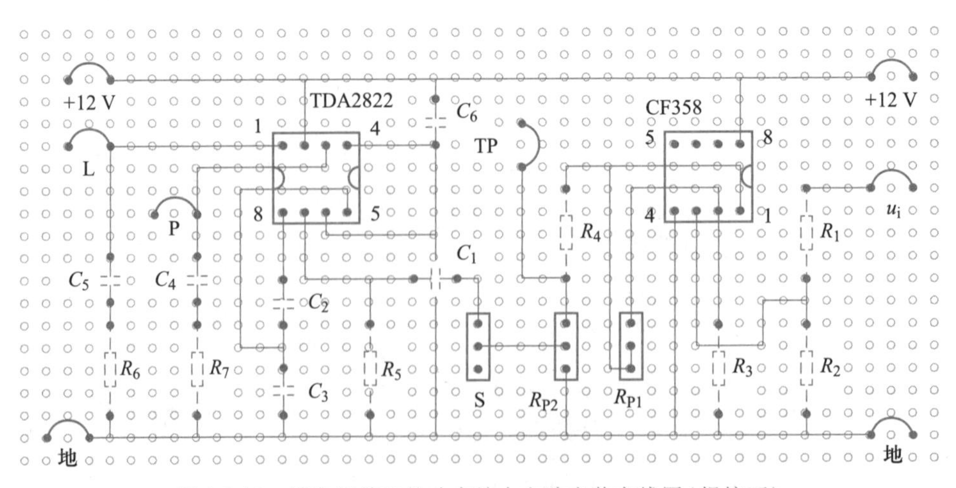

图 3.2.16 带音频前置的功率放大电路安装布线图(焊接面)

▶ **相关技能三　元器件插装和焊接**

按安装布线图在通用印制电路板上插装元器件，元器件插装应符合插装工艺表 3.2.5 的要求。基本原则如下：

表 3.2.5　元器件插装工艺表

符号	名称	规格	安装工艺	
IC	集成运放	CF358 TDA2822	2　1　凸出处	直插到引脚凸出处，不要歪斜，注意运放引脚方向
C	电容器	$C_3=0.01\ \mu F$ $C_4=C_5=0.1\ \mu F$	焊接面	采用直立式安装
		$C_1=4.7\ \mu F/16\ V$ $C_2=10\ \mu F/16\ V$ $C_6=100\ \mu F/16\ V$	1~2 mm	采用直立式安装，注意其正、负极性，若大容量电容的极性装反，易炸裂
R	电阻器	$R_1=4.7\ k\Omega$ $R_2=R_5=10\ k\Omega$ $R_3=220\ \Omega$ $R_4=100\ \Omega$ $R_6=R_7=10\ \Omega$	焊接面	采用贴印制电路板卧式安装，如有多个电阻安装，则色环方向应一致
R_P	电位器	$R_{P1}=R_{P2}=10\ k\Omega$ 3296 型	焊接面	采用直立式安装，不要歪斜

（1）印制电路板上的元器件，按先低后高的装配顺序进行插装焊接。电阻色环方向应保持一致。

（2）注意有极性的元器件不要装错。

（3）集成电路插座、电位器、开关必须垂直插到底，所有引脚均需穿过印制电路板。

岗位知识积累

在通电检测时，万用表表笔应在印制电路板焊接点上测量，而不能在集成电路引脚上测量，以免发生短路造成集成电路的损坏。

问题与讨论

1. 你在检测元器件方面有哪些收获？

2. 在图 3.2.13 中，改变电位器 R_{P1}、R_{P2} 的阻值对电路有什么影响？电路输出电压的大小与什么元件参数有关？

3. 在电路的安装、调试过程中，遇到过什么问题？又是用什么方法解决的？

4. 你学会了哪些收集和整理资料的方法？

技能评价

音频功放电路的安装与调试技能评价表见附录附表1、附表2和附表3。

应用拓展

复合三极管的应用

输出功率大的功放电路中，必须采用大功率三极管。大功率三极管的电流放大系数往往较小，而且在互补对称电路中选用对称管也比较困难。在实际应用中，常采用复合管来解决这两个问题。

所谓复合管是指用两只或多只三极管按一定规律组合，等效为一只三极管，如图3.2.17所示。

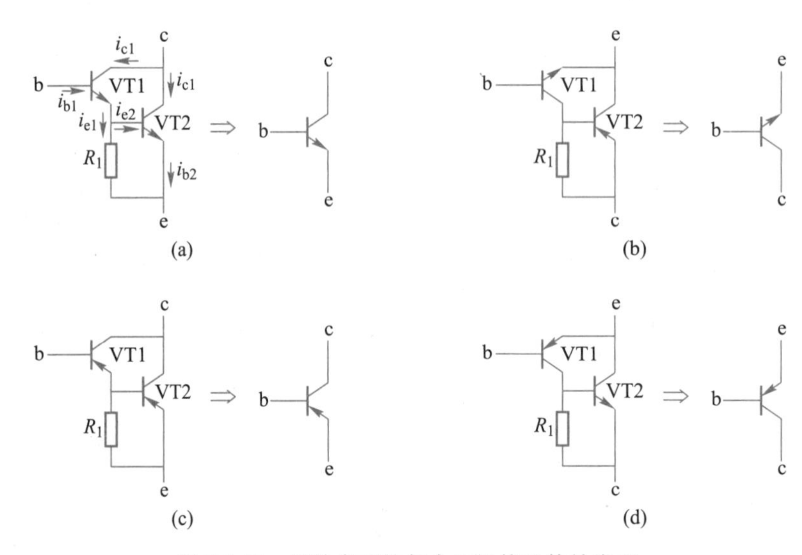

图 3.2.17　四种类型的复合三极管及等效类型

达林顿复合三极管是实际应用中使用较为普遍的复合晶体管，如图3.2.18所示。它采用复合连接方式将两只或更多个三极管的集电极连在一起，而将第一只三极管的发射极直接耦合到第二只三极管的基极，依次连接而成，最终引出e、b、c三个电极。

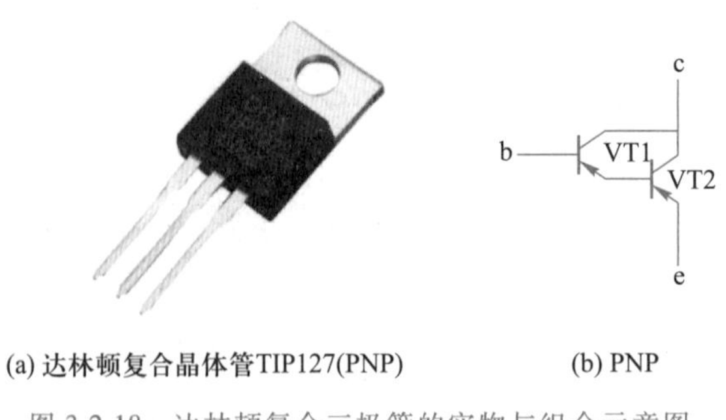

(a) 达林顿复合晶体管TIP127(PNP)　　(b) PNP

图 3.2.18　达林顿复合三极管的实物与组合示意图

因此，达林顿复合三极管具有很高的电流放大系数，h_{FE}值可达几千至几十万。使用时，可以把达林顿复合三极管看成一个具有高电流放大系数的三极管。选用它作为功率放大管时，还可以取代多级放大电路，简化设计电路，使用非常方便。达林顿复合三极管具有增益高、开关速度快、稳定性好等优点，它在低频功率放大电路、开关式稳压电路以及功率驱动电路中得到了广泛的应用。

达林顿复合三极管多用在大功率输出电路中，这时由于功率增大，管子本身压降会造成温度上升，再加上前级三极管的漏电流也会被逐级放大，从而导致达林顿复合三极管整体热稳定性较差。为了改变这种状况，在大功率达林顿复合三极管内部设有均衡电阻，这样不但可以大大提高管子的热稳定性，还能有效地提高末级功率三极管的耐压。大部分大功率达林顿复合三极管在末级三极管的集电极与发射极之间反向并联一只阻尼二极管，以防负载突然断电时三极管被击穿。

*3.3 场效晶体管放大器

图 3.3.1 所示为另一种能够进行电信号放大的半导体器件——场效晶体管。场效晶体管仅依靠半导体中的多子实现导电，故又称单极型晶体管。图 3.3.1 所示的场效晶体管从外形上来看与三极管非常相似，也有三个引脚：漏极(D)、源极(S)和栅极(G)，分别对应于三极管的集电极(c)、发射极(e)和基极(b)。大功率的场效晶体管通常是铁壳或是带散热片的。

图 3.3.1　场效晶体管

与三极管不同的是，场效晶体管是利用电压控制电流大小的放大器件，称为电压控制器件。场效晶体管因其输入阻抗高、噪声低、热稳定性好、功耗低及制造工艺简单等优点，被广泛应用于各种放大电路、数字电路中，尤其适合大规模集成电路。

根据结构和工作原理的不同，场效晶体管分为绝缘栅型和结型两大类。

3.3.1 绝缘栅型场效晶体管

绝缘栅型场效晶体管分为增强型和耗尽型两类，各类又有 P 沟道和 N 沟道两种。下面以 N 沟道为例，介绍绝缘栅型场效晶体管。

一、结构与图形符号

图 3.3.2 所示的 N 沟道绝缘栅型场效晶体管是在一块低掺杂的 P 型硅片上，通过扩散工艺形成两个相距很近的高掺杂 N^+ 型区，分别作为漏极 D 和源极 S，在两个 N^+ 型区之间硅片表面上有一层很薄的二氧化硅绝缘层，使两个 N^+ 型区隔绝，在绝缘层上面引出一个金属电极即为栅极 G。因此栅极与其他电极之间是绝缘的，故输入电阻很高。

由于该类场效晶体管的栅极和其他电极及硅片之间是绝缘的，故称为绝缘栅型场效晶体管，或称金属-氧化物-半导体场效晶体管，简称 MOS 管。

如果在制造 MOS 管时，在 SiO_2 绝缘层中掺入大量正离子，这种 MOS 管称为耗尽型 MOS 管，如图 3.3.2(b)所示。而图 3.3.2(a)所示 MOS 管称为增强型 MOS 管。

图 3.3.2 中的图形符号是 N 沟道绝缘栅型场效晶体管的图形符号。其中漏、源极之间用虚线表示增强型，实线则表示耗尽型；从衬底基片上引出的一个

电极，称为衬底电极 B（在分立元件中，常将 B 与源极 S 相连，而在集成电路中，B 与 S 一般不相连），B 箭头指向管内表示衬底是 P 型半导体（箭头仍然表示 P 区到 N 区的电流方向），即 N 沟道型，反之则为 P 沟道型。

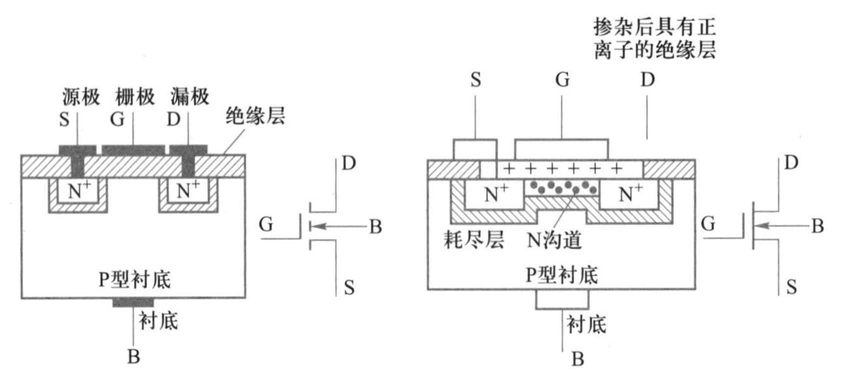

(a) N沟道增强型场效晶体管结构和图形符号　(b) N沟道耗尽型场效晶体管结构和图形符号

图 3.3.2　N 沟道绝缘栅型场效晶体管

二、N 沟道增强型场效晶体管的特性曲线

场效晶体管的特性可以通过转移特性曲线和输出特性曲线来描述。图 3.3.3所示为 N 沟道增强型场效晶体管特性曲线。

1. 转移特性曲线

图 3.3.3（a）所示的 N 沟道增强型场效晶体管转移特性曲线是指在 U_{DS}一定的情况下，漏极电流 i_D与栅源电压 u_{GS}之间的关系曲线。

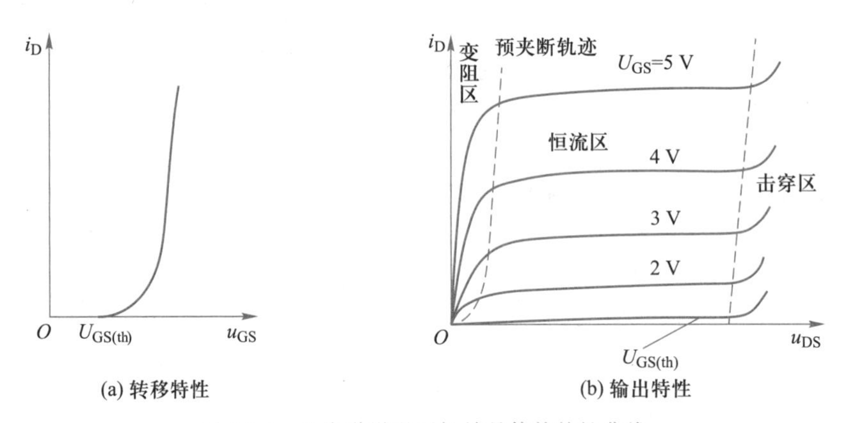

(a) 转移特性　(b) 输出特性

图 3.3.3　N 沟道增强型场效晶体管特性曲线

从图中可以看出，栅极没有外加电压，即 $u_{GS}=0$ 时，源、漏极之间不会有电流流过，$i_D=0$，此时场效晶体管处于截止状态。

当有一个正电压加到 N 沟道增强型场效晶体管的栅极，即 $u_{GS}>U_{GS(th)}$时，在两个 N^+型区之间产生了一个导电沟道（相当于架了一座桥梁），使源极和漏极之间导通，从而形成电流 i_D。u_{GS}越大，导电沟道越宽，沟道电阻越小，i_D也就越大。

2. 输出特性曲线

图 3.3.3（b）所示的 N 沟道增强型场效晶体管输出特性曲线是指 U_{GS}一定的情况下，漏极电流 i_D与栅源电压 u_{DS}之间的关系曲线。根据场效晶体管的工作状态，可将输出特性曲线分为三个区域。

变阻区　变阻区是漏源电压较小、曲线族上升的区域。在该区域，漏极电流

i_D随漏源电压 u_{DS}增加而急剧上升。

恒流区 在恒流区内，漏极电流 i_D几乎不随漏源电压 u_{DS}变化而变化，但 i_D随栅源电压 U_{GS}增加而增大，所以该区域又称放大区。

击穿区 随着漏源电压 u_{DS}的增大，场效晶体管内的 PN 结被击穿，i_D突然加大，则管子进入击穿区，在该区域，管子将被损坏。

总之，u_{DS}使导电沟道变得不等宽，u_{GS}改变了沟道的宽度，所以在一定的 u_{DS}的情况下，改变 U_{GS}的大小，就可以控制 i_D的大小。

三、N 沟道耗尽型场效晶体管特性曲线

N 沟道耗尽型场效晶体管特性曲线如图 3.3.4 所示，其输出特性曲线也可分为变阻区、恒流区和击穿区。

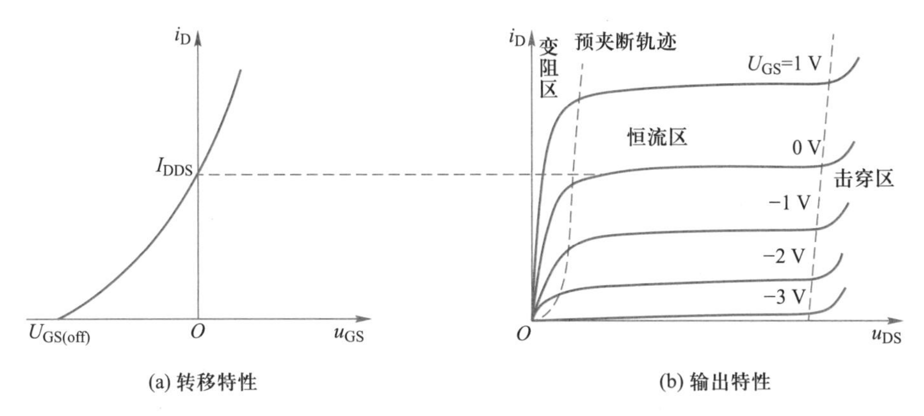

图 3.3.4 N 沟道耗尽型场效晶体管特性曲线

由恒流区的转移特性曲线可知，在 $u_{GS}=0$ 时，$i_D=I_{DSS}$；随着 u_{GS}减小，i_D也减小，当 $u_{GS}=U_{GS(off)}$时，$i_D\approx 0$；当 $u_{GS}>0$ 时，$i_D>I_{DSS}$。

3.3.2 结型场效晶体管

结型场效晶体管是一种利用耗尽层宽度改变导电沟道的宽窄来控制漏极电流大小的器件，也可以分为 N 沟道和 P 沟道两种。下面以 N 沟道为例，介绍结型场效晶体管。

一、结构和图形符号

图 3.3.5(a)所示的 N 沟道结型场效晶体管是在 N 型半导体硅片的两侧各制造一个 PN 结，形成两个 PN 结夹着一个 N 型沟道的结构。P 区为栅极 G，N 型硅的一端是漏极 D，另一端是源极 S。图 3.3.5(b)所示的图形符号中，箭头的方向表示栅结正偏时栅极电流的方向。

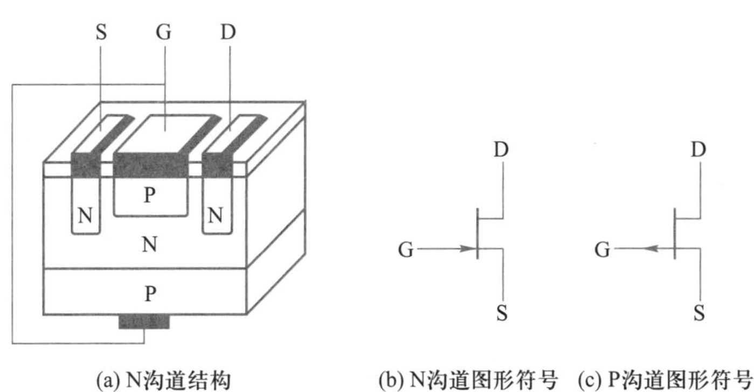

(a) N沟道结构 (b) N沟道图形符号 (c) P沟道图形符号

图 3.3.5 结型场效晶体管

如果在P型半导体硅片的两侧各制造一个PN结,形成两个PN结夹着一个P型沟道,则所得的管子称为P沟道结型场效晶体管,其图形符号如图3.3.5(c)所示。

二、N沟道结型场效晶体管特性曲线

N沟道结型场效晶体管特性曲线如图3.3.6所示。

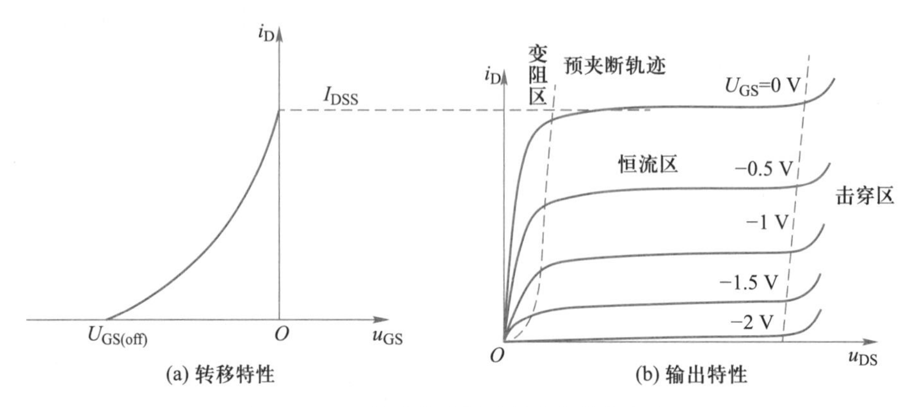

图3.3.6 N沟道结型场效晶体管特性曲线

1. 转移特性曲线

从图3.3.6(a)所示的N沟道结型场效晶体管转移特性曲线上可以看出,N沟道结型场效晶体管正常工作时,栅、源极之间所加电压为负电压,即$u_{GS}\leqslant 0$。

$u_{GS}=0$时的漏极电流为漏极饱和电流I_{DSS}。随着u_{GS}从零向负值变化,漏极电流i_D逐渐减小,直到$i_D=0$时,此时所对应的u_{GS}称为夹断电压$U_{GS(off)}$,这时,管子处于截止状态。

2. 输出特性曲线

图3.3.6(b)所示是N沟道结型场效晶体管输出特性曲线,它也可分成变阻区、恒流区和击穿区,三个区域的含义与绝缘栅型场效晶体管相同。

三、结型场效晶体管的检测

1. 引脚排列

场效晶体管引脚排列位置依其品种、型号及功能的不同而异。大功率管从左至右其引脚排列一般为G、D、S。

2. 检测

万用表置于$R\times1$ k电阻挡,任选两电极,分别测出它们之间的正、反向电阻。若正、反向电阻值相等(约几千欧),则该两极为漏极D和源极S,余下的则为栅极。

 **应用拓展**

场效晶体管使用注意事项

(1) 结型场效晶体管的栅源电压不能接反,可以在开路状态下保存,而绝缘栅型场效晶体管在不使用时,由于它的输入电阻非常高,需将各电极短路,以免外电场作用而使管子损坏。

(2) 焊接时,电烙铁外壳必须装有外接地线,以防止由于电烙铁带电而损坏管子。对于少量焊接,也可以将电烙铁烧热后拔下插头或切断电源后焊接。特别在焊接绝缘栅型场效晶体管时,要按源极→漏极→栅极的先后顺序焊接,并且要断电焊接。

(3) 结型场效晶体管可用万用表电阻挡定性地检查管子的质量(检查各PN结的正、反向电阻及漏、源极之间的电阻值),而绝缘栅型场效晶体管不能用万用表检查,必须用测试仪,并且要在接入测试仪后才能去掉各电极短路线。测量完毕取下管子时,则应先短路再取下,关键在于避免栅极悬空。

3.3.3 场效晶体管放大电路

场效晶体管放大电路根据输入与输出的公共端不同,分为共源、共栅、共漏三种放大电路的形式。

和三极管一样,场效晶体管放大电路必须由偏置电路提供合适的静态工作点,使管子工作在放大区。

一、自偏压共源放大电路

图 3.3.7 所示为由耗尽型绝缘栅型场效晶体管构成的自偏压共源放大电路。电路从栅极输入信号,漏极输出信号,源极是信号输入与输出的公共端。

为了使共源放大电路实现不失真放大,与共射放大电路一样,它也需要有一个合适的静态工作点,即合适的偏置电压(栅源电压 U_{GS})。

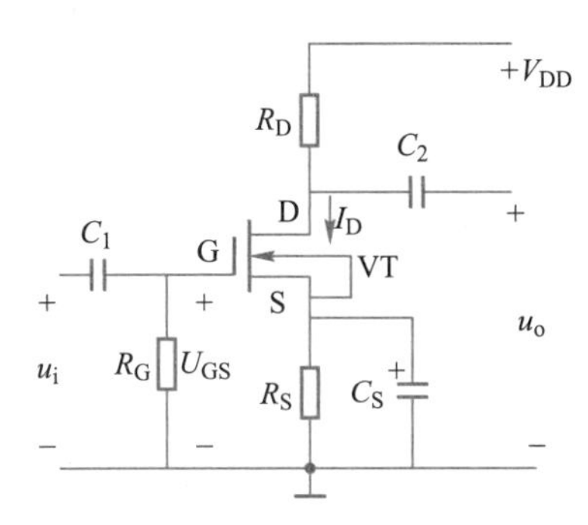

图 3.3.7 自偏压共源放大电路

在图 3.3.7 所示电路中仅用下偏置电阻,省略了上偏置电阻。而耗尽型 MOS 管在 $U_{GS}=0$ 时,也有漏极电流 I_D 流过 R_S,这样,在 R_S 上产生源极电位 $U_S=I_DR_S$。由于栅极基本不取用电流,$U_G\approx0$,$U_{GS}=U_G-U_S=-I_DR_S$,该压降为栅、源极间提供负栅压,使管子工作在放大区。

可见,这种栅偏压是依靠场效晶体管自身电流 I_D 产生,故称为自偏压电路。

岗位知识积累

由于增强型 MOS 管只有在 $U_{GS}\geqslant U_{GS(th)}$ 时才有导电沟道,当 $U_{GS}=0$ 时,即使加上直流电源电压也不会产生 I_D,也就没有偏压,故自偏压电路不能用于增强型 MOS 管放大电路。

二、分压式自偏压放大电路

图 3.3.8 所示的分压式自偏压放大电路是在自偏压电路的基础上加分压电阻后组成的。R_{G1}、R_{G2} 为分压电阻,R_{G3} 采用高阻值电阻,由于 $I_G=0$,$I_GR_{G3}=0$,故静态栅极电位为

$$U_G=\frac{V_{DD}R_{G2}}{R_{G1}+R_{G2}}$$

源极电位 $U_S=I_DR_S$,栅极偏置电压为

$$U_{GS}=U_G-U_S=\frac{V_{DD}R_{G2}}{R_{G1}+R_{G2}}-I_DR_S$$

由上式可见,只要适当选取 R_{G1}、R_{G2} 和 R_S 的值,就可得到正、负和零的偏置电压,所以,这种偏置电路适用于各种类型的场效晶体管。

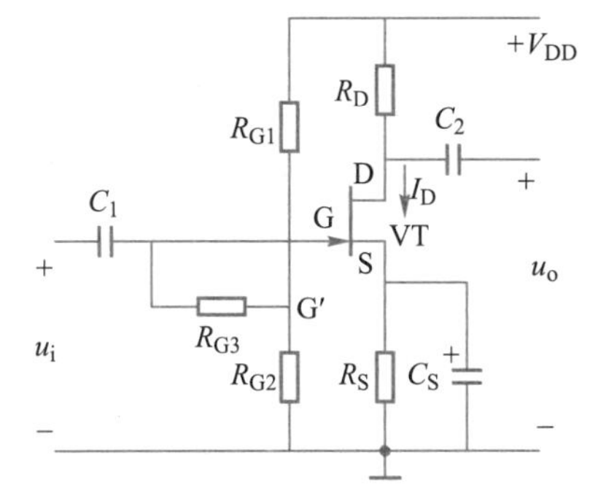

图 3.3.8 分压式自偏压放大电路

复习与考工模拟

一、判断题

1. 放大器的零点漂移是指输出信号不能稳定于零电压。(   )

2. 理想集成运放的输入阻抗为无穷大,输出阻抗为零。(   )

3. 集成运放的共模抑制比 $K_{CMR}=\left|\frac{A_{ud}}{A_{uc}}\right|$。(   )

4. 若放大电路的放大倍数为负,则引入的反馈一定是负反馈。(   )

5. 在运算电路中,集成运放的反相输入端均为虚地。(   )

6. OCL 电路是单电源供电的互补对称功率放大电路。(   )

二、选择题

1. 集成运放电路采用直接耦合方式是因为(   )。

A. 可获得很大的放大倍数

B. 可使温漂小

C. 集成工艺难以制造大容量电容

2. 集成运放的输入级采用差分放大电路是因为可以(   )。

A. 减小温漂　　B. 增大放大倍数　　C. 提高输入电阻

3. 对于放大电路,所谓开环是指(   )。

A. 无信号源　　B. 无反馈通路

C. 无电源　　D. 无负载

4. 克服互补对称功率放大器的交越失真的有效措施是(   )。

A. 选择特性一致的配对管

B. 为输出管加上合适的偏置电压

C. 加入自举电路

D. 选用额定功率较大的放大管

5. 甲乙类 OTL 电路中,功放管静态工作点设置在(   ),以克服交越失真。

A. 放大区　　B. 饱和区

C. 截止区　　D. 微导通区

6. 在互补对称 OTL 电路中,引起交越失真的原因是(   )。

A. 输入信号太大

B. 推挽管的基极偏压不合适

C. 电源电压太高

D. 三极管的 β 值过大

三、填空题

1. 闭环放大器是指基本放大电路中引入__________电路构成的系统。

2. 集成运放工作在线性区的特征是引入深度____________。工作在线性放大状态的集成运放具有两个重要特点:(1)________________________;(2)________________________。

3. 在线性工作条件下,根据两个输入端的不同连接,集成运放有__________、__________和__________三种输入方式。

4. 以最小的__________、最高的__________向负载提供尽可能大的__________的放大器称为功率放大器。功放电路中主要的器件是__________,简称__________,它往往工作在线性应用的__________状态。

5. 功放电路种类很多，按功放管的静态工作点不同，可分为__________、__________和__________三种；按功放输出端特点的不同，又可分为__________、__________和__________等。

6. LM386 集成功放功耗低、允许电源电压为______~______ V，增益可调，其内建电压增益为______ dB，在引脚______和______之间电容的作用下，增益最高可达______ dB。

四、综合题

1. 试求题图 3-1 所示电路输出电压与输入电压的运算关系式。

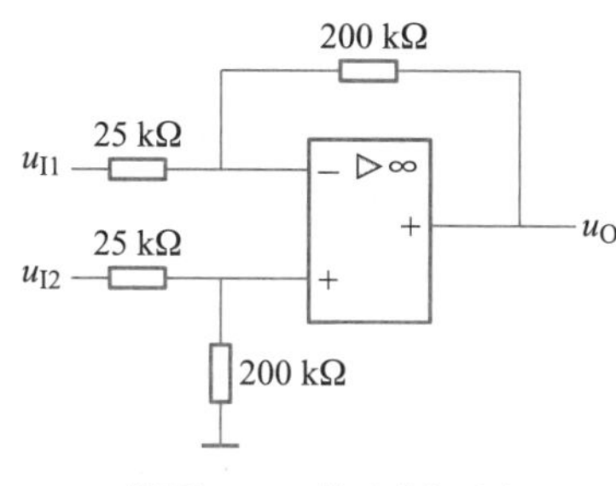

题图 3-1　综合题 1 图

2. 已知题图 3-2(a)所示电路的输入信号波形如题图 3-2(b)所示，试画出电路的输出电压波形。

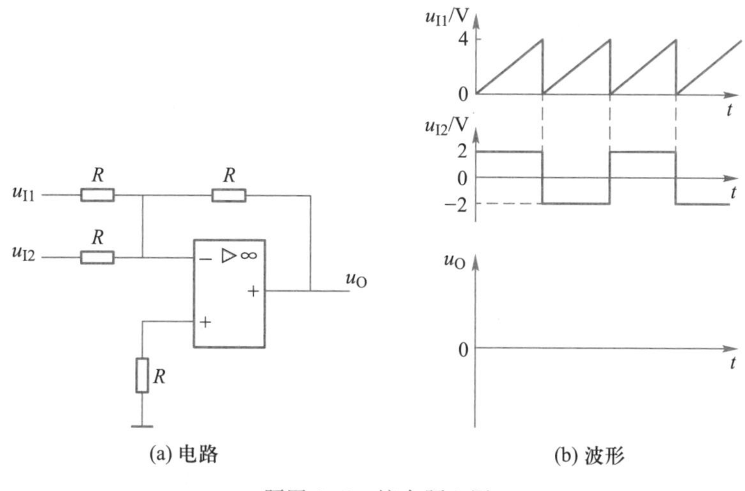

题图 3-2　综合题 2 图

3. 题图 3-3 所示 TDA2030 是许多计算机有源音箱采用的功放集成块。请查阅相关资料，说明 TDA2030 各引脚的功能，并完成极限参数表的填写（见题表 3-1）。

题图 3-3　综合题 3 图

题表 3-1　TDA2030 极限参数

参数名称	极限值	单位
电源电压		
输入电压		
差分输入电压		
峰值输出电流		
耗散功率		
工作结温		
存储结温		

4. 理想运放构成如题图 3-4 所示电路。

(1) 说明各运放的功能。

(2) 求 u_{O1}、u_{O2}和 u_O 值。

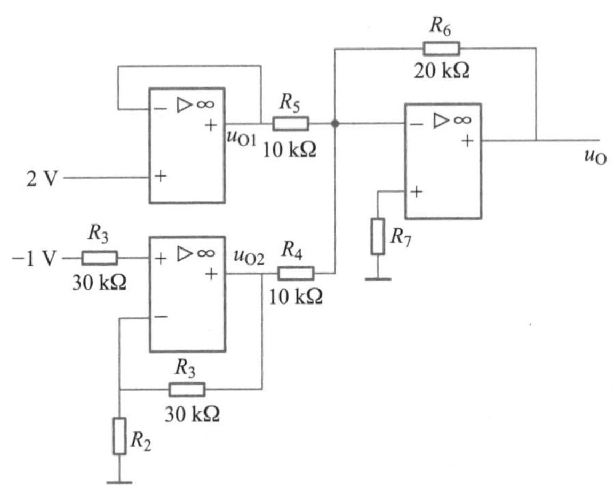

题图 3-4　综合题图 4

应知应会要点归纳

1. 集成运算放大器是一种高增益的多级直接耦合的集成放大电路，其内部主要由输入级、中间级、互补对称式输出级及偏置电路组成，其中输入级通常采用差分放大电路，以有效抑制直接耦合引起的零点漂移。

2. 理想运放的条件是：差模电压放大倍数 A_{od}、差模输入电阻 R_{id}均趋于无穷大，差模输出电阻 R_{od}为零。

3. 若集成运放引入负反馈，则工作在线性区。集成运放工作在线性区，存在"虚短"和"虚断"两个概念，它们是分析集成运放线性应用电路的出发点。

4. 同相、反相和差分输入是集成运放的三种基本电路。

5. 在放大电路中，将输出信号按一定方式引回到输入回路的过程称为反馈。按反馈的效果来分，反馈分正、负两种反馈。负反馈放大电路按反馈网络与输入、输出端连接方式的不同，有电压并联、电压串联、电流并联和电流串联四种类型。

6. 集成功放电路有 OTL、OCL 形式，它们只需外接少量元件，便可构成实用电路。由于集成功放具有体积小、工作可靠、调试安装方便等优点，目前得到越来越广泛的应用。

7. 场效晶体管是一种电压控制电流大小的半导体放大器件。它分为绝缘栅型和结型两种,每种类型又有P、N两种导电沟道。绝缘栅型场效晶体管又分为增强型和耗尽型两种形式。

直流稳压电源

课程引入

直流稳压电源是实验实训室、企业技术检修部门常用的仪器设备之一，也是电子产品（如电视机、计算机等）的能源供给中心，已成为电子设备中的一个不可缺少的组成部分。图 4.0.1 所示是一种实验用直流稳压电源，打开机壳，不难找到变压器、整流二极管、滤波电容和三端集成稳压器等主要电子元器件，如图 4.0.2 所示。

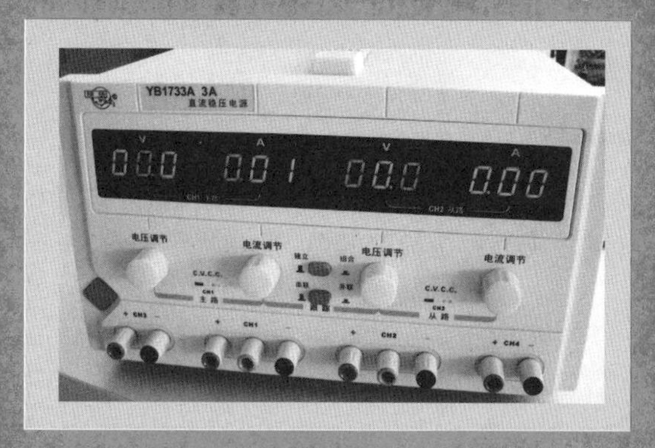

图 4.0.1　实验用直流稳压电源

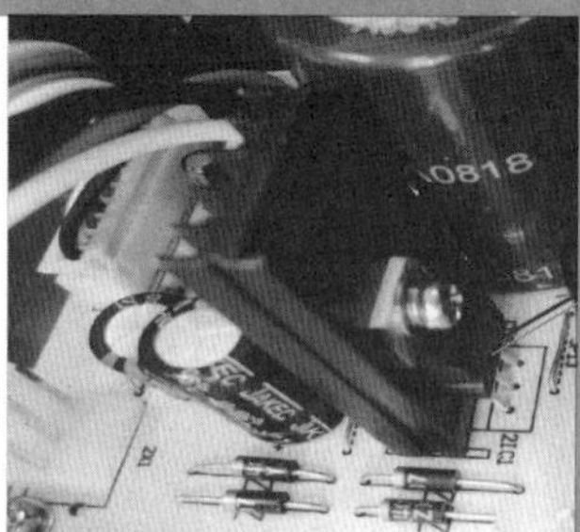

三端集成稳压器

图 4.0.2　直流稳压电源中的三端集成稳压器

下面我们一起来学习三端集成稳压器，并用三端集成稳压器制作直流稳压电源。

职业岗位群应知应会目标

- 理解电路中稳压的必要性。
- 理解稳压二极管稳压电路的稳压过程。
- 会识读三端集成稳压器。
- 了解集成稳压器典型应用电路中元器件的主要作用。
- 会安装与调试由集成稳压器构成的直流稳压电源。
- 了解开关式稳压电源的特点及其典型应用。

4.1 直流稳压电源的组成

4.1.1 直流稳压电源结构框图

电网供给的 220 V、50 Hz 交流电，经过变压器降压后，再对交流电压进行处理，使之成为稳定的直流电，通常需要经过三个环节，如图 4.1.1 所示。

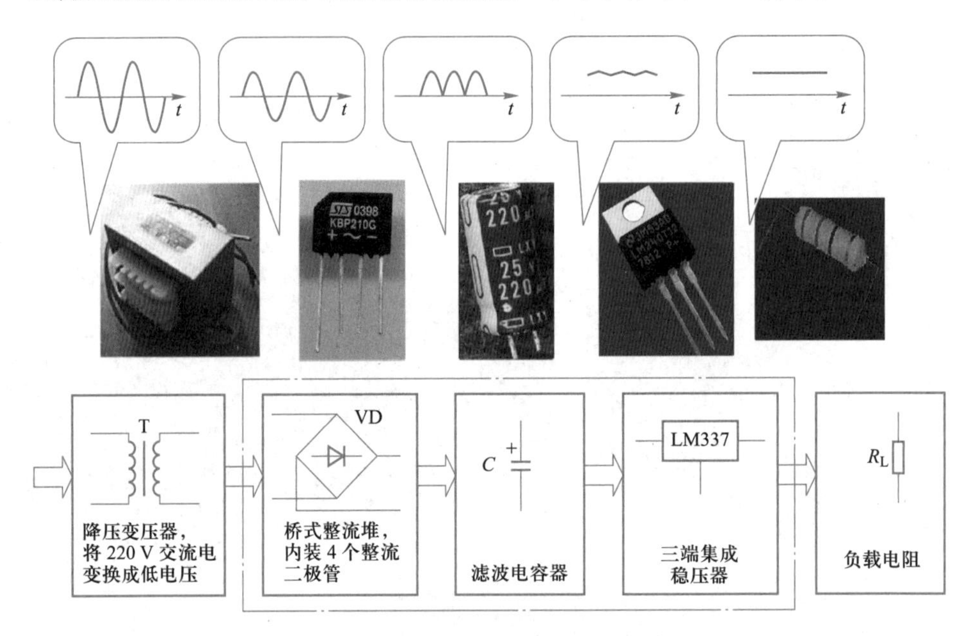

图 4.1.1　直流稳压电源的组成部分

一、 整流——将交流电转换成直流电

通过整流电路将交流电压转换为单一方向的脉动直流电压，该脉动直流电压含有较大的交流分量，会影响负载电路的正常工作。

二、 滤波——减小交流分量使输出的直流电压平滑

为了减小电压的脉动，需要通过滤波电路滤除交流分量，使输出的直流电压变得平滑。对于稳定性要求不高的电子电路，整流、滤波后的直流电压可以作为供电电源。

三、 稳压——稳定直流电压

经整流、滤波后的直流电压，当交流电源电压或负载变动时，它也随着波动。如果将该直流电压向有稳定性要求的电子设备供电，则有可能使电子设备不能正常工作，例如，对于三极管放大电路来说，将使放大管的工作点改变，使输出波形失真，或使管子的功耗增加等。因此必须有稳压电路，稳压电路的功能是使输出直流电压基本不受电网电压和负载变化的影响，从而获得足够的稳定性。

4.1.2 常用直流稳压电路

稳压电路中所采用的调整器件及其所处工作状态的不同，将影响稳压电源的电路结构、工作过程及性能，由调整器件构成的稳压电路一般有如下几种。

一、稳压二极管稳压电路

利用稳压二极管可以构成简单的直流稳压电路,一般小功率稳压二极管的最大稳定电流只有十几毫安至几十毫安,因此不能适应负载较大电流的需要。

稳压二极管构成的稳压电路,还常被用来输出基准电压。

二、三极管稳压电路

三极管在稳压电路中起调整作用,三极管工作在线性区的称为线性稳压电源,工作在开关状态的则称为开关式稳压电源。线性稳压电源和开关式稳压电源是直流稳压电源的两大类别。

三、晶闸管稳压电路

采用晶闸管作为调整器件构成的稳压电路,是一种开关式稳压电路。晶闸管的耐压可达几千伏甚至上万伏,电流也可达几百安,因此常被用来制造大功率的稳压电路。

四、集成稳压电路

集成稳压电路体积小,使用方便,被广泛地用于各种电子设备中,也可用于高质量稳压电源的前置稳压。

做中学

实验——稳压二极管稳压电路

(1) 按图 4.1.2 所示连接电路。

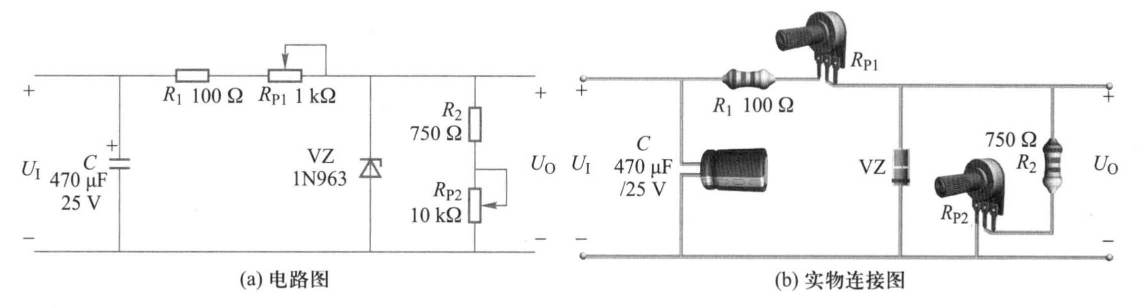

图 4.1.2 稳压二极管稳压电路

(2) 电路检查正确无误后,送入 16 V 直流电。

(3) 调节 R_{P1} 的阻值分别为 1 kΩ、750 Ω、500 Ω、200 Ω、0 Ω,调节电位器 R_{P2} 从 0 至最大值,用万用表观察稳压二极管两端的输出电压。

(4) 将测试结果填入表 4.1.1。

表 4.1.1 稳压二极管稳压电路

调节 R_{P1} 的阻值	1 kΩ	750 Ω	500 Ω	200 Ω	0 Ω
调节 R_{P2} 的阻值,记录输出电压变化范围					
调试中出现的故障及排除方法					

电路评价

稳压二极管稳压电路的优点是电路十分简单,容易安装,可以供要求不高的负载使用。其突出的缺点是,电路输出电流受稳压二极管最大稳定电流的限制。由于一般小功率稳压二极管的最大稳定电流只有十几毫安至几十毫安,因此不能适应负载较大电流的需要。

应用拓展

简单串联型三极管稳压电路

图 4.1.3(a)所示是一种简单串联型三极管稳压电路。三极管 VT 在电路中是调整元器件(工作在放大状态),当供电或用电发生变化、电路输出电压波动时,它都能及时地加以调节,使输出电压保持基本稳定,因此它被称作调整管。因为在电路中作为调整元器件的三极管是与负载串联的,所以这种电路称为串联型稳压电路。稳压二极管 VZ 为调整管提供基准电压,使调整管基极电位 V_B 不变。R_1 既是稳压二极管 VZ 的限流电阻,起保护稳压管的作用,又是三极管 VT 的偏置电阻;R_2 为三极管 VT 的发射极电阻;R_L 为外接负载电阻。

假如因某种原因(电网电压变动或负载电阻变化)使输出电压 U_O 增加,电路稳压过程可简单表示如下:

$$U_O\uparrow \xrightarrow{\text{因 } V_B \text{ 不变}} U_{BE}\uparrow \longrightarrow I_B\downarrow \xrightarrow{\text{使 VT 集-射极间的等效电阻增加}} U_{CE}\uparrow \xrightarrow{\text{因 } U_O=U_I-U_{CE}} U_O\downarrow$$

达到输出电压 U_O 维持稳定不变的效果。

电路中的调整管像一个自动的可变电阻,当输出电压增大时,它的"阻值"就增大,分担了增大的电压;当输出电压减小时,它的"阻值"就减小,补足了减小的电压。无论是哪种情况,都使电路保持输出一个稳定的电压。

如果把图 4.1.3(a)所示稳压电路的形式稍微改变一下,改成图 4.1.3(b)所示电路,不难看出,原来串联型三极管稳压电路就是一个射极跟随器。R_1 是偏置电阻,稳压二极管 VZ 是下偏置电阻,输出电压是从发射极电阻 R_2 上取出的,输出电压的大小 $U_O \approx U_Z$。

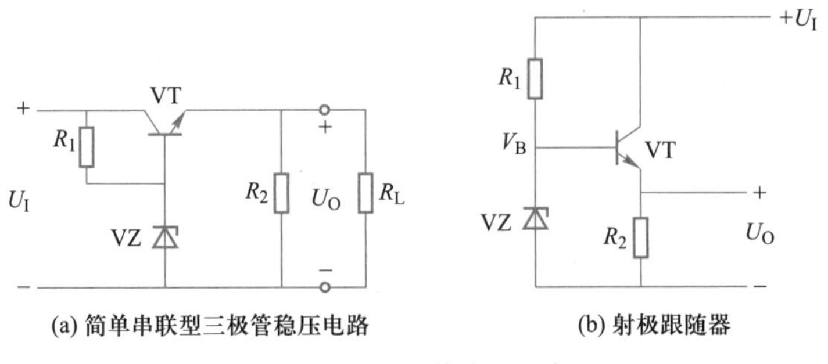

(a) 简单串联型三极管稳压电路

(b) 射极跟随器

图 4.1.3　三极管稳压电路

4.2 三端集成稳压器电路

三端集成稳压器是利用半导体集成工艺,把基准电压电路、取样电路、比较放大电路、调整管及保护电路等全部元器件集中地制作在一小片硅片上。该器件内部设置有过电流保护、芯片过热保护及调整管安全工作区保护电路,它具有体积小、稳定性高、性能指标好等优点,广泛应用于各种电子设备的电源部分。集成稳压器有三个引脚,分别为输入端、输出端和公共引出端,因而称为三端集成稳压器。根据输出电压是否可调,三端集成稳压器分为固定式和可调式两种。

4.2.1 三端固定式集成稳压器

三端固定式集成稳压器主要有78××系列(输出正电压)和79××系列(输出负电压)。型号中78/79前一般有字母,代表生产厂家或某种标准,如CW表示国产稳压器,LM表示由美国国家半导体公司生产;78/79后面两位数字通常表示输出电压的大小。CW78××系列和CW79××系列的输出电压不能调节,为固定值。

一、CW78××系列正电压输出集成稳压器

1. 外形与引脚排列

不同公司的封装和不同系列的三端集成稳压器三个引脚排列与功能有所不同,使用时必须注意。本书分析时,对于78××系列统一为1脚是输入端(IN),2脚是公共端(ADJ),3脚是输出端(OUT),如图4.2.1所示。

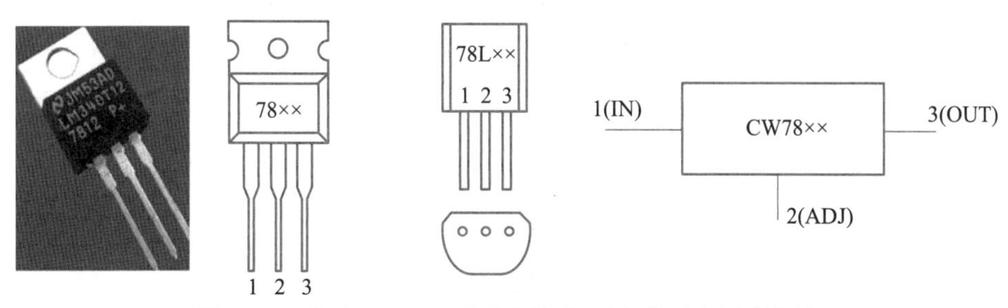

图4.2.1 常见CW78××系列的外形、引脚排列和图形符号

2. 分类

CW78××系列按输出电压的不同有:5 V、6 V、8 V、9 V、12 V、15 V、18 V和24 V等。型号末两位数字表示输出电压值,如:7805表示输出电压为5 V。

输出电流以78/79后面字母区分,L为0.1 A,M为0.5 A,无字母为1.5 A。

3. 基本电路

CW78××组成的基本电路如图4.2.2所示,输出电压和最大电流取决于所选三端稳压器。图中C_1用于抑制电路产生的自激振荡并减小纹波电压,C_2用于消除输出电压中的高频噪声,C_1和C_2通常取小于1 μF的电容。为减小低频干扰,常在C_2两端并联10 μF左右的电解电容。但是若C_2容量较大,一旦输入端断开,C_2将从稳压器输出端向稳压器放电,易使稳压器损坏。因此,可在稳压器输入端和输出端之间跨接一个二极管,如图中虚线所示。

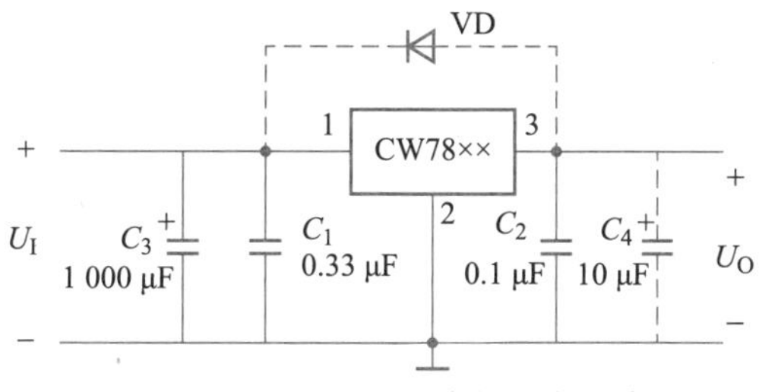

图4.2.2 CW78××组成的基本电路

应用拓展

电路应用与技巧

1. 扩大输出电流的稳压电路

图4.2.3所示为扩大输出电流的稳压电路,利用外接三极管等元器件组成的

电路来扩大输出电流，以满足不同负载的需要，其中二极管用以消除三极管的 U_{BE} 对输出电压的影响。

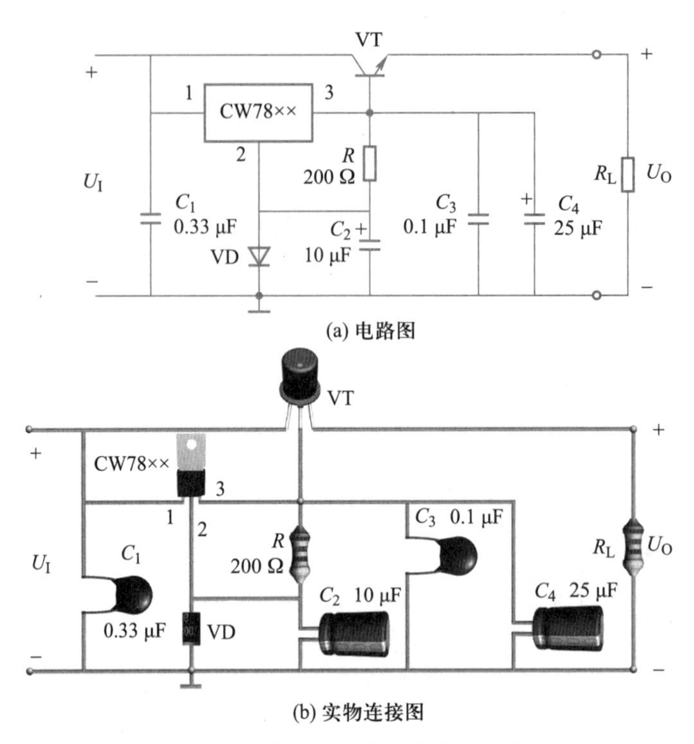

(a) 电路图

(b) 实物连接图

图 4.2.3　扩大输出电流的稳压电路

2. 提高输出电压的稳压电路

图 4.2.4 所示为提高输出电压的稳压电路，图中 R_1 两端的 $U_{××}$ 为 CW78××的标称输出电压，一般情况下，有 $U_O \approx \left(1+\frac{R_2}{R_1}\right) U_{××}$。只要选择合适的 R_1、R_2、$U_{××}$，就能得到所需要的高于 $U_{××}$ 的输出电压。

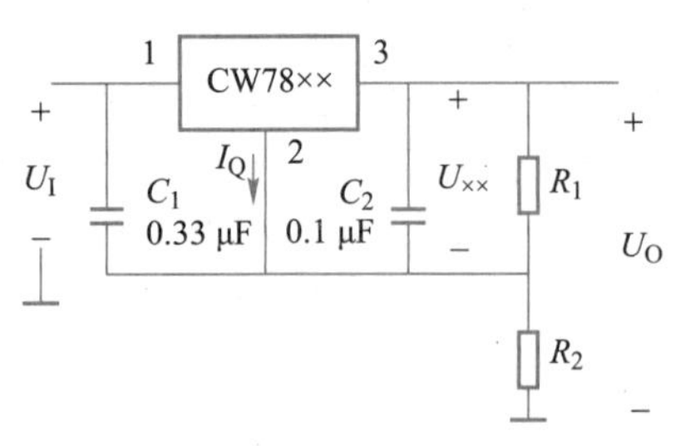

图 4.2.4　提高输出电压的稳压电路

二、CW79××系列负电压输出集成稳压器

1. 外形与引脚排列

CW79××系列是负电压输出，引脚排列与 CW78××系列不同。本书分析时，对于 79××系列统一为 1 脚是公共端（ADJ），2 脚是输入端（IN），3 脚是输出端（OUT），如图 4.2.5 所示。

2. 分类

CW79××系列分类方式与 CW78××系列相同，按输出电压值分为：−5 V、−6 V、−8 V、−9 V、−12 V、−15 V、−18 V 和−24 V 等。

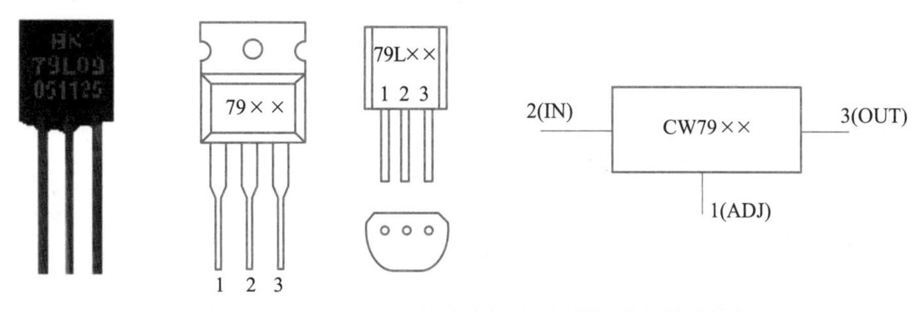

图 4.2.5　常见 CW79××系列的外形、引脚排列和图形符号

3. 基本电路

CW79××系列组成的基本电路如图 4.2.6 所示。

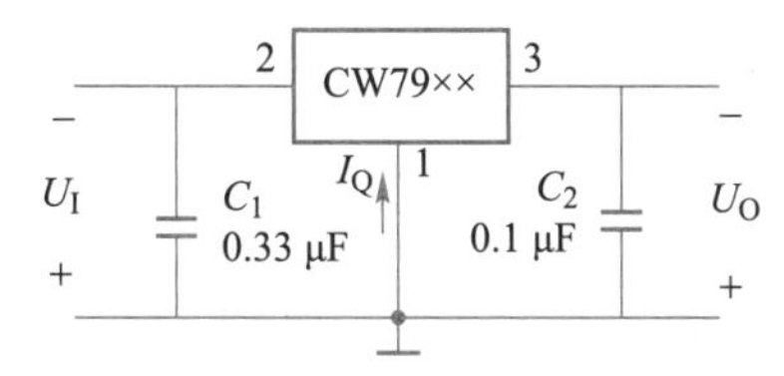

图 4.2.6　CW79××系列组成的基本电路

图 4.2.7 所示为 CW78××系列和 CW79××系列组成的正、负双电源，两组电源采用同一个整流电源和同一个公共接地端。

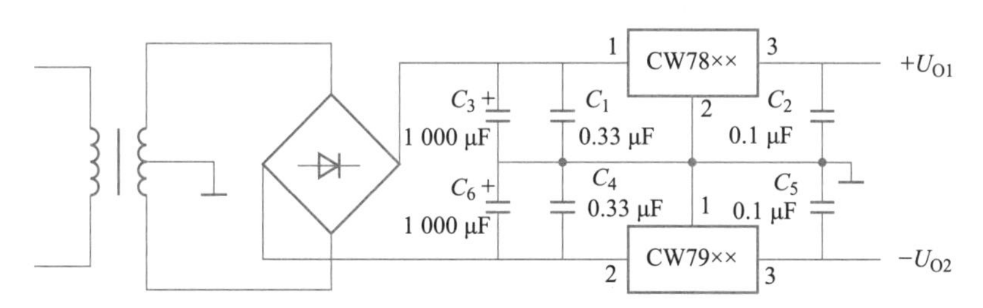

图 4.2.7　CW78××和 CW79××系列组成的正、负双电源

资料库

CW78××系列和 CW79××系列外形和封装形式见表 4.2.1。

表 4.2.1　CW78××系列和 CW79××系列外形和封装形式

型号	封装	说明	外形
CW78L××系列 和 CW79L××系列	TO-39 金属壳	加散热器时，最大功耗可达 1.4 W	78L×× 1 输入 2 地 3 输出 79L×× 1 地 2 输入 3 输出
	TO-92 塑封	最大功耗 700 mW，使用时不需加散热器	78L×× 1 输入 2 地 3 输出 79L×× 1 地 2 输入 3 输出 BK 79L09 051125

续表

型号	封装	说明	外形
CW78M××系列 和 CW79M××系列	TO-202 塑封	不加散热片时最大功耗为1 W,加200 mm×200 mm×4 mm散热片,最大功耗可达7.5 W	78M×× 输入 输出 1 2 3 地 79M×× 地1 3输出 1 2 3 输入
	TO-220 塑封		78×× 输入 输出 1 2 3 地 79×× 地1 3输出 1 2 3 输入
CW78××系列 和 CW79××系列	TO-3 金属壳	不加散热片时,最大功耗可达2.5 W;另一种为TO-220塑封,不加散热片时最大功耗可达2 W;加装200 mm×200 mm×4 mm散热片时,最大功耗可达15 W	78×× 地2 输入1 输出3 79×× 输入2 地1 输出3

电路评价

三端固定式集成稳压器使用和安装较为方便,适用于对可靠性和稳压性能要求较高的场合。不方便之处是,它的输出电压固定。

三端可调式集成稳压器既保留了三端固定式集成稳压器的简单结构,又实现了输出电压连续可调。

4.2.2 三端可调式集成稳压器

三端可调式集成稳压器不仅输出可调,其稳定性能也优于固定式,被称为第二代三端集成稳压器。

常见的三端可调式集成稳压器产品的国产型号有CW317、CW337等,进口型号有LM317、LM337等。字母后面两位数字为17,为正电压输出;若为37,则为负电压输出。

一、外形与引脚排列

三端可调式集成稳压器引脚排列和图形符号如图4.2.8所示。

其输出电流可从型号的最后一个字母中看出,其字母含义与CW78××系列、CW79××系列相同。如CW317M表示输出电流为0.5 A,CW317L表示输出电流为0.1 A,若无字母(如CW317),表示输出电流为1.5 A。

二、基本电路

CW317组成的基本电路如图4.2.9所示,输出电压为

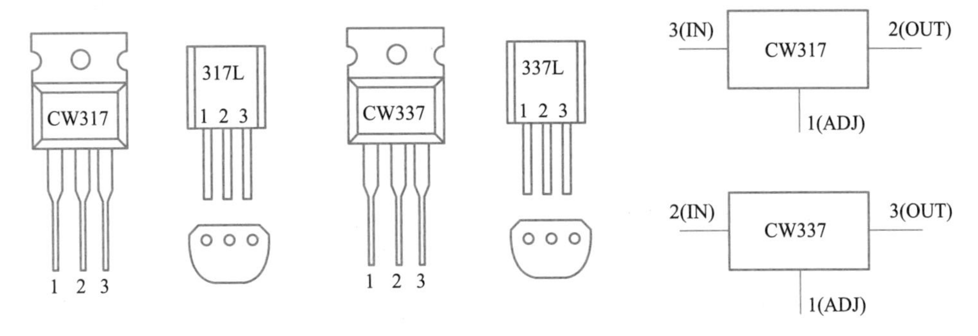

CW317——1 脚调整端(ADJ),2 脚输出端(OUT),3 脚输入端(IN)

CW337——1 脚调整端(ADJ),2 脚输入端(IN),3 脚输出端(OUT)

图 4.2.8　三端可调式集成稳压器引脚排列和图形符号

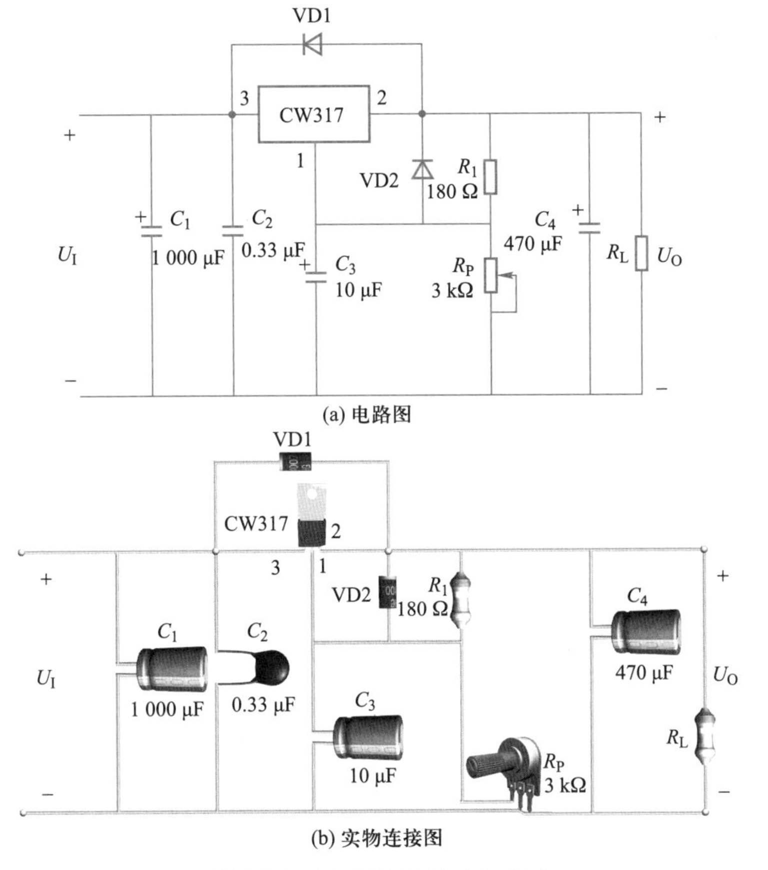

(a) 电路图

(b) 实物连接图

图 4.2.9　CW317 组成的基本电路

$$U_O = 1.25\left(1+\frac{R_P}{R_1}\right)\ \text{V}$$

式中,1.25 V 是 CW317 内部基准电压,改变 R_P 的阻值就可以改变输出电压范围。输出电压范围为 1.2~37 V,最大输出电流 I_L 为 1.5 A。图中,C_2 用于抑制高频干扰;C_3 用于提高稳压电源纹波抑制比,减小输出电压中纹波电压;C_4 用于防止电路自激振荡;VD1 和 VD2 为保护二极管。稳压器运行时,若输入端突然短路,而 U_O 因 C_4 作用保持原来电压,就会使 CW317 输入与输出间承受较大反压而损坏。接入 VD1 后,在正常运行时 VD1 反偏,可视作开路。若输入突然短路,VD1 随即正偏,使输入与输出间的反向电压仅为0.7 V,使 CW317 得到保护。

VD2 起输出短路保护作用。稳压器运行时,若输出端突然短路,使调整端与输出端之间承受反压,接入 VD2 后,此反压使 VD2 正偏,调整端与输出端之间仅 0.7 V 电压,从而使 CW317 得到保护。

岗位知识积累

从上面的电路可看出,三端可调式集成稳压器的"可调"实质是通过外电路所接的电阻来实现的,不同的电阻组合可以实现不同的电压输出,但一旦电阻确定,其输出电压也就确定了,若要调节,可设置可变电阻来实现。

应用拓展

电路应用与技巧

正、负电压输出的三端可调式集成稳压器

图 4.2.10 所示为采用 CW317 和 CW337 构成的正、负电压输出的三端可调式集成稳压器,电路对称,调节电位器 R_P,可使输出电压在±(1.2~20 V)之间可调,正、负电源也可单独使用。

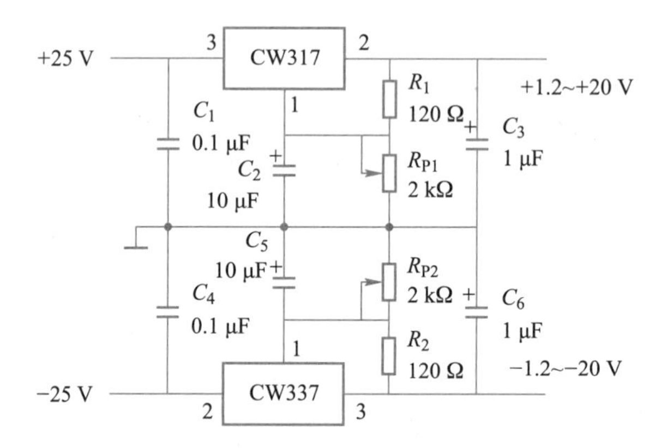

图 4.2.10 采用 CW317 和 CW337 构成的正、负电压输出的三端可调式集成稳压器

电路评价

三端可调式集成稳压器与固定式集成稳压器相比,使用起来同样简便,而且其稳压精度远高于固定式集成稳压器,使用它制作稳压电源有很大的灵活性。

从电路结构上看,三端可调式集成稳压器仍属于串联式稳压电源。串联式稳压电源的电路相当于改变负载串联的电阻,来得到希望的直流电压,在串联的电阻上要消耗许多能量。由于这些能量没有加到负载上,必然造成电源的效率降低。因此,出现了开关式稳压电源。

技能实训 用三端集成稳压器制作多功能直流稳压电源

工作任务书

一、任务目标

1. 按图 4.2.11 所示制作多功能直流稳压电源。
2. 学习集成稳压器的应用,提高综合应用能力。
3. 会根据原理图绘制电路安装连接图。
4. 掌握集成稳压电路的基本调试和测量方法。

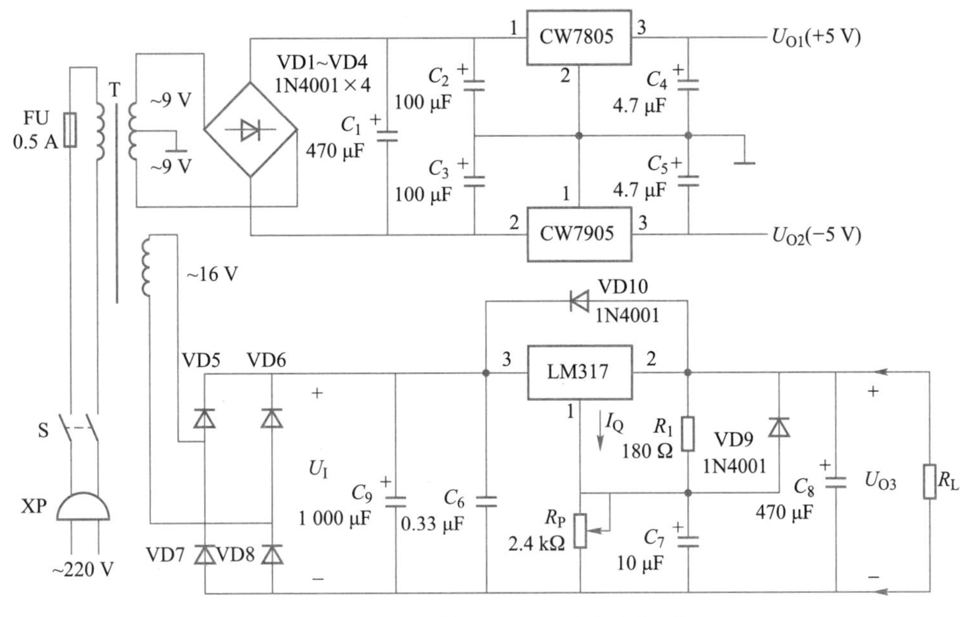

图 4.2.11 多功能直流稳压电源电路图

二、 实施步骤

绘制布线图→清点元器件→元器件检测→插装和焊接→通电前检查→通电调试→静态测量→数据记录。

三、 调试与记录

检查元器件安装正确无误后，才可以接通电源。调试时，先连线后接电源（或开电源开关），拆线或改线时一定要先关电源；电源线不能接错，否则将可能损坏元器件。将实训过程记录在表 4.2.2 中。

1. 测量各引脚电位

将万用表置于直流电压挡，分别测量 CW7805 和 CW7905 各引脚电位。

2. 输出可调电路空载调试

（1）把万用表置于直流电压挡，分别测量 LM317 各引脚电位。

（2）测量 LM317 2 脚电压，调整微调电位器 R_P，测量输出电压的范围。

3. 输出可调电路带载调试

将电路输出电压调到 12 V，接入 30 Ω/6 W 负载电阻。测量 LM317 2 脚电压和 U_{O3}输出电压的范围。

表 4.2.2 实训记录

<table>
<tr><td colspan="2">实训名称：</td><td colspan="2">姓名：</td><td colspan="3">班级：</td></tr>
<tr><td rowspan="3">数据记录</td><td colspan="3">CW7805</td><td colspan="3">CW7905</td></tr>
<tr><td>1 脚电位/V</td><td>2 脚电位/V</td><td>3 脚电位/V</td><td>1 脚电位/V</td><td>2 脚电位/V</td><td>3 脚电位/V</td></tr>
<tr><td></td><td></td><td></td><td></td><td></td><td></td></tr>
<tr><td rowspan="5">空载调试电压测量数据记录</td><td colspan="6">LM317</td></tr>
<tr><td colspan="2">1 脚电位/V</td><td colspan="2">2 脚电位/V</td><td colspan="2">3 脚电位/V</td></tr>
<tr><td colspan="2"></td><td colspan="2"></td><td colspan="2"></td></tr>
<tr><td colspan="2">U_I</td><td colspan="2">最小值/V</td><td colspan="2">最大值/V</td></tr>
<tr><td colspan="2"></td><td colspan="2"></td><td colspan="2"></td></tr>
</table>

续表

带载调试电压测量数据记录	U_1	最小值/V	最大值/V
制作过程			
故障描述			
排故方法			

相关技能

▶ 相关技能一　元器件的选择

根据图 4.2.11 选择元器件，并填入到自拟的表格中。

▶ 相关技能二　绘制安装布线图

根据图 4.2.11，结合元器件实物，在通用印制电路板工艺图上绘制安装图，参考安装布线图如图 4.2.12 所示。

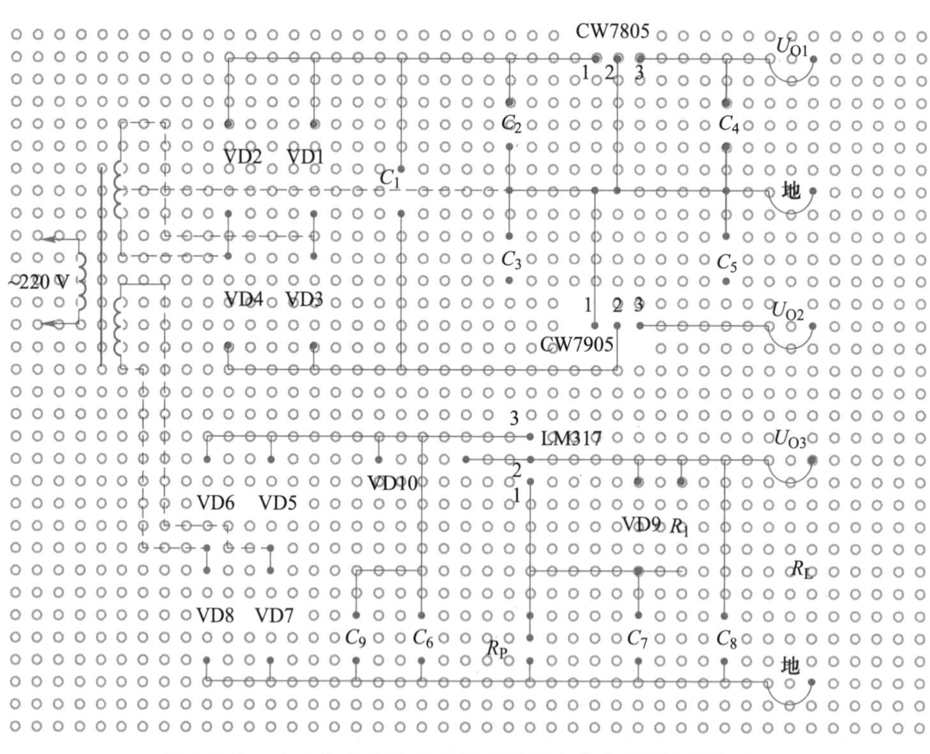

图 4.2.12　多功能直流稳压电源元器件安装布线图（焊接面）

▶ 相关技能三　检测三端集成稳压器

采用电压检测法判别三端集成稳压器的好坏，如图 4.2.13 所示。以 CW78×× 系列为例，在三端集成电路输入端加上直流电源电压 U_G，所加电压至少比该集成电路的输出电压高 2 V，但是最高不得超过35 V。然后将万用表调到直流电压挡，测量CW78××电路的3脚与2脚间的电压，若测出电压值与该器件的稳压值相同，就证明器件是好的，否则是坏的。

若在电路中判别CW78××的好坏，可在保证输入端电压正常的情况下，先断开CW78××的全部负载，再按上述方法测量。

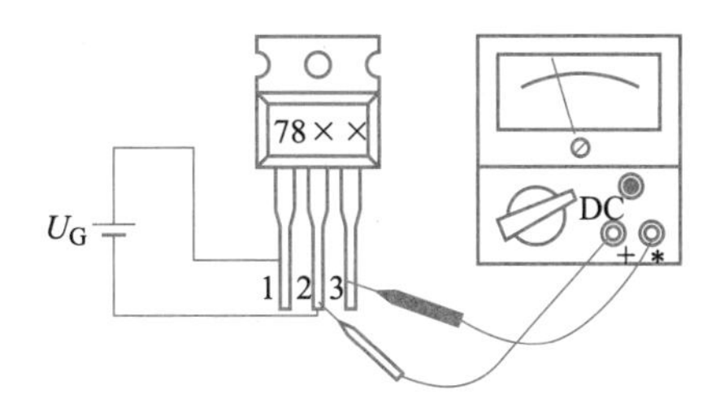

图 4.2.13　三端集成稳压器的电压检测法

岗位知识积累

三端集成稳压器的使用注意事项

① 稳压器的引脚不能接错，公共端不能悬空；② 如稳压器输出使用大电容，当输出电压高于6 V时，输出、输入之间应并联保护二极管，以防止输入端短路时，输出电容通过稳压器放电损坏稳压器；③ 一般稳压器的最大输入电压为28~35 V，整流电路输出电压的峰值不得超过此值。

▶ 相关技能四　安装散热器

为了提高功率集成电路的可靠性，必须考虑集成电路的散热问题，如CW78××系列塑料封装TO－220型三端集成稳压器，不加散热器时最大功耗为2 W，加装规定尺寸散热器后，最大功耗可达15 W。散热的一般方法是将器件安装在散热器上，散热器将热量辐射到周围的环境中，通过自然对流的方式来散发热量。图4.2.14所示为三端集成稳压器的散热器形状与安装方式示例。

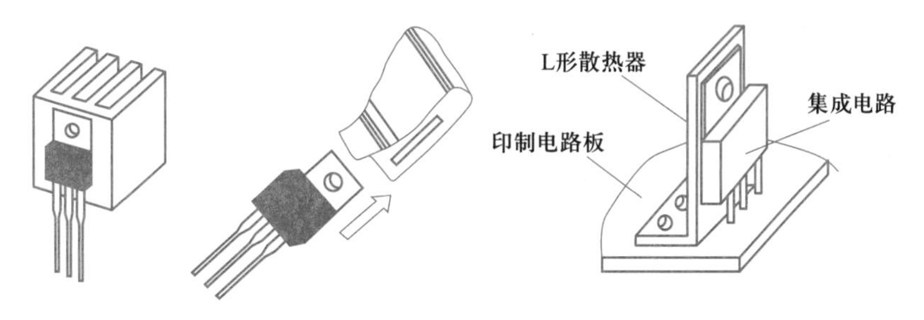

图 4.2.14　三端集成稳压器的散热器形状与安装方式示例

岗位知识积累

裸铜丝插接方法和技巧

① 焊接前先将镀锡裸铜丝拉直，按照工艺图纸要求，将其剪成所需要长短的线材，并按工艺要求加工成形待用；② 按照工艺图纸要求，将成形后的镀锡裸铜丝贴装在多用印制电路板的相应位置，并用交叉镊子固定，然后进行焊接。

资料库

工业自动焊接技术——波峰焊技术简介

随着电子技术的发展，电路越来越复杂，产品组装密度也越来越高，手工焊接已不能同时满足对焊接高效率和高可靠性的要求。自动化焊接成为印制电路板的主要焊接方法。波峰焊技术在实际应用过程中具有很大的优势，包括焊接速度较快，焊接生产成本能够得到有效控制，焊接质量也能得到有效保障，这就使得波峰焊技术在电子器件焊接过程中得到普及与运用。

波峰焊是将安装好元器件的印制电路板与熔化焊料的波峰相接触而实现焊接的一种方法。在波峰焊的过程中，先要利用电动泵或电磁泵把熔化的焊料（铅锡合金）通过锡锅波峰孔喷流成符合焊接设计所需的焊料波峰，进而使得预设印制电路板能够有效经过焊料波峰，这就能够使印制电路板各元器件的焊接端部和印制电路板焊盘之间借助焊接，实现机械和电子之间的良好连接。波峰焊是电子产品混合组装与通孔插装工艺中主要应用的焊接技术。波峰焊技术不断发展，已经相对成熟，适用于大面积、大批量印制电路板的焊接。

根据波峰焊中波峰几何形状的不同，可以将其分为单向波峰焊和双向波峰焊。焊料朝一个方向流动且方向与印制电路板移动方向相反的称为单向波峰焊；焊料朝两个方向流动的称为双向波峰焊。图 4.2.15 所示为波峰焊机。

图 4.2.15　波峰焊机

波峰焊典型工艺流程如下：

元器件引脚成形→根据需要在印制电路板上粘贴阻焊胶带→插装元器件→印制电路板装入焊机夹具→涂覆助焊剂→预热（温度 90～100 ℃，长度 1～1.2 m）→波峰焊（220～240 ℃）→冷却→取下印制电路板→撕掉阻焊胶带→检验→切除多余引脚→清洗→检验→放入专用运输箱。

问题与讨论

1. 绘制电路安装布线图时主要应考虑哪些问题？

2. 如果要提高输出电压，在图 4.2.11 所示电路中应做哪些改动？

3. 请总结装配调试的制作经验和教训，并与同学分享、借鉴。

4. 在安装制作和维修过程中团队合作有何重要性？如何利用团队合作完成任务？

技能评价

用三端集成稳压器制作多功能直流稳压电源技能评价表见附录附表 1、附表 2 和附表 3。

开关式稳压电源工作在开关状态，电路功耗小、温升低、体积小、质量轻、效率高，实践证明它比传统的串联式稳压电源有更多的优越性。目前很多电子产品中都采用了开关式稳压电源，例如，电视机、计算机、仪器仪表等设备中都广泛地采用了开关式稳压电源。

一、 串联开关控制平均输出电压

图 4.3.1(a)所示为利用开关 S 周期性地接通和断开来取代电阻的变化，当 S 接通时，输入的未稳压直流 U_I 可以加到负载上；S 断开时，U_I 不能送到负载。因此负载两端电压 U_O 应是如图 4.3.1(b)所示的矩形脉冲电压。开关的接通时间 t_{on}与开关周期 T 之比称为脉冲电压的占空比 t_{on}/T。

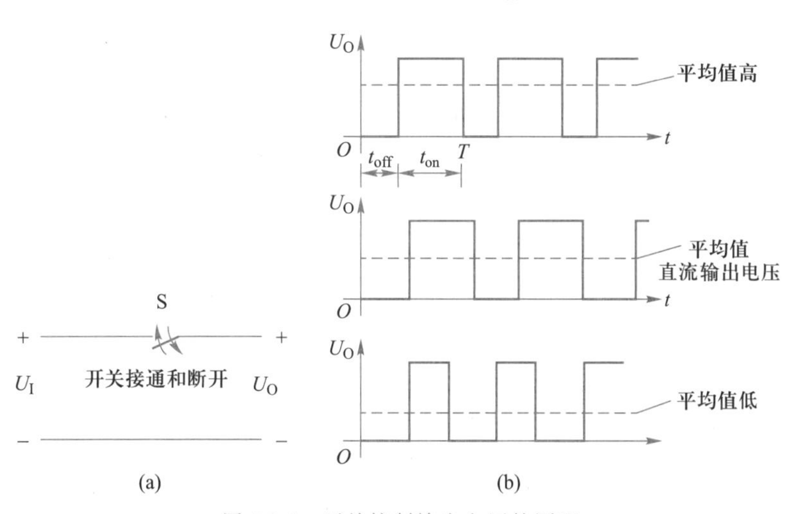

图 4.3.1 开关控制输出电压的原理

从图 4.3.1 中可看出，平均输出电压与开关的占空比成正比。占空比增大，平均输出电压增大；占空比减小，则平均输出电压减小。这说明输出平均电压的大小可以通过改变开关的占空比来控制。

占空比的改变主要有两种方式：

(1) 保持开关周期不变，通过调整开关的接通时间，使占空比得到改变。

(2) 开关的接通时间不变，通过改变开关周期，使占空比改变。

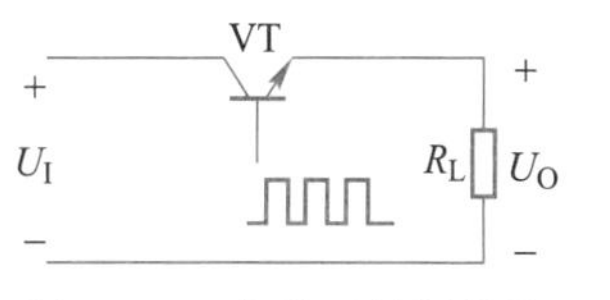

图 4.3.2 串联开关调整管

从图 4.3.2 中可见，加到三极管基极的矩形脉冲用来控制三极管的导通或截止。三极管以开关方式工作，饱和时，相当于开关导通；截止时，相当于开关阻断。这个三极管称为开关调整管。

二、 加接滤波器使输出电压平滑

在开关作用下，电路输出为方波。要使其变成平滑的直流电，需要在开关调整管后面加接滤波器，滤波器由电感线圈或者电容器和二极管组成，如图 4.3.3(a)所示。

给开关调整管 VT 基极送一正脉冲,使 VT 导通,滤波器工作状态如图 4.3.3(b)所示。向开关调整管 VT 基极送一负脉冲,VT 关断,滤波器工作状态如图 4.3.3(c)所示,此时由于二极管起了续流作用,因此通常称为续流二极管。

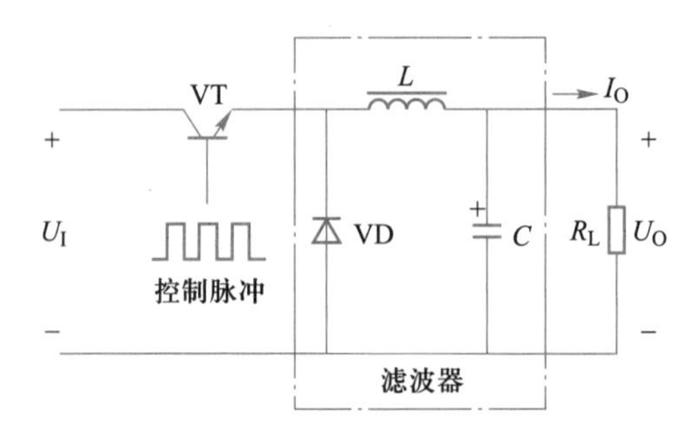

(a) 加接滤波器

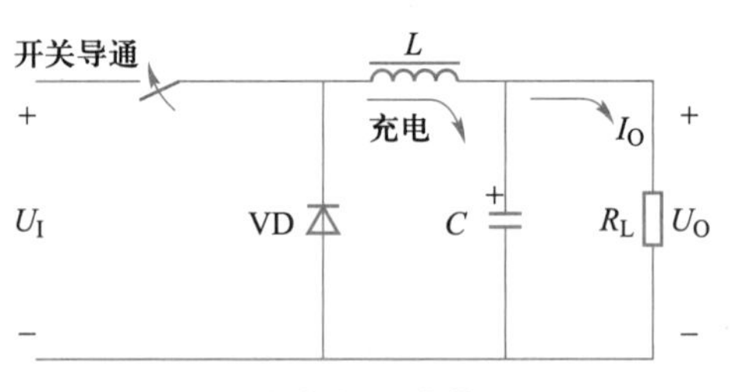

(b) 滤波器工作状态1

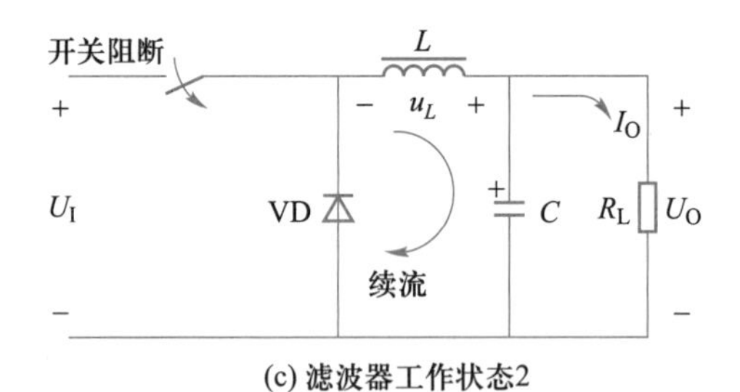

(c) 滤波器工作状态2

图 4.3.3 加接滤波器使输出电压平滑

由此可见,加入滤波器后可使输出电压波形平缓,大大减小了输出电压的波动,如图 4.3.4 所示。

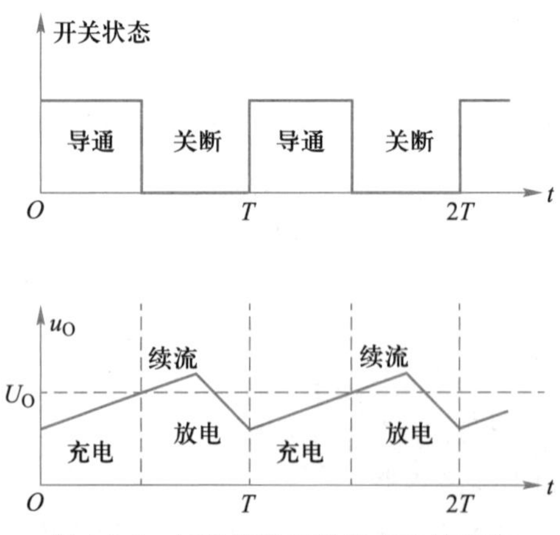

图 4.3.4 加滤波器后输出电压的变化

三、开关式串联稳压电源的基本结构

开关式串联稳压电源的基本结构如图 4.3.5 所示。非稳压直流电源输出的电压加到高速开关电路上，由输出电压变化量的检测电路，也是误差检测电路（或称取样电路），将电压检测信号与基准电压在比较电路中比较，其误差形成开关控制信号，开关控制信号是负反馈信号，再控制开关电路，使开关电路输出得到稳定。

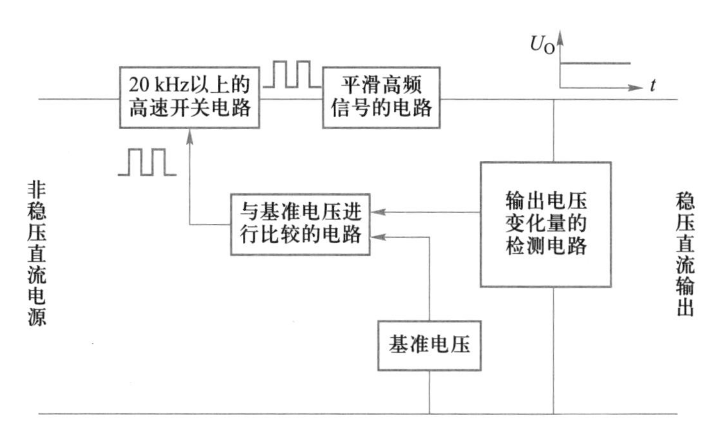

图 4.3.5 开关式串联稳压电源的基本结构

电路评价

开关式稳压电源的不足之处主要表现在输出纹波系数大，调整管不断在导通与截止之间转换，从而对电路产生射频干扰，电路比较复杂。

随着微电子技术的迅猛发展，大规模集成电路技术日臻完善。开关电源专用集成控制器及单片集成开关式稳压电源已被广泛使用。这对提高开关式稳压电源的性能、降低成本、使用维护等起到了明显作用。

复习与考工模拟

一、判断题

1. 稳压二极管稳压电路不能适应负载较大电流的需要。（　　）

2. 三端集成稳压器的公共端可以悬空。（　　）

3. 直流电源是一种将正弦信号转换为直流信号的波形变换电路。（　　）

4. 集成稳压器组成的稳压电源输出的直流电压是不可调节的。（　　）

5. 三端集成稳压器 CW7909 正常工作时，输出的电压是+9 V。（　　）

6. 当输入电压 U_I 和负载 I_O 变化时，稳压电路的输出电压是绝对不变的。（　　）

二、选择题

1. 用一只直流电压表测量一只接在电路中的稳压二极管（2CW13）的电压，读数只有 0.7 V，这种情况表明该稳压二极管（　　）。

A. 工作正常　　B. 接反　　C. 已经击穿

2. 硅稳压二极管稳压电路中，硅稳压二极管必须与限流电阻串接，此限流电阻的作用是（　　）。

A. 提供偏流　　B. 仅是限制电流

C. 兼有限流和调压两个作用

3. 有两个 2CW15 型稳压二极管，一个稳压值是 8 V，另一个稳压值为 7.5 V，若把两管的正极并接，再将负极并接，组合成一个稳压管接入电路，这时组合管的稳压值是（　　）。

A. 8 V　　　　B. 7.5 V　　　　C. 15.5 V

4. 要获得+9 V 的稳压电压，集成稳压器的型号应选用（　　）。

A. CW7812　　　　B. CW7909　　　　C. CW7809

5. 三端可调式稳压器 CW317 的 1 脚为（　　）。

A. 输入端　　　　B. 输出端　　　　C. 调整端

三、填空题

1. 直流稳压电源是一种当交流电网电压发生变化时，或__________变动时，能保持__________电压基本稳定的直流电源。

2. 直流稳压电源的功能是____________________，直流稳压电源主要由__________、__________和__________三部分所组成。

3. 硅稳压二极管组成的稳压电路的优点是____________________；缺点是____________________。

4. 常用的三端固定式集成稳压器有__________和__________两种系列。CW7812 表示__________，CW7912 表示__________。

5. 如题图 4-1 所示稳压电路中，参数已标在图上（$U_Z=5.3$ V），则：输出电压 $U_O=$__________ V，变压器二次电压有效值 $U_2=$__________ V，负载电流 $I_O=$__________ mA，流过限流电阻 R 的电流 $I_R=$__________ mA，流过稳压二极管的电流 $I_Z=$__________ mA。

题图 4-1　填空题 5 图

四、综合题

1. 要获得-12 V 的直流稳压电源，应选用什么型号的三端固定式集成稳压器？画出直流稳压电源的电路图。

2. 请指出题图 4-2 所示直流稳压电路中的错误，并画出正确的电路图。

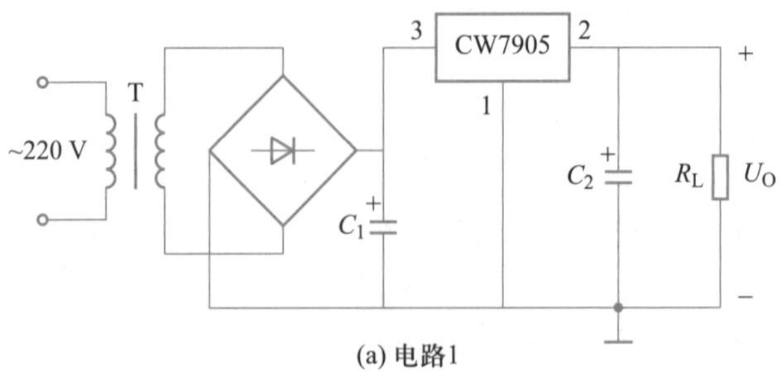

(a) 电路1

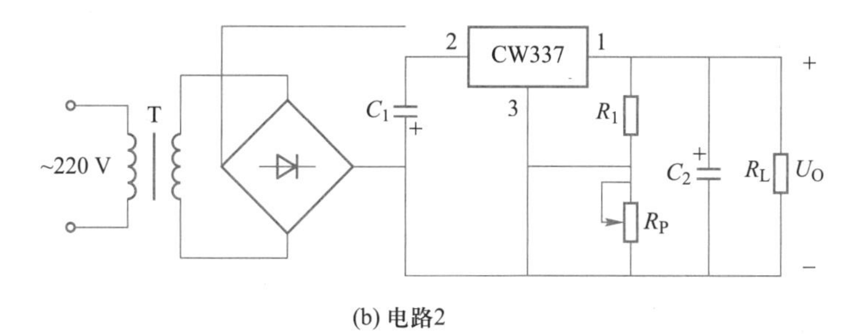

(b) 电路2

题图 4-2　综合题 2 图

3. 电路如题图 4-3 所示，已知 u_2 有效值足够大，合理连线，构成 5 V 的直流电源。

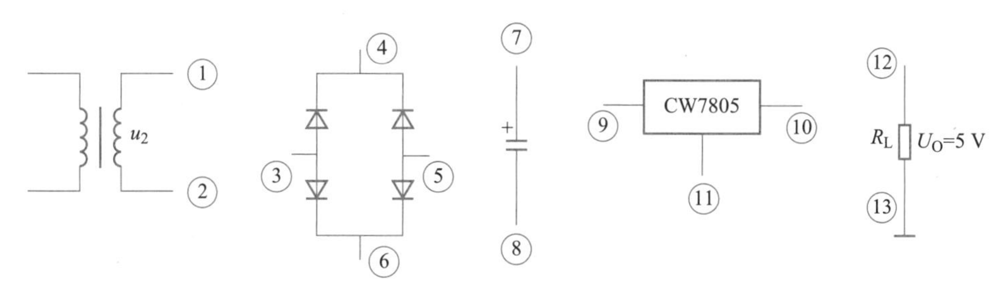

题图 4-3　综合题 3 图

应知应会要点归纳

1. 在直流稳压电源中，稳压电路位于滤波电路之后。

2. 硅稳压二极管稳压电路的优点是电路简单，但输出电压不能任意调节，当负载变动时，稳压精度不高；输出电流不大。电路依靠稳压二极管的电流调节作用和限流电阻的调压作用，使得输出电压稳定。限流电阻是必不可少的组成部分，必须合理选择阻值，才能保证稳压二极管既能工作在稳压状态，又不至于因功耗过大而损坏。

3. 三端集成稳压器目前已广泛应用于稳压电源中，它仅有输入端、输出端和公共端（或调整端）三个引出端，使用方便，稳压性能好。CW78××（CW79××）系列为固定式稳压器，CW117/CW217/CW317（CW137/CW237/CW337）为可调式稳压器。通过外接电路可扩展电流和电压。但由于调整管工作在线性区，功耗较大，因而电路的效率低。

4. 开关式稳压电路中的调整管工作在开关状态，因而功耗小，电路的效率高，适用于输出电压调节范围小、负载对输出纹波要求不高的场合。脉冲宽度调制式开关稳压电路在控制电路输出频率不变的情况下，通过电压反馈调整其占空比，从而达到稳定输出电压的目的。

正弦波振荡电路

课程引入

半导体接近开关是一种无触点开关，在行程控制、定位控制、自动计数以及各种报警电路中得到了广泛应用。图 5.0.1（a）所示是一种电感式接近开关，由三极管、电感和电容等元器件组成一个正弦波振荡电路，并用振荡电路中的电感线圈作为检测元件（感应头），如图 5.0.1（b）所示。当被测金属物接近电感线圈时引起正弦波振荡电路的振幅或频率变化，由后续电路将该变化转化为继电器触点的动作，达到检测的目的。

(a) 电感式接近开关

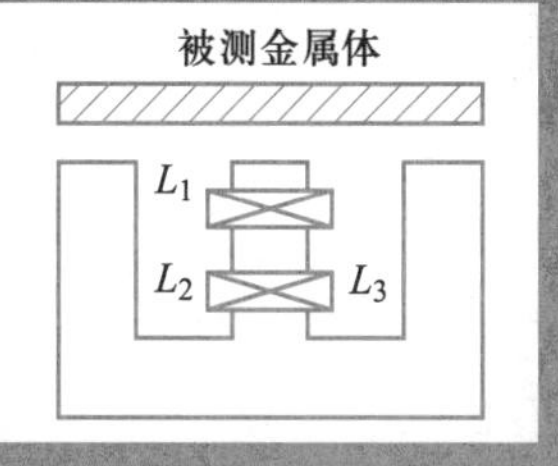

(b) 感应头

图 5.0.1　接近开关

正弦波振荡电路用来产生一定频率和幅值的正弦交流信号。在前面放大电路调试的实训项目中，我们使用函数信号发生器产生的正弦波作为测试信号。正弦波振荡电路广泛应用于无线电通信、广播电视，工业上的高频感应炉、信号发生器、半导体接近开关等。

下面我们一起来学习正弦波振荡电路的组成、分析方法和调试技能。

职业岗位群应知应会目标

— 了解振荡器的自激振荡过程。
— 会画出振荡电路的结构框图。
— 能识读 *RC*、*LC*和石英晶体振荡器的电路图。
— 会判断 *RC*、*LC*振荡电路是否振荡。
— 会估算振荡电路的振荡频率。
— 会安装与调试 *RC*桥式音频信号发生器。

5.1 自激振荡

5.1.1 自激振荡的形成

在报告会或演唱会上，使用扩音机时，常常会听到扬声器发出尖锐的啸叫声。如果不马上处理，可能导致话筒或扬声器的损坏。从图 5.1.1 中可以看出，从扬声器发出的声音又反馈到话筒中，话筒将声音变换为电信号，经扩音机放大后再推动扬声器发声，形成了正反馈。这样周而复始，使放大后的信号幅度越来越大，形成了啸叫声，这种情况称为自激振荡。

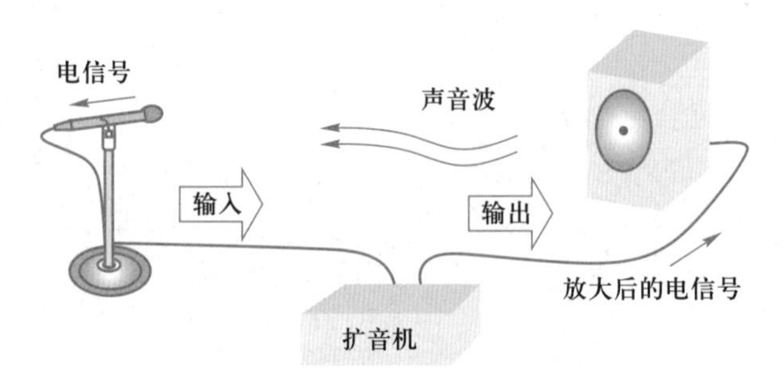

图 5.1.1　扩音系统中的自激振荡

放大器的自激振荡是不允许的，因为放大器振荡起来以后，振荡电压的幅度很大，真正的输入信号被"淹没"，从而使得放大器失去放大能力。但是，在生产和实验中又需要一种能产生一定幅度和一定频率的正弦波振荡电路。这种电路通常都是利用放大器自激振荡的原理制成的，所以自激振荡也有有利的一面，并且可以加以利用。

一、 正弦波振荡电路的组成

从电路结构上看，正弦波振荡器就是一个没有输入信号的正反馈放大器。如果一个放大器的输入端不接外加的信号，而有正弦波信号输出，这种电路就称为正弦波自激振荡器，简称正弦波振荡器，如图 5.1.2 所示。

正弦波振荡器由放大器、反馈电路、选频网络和稳幅电路等部分组成。

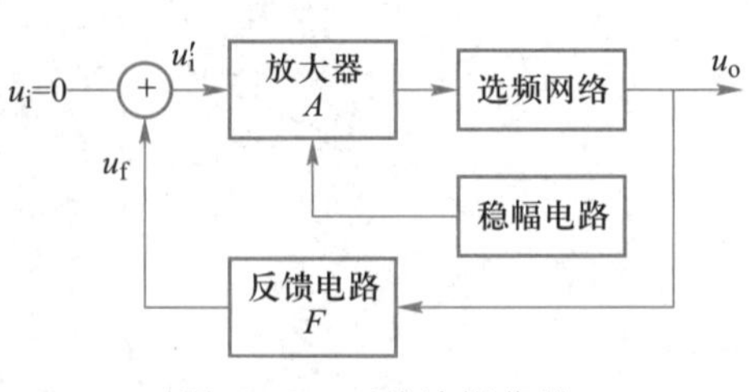

图 5.1.2　正弦波振荡器

（1）放大电路

具有放大信号作用，并将直流电能转换成振荡的能量。

（2）反馈网络

将输出信号正反馈到放大器的输入端，作为输入信号，使电路产生自激振荡。

（3）选频网络

其功能是选择某一频率 f_0 的信号，使电路保证在这一频率下产生振荡。

（4）稳幅电路

用于稳定输出电压振幅，改善振荡波形。

二、自激振荡的建立与稳幅

在图 5.1.2 中，当输入信号 u_i 为零时，反馈量等于净输入量（$u_f=u_i'$）。由于电路通电的瞬间，电路会产生微小的噪声或扰动信号，它含有各种不同频率的正弦波，如果电路只对其中频率为 f_0 的正弦波产生正反馈过程，则输出信号 $u_o\uparrow\rightarrow u_f\uparrow(u_i'\uparrow)\rightarrow u_o\uparrow\uparrow$，经选频后，电路把 $f\neq f_0$ 的信号输出量衰减为零，而仅放大输出 $f=f_0$ 的正弦波。于是 u_o 越来越大，由于管子的非线性特性，当 u_o 的幅值增大到一定程度时，放大倍数将减小（稳幅），因此，u_o 不会无限制增大，当 u_o 增大到一定数值时，电路达到动态平衡。这时，输出量通过反馈网络产生反馈量作为放大器的输入量，而输入量又通过放大器维持着输出量。

5.1.2 自激振荡产生的条件

多媒体演示

自激振荡产生的条件

自激振荡电路的任务是，第一要能够产生振荡，第二要能够维持振荡持续不停，即不仅要相位相同，而且要幅度相等。

一、相位平衡条件

由于电路中存在电抗元件，放大器和反馈电路都会使信号产生一定的相移，因此，要维持振荡，电路必须是正反馈，其条件是

$$\varphi=0$$

或

$$\varphi=\varphi_A+\varphi_F=2n\pi\quad(n=0,1,2,3,\cdots)\qquad(5-1-1)$$

其中 φ_A 为放大器的相移，φ_F 为反馈电路的相移，φ 为相位差。

相位平衡条件说明，反馈电压的相位与净输入电压的相位必须相同，即反馈回路必须是正反馈。

二、振幅平衡条件

由放大器输出端反馈到放大器输入端的信号强度要足够大，即满足自激振荡的振幅平衡条件

$$AF\geqslant 1\qquad(5-1-2)$$

在图 5.1.2 中，A 是放大器的放大倍数，F 是反馈电路的反馈系数，u_i' 是放大器的净输入信号。

振幅平衡条件说明，要维持等幅振荡，反馈电压的大小必须等于净输入电压的大小，即 $u_f=u_i'$。

岗位知识积累

在分析电路是否满足自激振荡条件时，一般情况下，幅度平衡条件容易满足，关键是判断三极管是否处于放大状态；对初学者来说，应重点检查是否满足相位平衡条件，判断反馈环路是否是正反馈。

5.2 常用振荡电路

正弦波振荡电路按反馈网络性质分类可分为两大类，一类是由电阻、电容和放大电路组成的振荡电路，称为 RC 振荡器；另一类是由电感、电容件和放大电路组成的振荡电路，称为 LC 振荡器（含石英振荡器）。下面将分别讨论这两种

振荡器。

5.2.1 RC 振荡器

一、RC串并联网络的选频特性

将电阻 R_1 与电容 C_1 串联、电阻 R_2 与电容 C_2 并联所组成的网络称为 RC 串并联选频网络，如图 5.2.1(a)所示。一般为了调节方便，通常选取 $R_1=R_2=R$，$C_1=C_2=C$。由于电路中采用了两个电抗性元件 C_1 和 C_2（它们的容抗与频率成反比），从图 5.2.1(b)中可以发现，当不同频率的信号输入后，即使输入信号的幅度不变，输出信号的幅度和频率也不相同。

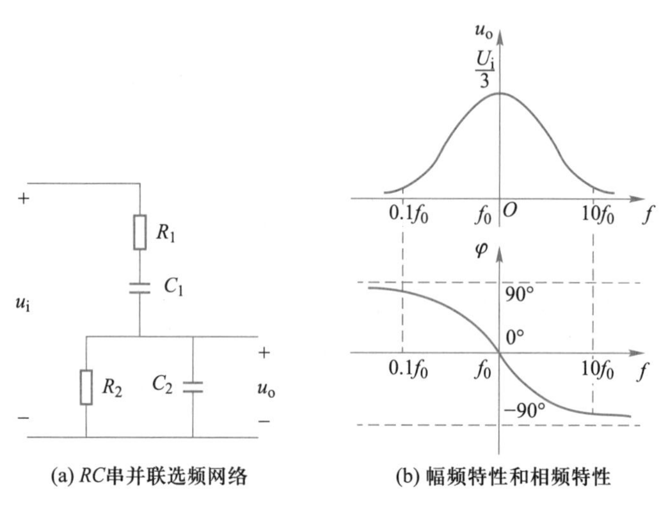

图 5.2.1 RC 串并联选频网络及其频率响应

当输入信号的频率 f 等于 RC 网络的谐振频率 f_0 时，输出电压 u_o 的幅度最大，为$\frac{U_i}{3}$。其输出信号与输入信号之间的相移 $\varphi_F=0$。在其他频率时，输出电压幅度很快衰减，而且存在一定的相移，所以 RC 串并联选频网络具有选频特性。

谐振频率 f_0 取决于选频网络 R、C 的数值，计算公式为

$$f_0=\frac{1}{2\pi RC}$$

二、RC桥式振荡器

1. 电路组成

RC 桥式振荡器又称文氏电桥振荡电路，如图 5.2.2 所示，其中 R_3、R_4、R_1C_1 串联电路、R_2C_2 并联电路正好构成电桥的四个桥臂，故称 RC 桥式振荡器。

整个电路由两部分组成，一部分是由 R_1C_1 电路和 R_2C_2 电路构成的具有选频作用的正反馈支路；另一部分是能实现同相放大的放大电路，二者构成了正反馈放大器。

2. 振荡原理

（1）相位条件

同相放大器的输入与输出信号相位差为 0°，RC 串并联选频网络的相移也为 0°，满足正弦波振荡器的相位平衡条件。

（2）幅度条件

因为 $f=f_0$ 时，RC 选频网络发生谐振，这时 RC 选频网络反馈系数 $F=1/3$。

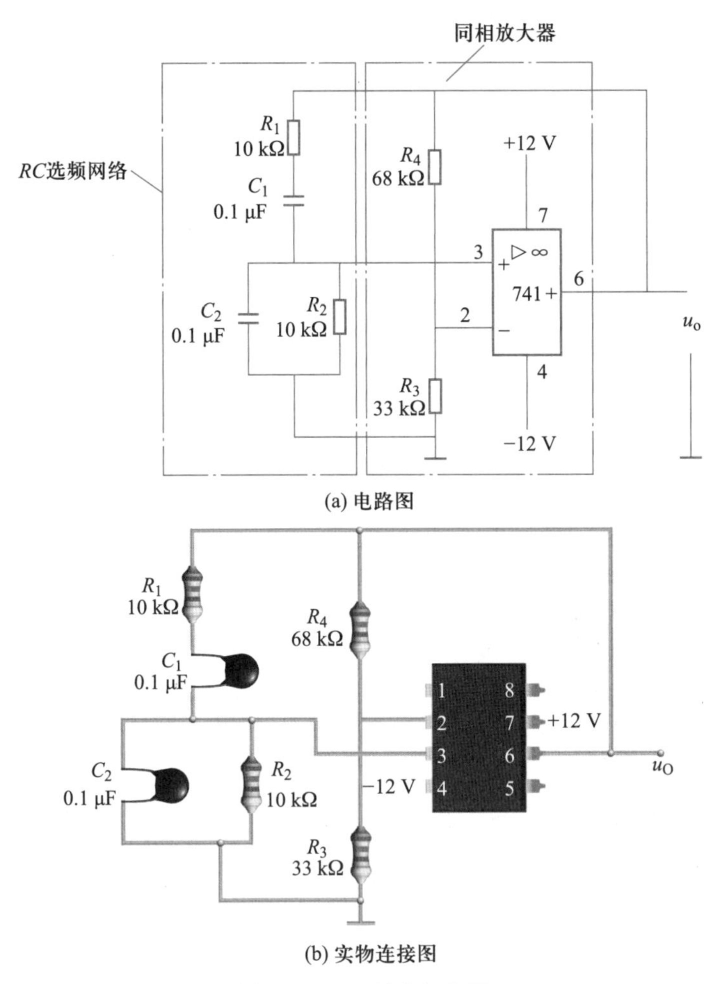

图 5.2.2　RC 桥式振荡器

同相放大器加入了 R_3 R_4 支路，放大器的放大倍数 $A=1+\frac{R_4}{R_3}$，当 R_3 和 R_4 的取值满足 $R_4 \geqslant 2R_3$ 时，$A \geqslant 3$，振荡器则满足振荡的幅度条件 $AF \geqslant 1$。

显然，对于其他频率分量，选频网络的反馈系数低，相移不为零，不能产生自激振荡。

3. 振荡频率

只要满足了振荡的相位和幅度平衡条件，振荡器就可以输出振荡信号。通常情况下选取 RC 选频网络的 $R_1=R_2=R$，$C_1=C_2=C$，则振荡频率为

$$f_0=\frac{1}{2\pi RC} \tag{5-2-1}$$

应用拓展

RC 桥式振荡器的稳幅

通常利用二极管的非线性特性自动完成 RC 桥式振荡器的稳幅，如图 5.2.3 所示。在负反馈电路中，二极管 VD1、VD2 与电阻 R_4 并联。不论输出信号是正半周还是负半周，总有一个二极管导通，当振荡器输出幅值增大时，流过二极管的电流增大使二极管的动态电阻减小，同相放大器的负反馈得到加强，放大器的

增益下降，从而使输出电压稳定。

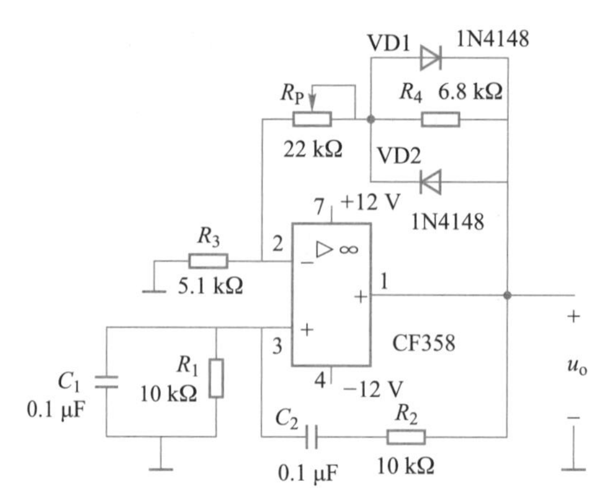

图 5.2.3　利用二极管稳幅的 RC 桥式振荡器

RC 桥式振荡器的稳幅还可以用热敏电阻来实现，如将图 5.2.3 中的电阻 R_4 选用负温度系数的热敏电阻，当输出电压升高，通过负反馈电阻 R_4 的电流增大，即温度升高，R_4 阻值减小，负反馈增强，输出幅度下降，从而实现稳幅。同样在图 5.2.3 所示电路中，若电阻 R_3 选用正温度系数的热敏电阻，同样可实现稳幅。

电路评价

RC 桥式振荡器频率调节方便，波形失真度小，频率调节范围宽，适用于所需正弦波振荡频率较低的场合。当振荡频率较高时，应选用 LC 正弦波振荡电路。

5.2.2 LC 振荡器

LC 振荡器是一种高频振荡电路。常用的 LC 振荡器有变压器反馈式、电感三点式和电容三点式三种。

一、LC 并联谐振网络的选频特性

LC 振荡器采用 LC 并联谐振网络作选频网络，如图 5.2.4 所示，其中 R 表示电感和电容的等效损耗电阻。

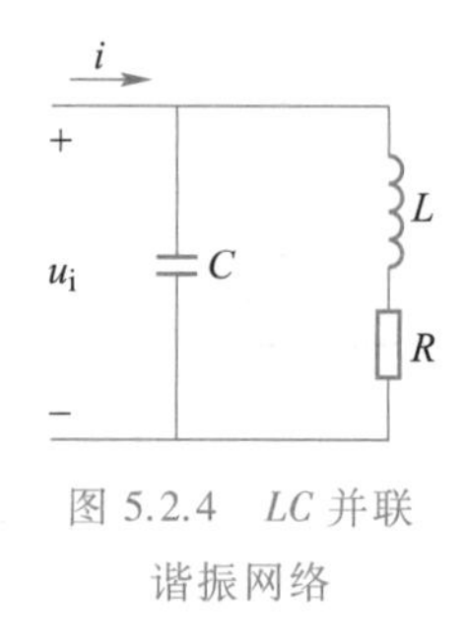

图 5.2.4　LC 并联谐振网络

电感、电容对不同频率的输入信号呈现不同的阻抗，在信号频率 f 较低时，电容的容抗很大，网络呈感性；在信号频率 f 较高时，网络呈容性；只有当 $f=f_0$ 时，网络才呈阻性，相移 $\varphi=0°$。可见 LC 并联谐振网络具有选频特性。若忽略电阻 R 的影响，LC 并联谐振网络的谐振频率

$$f_0=\frac{1}{2\pi\sqrt{LC}} \tag{5-2-2}$$

式中，f_0 为并联谐振网络的振荡频率，单位为 Hz；L 为并联谐振网络的总电感，单位为 H；C 为并联谐振网络的总电容，单位为 F。

二、变压器反馈式振荡电路

1. 电路结构

如图 5.2.5 所示，图中采用分压式偏置的共发射极放大电路，三极管 VT 为振荡放大管，R_{b1}、R_{b2}、R_e 为分压式稳定偏置电阻，L_1C 并联回路为选频回路，并作

为振荡管集电极负载。变压器二次绕组 L_2 为正反馈绕组，将输出电压的一部分反馈到输入端，L_3 为振荡信号输出，电容 C_b 和 C_e 容量很大，分别起到耦合和旁路作用。

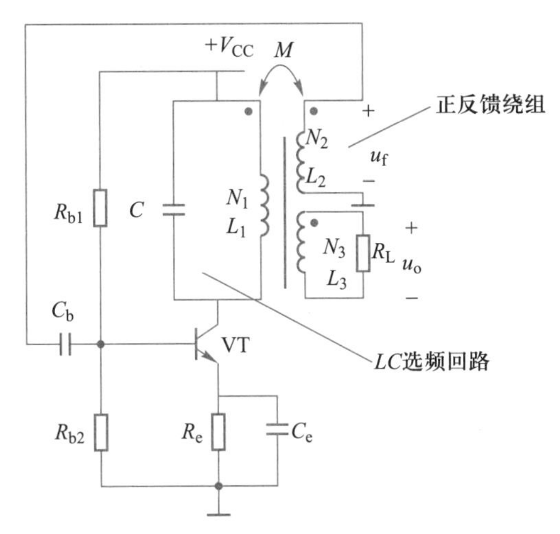

图 5.2.5 变压器反馈式振荡电路

2. 振荡原理

（1）幅度条件

只要三极管的电流放大倍数 β 及 L_1 和 L_2 的匝数比合适，一般情况下，幅度平衡条件容易满足。

（2）相位条件

为了使振荡电路自激振荡，必须正确连接反馈绕组 L_2 的极性，使之符合正反馈的要求，满足相位平衡条件。

判断电路是否满足相位平衡条件通常采用瞬时极性法，即沿着放大和反馈环路判断反馈的性质。如果是正反馈，则满足相位平衡条件，否则不满足相位平衡条件。具体判断步骤如下：

① 断开反馈支路与放大电路输入端的连接点。

② 在断点处的放大电路输入端引入信号 u_i，并设其极性对地为正，然后按照先放大支路，后反馈支路的顺序，逐次推断有关电路各点的电位极性，从而确定 u_i 和 u_f 的相位关系。

③ 如果 u_i 和 u_f 同相，则电路满足相位平衡条件，否则，不满足相位平衡条件。

（3）振荡频率

图 5.2.5 中 L_1C 并联选频回路接在集电极，能选择振荡频率，使得电路在谐振频率处有振荡电压输出。其振荡频率为

$$f_0 \approx \frac{1}{2\pi\sqrt{L_1C}}$$

若要求振荡频率 f_0 可调，可将 L_1C 回路中的电容采用可变电容，调节可变电容的电容量也就调节了 f_0。

【例 5.1】 判断如图 5.2.6 所示的变压器反馈式振荡电路能否产生自激振荡。

解：（1）在图 5.2.6（a）所示电路中，三极管 VT 基极偏置电阻 R_{b2} 被反馈绕组

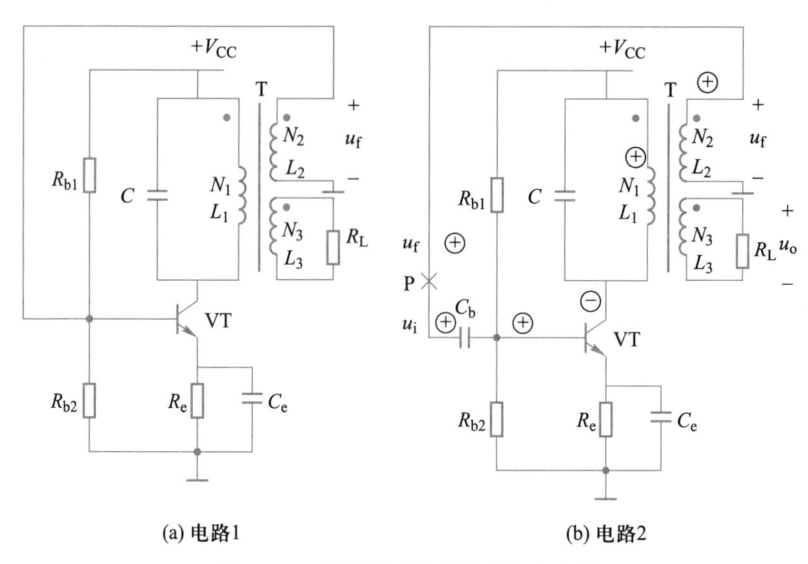

图 5.2.6　变压器反馈式振荡电路实例

L_2短路接地，使 VT 处于截止状态，不能进行放大，所以电路不能产生自激振荡。

（2）在图 5.2.6(b)所示电路中，经检查，放大电路、反馈网络和选频电路都能正常工作。用瞬时极性法判断电路是否满足相位平衡条件，具体做法是：断开 P 点，在断开处引入信号 u_i，给定极性对地为正（用⊕表示），根据共射放大电路的倒相作用，可知集电极电位为负（用⊖表示），于是 L_1同名端为正，根据同名端的定义可知，L_2同名端也为正，反馈电压 u_f极性为正，显然 u_f和 u_i同相，所以电路能产生自激振荡。

电路评价

变压器反馈式振荡电路易于产生振荡，波形失真度小，应用范围广泛，振荡频率通常在几兆赫至几十兆赫之间，但振荡频率的稳定性较差，适用于固定频率的振荡器。

应用拓展

变压器反馈式振荡电路在超外差式收音机中经常用到，将它作为变频级的本机振荡器，其电路如图 5.2.7(a)所示。图中，超外差式收音机的输入电路和中

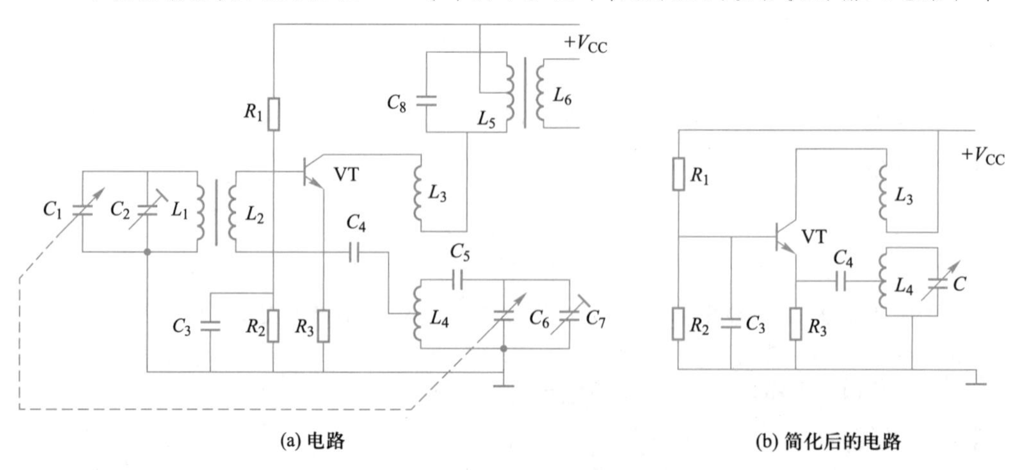

图 5.2.7　超外差式收音机振荡器

频变压器与本机振荡电路的振荡过程无关，简化后得到如图 5.2.7(b)所示的形式。L_4、C 组成振荡回路，决定振荡频率；L_3 为反馈绕组，C_4 为耦合电容，C_3 是旁路电容；R_1、R_2、R_3 是偏置电阻，决定三极管的静态工作点。

三、电感三点式振荡电路

1. 电路组成

图 5.2.8(a)所示为电感三点式振荡电路原理图，图 5.2.8(b)所示为其放大电路的交流通路。R_{b1}、R_{b2}和 R_e为偏置电阻，为电路提供稳定的静态工作点，L_1、L_2和 C 组成了选频网络，反馈电压取自 L_2两端。C_b为耦合电容，使基极通过 C_b接到电感的 3 端，C_e为旁路电容，它使三极管发射极高频接地，并通过电源接到电感的 2 端，集电极接电感的 1 端。由于电感的三个引出端分别与三极管的三个电极相连，所以称为电感三点式振荡电路。

2. 振荡原理

与前述相同，采用瞬时极性法判断。从三极管基极引入一个 u_i，其瞬时极性为⊕，如图 5.2.8(a)所示，则集电极输出信号瞬时极性为⊖，电感 L_2的 3 端为⊕，反馈到基极的 u_f的瞬时极性为⊕，即正反馈，因此，电路满足相位平衡条件。改变绕组的抽头，可以调节反馈量的强度，使电路满足振幅平衡条件，就能振荡，产生一定频率的正弦信号。

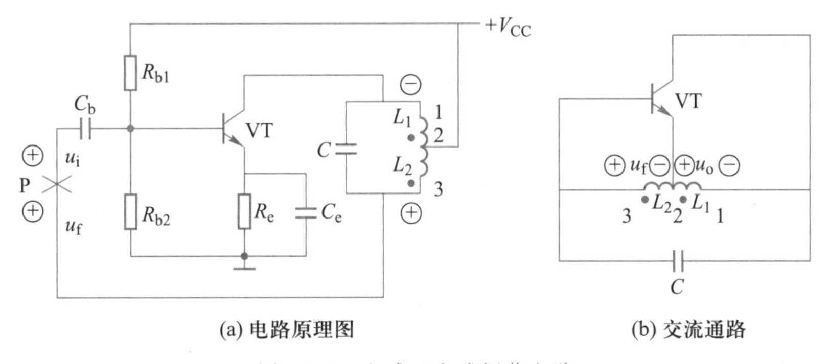

图 5.2.8　电感三点式振荡电路

3. 振荡频率

电路的振荡频率等于 LC 并联电路的谐振频率，即

$$f_0=\frac{1}{2\pi\sqrt{LC}}$$

式中，$L=L_1+L_2+2M$，其中 M 是 L_1与 L_2之间的互感系数。

电路评价

电感三点式振荡电路结构简单，容易起振，改变绕组抽头的位置，可调节振荡电路的输出幅度。采用可变电容 C 可获得较宽的频率调节范围，工作频率一般可达几十千赫至几十兆赫。但其波形较差，频率稳定性也不高，通常用于对波形要求不高的设备中，如接收机的本机振荡器等。

四、电容三点式振荡电路

1. 电路组成

图 5.2.9(a)所示为电容三点式振荡电路原理图，图 5.2.9(b)所示为其放大电路的交流通路，采用分压式偏置的共射放大电路。选频网络由电感 L、电容

C_1、C_2组成，选频网络中的1端通过输出耦合电容C_c接VT的集电极，2端通过旁路电容C_e接VT的发射极，3端通过耦合电容C_b接VT的基极。由于电容的三个端子分别与三极管VT的三个电极相连，故称电容三点式振荡电路。反馈信号u_f取自电容C_2两端，送到三极管VT的输入端基极。

2. 振荡原理

用瞬时极性法判断：将反馈端P处断开，引入瞬时信号u_i，其瞬时极性为⊕，则各点瞬时极性变化如图5.2.9(b)所示。可以看出，u_f与u_i同相，即电路为正反馈，满足相位平衡条件。适当选择C_1和C_2的数值，就能满足幅度平衡条件，电路起振。

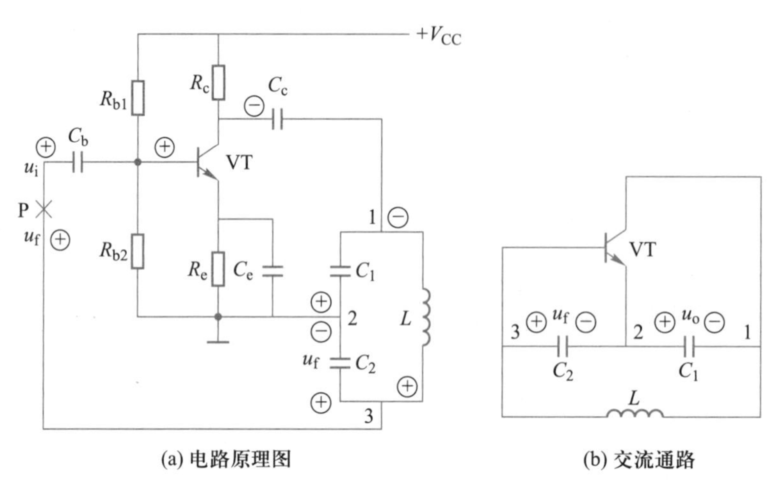

图5.2.9　电容三点式振荡电路

3. 振荡频率 f_0

振荡频率由LC回路谐振频率确定，电路的振荡频率

$$f_0 \approx \frac{1}{2\pi\sqrt{LC}}$$

式中，$C=\dfrac{C_1C_2}{C_1+C_2}$。

电路评价

电容三点式振荡电路结构简单，输出波形较好，振荡频率较高，可达100 MHz以上。调节C_1或C_2可以改变振荡频率，但同时会影响起振条件，因此，这种电路适用于产生固定频率的振荡。实际应用中改变频率的办法是在电感L两端并联一个可变电容，用来微调频率。

资料库

为了能方便地选用振荡器，将三种LC振荡器列于表5.2.1中。

表 5.2.1　三种 *LC* 振荡器的比较

电路种类	变压器反馈式	电感三点式	电容三点式
电路形式	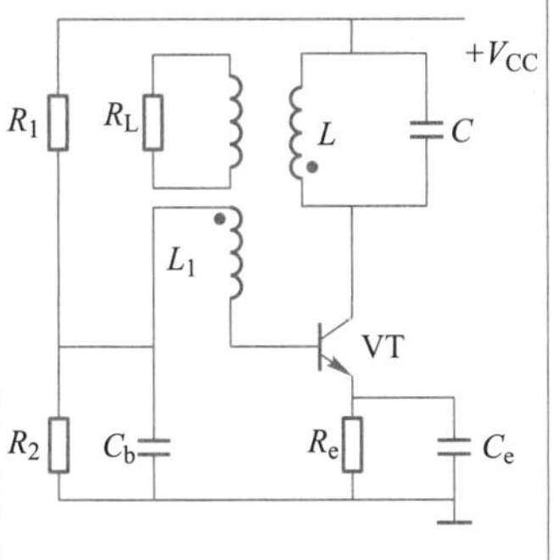	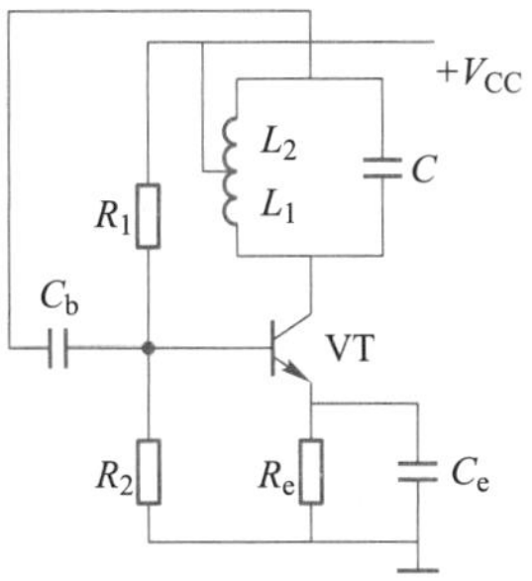	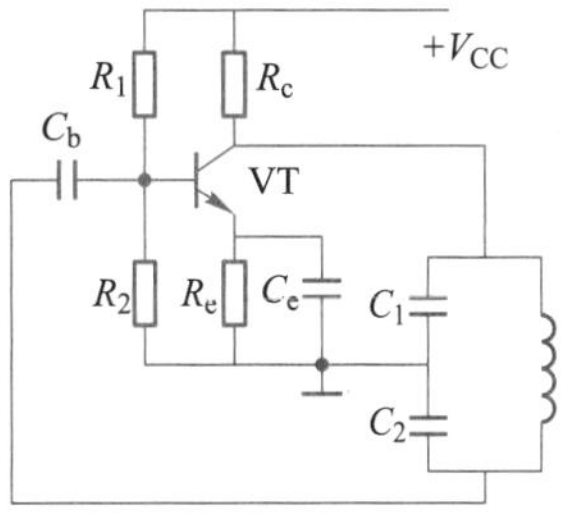
振荡频率	$f_0=\dfrac{1}{2\pi\sqrt{LC}}$	$f_0=\dfrac{1}{2\pi\sqrt{(L_1+L_2+2M)C}}$	$f_0=\dfrac{1}{2\pi\sqrt{L\dfrac{C_1C_2}{C_1+C_2}}}$
起振条件	$\beta\geqslant\dfrac{r_{be}R'C}{M}$	$\beta\geqslant\dfrac{L_1+M}{L_2+M}\cdot\dfrac{r_{be}}{R_L}$	$\beta\geqslant\dfrac{C_2}{C_1}\cdot\dfrac{r_{be}}{R_L}$
振荡频率调节方法	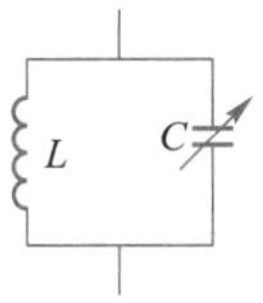 适用于较宽频率范围	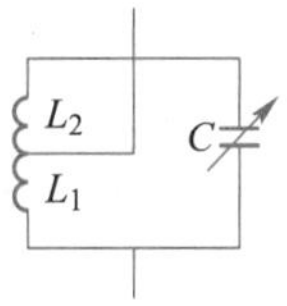 同左	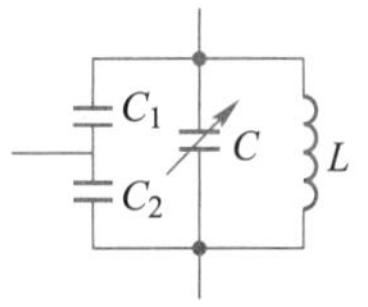 适用于固定频率或小范围调频
频率波形	一般	波形差	波形好
频率稳定度	一般	一般	较高
适用频率范围	几千赫～几百兆赫	几千赫～几百兆赫	同样的三极管可得到较其他两种振荡器高一些的振荡频率

5.2.3　石英晶体振荡器

在实际应用中，要求振荡器的频率有一定的稳定度，而一般 *LC* 或 *RC* 振荡器的稳定度较低，不能完全满足要求频率十分稳定的电路，这时就必须采用石英晶体振荡器。石英晶体振荡器又称石英晶体谐振器，简称晶振，是一种高稳定度和高精度的振荡器。

用石英晶体谐振器可以取代 *LC*、*RC* 振荡器中的 *L*、*R*、*C* 元件所组成的正弦波振荡器，石英晶体谐振器被广泛应用在彩色电视机、计算机、遥控器等各类振荡电路中。在通信系统中用于频率发生器，为数据处理设备产生时钟信号，并为特定系统提供基准信号。

一、石英晶体谐振器的结构

石英晶体谐振器是从一块石英晶体上按一定方位角切下的薄片（称为晶片），再在晶片的对应表面镀上银，引出两个电极，加上外壳封装而成，其外形、结构和图形符号如图 5.2.10 所示。

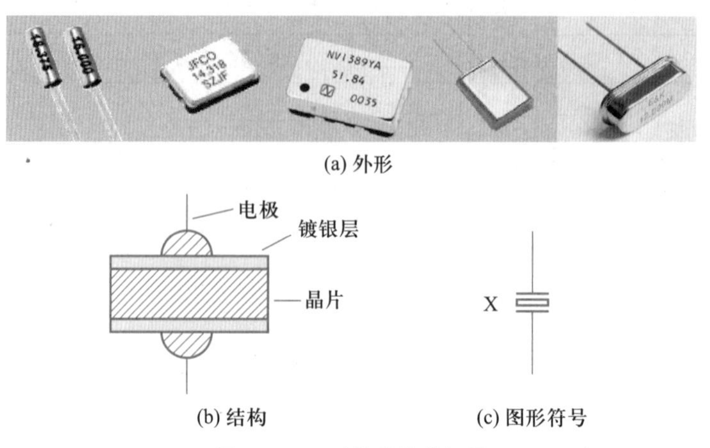

图 5.2.10　石英晶体谐振器

二、 石英晶体谐振器的压电效应

如果在石英晶片两个极板间加一个交变电压(电场),晶片就会产生与该交变电压频率相似的机械振动。而晶片的机械振动,又会在其两个电极之间产生一个交变电场,这种现象称为压电效应。在一般情况下,这种机械振动和交变电场的幅度是极其微小的,只有在外加交变电压的频率与晶片的固有频率相同时,振幅才会急剧增大,这种现象称为压电谐振。石英晶体谐振器的谐振频率取决于晶片的切割方式、几何形状和尺寸。由于石英晶体谐振器的物理和化学性能都十分稳定,因而谐振频率十分稳定。

三、 石英晶体振荡电路

石英晶体振荡电路的形式很多,但其基本电路只有两类,一类称为并联石英晶体振荡电路,如图 5.2.11 所示;另一类称为串联石英晶体振荡电路,如图 5.2.12 所示。

在并联型石英晶体振荡电路中,石英晶体相当于一个大电感,与外接电容构成三点式振荡电路。

在串联型石英晶体振荡电路中,当频率等于石英晶体的串联谐振频率时,石英晶体阻抗最小,为纯电阻,此时石英晶体构成正反馈支路,满足相位平衡条件,正反馈达到最强,电路产生正弦波振荡。

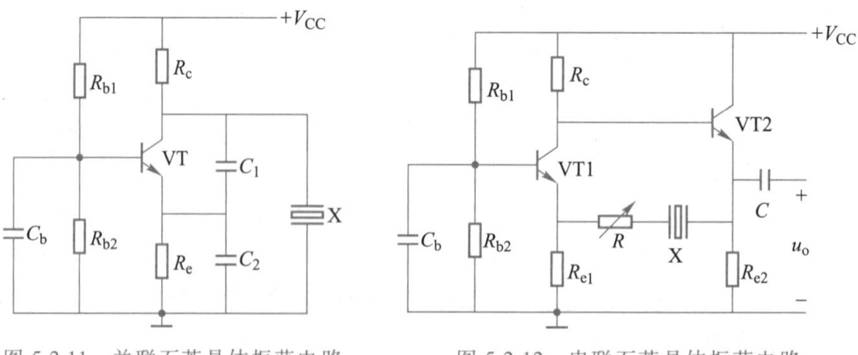

图 5.2.11　并联石英晶体振荡电路　　图 5.2.12　串联石英晶体振荡电路

资料库

两种石英晶体振荡电路的使用注意事项见表 5.2.2。

表 5.2.2　石英晶体振荡电路的使用注意事项

使用注意事项	（1）石英晶体振荡电路的检测 用万用表电阻挡的 $R\times10$ k 挡，两表笔分别接石英晶体的两个电极，正常情况电阻应为无穷大。若指针在∞处略有摆动，说明被测石英晶体振荡器有漏电现象；若摆动明显，则说明被测石英晶体振荡器漏电严重；若读数为零，则说明被测石英晶体振荡器已损坏。但用万用表测得其阻值为∞，还不能完全断定石英晶体谐振器良好，可以用替代检测法进一步判断。 （2）石英晶体振荡电路的安装工艺 注意防静电，焊接时电烙铁外壳应良好接地，不应有漏电现象。石英晶体振荡电路与集成电路（单片机）的引脚尽量靠近，用地线把时钟区隔离起来，以减少外界干扰，此措施可以解决许多疑难问题。外接电容连线应粗而短，这不但可以减小损耗，而且还能防止电磁干扰影响振荡器正常工作。 （3）石英晶体振荡电路的更换 在更换晶振时通常要用相同型号的产品，后缀字母也要尽量一致，否则可能使电路无法正常工作。不过对于要求不高的电路，可以用频率相近的晶振进行代换，如遥控器中 455 kHz 晶振损坏后，可以用收音机中的 465 kHz 晶振进行替换，只是发射的载波频率稍有偏差，但不影响接收信号

技能实训　*RC* 桥式振荡器的制作

工作任务书

一、任务目标

1. 会根据图 5.2.3 绘制装接图和布线图。
2. 会在通用印制电路板上搭建 *RC* 桥式振荡器。
3. 能说明电路中各元器件的作用，并能检测元器件。
4. 学会对电路参数的调试和测量。
5. 加深对振荡器的理解。

二、器材与工具

1. 通用印制电路板、直流稳压电源、万用表、信号发生器、示波器和毫伏表。
2. 常用装联和焊接工具。
3. *RC* 桥式振荡器元器件套件。

三、实施步骤

细读电路原理图→绘制安装布线图→清点元器件→元器件检测→插装和焊接→通电前检查→通电调试与测量→数据记录。

四、调试与测量

检查元器件安装正确无误后，才可以接通电源。测量时，先连线后接电源（或开电源开关）。拆线、改线或维修时一定要先关电源。电源线不能接错，否则将可能损坏元器件。

1. 测量 *RC* 选频网络的参数

（1）电路连接

按图 5.2.13 所示连接 *RC* 串并联网络。把函数信号发生器调至正弦波输出，输出端接至 *RC* 串并联网络，作为 *RC* 串并联网络的输入电压 u_1，把 *RC* 串并联网络的输出端接至示波器。先估算选频网络的谐振频率 f_{01}，然后将函数信号发生器调至估算频率的附近，反复调节频率旋钮，直到在示波器上找到输出电压 u_2 的最大值为止。此时函数信号发生器的输出频率就是 RC 选频网络的谐振频率 f_0。

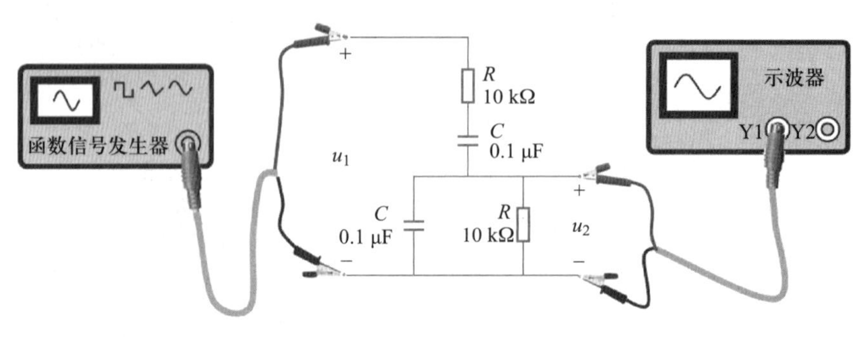

图 5.2.13 *RC* 串并联网络

(2) 参数测量

用毫伏表测出 u_1 和 u_2 的幅度，填入表 5.2.3 中，并保持此时函数信号发生器的输出频率不变，待下一步与振荡器的振荡频率相比较。

表 5.2.3 *RC* 串并联网络参数

f_0 频率时		测量值 f_0	计算值 f_{01}
$U_{1(p-p)}$/V	$U_{2(p-p)}$/V		

2. *RC* 桥式振荡器的测量

(1) 按图 5.2.3 所示电路接线，将稳压电源的 ±12 V 电压接入集成运放的 7 脚和 4 脚。电源的零端接电路中 u_o 的地端。

(2) 用双踪示波器观测振荡器的输出波形 u_o，调节 R_P 使 u_o 为不失真的正弦波。用示波器测量电路的振荡频率 f_0 并记入表 5.2.4 中，将此值与计算值进行比较。再将函数信号发生器的原输出频率送入到示波器中与振荡频器的输出频率相比较。

表 5.2.4 振荡器参数的测试

测量值 f_0	计算值 $f_{01}=\dfrac{1}{2\pi RC}$	误差 $\dfrac{f_{01}-f_0}{f_0}\times 100\ \%$

(3) 反复调节电位器 R_P，用示波器监测波形为不失真时，用毫伏表分别测试 u_o 的最大值和最小值，同时测量相应的 R_P 值，记录在表 5.2.5 中。

表 5.2.5 u_o值与 R_P 的关系

<table>
<tr><th>波形</th><th colspan="2">示波器</th><th>万用表</th></tr>
<tr><td rowspan="3"></td><td>时间挡位：</td><td>测量值：</td><td>R_P 值：</td></tr>
<tr><td></td><td>$U_{o(p-p)}$最大值：</td><td>最大值：</td></tr>
<tr><td>幅度挡位：</td><td>$U_{o(p-p)}$最小值：</td><td>最小值：</td></tr>
</table>

相关技能

绘制安装布线图

根据图 5.2.3，结合元器件实物，在通用印制电路板工艺图上绘制安装布线图。参考安装布线图如图 5.2.14 所示。

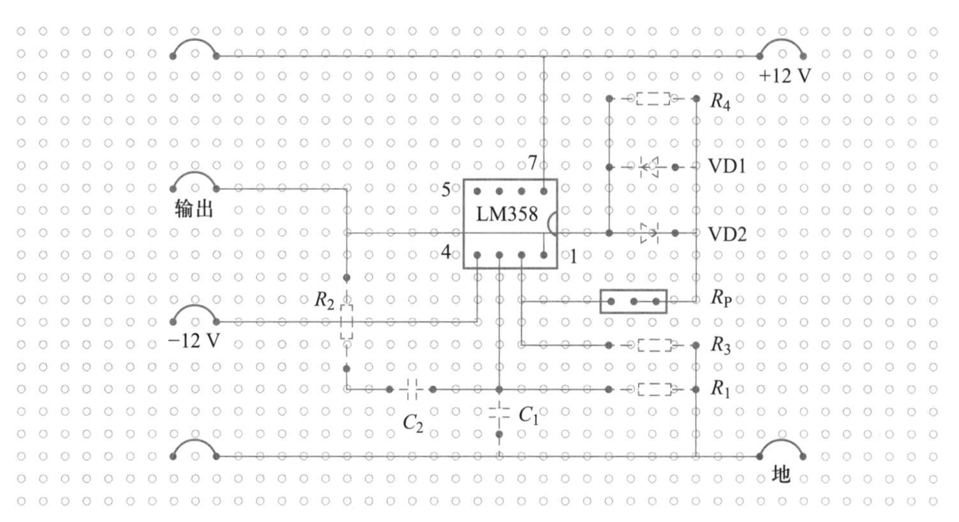

图 5.2.14 *RC* 桥式振荡器安装布线图（焊接面）

应用拓展

LC 振荡电路的应用实例——接近开关

接近开关是一种当被测物（金属体）接近它到一定距离时，不需要接触，就能发出动作信号的电气设备。它具有反应速度快、定位精确、寿命长、没有机械碰撞等优点，已被广泛应用于定位控制、行程控制、自动计数和安全保护控制等方面。

图 5.2.15(a)所示是接近开关电路，它由 *LC* 振荡电路、开关电路和输出电路 3 部分组成。

(1) 电路组成

LC 振荡电路是接近开关的核心部分，其中 L_2 和 C 组成选频电路，L_1 是反馈绕组，L_3 是输出绕组，这 3 个绕组绕在同一铁心上，构成感应头，如图 5.2.15(b)

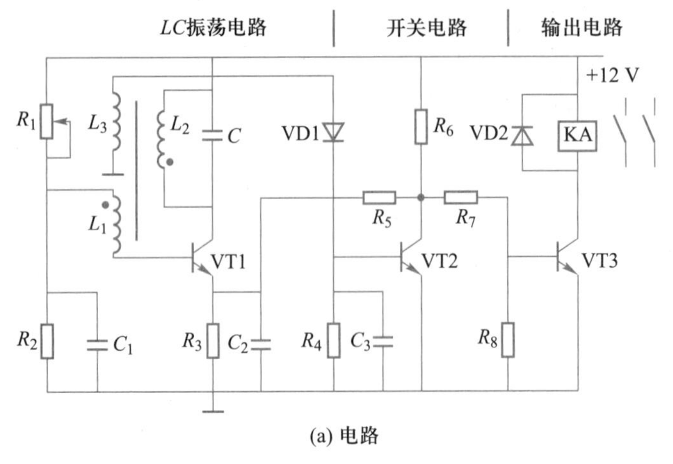

(a) 电路

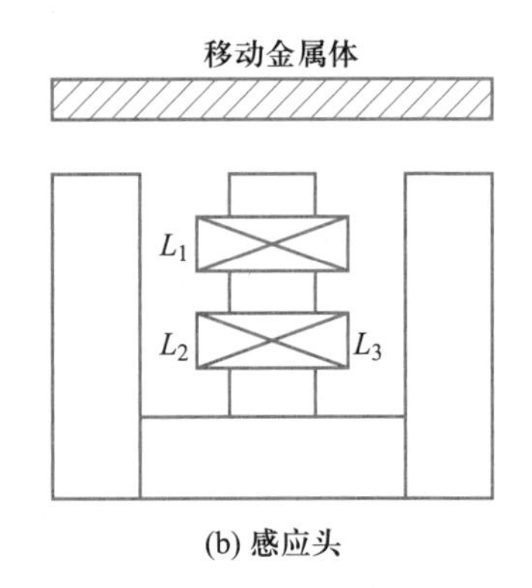

(b) 感应头

图 5.2.15　接近开关

所示。反馈绕组 L_1 匝数为 2~3，在感应头的上层，回路绕组 L_2 匝数为 60~100，在感应头的下层，输出绕组 L_3 在 L_2 的外层，匝数约为 20。电路中的三极管 VT2 工作于开关状态，即 VT2 不是工作于饱和状态，就是工作于截止状态。由 VT3 为核心元件组成的射极输出器作为输出级，其功能是提高接近开关的带负载能力。

（2）工作原理

当无金属物体靠近接近开关的感应头时，振荡电路维持振荡，L_3 上有交流输出电压，经二极管 VD1 整流和电容 C_3 滤波后加到三极管 VT2 的基极，VT2 获得足够的偏流而工作于饱和状态。此时，VT3 截止，接在输出端的继电器 KA 的绕组不通电。当有金属体靠近时，金属体内感应产生涡流，涡流的去磁作用减弱绕组 L_1、L_2、L_3 间的磁耦合，L_1 上的反馈电压显著降低，因而振荡停止。停振后，L_3 上无交流输出电压，VT2 截止，此时，VT3 导通，继电器 KA 通电。通过继电器绕组通电与否，来开闭它的触点，用来控制某个电路的通断。

（3）反馈电阻 R_3 的作用

停振时，VT2 集电极电压的一部分通过 R_5 反馈到 VT1 的发射极电阻 R_3 上，使 VT1 的发射极电位升高，以确保振荡电路迅速而可靠停振。当电路起振时，R_3 上无反馈电压，使电路迅速恢复振荡。这样，可以加快接近开关的反应速度。

问题与讨论

1. 根据表 5.2.5 分析振荡电路的输出电压与负反馈强弱的关系。
2. 根据电路的制作，写出安装、调试电路的整个过程。
3. 你学会了哪些收集和整理资料的方法？
4. 谈谈你对此电路实用化的进一步设想。

技能评价

RC 桥式振荡器的制作技能评价表见附录附表 1、附表 2 和附表 3。

复习与考工模拟

一、判断题

1. 振荡器与放大器的主要区别之一是：放大器的输出与输入信号频率相同，

而振荡器一般不需要输入信号。(　　)

2. 只要电路存在正反馈,电路就能产生正反馈。(　　)

3. 对于正弦波振荡器而言,若相位平衡条件得不到满足,即使放大倍数再大,它也不可能产生正弦波振荡。(　　)

4. 在正弦波振荡电路中,只允许存在正反馈,不允许引入负反馈。(　　)

5. 自激振荡器中如没有选频网络,就不可能产生正弦波振荡。(　　)

6. 在 RC 桥式正弦波振荡电路中,若 RC 串并联选频网络中的电阻均为 R,电容均为 C,则其振荡频率 $f_0=1/RC$。(　　)

二、选择题

1. 正弦波振荡器中选频网络的主要作用是(　　)。

A. 产生单一频率的振荡　　B. 提高输出信号的振幅

C. 保证电路起振

2. 在正弦波振荡器中,放大器的主要作用是(　　)。

A. 保证电路满足振幅平衡条件　　B. 保证电路满足相位平衡条件

C. 把外界的影响减弱

3. 正弦波振荡器中正反馈网络的作用是(　　)。

A. 提高放大器的放大倍数,使输出信号足够大

B. 使某一频率的信号在放大器工作时满足相位平衡条件而产生自激振荡

C. 保证电路满足振幅平衡条件

4. RC 桥式振荡器的振荡频率 f_0 为(　　)。

A. $\dfrac{2\pi}{RC}$　　B. $\dfrac{1}{2\pi\sqrt{RC}}$

C. $\dfrac{1}{2\pi RC}$

5. 电容三点式 LC 正弦波振荡器与电感三点式 LC 正弦波振荡器比较,其优点是(　　)。

A. 电路组成简单　　B. 输出波形较好

C. 容易调节振荡频率

三、填空题

1. 正弦波振荡器一般由______、______和______组成,但为了保证其波形稳定,通常还需要______环节。

2. 正弦波振荡器产生自激振荡的相位平衡条件是______;幅值平衡条件是______。

3. 所谓振荡是指即使没有______信号,输出信号也会继续存在。振荡器属于______反馈电路。构成振荡电路时,要满足______平衡条件。正弦波振荡器为保证具有良好的输出波形,还需采取______措施。产生低频正弦波一般选用______振荡器;产生高频正弦波一般选用______振荡器;频率稳定性要求很高时,则选用______振荡器。

4. 石英晶体振荡器具有______特点,石英晶片具有______效应,当外加频率为某一特定频率时,石英晶体的振幅突然增大的现象称为______;石英晶体振荡器的基本电路有______和______。

四、综合题

1. 现有电路如下:

A. RC 桥式正弦波振荡电路

B. LC 正弦波振荡电路

C. 石英晶体正弦波振荡电路

选择合适的答案填入空内，只需填入 A、B 或 C。

（1）制作频率为 20 Hz~20 kHz 的音频信号发生电路，应选用__________。

（2）制作频率为 2~20 MHz 的接收机的本机振荡器，应选用__________。

（3）制作频率非常稳定的测试用信号源，应选用__________。

2. 试判断题图 5-1 所示电路是否满足振荡的相位条件。

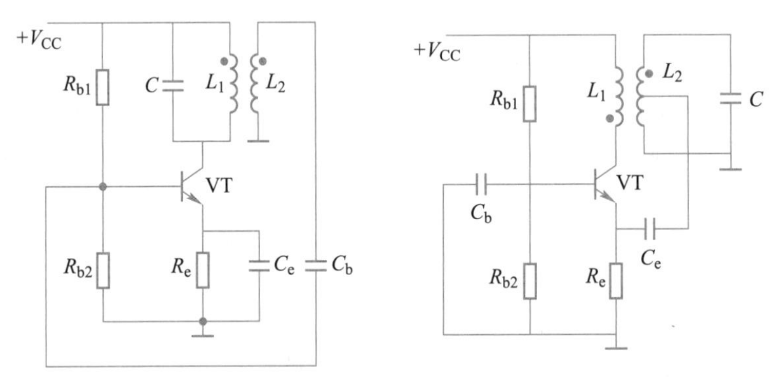

题图 5-1　综合题 2 图

3. 电路如题图 5-2 所示，图中各个电路都只画出了交流通路，试从相位平衡的观点，说明其中哪些电路有可能产生自激振荡，若不可能产生振荡，请加以改正。

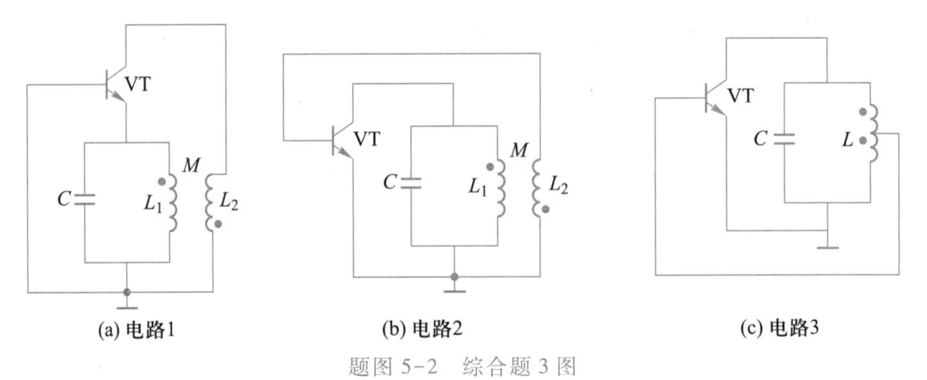

题图 5-2　综合题 3 图

4. 题图 5-3 所示电路是未画完整的正弦波振荡器。

（1）完成各节点的连接；

（2）R_4 阻值为多大时电路才能振荡？

（3）振荡频率为多少？

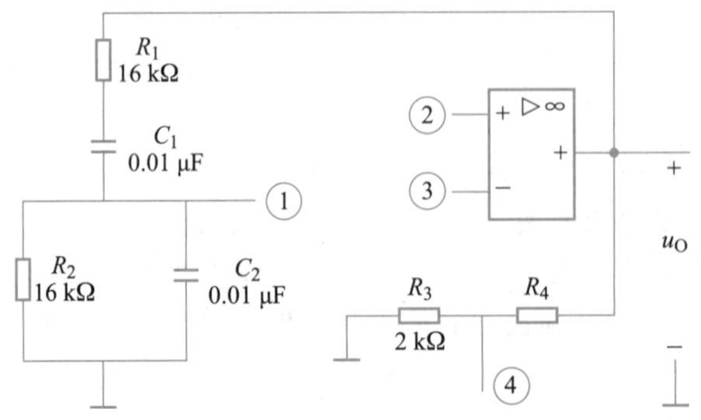

题图 5-3　综合题 4 图

应知应会要点归纳

1. 自激振荡电路是一种在没有外加交流输入的情况下，把直流电源提供的电能转变为交流电能输出的电子电路。

2. 正弦波振荡电路一般由放大电路、选频网络、正反馈网络和稳幅电路组成。要同时满足幅度和相位两个平衡条件，正弦波振荡电路才能产生并维持振荡。

3. 按选频网络的不同，正弦波振荡电路可分为 *LC* 振荡电路、*RC* 振荡电路和石英晶体振荡电路。

4. 在分析电路能否产生正弦波振荡时，首先应检查电路是否包含四个组成部分，然后检查放大电路能否正常放大，最后利用瞬时极性法判断电路是否满足相位平衡条件。

5. 自激正弦波振荡器的振幅和频率的稳定度，是振荡器的两个重要指标。造成振幅和频率不稳定的主要原因是由于电路的参数随时间、温度、湿度等条件变化而变化，以及外来干扰等。提高稳定度的方法主要有：

(1) 选用高质量的元器件。

(2) 加屏蔽罩。

(3) 用补偿办法设法减少元器件参数的变化。

(4) 用石英晶体谐振器代替电感构成振荡器。

6. 如果要求振荡器的波形好，振荡频率高，而频率变化范围较窄时，可以选用电容三点式振荡电路。如果振荡器的工作频率较低，频率变化范围较宽时，可以选用容易起振的电感三点式或变压器反馈式振荡电路。如果要求振荡器的波形好，频率的稳定度高，可以选用石英晶体振荡器。另外，在频率较高的情况下，采用共基极振荡电路比采用共射极振荡电路要好。

第2部分

数字电子技术与技能

数字电路基础

1 2 3 *4 *5 6 7 8 9 *10

课程引入

在电子技术中，电信号可分为两大类：一类是模拟信号，如图 6.0.1（a）所示，它在时间上是连续变化的，幅值上也是连续取值的信号。在模拟电子技术中介绍的放大电路、集成运算放大器、正弦波振荡电路等是模拟信号的放大、产生、处理电路。另一类是数字信号，如图 6.0.1（b）所示。它是在时间和幅度上不连续的离散的信号。数字电子技术则是有关数字信号的产生、整形、编码、存储、计数和传输的技术，处理数字信号的电路称为数字电路。

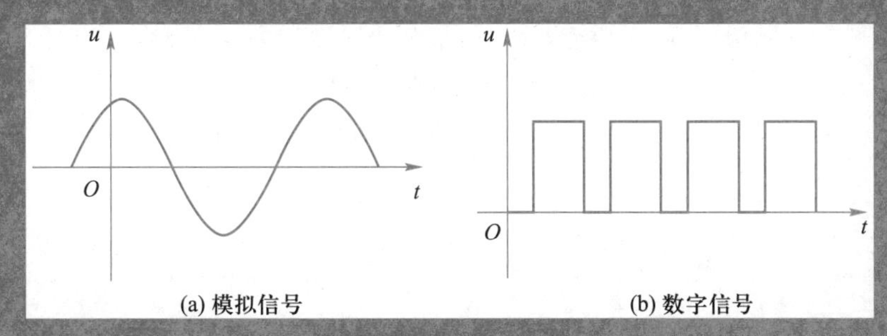

图 6.0.1　电信号波形

数字电路的结构和模拟电路一样，同样是由二极管、三极管、集成电路以及电阻、电容等元器件组成，但与模拟电路相比，数字电路主要有如下优点：

构成数字电路的基本单元电路结构比较单一，允许元器件性能有一定的离散性，只要能区分 **1** 态和 **0** 态就可正常工作。因此电路结构简单、稳定可靠、功耗小，便于集成。

数字电路能完成数值运算，能进行逻辑运算和判断，还可方便地对数字信号进行保存、传输和再现。因此数字电路数据处理能力强。

随着新技术的发展，集成数字电路类型层出不穷，大量使用大规模功能模块已成为现实。数字电路在众多领域已取代模拟电路，可以肯定，这一趋势将会继续发展下去。

职业岗位群应知应会目标

— 理解模拟信号与数字信号的区别。
— 掌握基本逻辑门、复合逻辑门的逻辑功能和图形符号，会使用真值表。
— 了解 TTL、CMOS 门电路的型号、引脚功能，会测试其逻辑功能。
— 了解集成门电路的外形与封装，能合理使用集成门电路。
— 会进行二进制数、十进制数和十六进制数之间的相互转换。
— 了解 8421BCD 码的表示形式。
— 会用逻辑代数基本公式化简逻辑函数，了解其在工程应用中的实际意义。

6.1 逻辑门电路

数字电路中往往用输入信号表示“条件”，用输出信号表示“结果”，而条件与结果之间的因果关系称为逻辑关系，能实现某种逻辑关系的数字电路称为逻辑门电路。基本的逻辑关系有：**与**逻辑、**或**逻辑、**非**逻辑，与之相应的基本逻辑门电路有**与**门、**或**门、**非**门。

在数字电路中，通常用电位的高、低去控制门电路，输入与输出信号只有两种状态：高电平状态和低电平状态。规定用 **1** 表示高电平状态，用 **0** 表示低电平状态，称为正逻辑，反之为负逻辑。若无特殊说明本书采用正逻辑。

6.1.1 基本逻辑门

多媒体演示

与门电路

一、与门电路

1. 与逻辑关系

如图 6.1.1 所示，开关(A)与(B)串联在回路中，只有当两个开关都闭合时，灯(Y)才亮；只要有一个开关断开，灯(Y)就不亮。这就是说“当一件事情(灯亮)的几个条件(两个开关均闭合)全部具备之后，这件事情(灯亮)才能发生，否则不发生”。这样的因果关系称为**与**逻辑关系，也称逻辑乘。

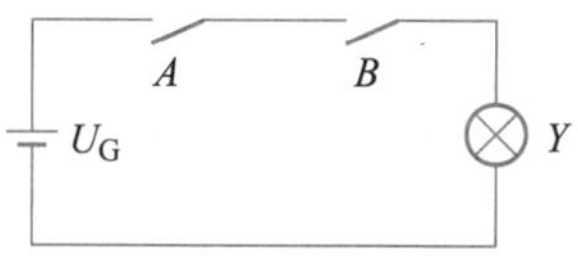

图 6.1.1　与逻辑实例

2. 与逻辑关系的表示

与逻辑关系可用逻辑函数表达式表示

$$Y=A\cdot B \quad 或 \quad Y=AB$$

除了用逻辑函数表达式表示外，还可以用真值表表示，即将全部可能的输入组合及其对应的输出值用表格表示。表 6.1.1 是**与**逻辑真值表。

表 6.1.1　与逻辑真值表

输入		输出	备注
A	B	Y	
0	**0**	**0**	开关闭合规定为 **1**，断开规定为 **0**；灯亮规定为 **1**，灯灭规定为 **0**
0	**1**	**0**	
1	**0**	**0**	
1	**1**	**1**	

从真值表可以看出，**与**逻辑功能为“有 **0** 出 **0**，全 **1** 出 **1**”，A、B 两个输入变量有四种可能的取值情况，满足以下运算规则：

$$\mathbf{0\cdot 0=0 \quad 0\cdot 1=0 \quad 1\cdot 0=0 \quad 1\cdot 1=1}$$

3. 与门电路

能实现**与**逻辑功能的电路称为**与**门电路，简称**与**门，门电路可以用二极管、三极管、MOS 管和继电器等具有两种状态的分立元器件组成，也可以由集成电路组成。

图 6.1.2 所示是由二极管组成的**与**门电路，图中 A、B 为输入信号，Y 为输出信号，根据二极管导通与截止条件，若输入全为高电平(**1**)时，二极管 VD1、VD2

都截止，则输出端为高电平（**1**）；若输入端有低电平（**0**）时，则二极管正偏而导通，输出端电压被下拉为低电平（**0**）。图 6.1.3 所示是**与**门电路的图形符号。

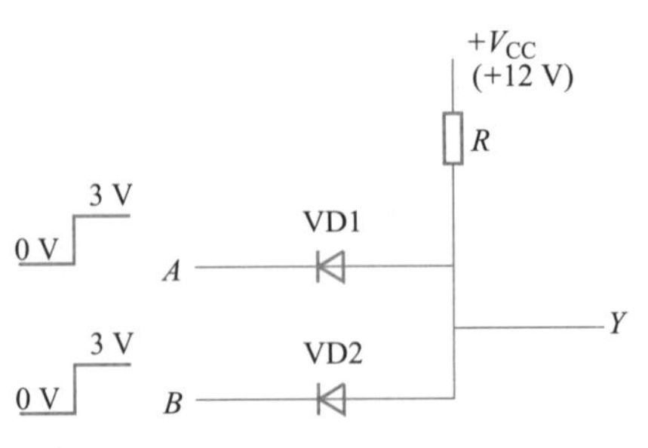

图 6.1.2　二极管组成的**与**门电路

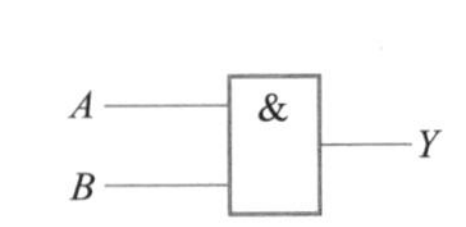

图 6.1.3　**与**门电路的图形符号

岗位知识积累

电平指的是某一个电压变化的范围，通常规定一个高电平的下限值（标准高电平 V_{SH}）和低电平的上限值（标准低电平 V_{SL}），产品不同其规定值也不同。在实际应用中，应保证实际的高电平不小于 V_{SH}，而实际的低电平不大于 V_{SL}。高电平的电压值过低或是低电平的电压值过高都会破坏电路的逻辑功能。

二、 或门电路

1. 或逻辑关系

多媒体演示

或门电路

如图 6.1.4 所示，开关 A 与 B 并联在回路中，只要两个开关有一个闭合时，灯（Y）就亮；只有当开关全部断开时，灯（Y）才不亮。这就是说“当决定一件事情（灯亮）的各个条件中，至少具备一个条件（有一个开关闭合），这件事情（灯亮）就会发生，否则不发生”。这样的因果关系称为**或**逻辑关系，也称逻辑加。

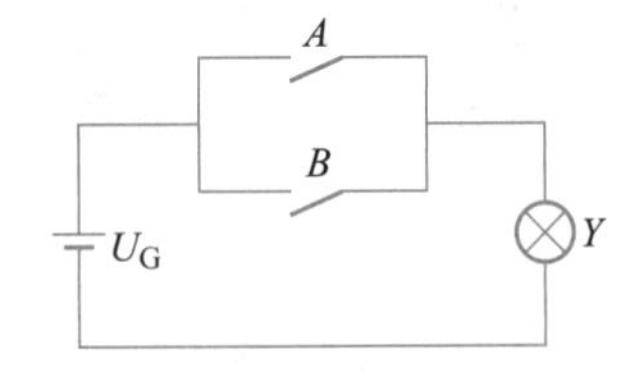

图 6.1.4　**或**逻辑实例

2. 或逻辑关系的表示

或逻辑关系可用逻辑函数表达式表示

$$Y=A+B$$

或逻辑的真值表见表 6.1.2。从真值表分析可以看出，**或**逻辑功能为“有 **1** 出 **1**，全 **0** 出 **0**”，A、B 两个输入变量有四种可能的取值情况，满足以下运算规则。

$$\mathbf{0+0=0 \quad 0+1=1 \quad 1+0=1 \quad 1+1=1}$$

表 6.1.2　**或**逻辑真值表

输入		输出
A	B	Y
0	**0**	**0**
0	**1**	**1**
1	**0**	**1**
1	**1**	**1**

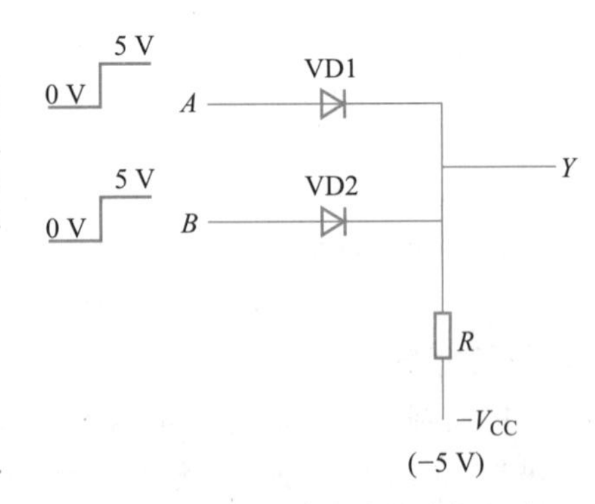

图 6.1.5　二极管组成的**或**门电路

3. 或门电路

能实现**或**逻辑功能的电路称为**或**门电路，简称**或**门。

图 6.1.5 所示是由二极管组成的**或**门电路，图中 A、B 为输入信号，Y 为输出信号。根据二极管导通与截止条件，只要输入有一个为高电平（**1**）时，则与该输入端相连的二极管导通，输出端电压就为高电平（**1**）。图 6.1.6 所示是**或**门电路的图形符号。

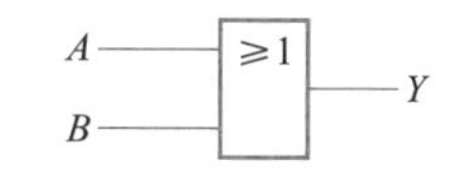

图 6.1.6 或门电路的图形符号

电路评价

二极管门电路线路简单、元件少、概念直观。由于二极管导通电压和输出端杂散电容的存在，在实际使用时，会引起信号电平偏离，开关速度变慢，带负载能力差，造成逻辑功能的混乱。因此，实际应用中很少使用二极管门电路。

三、非门电路

1. 非逻辑关系

如图 6.1.7 所示，开关（A）与灯（Y）并联，当开关断开时，灯（Y）亮；当开关闭合时，灯（Y）不亮。这就是说“事情（灯亮）和条件（开关）总是呈相反状态”。这样的因果关系称为**非逻辑关系**，也称逻辑**非**。

2. 非逻辑关系的表示

非逻辑关系可用逻辑函数表达式表示

$$Y=\overline{A}$$

非逻辑真值表见表 6.1.3。从真值表分析可以看出，**非逻辑功能为**“入 **0** 出 **1**，入 **1** 出 **0**”，一个输入变量有两种可能（2^1）的取值情况，满足以下运算规则。

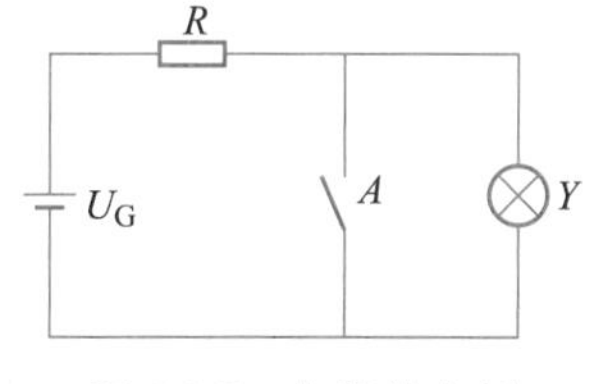

图 6.1.7 非逻辑实例

表 6.1.3 非逻辑真值表

输入	输出
A	Y
0	**1**
1	**0**

$$\overline{\mathbf{1}}=\mathbf{0}\quad \overline{\mathbf{0}}=\mathbf{1}$$

3. 非门电路

能实现**非**逻辑功能的电路称为**非**门电路，又称反相器，简称**非**门。

图 6.1.8 所示是由三极管组成的**非**门电路，图中 A 为输入信号，Y 为输出信号，根据三极管饱和导通与截止条件，输入为高电平（**1**）时，三极管饱和导通，输出端电压就为低电平（**0**）；输入为低电平（**0**）时，三极管截止，输出端电压就为高电平（**1**）。图 6.1.9 所示是**非**门电路的图形符号。

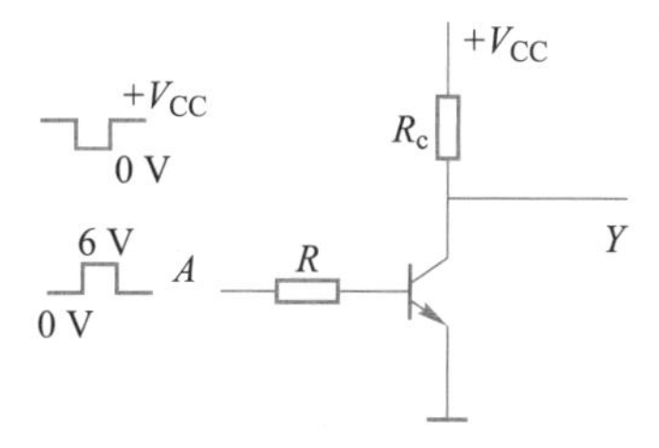

图 6.1.8 三极管组成的非门电路

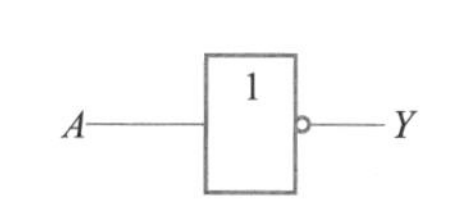

图 6.1.9 非门电路的图形符号

四、逻辑关系的波形图表示方法

所谓波形图表示方法是用输入端在不同逻辑信号作用下所对应的输出端信

号波形图表示门电路实现的逻辑关系。由于表示的直观性，波形图也是表示和分析电路逻辑关系的常用方法。如图 6.1.10 所示是**或**逻辑关系的波形图，图中在 t_1 时间段内，A、B 输入信号均为高电平 **1**，由表 6.1.2 可知，此时输出信号 Y 为高电平 **1**，依照此方法，可得出 t_2、t_3 和 t_4 时间段内输出信号 Y 的波形。从波形图中可以直观地看出，对于**或**逻辑关系，只要输入有 **1** 输出就为 **1**，只有输入全为 **0** 时输出才为 **0**。

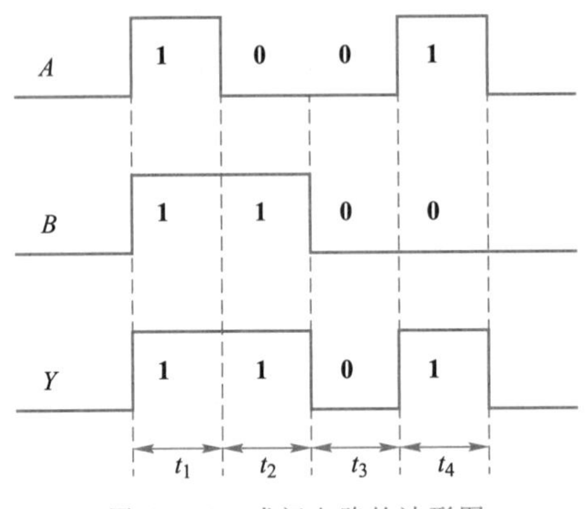

图 6.1.10　或门电路的波形图

岗位知识积累

逻辑函数表达式、真值表、逻辑电路图（简称逻辑图）和波形图这四种不同的表示方法所描述的是同一逻辑关系，因此它们之间有着必然的联系，可以从一种表示方法，得到其他表示方法。

应用拓展

与门电路的“开门”与“关门”

由**与**门电路的两个输入信号 A、B 的波形，根据**与**逻辑功能不难画出**与**门电路输出信号的波形，如图 6.1.11 所示。A=**0** 时，Y=**0**，说明此时 B 信号不能通过**与**门而出现在输出端；A=**1** 时，Y=B（波形相同），说明此时 B 输入信号通过**与**门出现在输出端。这里，A 信号的输入端为控制端（门控端），当门控端为 **1** 时，**与**门开放（开门），能让 B 输入信号通过；当门控端为 **0** 时，**与**门闭锁（关门），B 输入信号不能通过**与**门。

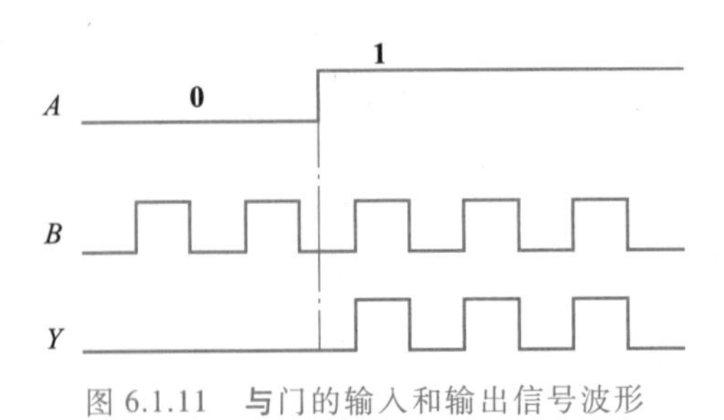

图 6.1.11　与门的输入和输出信号波形

6.1.2　复合逻辑门

以上介绍的三种门电路是最基本的逻辑门电路，将这些门电路适当组合，能构成多种复合逻辑门。

一、与非门

如图 6.1.12 所示，在**与**门后串接**非**门就构成了一个**与非**门。图 6.1.12(a)所示为**与非**门的逻辑结构，图 6.1.12(b)所示为**与非**门的图形符号。

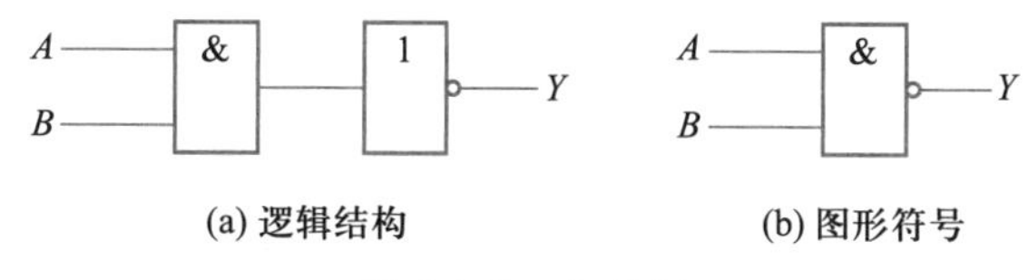

(a) 逻辑结构　　(b) 图形符号

图 6.1.12　与非门

与非门的逻辑函数表达式为：$Y=\overline{A \cdot B}$。

与非门真值表见表 6.1.4，其逻辑功能可归纳为“有 **0** 出 **1**，全 **1** 出 **0**”。

表 6.1.4　与非门真值表

输入		AB	输出
A	B		$Y=\overline{A \cdot B}$
0	**0**	**0**	**1**
0	**1**	**0**	**1**
1	**0**	**0**	**1**
1	**1**	**1**	**0**

二、或非门

如图 6.1.13 所示，在**或**门后串接**非**门就构成了一个**与非**门。图 6.1.13(a)所示为**或非**门的逻辑结构，图 6.1.13(b)所示为**或非**门的图形符号。

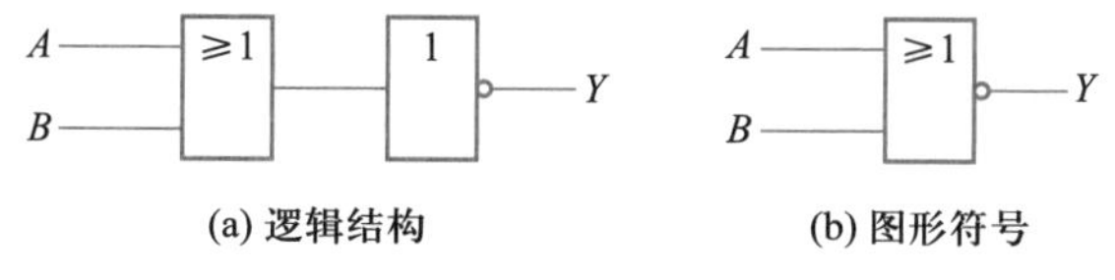

(a) 逻辑结构　　(b) 图形符号

图 6.1.13　或非门

或非门的逻辑函数表达式为：$Y=\overline{A+B}$。

或非门真值表见表 6.1.5，其逻辑功能可归纳为“有 **1** 出 **0**，全 **0** 出 **1**”。

表 6.1.5　或非门真值表

输入		A+B	输出
A	B		$Y=\overline{A+B}$
0	**0**	**0**	**1**
0	**1**	**1**	**0**
1	**0**	**1**	**0**
1	**1**	**1**	**0**

三、与或非门

如图 6.1.14 所示，**与或非**门一般由两个或多个**与**门和一个**或**门，再和一个**非**门串联而成。图 6.1.14(a)所示为**与或非**门的逻辑结构，图 6.1.14(b)所示为**与或非**门的图形符号。

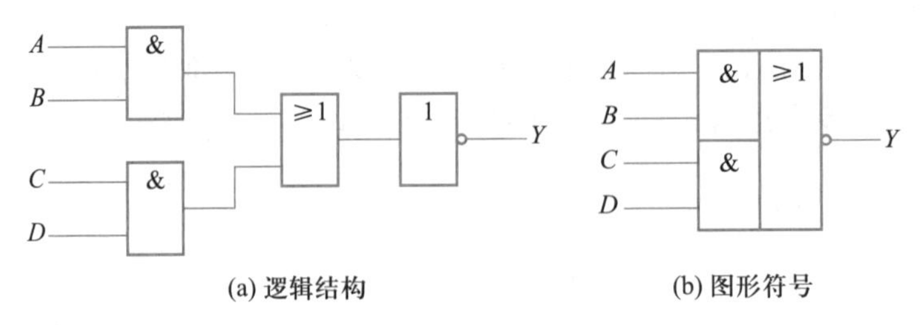

(a) 逻辑结构　　(b) 图形符号

图 6.1.14　与或非门

与或非门的逻辑函数表达式为：$Y=\overline{AB+CD}$。

根据上式可得**与或非**门真值表见表 6.1.6 所示，A、B、C、D 四个输入变量有 16 种可能的取值情况。其逻辑功能可归纳为“一组全 **1** 出 **0**，各组有 **0** 出 **1**”。

表 6.1.6　与或非门真值表

输入				输出	输入				输出
A	B	C	D	Y	A	B	C	D	Y
0	**0**	**0**	**0**	**1**	**1**	**0**	**0**	**0**	**1**
0	**0**	**0**	**1**	**1**	**1**	**0**	**0**	**1**	**1**
0	**0**	**1**	**0**	**1**	**1**	**0**	**1**	**0**	**1**
0	**0**	**1**	**1**	**0**	**1**	**0**	**1**	**1**	**0**
0	**1**	**0**	**0**	**1**	**1**	**1**	**0**	**0**	**0**
0	**1**	**0**	**1**	**1**	**1**	**1**	**0**	**1**	**0**
0	**1**	**1**	**0**	**1**	**1**	**1**	**1**	**0**	**0**
0	**1**	**1**	**1**	**0**	**1**	**1**	**1**	**1**	**0**

四、 异或门

图 6.1.15 所示为**异或**门的逻辑结构及图形符号。

异或门的逻辑函数表达式为：$Y=\overline{A}B+A\overline{B}$。

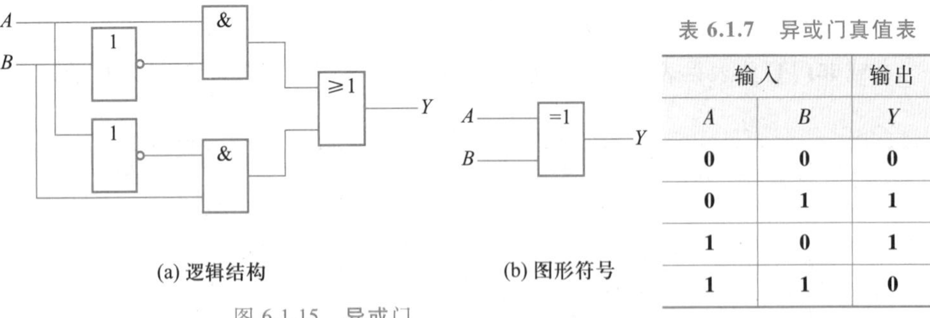

(a) 逻辑结构　　(b) 图形符号

图 6.1.15　异或门

表 6.1.7　异或门真值表

输入		输出
A	B	Y
0	**0**	**0**
0	**1**	**1**
1	**0**	**1**
1	**1**	**0**

根据上式可得**异或**门真值表，见表 6.1.7，其逻辑功能可归纳为“同出 **0**，异出 **1**”。

异或门在数字电路中可作为判断两个输入信号是否相同的门电路，是一种常用的门电路。其逻辑函数表达式还可写成

$$Y=A\oplus B$$

电路评价

上述讨论的各种逻辑门电路是由单个分立元器件，如二极管、三极管、电阻等连接而成的，在集成电路技术迅速发展和广泛应用的今天，分立元器件门电路已很少使用，大量使用的是集成逻辑门电路，但不论功能多强大、结构多复杂的集成逻辑门电路，都是以分立元器件门电路为基础，经改造演变而来的。

6.1.3 集成逻辑门

集成逻辑门电路（简称集成门电路）是把构成门电路的元器件和连线制作在一块半导体芯片上，再封装起来而构成的。按内部所采用元器件的不同，可分为 TTL 和 CMOS 集成逻辑门电路两大类。

一、TTL 集成逻辑门电路

若 TTL 集成逻辑门电路内部的输入、输出级都采用三极管，则这种集成电路也称三极管-三极管逻辑门电路。

1. 产品系列和外形封装

TTL 集成逻辑门电路，现主要有：74（标准中速）、74H（高速）、74S（肖特基超高速）、74LS（低功耗肖特基）和 74AS（先进的肖特基）等系列，74LS 系列为现代主要应用的产品。

TTL 集成逻辑门电路通常采用双列直插式外形封装，如图 6.1.16 所示。

TTL 集成逻辑门电路的型号由五部分构成，如 CT74LS××CP。第一部分字母 C 表示国标。第二部分字母 T 表示 TTL 电路。第三部分是器件系列和品种代号，74 表示国际通用 74 系列，54 表示军用系列；LS 表示低功耗肖特基系列；××为品种代号。第四部分字母表示器件工作温度，C 为 0～70 ℃，G 为 -25～70 ℃，L 为 -25～85 ℃，E 为 -40～85 ℃，R 为 -55～85 ℃。第五部分字母表示器件封装，P 为塑料封装双列直插式，J 为黑瓷封装双列直插式。

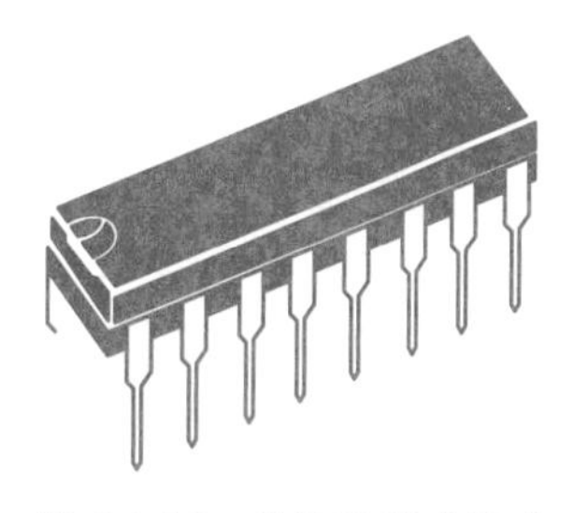

图 6.1.16 常见双列直插式 TTL 集成逻辑门

CT74LS××CP 可简写（或简称）为 74LS××或 LS××。

2. 引脚识读

如图 6.1.17 所示为部分 74LS 系列集成逻辑门电路的引脚排列。引脚编号的判断方法是：把凹槽标志置于左方，引脚向下，按逆时针自下而上顺序依次为引脚 1、2……

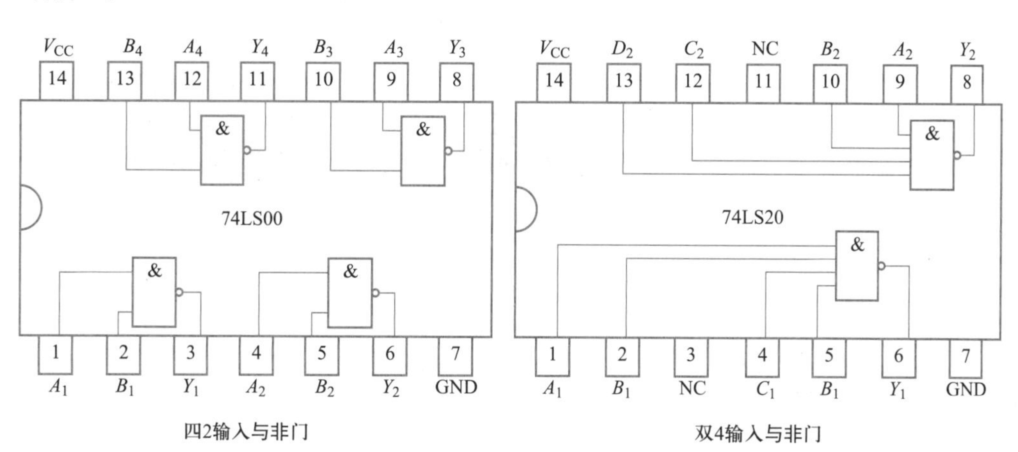

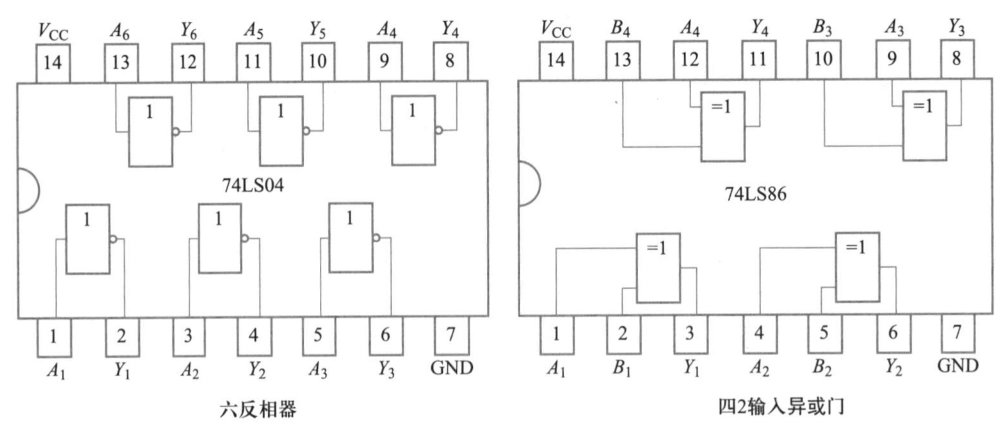

图 6.1.17　部分 74LS 系列集成逻辑门电路的引脚排列

做中学

实验——测试 74LS00 的逻辑功能

（1）74LS00 芯片接通+5 V 电源。第 14 引脚接电源正极，第 7 引脚接电源负极，如图 6.1.18 所示。

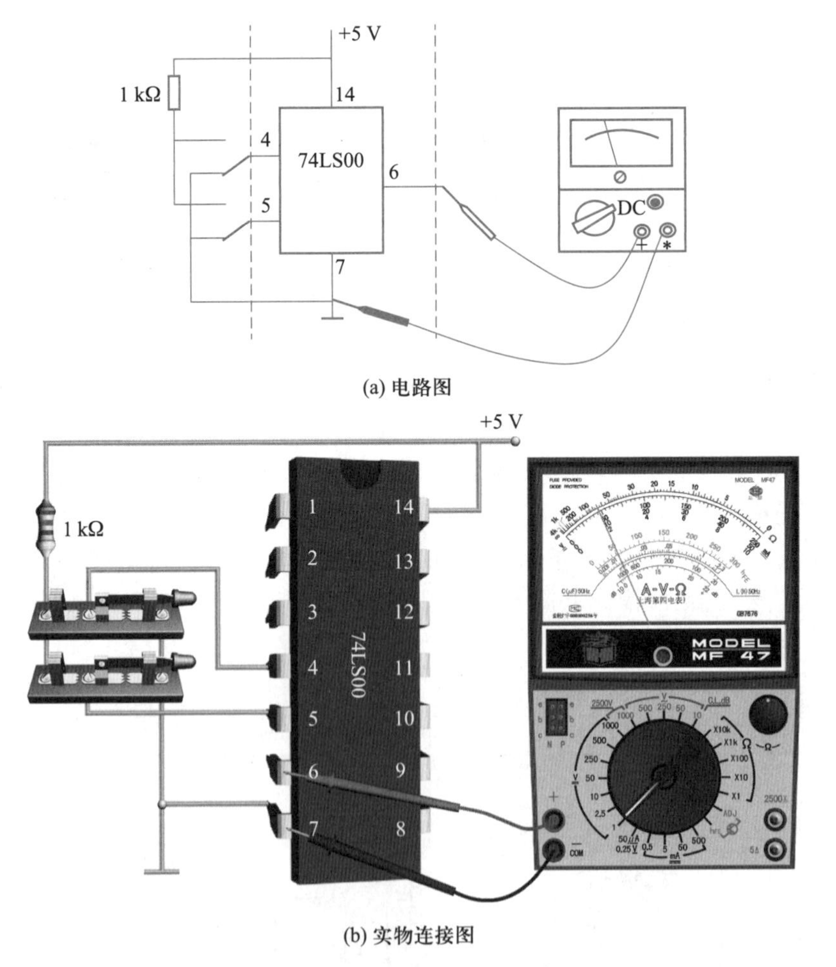

图 6.1.18　74LS00 功能测试

（2）74LS00 芯片的输入端按表 6.1.8 要求输入信号。输入端（即第 1 和 2

引脚、第 4 和 5 引脚、第 9 和 10 引脚、第 12 和 13 引脚)通过 1 kΩ 电阻接正电源 V_{CC}为高电平输入(**1** 状态),输入端用导线接地为低电平输入(**0** 状态)。

(3) 用万用表直流电压挡测量 74LS00 芯片的输出端电压(即第 3、6、8、11 引脚对地的电压),输出高电平为 **1** 状态、输出低电平为 **0** 状态,填入表 6.1.8 中。

表 6.1.8　74LS00 与非门逻辑功能测试

A_1	B_1	Y_1	A_2	B_2	Y_2	A_3	B_3	Y_3	A_4	B_4	Y_4
0	**0**		**0**	**0**		**0**	**0**		**0**	**0**	
0	**1**		**0**	**1**		**0**	**1**		**0**	**1**	
1	**0**		**1**	**0**		**1**	**0**		**1**	**0**	
1	**1**		**1**	**1**		**1**	**1**		**1**	**1**	

岗位知识积累

在 $V_{CC}=5$ V 时,74LS00 **与非**门输入高电平电压 $U_{IH}\geqslant 2$ V、输入低电平电压 $V_{IL}\leqslant 0.8$ V,这两个值的中间值 1.4 V 称为输入的阈值电压 U_{IT},通常大于 1.4 V 的输入为高电平,小于 1.4 V 的输入为低电平。输出高电平电压 $U_{OH}\geqslant 2.7$ V、输出低电平电压 $U_{OL}\leqslant 0.5$ V,一般 74LS××门电路的 $U_{OH}\approx 3.4$ V、$U_{OL}\approx 0.3$ V。

应用拓展

TTL 集成门电路使用技巧

(1) TTL 集成门电路功耗较大,电源电压必须保证在 4.75~5.25 V,建议使用稳压电源供电。

(2) TTL 集成门电路不使用的多余输入端可以悬空,相当于高电平。但在实际使用中,这样处理抗干扰能力差,一般不建议采用。**与**门和**与非**门的多余输入端应接至固定的高电平,**或**门和**或非**门的多余输入端应接地。

(3) TTL 集成门电路的输入端不能直接与高于 5.5 V 或低于-0.5 V 的低内阻电源连接,否则会造成器件损坏。

(4) TTL 集成门电路的输出端不允许与正电源或地短接,必须通过电阻与正电源或地连接。

二、 CMOS 集成门电路

CMOS 集成门电路是由 PMOS 场效晶体管和 NMOS 场效晶体管组成的互补电路。

1. 产品系列和外形封装

CMOS 集成门电路系列较多,现主要有 4000(普通)、74HC(高速)、74HCT(与 TTL 兼容)等产品系列,外形封装与 TTL 集成门电路相同。其中 4000 系列品种多、功能全,现仍被广泛使用。

CMOS 集成门电路的型号由五部分构成,如 CC74HC××RP。第一部分字母 C 表示国标。第二部分字母 C 表示 CMOS 电路。第三部分是器件系列和品种代号,74 表示国际通用 74 系列,54 表示军用系列;HC 表示高速 CMOS 系列;××为品种代号。第四部分字母表示器件工作温度,G 为-25~70 ℃,L 为-25~85 ℃,E 为-40~85 ℃,R 为-55~85 ℃,M 为-55~125 ℃。第五部分字母表示器件封装,P 为塑料封装双列直插式,J 为黑瓷封装双列直插式。

CC74HC××RP 可简写（或简称）为 74HC××或 HC××（4000 系列为40××）。

2. 引脚识读

CMOS 集成门电路通常采用双列直插式外形，引脚编号判断方法与 TTL 相同，如 CC4001 是四 2 输入**或非门**，CC4011 是四 2 输入**与非门**，都采用 14 引脚塑料封装双列直插式，其引脚排列如图 6.1.19 所示，V_{DD}、V_{SS}与 TTL 的 V_{CC}、GND 表示字符不同，以作区别。

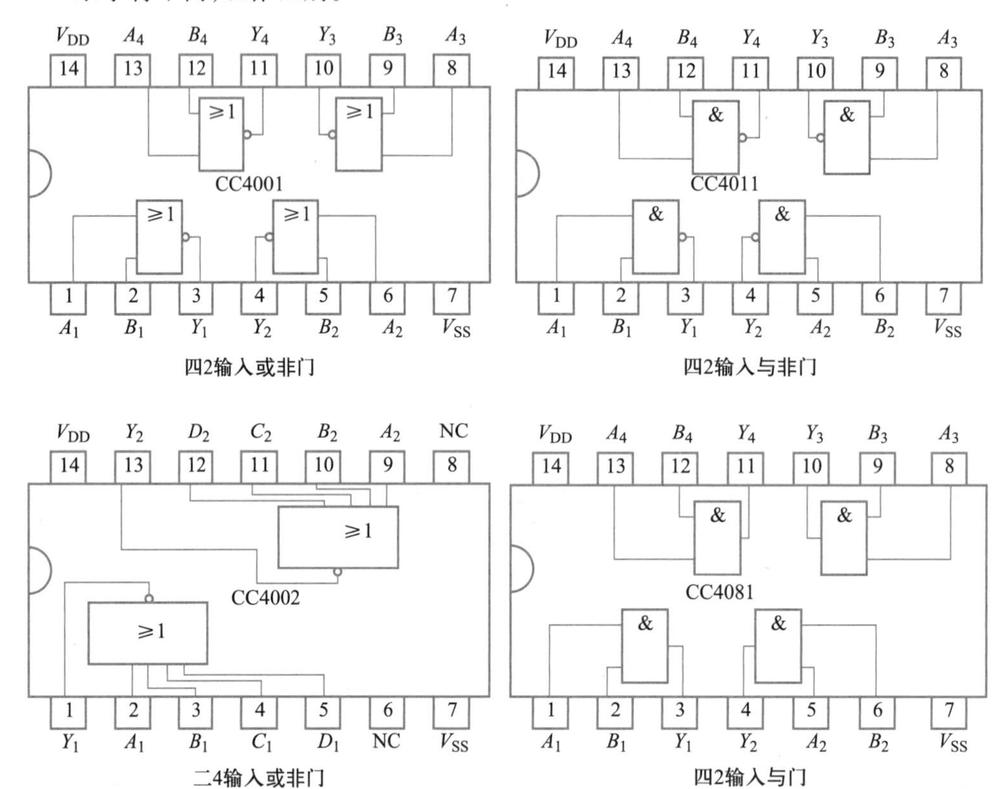

图 6.1.19　部分 CMOS 集成门电路的引脚排列图

做中学

实验——测试 CC4001 芯片的逻辑功能

（1）CC4001 芯片接通+10 V 电源。第 14 引脚接电源正极，第 7 引脚接电源负极，如图 6.1.20 所示。

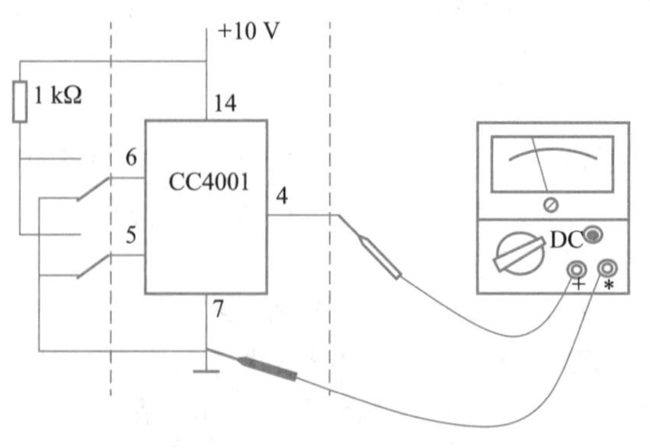

图 6.1.20　CC4001 功能测试

（2）输入端按表 6.1.9 要求输入信号。输入端通过 1 kΩ 电阻接正电源+V_{DD}

为高电平输入(**1** 状态),输入端用导线接地为低电平输入(**0** 状态)。

(3) 用万用表直流电压挡测量 CC4001 芯片的输出端电压,即第 3、4、10、11 引脚对地的电压,输出高电平为 **1** 状态、输出低电平为 **0** 状态,填入表 6.1.9 中。

注意:CC4001 集成门电路多余的输入端不可悬空,应接地。

表 6.1.9　CC4001 或非门逻辑功能测试

A_1	B_1	Y_1	A_2	B_2	Y_2	A_3	B_3	Y_3	A_4	B_4	Y_4
0	**0**		**0**	**0**		**0**	**0**		**0**	**0**	
0	**1**		**0**	**1**		**0**	**1**		**0**	**1**	
1	**0**		**1**	**0**		**1**	**0**		**1**	**0**	
1	**1**		**1**	**1**		**1**	**1**		**1**	**1**	

应用拓展

CMOS 集成门电路使用技巧

(1) CMOS 集成门电路功耗低,4000 系列的产品电源电压在 4.75~18.00 V 范围内均可正常工作,建议使用 10 V 电源供电。

(2) CMOS 集成门电路不使用的多余输入端不能悬空。**与**门和**与非**门的多余输入端应接至固定的高电平,**或**门和**或非**门的多余输入端应接地。

(3) CMOS 集成门电路在存放、组装和调试时,要有一定的防静电措施。

(4) CMOS 集成门电路的输出端不允许与正电源或地短接,必须通过电阻与正电源或地连接。

电路评价

CMOS 和 TTL 门电路的主要差异

CMOS 门电路的工作速度比 TTL 门电路低,带负载的能力比 TTL 门电路强。CMOS 门电路的电源电压允许范围较大,抗干扰能力比 TTL 门电路强。CMOS 门电路的功耗比 TTL 门电路小得多。门电路的功耗只有几微瓦,中规模集成电路的功耗也不会超过 100 μW。CMOS 门电路的集成度比 TTL 门电路高。

三、 集成逻辑门电路的选用

(1) 若要求功耗低、抗干扰能力强,则应选用 CMOS 集成逻辑门电路,其中 4000 系列一般用于工作频率在 1 MHz 以下、驱动能力要求不高的场合;74HC 系列常用于工作频率在 20 MHz 以下、要求较强驱动能力的场合。

(2) 若对功耗和抗干扰能力要求一般,可选用 TTL 集成逻辑门电路。目前多用 74LS 系列,它的功耗较小,工作频率一般可用至 20 MHz;如工作频率较高,可选用 CT74ALS 系列,其工作频率一般可用至 50 MHz。

资料库

集成电路型号的命名方法

国标中集成电路型号命名由五部分组成,各部分的含义见表 6.1.10。

表 6.1.10 集成电路型号命名及含义

<table>
<tr><th colspan="2">第一部分：国家</th><th colspan="2">第二部分：类型</th><th rowspan="2">第三部分：系列和品种代号</th><th colspan="2">第四部分：工作温度范围</th><th colspan="2">第五部分：封装形式</th></tr>
<tr><th>字母</th><th>含义</th><th>字母</th><th>含义</th><th>字母</th><th>含义</th><th>字母</th><th>含义</th></tr>
<tr><td rowspan="16">C</td><td rowspan="16">中国制造</td><td>B</td><td>非线性电路</td><td rowspan="16">用数字或数字与字母混合表示集成电路的系列和品种代号</td><td rowspan="2">C</td><td rowspan="2">0～70 ℃</td><td>B</td><td>塑料扁平</td></tr>
<tr><td>C</td><td>CMOS 电路</td><td>C</td><td>陶瓷芯片载体</td></tr>
<tr><td>D</td><td>音响、电视电路</td><td rowspan="3">G</td><td rowspan="3">-25～70 ℃</td><td>D</td><td>多层陶瓷双列直插</td></tr>
<tr><td>E</td><td>ECL 电路</td><td rowspan="2">E</td><td rowspan="2">塑料芯片载体</td></tr>
<tr><td>F</td><td>线性放大器</td></tr>
<tr><td>H</td><td>HTL 电路</td><td rowspan="3">L</td><td rowspan="3">-25～85 ℃</td><td>F</td><td>多层陶瓷扁平</td></tr>
<tr><td>J</td><td>接口电路</td><td rowspan="2">G</td><td rowspan="2">网络阵列</td></tr>
<tr><td>M</td><td>存储器</td></tr>
<tr><td>W</td><td>稳压器</td><td rowspan="2">E</td><td rowspan="2">-40～85 ℃</td><td>H</td><td>黑瓷扁平</td></tr>
<tr><td>T</td><td>TTL 电路</td><td>J</td><td>黑瓷双列直插</td></tr>
<tr><td>μ</td><td>微型电路</td><td rowspan="3">R</td><td rowspan="3">-55～85 ℃</td><td>K</td><td>金属菱形</td></tr>
<tr><td>AD</td><td>A/D 转换器</td><td rowspan="2">P</td><td rowspan="2">塑料双列直插</td></tr>
<tr><td>D/A</td><td>D/A 转换器</td></tr>
<tr><td>SC</td><td>通信专用电路</td><td rowspan="3">M</td><td rowspan="3">-55～125 ℃</td><td>S</td><td>塑料单列直插</td></tr>
<tr><td>SS</td><td>敏感电路</td><td rowspan="2">T</td><td rowspan="2">金属圆形</td></tr>
<tr><td>SW</td><td>钟表电路</td></tr>
</table>

6.2 数制与编码

6.2.1 数制

数制就是计数的方法。按进位方法的不同，有“逢十进一”的十进制计数，还有“逢二进一”的二进制计数和“逢十六进一”的十六进制计数等。

一、 十进制

十进制有如下特点：

（1）十进制数有 0、1、2、3、4、5、6、7、8、9 共十个符号，这些符号称为数码。

（2）相邻位的关系：高位为低位的十倍，逢十进一，借一当十。

（3）数码的位置不同，所表示的值就不同，数码位置分十分位、个位、十位、百位……

例如：$(246.134)_{10}=2\times10^2+4\times10^1+6\times10^0+1\times10^{-1}+3\times10^{-2}+4\times10^{-3}$

式中，10^2、10^1、10^0、10^{-1}、10^{-2}、10^{-3}是各位数码的“位权”。十进制中，位权是 10 的整数幂。

二、二进制

（1）二进制数仅有 **0** 和 **1** 两个不同的数码。

（2）相邻位的关系为逢二进一，借一当二。

（3）数码的位权是 2 的整数幂。

例如：$(\mathbf{1011})_2=\mathbf{1}\times2^3+\mathbf{0}\times2^2+\mathbf{1}\times2^1+\mathbf{1}\times2^0$

$(\mathbf{10011.01})_2=\mathbf{1}\times2^4+\mathbf{0}\times2^3+\mathbf{0}\times2^2+\mathbf{1}\times2^1+\mathbf{1}\times2^0+\mathbf{0}\times2^{-1}+\mathbf{1}\times2^{-2}$

（4）二进制数的加减运算以下面的例题形式介绍。

【例 6.1】 求 **10101+1101**＝？

解：在加运算时，要注意"逢二进一"的原则，即遇到 2 就向相邻高位进 **1**，本位为 **0**。

$$\begin{array}{r}\mathbf{10101}\\+\ \ \mathbf{1101}\\\hline\mathbf{100010}\end{array}$$

$(\mathbf{10101})_2+(\mathbf{1101})_2=(\mathbf{100010})_2$

【例 6.2】 求 **1101－110**＝？

解：减法运算时，运算法则是"借一当二"，即遇到 **0** 减 **1** 时，本位不够，需向高位借一，在本位作二使用。

$$\begin{array}{r}\mathbf{1101}\\-\ \ \mathbf{110}\\\hline\mathbf{111}\end{array}$$

$(\mathbf{1101})_2-(\mathbf{110})_2=(\mathbf{111})_2$

当位数较多时，二进制数比较难以读取和书写，为了减少位数可将二进制数用十六进制数来表示。

三、十六进制

十六进制数有 0、1、2、3、4、5、6、7、8、9、A、B、C、D、E、F 共 16 个不同数码。符号 A～F 分别代表十进制数的 10～15。各位的位权是 16 的整数幂，其计数规律是逢十六进一，借一当十六。

例如，十六进制数$(3AE)_{16}$可以表示为

$(3AE)_{16}=3\times16^2+A\times16^1+E\times16^0$

表 6.2.1 列出了十六进制数与二进制数和十进制数的对照表。

表 6.2.1 数码对照表

数制	数码表示方法															
十六进制	0	1	2	3	4	5	6	7	8	9	A	B	C	D	E	F
二进制	**0**	**1**	**10**	**11**	**100**	**101**	**110**	**111**	**1000**	**1001**	**1010**	**1011**	**1100**	**1101**	**1110**	**1111**
十进制	0	1	2	3	4	5	6	7	8	9	10	11	12	13	14	15

四、不同数制的转换

（1）非十进制数转换为十进制数

可将非十进制数按位权展开，得出其相加结果，就是对应的十进制数。

【例 6.3】 $(\mathbf{11010})_2=\mathbf{1}\times2^4+\mathbf{1}\times2^3+\mathbf{0}\times2^2+\mathbf{1}\times2^1+\mathbf{0}\times2^0$

$=2^4+2^3+0+2^1+0$

$=(26)_{10}$

【例 6.4】 $(174)_{16}=1\times16^2+7\times16^1+4\times16^0$

$=256+112+4$

$=(372)_{10}$

(2) 十进制整数转换为二进制数

可将十进制整数逐次用 2 除取余数,一直到商为零。然后把全部余数按相反的次序排列起来,就是等值的二进制数。

【例 6.5】 将十进制数 19 转化为二进制数。

解:

```
2 |19 ……………… 余1   ↑
2 |9 ……………… 余1    |
2 |4 ……………… 余0    | 读数方向
2 |2 ……………… 余0    |
2 |1 ……………… 余1    |
   0
```

所以 $(19)_{10}=(\mathbf{10011})_2$

(3) 二进制整数转换为十六进制数

可将二进制整数自右向左每 4 位分为一组,最后不足 4 位的,高位用零补足,再把每 4 位二进制数对应的十六进制数写出即可。

【例 6.6】 将二进制数 **11010110101** 转换为十六进制数。

解:二进制数 **0110** **1011** **0101**

十六进制数 6 B 5

所以 $(\mathbf{11010110101})_2=(6B5)_{16}$

(4) 十六进制数转换为二进制数

将每个十六进制数用 4 位二进制数表示,然后按十六进制数的排序将这些 4 位二进制数排列好,就可得到相应的二进制数。

【例 6.7】 将十六进制数 4E6 转化为二进制数。

解:十六进制数 4 E 6

二进制数 **0100** **1110** **0110**

所以 $(4E6)_{16}=(\mathbf{10011100110})_2$

6.2.2 编码

数码不仅可以表示数值的大小,而且还能用来表示各类特定的对象。例如一栋教学楼的每一间教室都有自己的一个号码 101、102…… 显然,这些号码只是用来区别不同的教室,已失去数值大小的含义。

这种用数码来表示特定对象的过程称为编码,用于编码的数码称为代码。编码的方法有很多种,各种编码的制式称为码制。

一、 二进制代码

数字电路处理的信息,一类是数值,另一类则是文字和符号,这些信息往往采用多位二进制数码来表示。通常把这种表示特定对象的多位二进制数称为二进制代码。

二进制代码与所表示的信息之间应具有一一对应的关系,用 n 位二进制数可以组合成 2^n 个代码,若需要编码的信息有 N 项,则应满足 $2^n\geq N$。

二、 BCD 码

在数字电路中,各种数据要转换为二进制代码才能进行处理,但人们已习惯于使用十进制数，所以在数字电路的输入、输出中仍采用十进制数，电路处理时则采用二进制数。这样就产生了用4位二进制数分别表示0~9这10个十进制数码的编码方法，这种用于表示1位十进制数的4位二进制代码称为二-十进制代码，简称BCD码。

由于4位二进制数可以组成$2^4=16$个代码，而十进制数码只需要其中的10个代码，因此，在16种组合中选取10种组合方式，便可得到多种二-十进制编码的方案。表6.2.2是三种常见的BCD码。

表6.2.2　三种常见的BCD码

十进制数	8421码	5421码	余3码
0	**0000**	**0000**	**0011**
1	**0001**	**0001**	**0100**
2	**0010**	**0010**	**0101**
3	**0011**	**0011**	**0110**
4	**0100**	**0100**	**0111**
5	**0101**	**1000**	**1000**
6	**0110**	**1001**	**1001**
7	**0111**	**1010**	**1010**
8	**1000**	**1011**	**1011**
9	**1001**	**1100**	**1100**

8421码是使用最多的一种编码，在用4位二进制数来表示1位十进制数时，每1位二进制数的位权依次为2^3、2^2、2^1、2^0，即8421，所以称为8421码。从表6.2.2中可以发现，8421码选取**0000**~**1001**前十种组合来表示十进制数，而后六种组合舍去不用。

【例6.8】　将十进制数10用8421码表示。

解：十进制数　1　0

8421码　**0001**　**0000**

则$(10)_{10}=(\mathbf{00010000})_{8421}$

【例6.9】　将十进制数396用8421码表示。

解：十进制数　3　9　6

8421码　**0011**　**1001**　**0110**

则$(396)_{10}=(\mathbf{001110010110})_{8421}$

资料库

美国信息交换标准代码（ASCII码）

计算机不仅用于处理数字，而且用于处理字母、符号等文字信息。人们通过键盘上的字母、符号和数值向计算机发送数据和指令，每一个键符可用一个二进制码来表示，ASCII码是目前国际上最通用的一种键符码。它用7位二进制码来表示128个十进制数、英文大小写字母、控制符、运算符以及特殊符号，见表6.2.3。

表 6.2.3　ASCII 码字符表

$b_3b_2b_1b_0$	$b_7b_6b_5$							
	000	**001**	**010**	**011**	**100**	**101**	**110**	**111**
0000	NUL	DLE	SP	0	@	P	′	p
0001	SOH	DC1	!	1	A	Q	a	q
0010	STX	DC2	"	2	B	R	b	r
0011	ETX	DC3	#	3	C	S	c	s
0100	EOT	DC4	$	4	D	T	d	t
0101	ENQ	NAK	%	5	E	U	e	u
0110	ACK	SYN	&	6	F	V	f	v
0111	BEL	ETB	′	7	G	W	g	w
1000	BS	CAN	(	8	H	X	h	x
1001	HT	EM	)	9	I	Y	i	y
1010	LF	SUB	*	:	J	Z	j	z
1011	VT	ESC	+	;	K	[	k	{
1100	FF	FS	,	<	L	\	l	|
1101	CR	GS	-	=	M	]	m	}
1110	SO	RS	.	>	N	^	n	~
1111	SI	US	/	?	O	_	o	DEL

应用拓展

二　维　码

在我们的日常生活中，可以看到很多二维码。二维码是近几年来在移动设备上较为流行的一种编码方式，它比传统的条形码能存更多的信息，也能表示更多的数据类型。二维码从字面上看就是用两个维度（水平方向和垂直方向）来进行数据编码，目前最常见的是矩阵式二维码，它在一个矩阵空间中通过黑色和白色的方块表示信息，黑色的方块表示 **1**，白色的方块表示 **0**，相应的组合表示了一系列的信息。最常见的二维码是 QR 二维码，一个 QR 二维码可以分为两个部分：功能图形和编码区域，如图 6.2.1 所示。

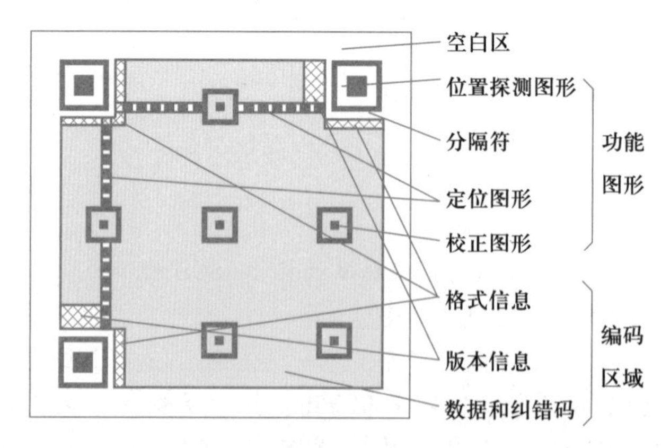

图 6.2.1　QR 二维码的组成

我们在使用二维码的时候只需要用手机等移动设备扫一扫即可，但二维码的编码和解码却包含了很多步骤和知识。虽然二维码本身承担的只是一些文本数据，但仍会导致一些安全问题，如：

1. 攻击者将一些恶意网站或者一些恶意代码制作成二维码，用户扫描后，会自动下载一些恶意软件，或跳转到一些虚假网站给使用者造成危害。

2. 二维码内如果包含一些可执行的脚本，便可能导致攻击。

3. 如果将一些敏感信息不加密而直接储存在二维码中，便会存在信息泄露的可能。

*6.3 逻辑函数化简

在数字电路中，电路的状态用**1**和**0**表示，所以输出与输入之间的关系可以用二进制代数为数学工具。二进制代数就是逻辑代数（又称布尔代数），它有一些基本的运算定律，应用这些定律可把一些复杂的逻辑函数式经恒等变换，化为较简单的函数表达式，从而用比较少的电路元器件实现相同的逻辑功能，这不仅可以降低电路成本，还可以提高电路工作的可靠性。

6.3.1 逻辑代数的运算法则

一、基本公式

表 6.3.1 列出了逻辑代数的基本公式。

表中定律的证明，最直接的办法就是通过真值表证明。若等式两边逻辑函数的真值表相同，则等式成立。

可以用表 6.3.2 所示的真值表验证摩根定律（$\overline{A \cdot B}=\overline{A}+\overline{B}$）。

表 6.3.1 逻辑代数的基本公式

说明	公式名称	与运算公式	或运算公式
变量与常量的关系	01 律	$A \cdot 1=A$	$A+1=1$
		$A \cdot 0=0$	$A+0=A$
和普通代数相似的定律	交换律	$A \cdot B=B \cdot A$	$A+B=B+A$
	结合律	$A \cdot (B \cdot C)=(A \cdot B) \cdot C$	$A+(B+C)=(A+B)+C$
	分配律	$A \cdot (B+C)=A \cdot B+A \cdot C$	$A+(B \cdot C)=(A+B)(A+C)$
逻辑代数特有的定律	互补律	$A \cdot \overline{A}=0$	$A+\overline{A}=1$
	同一律	$A \cdot A=A$	$A+A=A$
	摩根定律	$\overline{A \cdot B}=\overline{A}+\overline{B}$	$\overline{A+B}=\overline{A} \cdot \overline{B}$
	还原律	$\overline{\overline{A}}=A$	

表 6.3.2 真值表验证摩根定律

输入		输出	
A	B	$\overline{A \cdot B}$	$\overline{A}+\overline{B}$
0	0	1	1

续表

输入		输出	
A	B	$\overline{A\cdot B}$	$\overline{A}+\overline{B}$
0	1	1	1
1	0	1	1
1	1	0	0

结论：$\overline{A\cdot B}=\overline{A}+\overline{B}$ 成立。

二、常用公式

利用前面介绍的基本公式，可以推导出一些常用公式。表 6.3.3 列出了一些逻辑代数中常用的公式及推导证明过程。

表 6.3.3　逻辑代数中常用的公式及推导证明过程

说明	公式	证明
消去互为反变量的因子	$AB+A\overline{B}=A$	$AB+A\overline{B}=A(B+\overline{B})=A$
消去多余项	$A+AB=A$	$A+AB=A(1+B)=A$
消去含有另一项的反变量的因子	$A+\overline{A}B=A+B$	$A+B=(A+B)(A+\overline{A})=A+\overline{A}B$
消去冗余项	$AB+\overline{A}C+BC=AB+\overline{A}C$	$AB+\overline{A}C+BC=AB+\overline{A}C+BC(A+\overline{A})$ $=AB+\overline{A}C+ABC+\overline{A}BC$ $=AB+\overline{A}C$

6.3.2 逻辑函数的公式化简

从实际逻辑问题概括出来的逻辑函数表达式往往不是最简的，因此，一般对逻辑函数表达式都要进行化简。

一、提公因子后用 $A+\overline{A}=1$ 或 $1+A=1$ 化简

【例 6.10】　化简逻辑函数

$$Y=ABC+A\overline{BC}$$

解：$Y=ABC+A\overline{BC}=A(BC+\overline{BC})=A$

【例 6.11】　化简逻辑函数

$$Y=\overline{A}B+\overline{A}B\overline{C}$$

解：$Y=\overline{A}B+\overline{A}B\overline{C}=\overline{A}B(1+\overline{C})=\overline{A}B$

【例 6.12】　化简逻辑函数

$$Y=\overline{A}B+A\overline{B}+AB$$

解：$Y=\overline{A}B+A\overline{B}+AB=B(\overline{A}+A)+A(\overline{B}+B)=A+B$

注：式中 AB 一项可被多次利用，因 $AB+AB=AB$。

二、利用公式 $A+\overline{A}B=A+B$ 化简

【例 6.13】　化简逻辑函数

$$Y=\overline{A}B+\overline{A}\,\overline{B}C$$

解：$Y=\overline{A}B+\overline{A}\,\overline{B}C=\overline{A}(B+\overline{B}C)=\overline{A}(B+C)=\overline{A}B+\overline{A}C$

三、利用摩根定律化简

【例 6.14】　化简逻辑函数

$$Y=B+\overline{\overline{B}+\overline{CD}}$$

解:$Y=B+\overline{\overline{B}+\overline{CD}}=B+\overline{\overline{B}}\cdot\overline{\overline{CD}}=B+BCD=B(1+CD)=B$

在实际中,用公式法化简逻辑函数表达式时往往需要灵活、交替地综合运用上述方法,才能得到最简表达式。

应用拓展

逻辑函数表达式的最简标准

对于任一逻辑函数,其表达式有多种形式,如**与或**式、**或与**式、**与非-与非**式等,其中最常用的为**与或**式。每一种表达形式的最简标准都不同,**与或**式的最简标准为:① 表达式中所含的**或**项数最少;② 每个**或**项所含的变量数最少。

但在具体实现电路时,往往可以根据手头现有的元器件写出相应的逻辑表达式。如**与非**门比较常用,则在化简过程中就需要将最简**与或**式转换成相应的**与非-与非**式。

【例 6.15】 逻辑函数 $Y=AB+\overline{B}C$ 是**与或**表达式,采用**与**门、**或**门和**非**门实现的逻辑电路如图 6.3.1(a)所示,若现只有 74LS00 四 2 输入**与非**门芯片一块,试用 74LS00 芯片实现该逻辑函数的功能,并画出 74LS00 引脚连接图。

解:将已知的最简**与或**式 $Y=AB+\overline{B}C$ 转换为**与非-与非**式,再画出相应的逻辑图,即

$$Y=AB+\overline{B}C=\overline{\overline{AB+\overline{B}C}}=\overline{\overline{AB}\cdot\overline{\overline{B}C}}$$

其逻辑电路如图 6.3.1(b)所示,引脚连接图如图 6.3.1(c)所示。

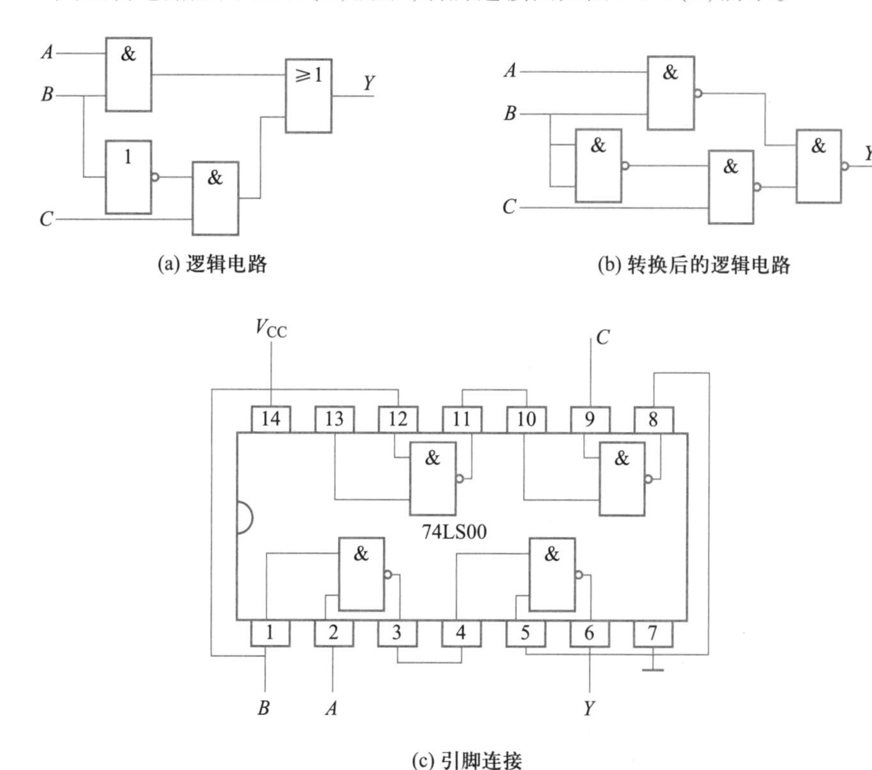

(a) 逻辑电路

(b) 转换后的逻辑电路

(c) 引脚连接

图 6.3.1 例 6.15 图

复习与考工模拟

一、判断题

1. 在数字电路中，高电平和低电平指的是一定的电压范围，并不是一个固定不变的数值。（　　）

2. 由三个开关并联起来控制一只电灯时，电灯的亮与不亮同三个开关的闭合或断开之间的对应关系属于**与**逻辑关系。（　　）

3. 逻辑代数中的 **0** 和 **1** 代表两种不同的逻辑状态，并不表示数值的大小。（　　）

4. 负逻辑规定：逻辑 **1** 代表低电平，逻辑 **0** 代表高电平。（　　）

5. **与**运算中，输入信号与输出信号的关系是"有 **1** 出 **1**，全 **0** 出 **0**"。（　　）

6. 逻辑代数式 $A+\mathbf{1}=A$ 成立。（　　）

7. 逻辑是指事物的"因""果"规律。逻辑电路所反映的是输入状态（因）和输出状态（果）逻辑关系的电路。（　　）

二、选择题

1. 凡在数值上或时间上不连续变化的信号，例如只有高、低电平的矩形波信号，称为（　　）。

A. 模拟信号　　B. 数字信号　　C. 直流信号

2. 在逻辑运算中，只有两种逻辑取值，它们是（　　）。

A. 0 V 和 5 V　　B. 正电位和负电位　　C. **0** 和 **1**

3. 8 位二进制数能表示十进制数的最大值是（　　）。

A. 255　　B. 248　　C. 192

4. 8421 码 **0110** 表示的十进制数为（　　）。

A. 8　　B. 6　　C. 42

5. 逻辑函数式 $F=ABC+\overline{A}+\overline{B}+\overline{C}$ 的逻辑值为（　　）。

A. ABC　　B. **0**　　C. **1**

6. 题图 6-1 所示为某逻辑门电路的输入 A、B 和输出 Y 的波形图，该逻辑门的逻辑功能是（　　）。

A. **与非**　　B. **或非**　　C. **与**

7. 题图 6-2 所示逻辑图，其逻辑函数表达式正确的是（　　）。

A. $Y=\mathbf{1}$　　B. $Y=A$　　C. $Y=\overline{A}$

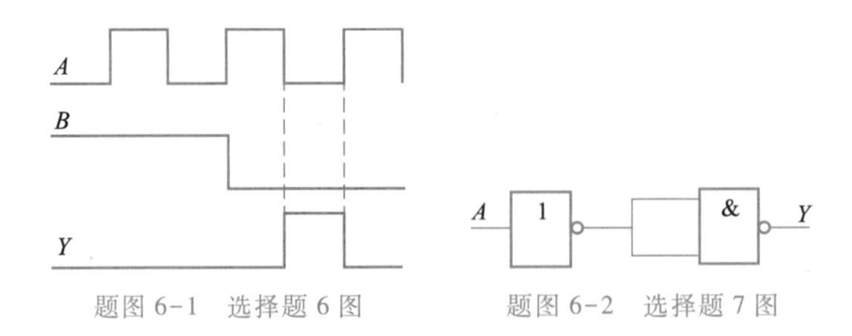

题图 6-1　选择题 6 图　　题图 6-2　选择题 7 图

三、填空题

1. 逻辑代数的三种基本运算是__________、__________和__________。

2. 数字集成电路按组成的元器件不同，可分为__________和__________两大类。

3. 门电路中,最基本的逻辑门是__________、__________和__________。

4. 二进制数 **1101** 转化为十进制数为__________,将十进制数 28 用 8421BCD码表示,应写为__________,十六进制数 3AD 转化为十进制数为__________。

5. 写出题图 6-3 中各逻辑电路的输出状态。

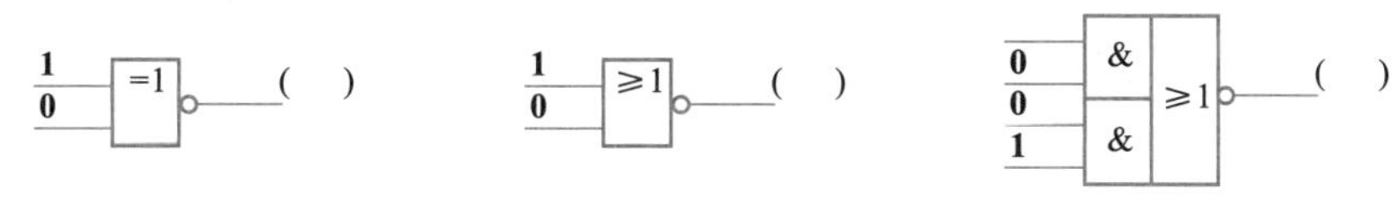

题图 6-3 填空题 5 图

四、综合题

1. 若 A、B、C 为输入端,Y 为输出端,请分别列出**或**门、**与非**门真值表。

2. 根据输入信号的波形,画出题图 6-4 中各门电路所对应的输出波形。

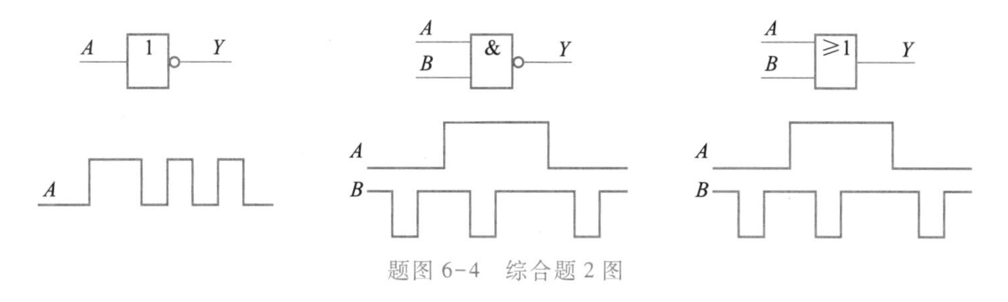

题图 6-4 综合题 2 图

3. 化简函数 $Y=A\overline{B}+B+BCD$,并用**与非**门逻辑图实现。

4. 分析题图 6-5 所示电路,写出电路的逻辑函数表达式。

5. 采用**与非**门集成电路 74LS00 实现 $Y=\overline{AB}\cdot\overline{CD}$,如题图 6-6 所示。使用 5 V的稳压电源,试画出集成电路的接线图。

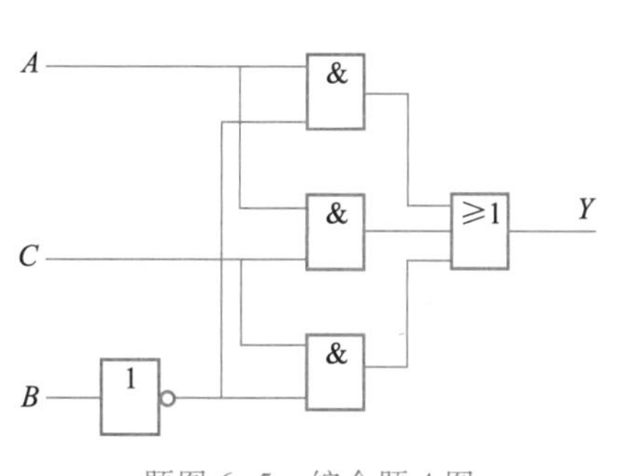

题图 6-5 综合题 4 图

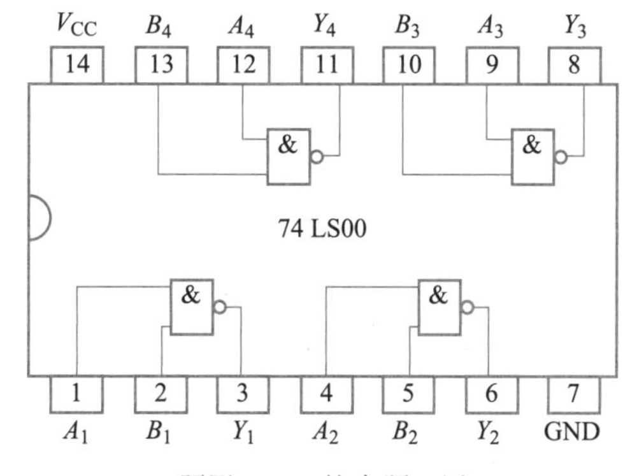

题图 6-6 综合题 5 图

应知应会要点归纳

1. 数字电子技术是有关数字信号的产生、整形、编码、存储、计数和传输的科学技术。数字电路只需要在两种不同的状态下工作,即低电平和高电平两种工作状态。

2. 基本逻辑门电路有:**与**门、**或**门和**非**门三种,由基本逻辑门组成的复合逻辑门有:**与非**门、**或非**门、**与或非**门和**异或**门等,它们是构成各种数字电路的基本单元。

3. 目前广泛应用的是数字集成器件,主要有 TTL 和 CMOS 两大系列,应用时要注意它们的引脚排列和基本功能。

4. 数的进制有十进制、二进制和十六进制等,在数字电路中主要用二进制数。逻辑代数是分析数字电路的一种数学工具。

5. 逻辑函数的常用表达方法有逻辑函数表达式、真值表、逻辑电路图和波形图等。化简逻辑函数有利于电路的简化,可以减少元器件的使用,提高工作可靠性。

组合逻辑电路

1 2 3 *4 *5 6 7 8 9 *10

课程引入

我们在电视上会看到很多选秀节目或竞赛节目，这些节目中都会用到表决器。每位评委各控制一个表决器的按键，以少数服从多数的原则表决某选手的表现是否成功。图 7.0.1 所示是教学中用到的三人表决器电路示教板，该电路是由我们熟悉的与门、或门、非门等逻辑门电路组合而成（称组合逻辑电路），从而实现少数服从多数的逻辑功能。

组合逻辑电路的特点是：结构上,在输入和输出之间只有信号正向传输的通路，没有从输出到输入的反馈回路；在功能上,任意时刻组合逻辑电路的输出状态仅取决于该时刻的输入信号，与电路原来的状态无关。

常用的组合逻辑电路有编码器、译码器、数据选择器和数据分配器等。图 7.0.2 所示是一个门禁系统的按键呼叫器，它是编码器电路的一种典型应用。下面我们一起来学习组合逻辑电路的基本知识，以及编码器、译码器等常见组合逻辑电路的原理和使用方法。

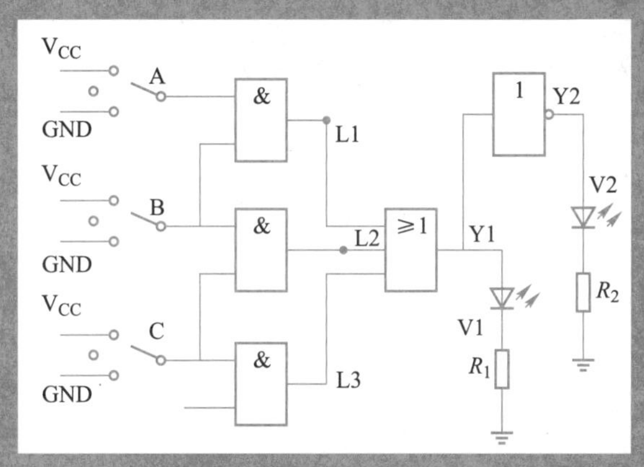

图 7.0.1　三人表决器电路示教板

图 7.0.2　门禁系统的按键呼叫器

职业岗位群应知应会目标

— 会分析简单逻辑电路的逻辑功能。
— 会设计和安装简单的逻辑电路，实现逻辑功能。
— 了解二进制编码器、二-十进制编码器的基本功能。
— 了解优先编码器的工作特点，会使用典型集成编码器。
— 了解二进制译码器、二-十进制译码器的基本功能，会使用典型集成译码器。
— 了解半导体数码管的基本结构，会使用典型译码显示器。

7.1 组合逻辑电路的基本知识

7.1.1 组合逻辑电路的分析方法

组合逻辑电路的分析，是指基于逻辑电路图，分析、明确该电路的基本功能的过程。理论上讲，逻辑电路图本身就是逻辑功能的一种表达方式，但在许多情况下，用逻辑电路图表达的逻辑功能不够直观、形象，往往需要将其转化成逻辑表达式或真值表（或逻辑功能表）的形式，以使逻辑功能更加直观、确定。组合逻辑电路的分析一般可按图 7.1.1 所示步骤进行。

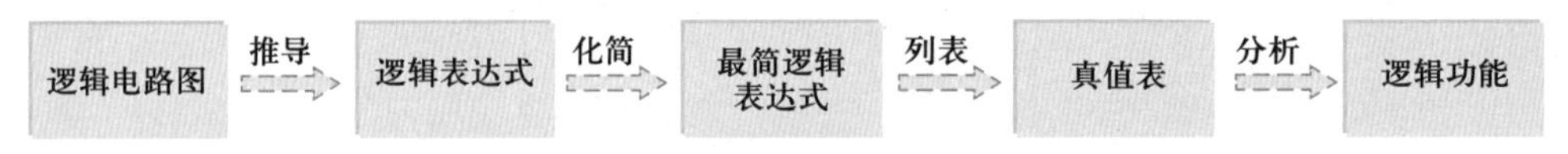

图 7.1.1 组合逻辑电路的分析步骤

（1）根据逻辑电路图，由输入到输出逐级写出输出逻辑表达式。

（2）化简逻辑表达式，得到最简逻辑表达式。

（3）根据最简逻辑表达式列出真值表。

（4）根据所列真值表，分析、确定逻辑电路的基本逻辑功能。

【例 7.1】 分析图 7.1.2 所示三人表决器逻辑电路的逻辑功能。

仿真实训
三人表决器

解：（1）根据逻辑电路逐级写出逻辑表达式。

$$Y_1=\overline{AB}, Y_2=\overline{BC}, Y_3=\overline{AC}$$

$$Y=\overline{Y_1 \cdot Y_2 \cdot Y_3}=\overline{\overline{AB} \cdot \overline{BC} \cdot \overline{AC}}$$

（2）化简逻辑表达式。

$$Y=\overline{\overline{AB} \cdot \overline{BC} \cdot \overline{AC}}=AB+BC+AC$$

（3）根据化简后的逻辑表达式列出真值表，见表 7.1.1。

（4）由表 7.1.1 所示真值表可知，3 个输入中至少有两个或两个以上的输入为 **1** 时，输出才为 **1**，否则输出为 **0**。此电路为一少数服从多数的三人表决器。

表 7.1.1 真 值 表

输入			输出
A	B	C	Y
0	0	0	0
0	0	1	0
0	1	0	0
0	1	1	1
1	0	0	0
1	0	1	1
1	1	0	1
1	1	1	1

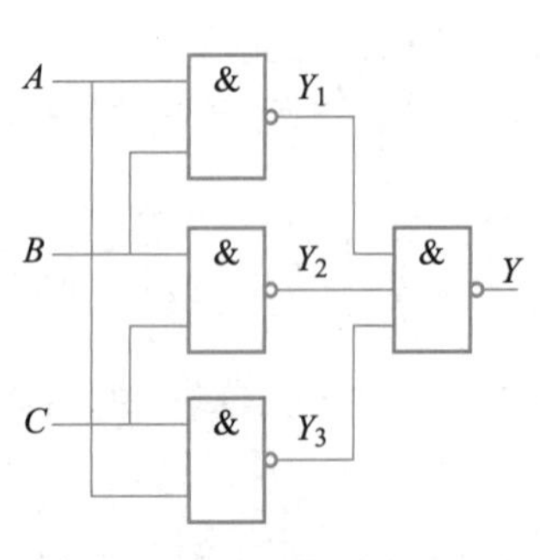

图 7.1.2 三人表决器逻辑电路

7.1.2 组合逻辑电路的设计

与组合逻辑电路的分析相反，组合逻辑电路的设计是根据给定的逻辑功能要求，设计出实现该功能的逻辑电路。组合逻辑电路的设计可按图 7.1.3 所示步骤进行。

图 7.1.3　组合逻辑电路的设计步骤

(1) 逻辑状态赋值：用逻辑电路实现某一事件的逻辑功能时，需要分析该事件的因果关系，将“因”作为逻辑电路的输入，“果”作为逻辑电路的输出，并用 **0**、**1** 分别代表输入和输出的两种不同的状态，称为逻辑状态赋值。

(2) 根据事件的因果关系，列出输入和输出对应的真值表。

(3) 按真值表写出逻辑表达式。

(4) 将逻辑表达式化简或变换。

(5) 根据化简或变换后的逻辑表达式，画出逻辑电路图。

【例 7.2】 某写字楼控制室有 3 个报警灯：L_0（火警）、L_1（盗警）和 L_2（一般业务），有多个警报同时出现时，按事态轻重缓急的要求，在同一时间只能有一个信号通过。首先接通的是火警信号，其次为盗警信号，最后是日常一般业务信号。试按照上述要求设计一个信号控制电路。要求用集成门电路 74LS00（每片含 4 个 2 输入端**与非**门）实现。

解：(1) 逻辑状态赋值

按电路设计要求，该电路有 3 个输出：L_0、L_1 和 L_2，对应应该有 3 个输入，分别用 I_0、I_1、I_2 表示。对于输入，设有信号为逻辑 **1**，无信号为逻辑 **0**。对于输出，设灯亮为逻辑 **1**，灯不亮为逻辑 **0**。

(2) 列真值表

根据所设计电路的功能要求给定的逻辑，列出该电路的真值表，见表 7.1.2。表中“×”表示取任意值，即该项输入对输出不产生影响。

表 7.1.2　真　值　表

输入			输出		
I_0	I_1	I_2	L_0	L_1	L_2
0	**0**	**0**	**0**	**0**	**0**
1	×	×	**1**	**0**	**0**
0	**1**	×	**0**	**1**	**0**
0	**0**	**1**	**0**	**0**	**1**

(3) 由真值表写出各输出的逻辑表达式

$$L_0 = I_0,\quad L_1 = \overline{I_0} I_1,\quad L_2 = \overline{I_0}\,\overline{I_1} I_2$$

(4) 上述三个表达式已为最简，需要用**非**门和**与**门实现，不符合设计要求，需将上式转换为**与非**表达式

$$L_0=I_0,\quad L_1=\overline{\overline{I_0 I_1}},\quad L_2=\overline{\overline{\overline{I_0}\,\overline{I_1}I_2}}=\overline{\overline{\overline{I_0}\,\overline{I_1}}\cdot I_2}$$

（5）画出逻辑电路图（如图 7.1.4 所示），可用两片集成**与非**门电路 74LS00 来实现。

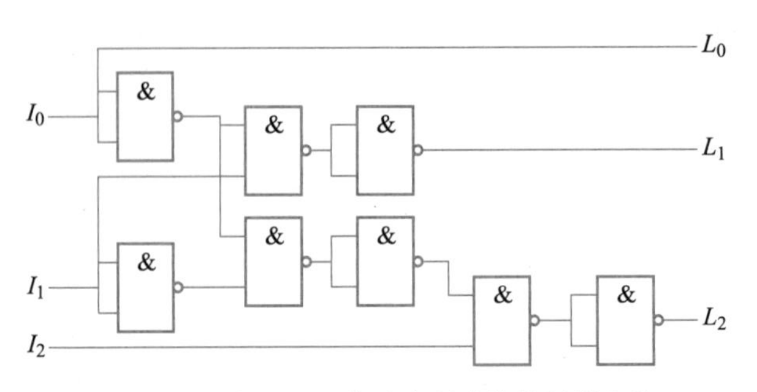

图 7.1.4　用 74LS00 芯片实现功能的逻辑电路

岗位知识积累

在实际设计逻辑电路时，有时并不是逻辑表达式最简单就能满足设计要求，还应考虑所使用集成器件的种类，将逻辑表达式转换为能用所要求的集成器件实现的形式，并尽量使所用的集成器件数量和种类最少。所以，有时将逻辑表达式化简后，还需要根据实际情况将最简逻辑表达式转换为最合理的逻辑表达式。

技能实训　制作三人表决器

工作任务书

三人各控制 SA、SB、SC 三个按键中的一个，以少数服从多数的原则投票表决某事件。按下按键表示同意，否则为不同意。若表决通过，发光二极管 VL 点亮，否则 VL 不亮。请用 74LS02 芯片设计组合逻辑电路。将图 7.1.5 补充完整，并完成电路制作。

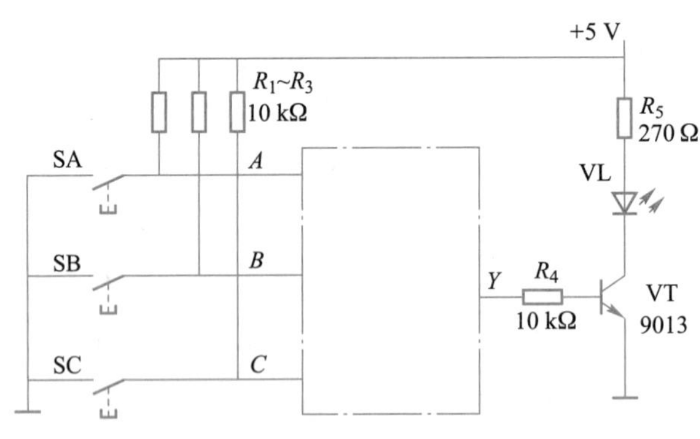

图 7.1.5　三人表决器

一、任务目标

1. 能根据要求设计组合逻辑电路，完成三人表决器原理电路的设计。
2. 会根据原理电路选择所需元器件，并作简易检测。
3. 会根据原理图绘制电路安装连接图。
4. 能按工艺要求正确安装电路，并作简单调试。

二、实施步骤

设计组合逻辑电路→绘制布线图→清点元器件→元器件检测→插装和焊接→通电前检查→通电调试→数据记录。

三、调试与记录

确认电源电压和元器件安装正确无误后，给电路接通电源。

1. 检查电路功能是否实现。

2. 用万用表测试各种功能状态下三极管基极的电位，并自拟表格记录。

相关技能

▶ 相关技能一　组合逻辑电路设计

（1）根据任务描述所述，三个按键对应 A、B、C 三个输入，因按键按下接通公共端，故输入为低电平有效；Y 输出高电平时，三极管 VT 导通，点亮 VL，表示表决通过，故输出为高电平有效。

（2）根据少数服从多数原则，列出实现逻辑功能的真值表见表 7.1.3。

表 7.1.3　真　值　表

输入			输出
A	B	C	Y
0	**0**	**0**	**1**
0	**0**	**1**	**1**
0	**1**	**0**	**1**
0	**1**	**1**	**0**
1	**0**	**0**	**1**
1	**0**	**1**	**0**
1	**1**	**0**	**0**
1	**1**	**1**	**0**

（3）根据真值表可写出逻辑表达式

$$Y=\overline{A}\cdot\overline{B}+\overline{B}\cdot\overline{C}+\overline{A}\cdot\overline{C}$$

岗位知识积累

由真值表写出逻辑表达式的步骤如下：

① 从真值表找出 $Y=\mathbf{1}$ 的各项输入变量组合；② 在一种组合中，输入量之间是**与**逻辑，若输入量是 **1**，取其原变量；若输入量是 **0**，则取其反变量；③ 各 $Y=\mathbf{1}$ 的组合之间是**或**逻辑。

（4）上式是一个最简逻辑表达式，无须再化简，但根据任务要求，电路设计需用 74LS02 芯片实现逻辑功能，查阅资料可知，74LS02 芯片是集成四 2 输入**或非**门逻辑电路，故需将上式转换为**或非**表达式。

$$Y=\overline{A}\cdot\overline{B}+\overline{B}\cdot\overline{C}+\overline{A}\cdot\overline{C}$$

$$=\overline{\overline{\overline{\overline{A+B}+\overline{B+C}}}+\overline{A+C}}$$

（5）根据**或非**表达式可画出逻辑电路，如图 7.1.6 所示。

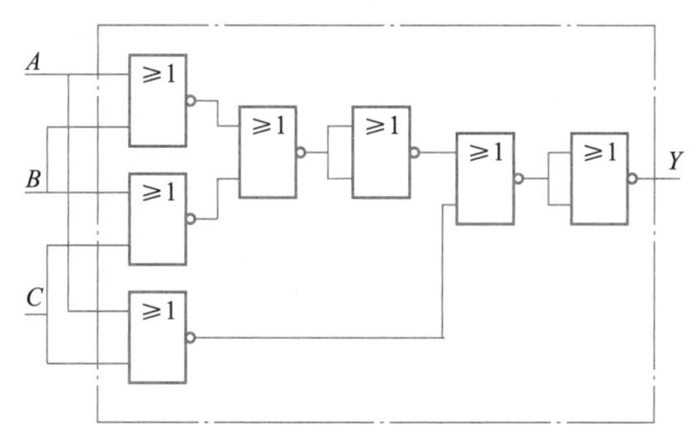

图 7.1.6　三人表决器逻辑电路

图 7.1.7 所示为完整的三人表决器原理电路图。点画线框中是由 74LS02 芯片构成的组合逻辑电路，可实现少数服从多数的逻辑功能，其中有 7 个**或非**门，故需两片 74LS02 芯片。组合逻辑电路的工作原理是：当有两人或两人以上按下按键时，组合逻辑电路的输出 Y 为高电平，使三极管 VT 饱和导通，驱动发光二极管 VL 发光，指示表决通过；只有一人或无人按下按键时，Y 输出低电平，VT 截止，VL 不发光。

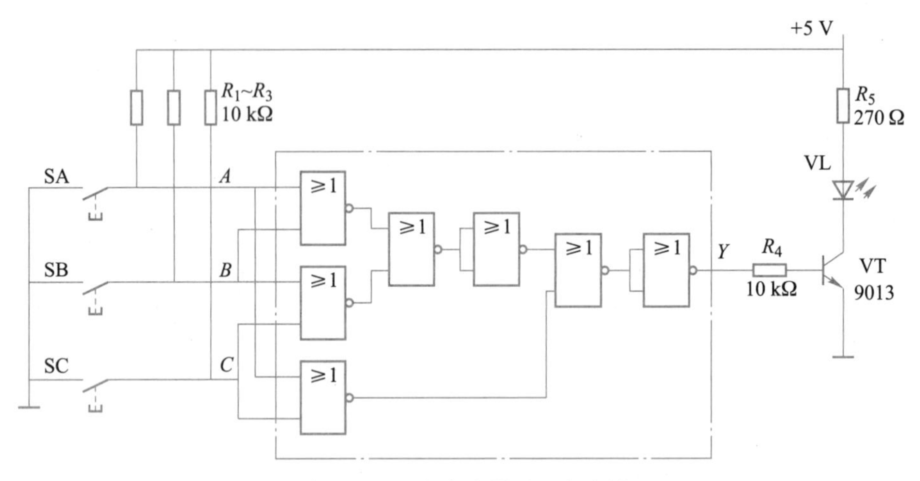

图 7.1.7　三人表决器原理电路图

▶ 相关技能二　元器件的选择与简单检测

图 7.1.7 所示的由 74LS02 芯片构成的三人表决器所需的元器件见表 7.1.4，选择需要的元器件，并作简单检测，确保无不良元器件。

表 7.1.4　三人表决器元器件

符号	名称	型号规格
$R_1 \sim R_4$	金属膜电阻	10 kΩ
R_5		270 Ω
VL	发光二极管	$\phi 5$
VT	三极管	9013
IC1、IC2	四 2 输入**或非**门	74LS02
	集成块底座	DIP14
SA、SB、SC	不带自锁按钮	—

集成门电路 74LS02 是 14 引脚双列直插式封装，其引脚排列如图 7.1.8 所示。

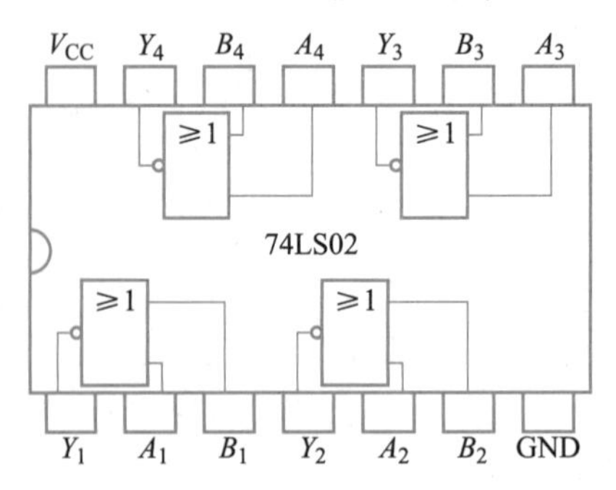

图 7.1.8　74LS02 引脚排列

▶ **相关技能三　设计、绘制安装布线图**

根据设计完成的三人表决器电路原理图，并参考元器件实物外形，在通用印制电路板图上绘制安装布线图。参考安装布线图如图 7.1.9 所示。

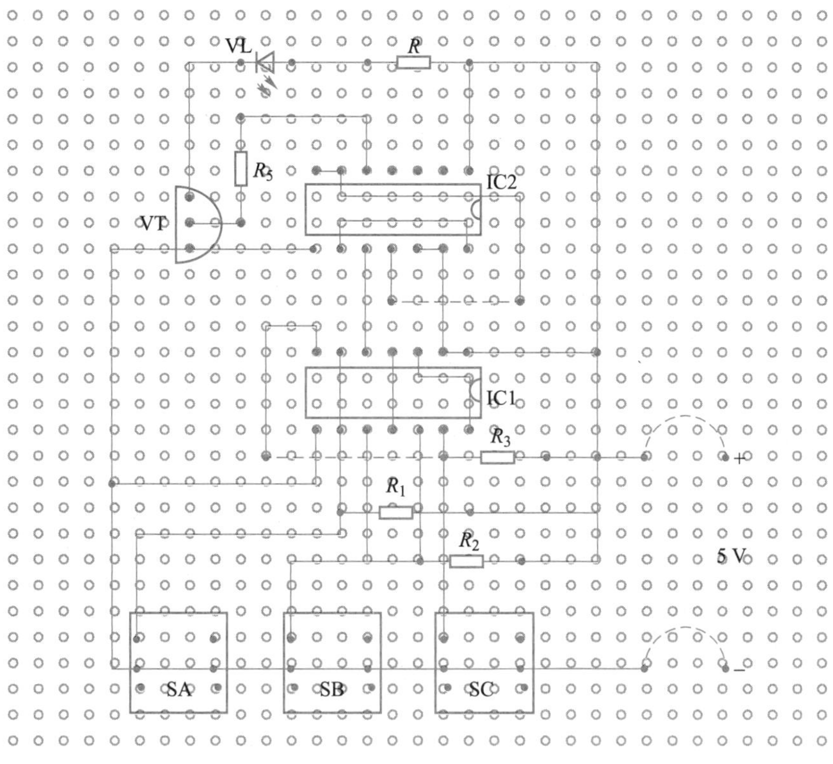

图 7.1.9　三人表决器安装布线图

▶ **相关技能四　电路制作与调试**

根据设计、绘制的安装布线图，按通用印制电路板安装电路的工艺要求，完成电路的安装与调试。

问题与讨论

1. 三人表决器电路的输入为什么要采用低电平有效？若采用输入高电平有效，电路该如何改接？

2. 三人表决器电路的输出端采用的三极管有什么作用？若不用三极管，能否实现功能？如何连接？

3. 请说说你所理解的组合逻辑电路设计中的“最佳电路”。

4. 请你总结装配、调试的制作经验和教训，并与同学分享。

技能评价

制作三人表决器技能评价表见附录附表 1、附表 2 和附表 3。

7.2 编码器

广义上说，将某一信息用一串特定的符号按照一定规律予以表示的方法都称为编码,如教室室号、电话号码、身份证号码、ASCII 码、BCD 码等。在数字电路中,电路能识别的是 **0** 和 **1** 两个二进制数码,将若干个 **0** 和 **1** 按一定规律编排在一起,组成不同的代码,并将这些代码赋予特定的含义,这就是数字电路中的编码,用于编码之后的二进制数称为二进制代码。能够完成编码功能的组合逻辑电路称为编码器,如图 7.2.1 所示。常见的有二进制编码器、二-十进制编码器等。

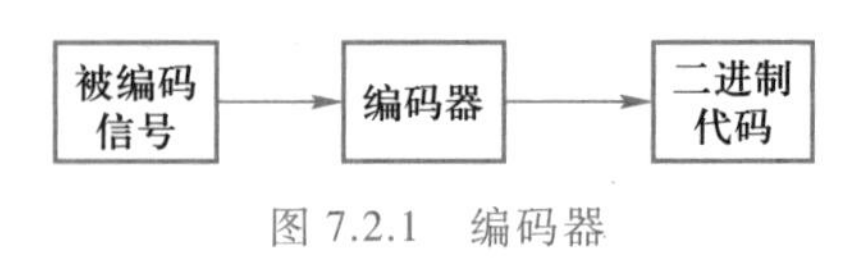

图 7.2.1 编码器

岗位知识积累

在编码过程中,要注意确定二进制的位数。1 位二进制数有 **0** 和 **1** 两个状态,可以有两种不同的输入;2 位二进制数有 **00**、**01**、**10**、**11** 四个状态,可以表示 4 种不同的输入;3 位二进制数有八个状态,可以表示 8 种不同的输入。依此类推,n 位二进制数有 2^n 个状态,可以表示 2^n 种输入。

7.2.1 二进制编码器

用 n 位二进制代码对 2^n 个信号进行编码的电路,称为二进制编码器。

图 7.2.2 所示为 3 位二进制编码器示意图,因其有 8 个输入、3 个输出,故也称 8 线-3 线编码器。图中 I_0、I_1、I_2、I_3、I_4、I_5、I_6、I_7 表示 8 路输入,分别表示 8 个编码对象;编码器的输出是 3 位二进制码,从高位到低位分别用 Y_2、Y_1、Y_0 表示。

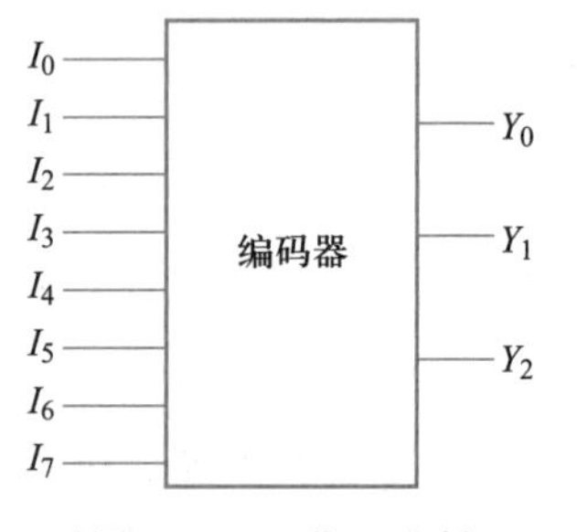

图 7.2.2 3 位二进制编码器示意图

二进制编码器按其输入和输出的数量,还有 4 线-2 线编码器、16 线-4 线编码器等。

编码器在任意时刻只能对一个输入信号编码,即 8 个输入中只能有一个有效输入,由此可得出 3 位二进制编码器的真值表,见表 7.2.1。

表 7.2.1 3 位二进制编码器的真值表

十进制数	输入								输出		
	I_7	I_6	I_5	I_4	I_3	I_2	I_1	I_0	Y_2	Y_1	Y_0
0	**0**	**0**	**0**	**0**	**0**	**0**	**0**	**1**	**0**	**0**	**0**
1	**0**	**0**	**0**	**0**	**0**	**0**	**1**	**0**	**0**	**0**	**1**
2	**0**	**0**	**0**	**0**	**0**	**1**	**0**	**0**	**0**	**1**	**0**
3	**0**	**0**	**0**	**0**	**1**	**0**	**0**	**0**	**0**	**1**	**1**
4	**0**	**0**	**0**	**1**	**0**	**0**	**0**	**0**	**1**	**0**	**0**
5	**0**	**0**	**1**	**0**	**0**	**0**	**0**	**0**	**1**	**0**	**1**
6	**0**	**1**	**0**	**0**	**0**	**0**	**0**	**0**	**1**	**1**	**0**
7	**1**	**0**	**0**	**0**	**0**	**0**	**0**	**0**	**1**	**1**	**1**

根据真值表可以写出逻辑函数表达式

$$Y_2 = I_4 + I_5 + I_6 + I_7$$

$$Y_1 = I_2 + I_3 + I_6 + I_7$$

$$Y_0 = I_1 + I_3 + I_5 + I_7$$

上述逻辑函数表达式已为最简**与或**表达式，可据此画出用**或**门组成的 3 位二进制编码器的逻辑电路，如图 7.2.3 所示。

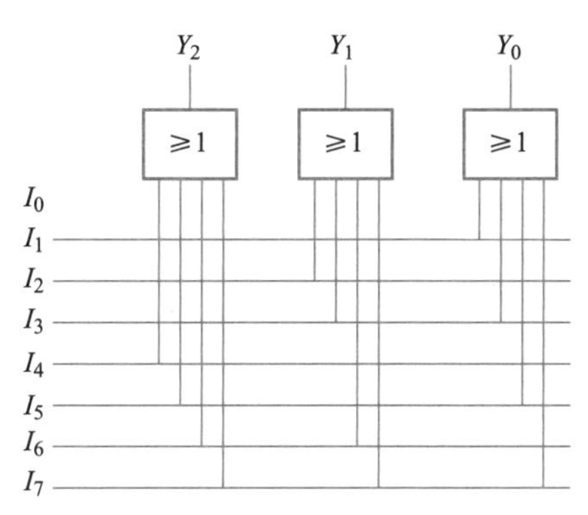

图 7.2.3　3 位二进制编码器的逻辑电路

若要对 I_1 编码，则 $I_1=\mathbf{1}$，I_0、I_2、I_3、I_4、I_5、I_6、I_7 为 **0**，Y_2、Y_1、Y_0 输出编码为 **001**，其余可以依此类推。

岗位知识积累

I_0 输入 **1** 时的输出编码为 **000**，与所有输入端都无有效信号输入时电路默认的输出状态相同，称此编码为隐含码。隐含码对应输入端的输入状态对输出结果没有影响，所以图 7.2.3 所示编码器中 I_0 输入端没有接入逻辑电路。隐含码的存在使得逻辑电路无法判断对应输入端的输入状态，给电路应用造成一定的影响。

7.2.2　二-十进制编码器

将十进制数 0~9 这 10 个数编成二进制代码的电路，称为二-十进制编码器。要对 10 个信号进行编码，至少需要 4 位二进制代码（$2^n=16$），所以二-十进制编码器的输出信号为 4 位，图 7.2.4 所示为其示意图。图中 I_0、I_1、I_2、I_3、I_4、I_5、I_6、I_7、I_8、I_9 表示编码器的 10 个输入端，分别代表十进制数 0~9 这 10 个数字；编码器的输出 Y_3、Y_2、Y_1、Y_0 表示 4 位二进制代码。

I0
I1
I2
⋮
I9
编码器
Y0
Y1
Y2
Y3

图 7.2.4　二-十进制编码器示意图

因为 4 位二进制代码有 16 种状态组合，故可任意选出 10 种表示 0~9 这 10 个数字；不同的选取方式即表示不同的编码方法，如 8421 码、5421 码、余 3 码等，在此主要介绍最常用的 8421 编码器。

8421 编码器的真值表见表 7.2.2。

表 7.2.2　8421 编码器的真值表

十进制数	输入										输出			
	I_9	I_8	I_7	I_6	I_5	I_4	I_3	I_2	I_1	I_0	Y_3	Y_2	Y_1	Y_0
0	**0**	**0**	**0**	**0**	**0**	**0**	**0**	**0**	**0**	**1**	**0**	**0**	**0**	**0**
1	**0**	**0**	**0**	**0**	**0**	**0**	**0**	**0**	**1**	**0**	**0**	**0**	**0**	**1**

续表

十进制数	输入										输出			
	I_9	I_8	I_7	I_6	I_5	I_4	I_3	I_2	I_1	I_0	Y_3	Y_2	Y_1	Y_0
2	**0**	**0**	**0**	**0**	**0**	**0**	**0**	**1**	**0**	**0**	**0**	**0**	**1**	**0**
3	**0**	**0**	**0**	**0**	**0**	**0**	**1**	**0**	**0**	**0**	**0**	**0**	**1**	**1**
4	**0**	**0**	**0**	**0**	**0**	**1**	**0**	**0**	**0**	**0**	**0**	**1**	**0**	**0**
5	**0**	**0**	**0**	**0**	**1**	**0**	**0**	**0**	**0**	**0**	**0**	**1**	**0**	**1**
6	**0**	**0**	**0**	**1**	**0**	**0**	**0**	**0**	**0**	**0**	**0**	**1**	**1**	**0**
7	**0**	**0**	**1**	**0**	**0**	**0**	**0**	**0**	**0**	**0**	**0**	**1**	**1**	**1**
8	**0**	**1**	**0**	**0**	**0**	**0**	**0**	**0**	**0**	**0**	**1**	**0**	**0**	**0**
9	**1**	**0**	**0**	**0**	**0**	**0**	**0**	**0**	**0**	**0**	**1**	**0**	**0**	**1**

根据真值表，按照逻辑电路的设计方法，可列出 8421 编码器的逻辑函数表达式并画出逻辑电路，在此不再赘述。

电路评价

编码器在应用中的突出优点是可以将较多的信号编码后用较少的信号传输线进行传输，减少传输信号线的数量，如 8 线-3 线编码器，可以将 8 个信号用 3 条传输线传输。

编码器电路中，任意时刻都只有一个输入有效，有效电平可以是 **0**，也可以是 **1**。前述编码器中，输入、输出都是高电平有效，这种编码器，若同时输入两个或两个以上的高电平，则输出信号将出错。为了解决这个问题，集成编码器中通常采用优先编码的方式。

7.2.3 二-十进制优先编码器

将编码器各输入赋予不同的优先级别，电路运行时，允许同时输入两个或两个以上的信号，但电路只对优先级别高的输入信号编码，对其他输入信号不予考虑，这样的电路称为优先编码器。目前市场上供应的集成编码器多为优先编码器。

74LS147 芯片是一种常用的 8421 码集成优先编码器，代用型号有 40147 等。图 7.2.5 所示为该编码器集成电路的实物和引脚排列。它有$\overline{I_0}$、$\overline{I_1}$、$\overline{I_2}$、…、$\overline{I_9}$共 10 个输入端（其中$\overline{I_0}$对应引脚为 15 脚，NC 表示空脚，可空置不接），有 4 位 8421 码

(a) 实物

V_{CC}	NC	$\overline{Y_3}$	$\overline{I_3}$	$\overline{I_2}$	$\overline{I_1}$	$\overline{I_9}$	$\overline{Y_0}$
16	15	14	13	12	11	10	9
74LS147							
1	2	3	4	5	6	7	8
$\overline{I_4}$	$\overline{I_5}$	$\overline{I_6}$	$\overline{I_7}$	$\overline{I_8}$	$\overline{Y_2}$	$\overline{Y_1}$	GND

(b) 引脚排列

图 7.2.5　8421 集成优先编码器（74LS147）

输出，从高位到低位分别为$\overline{Y_3}$、$\overline{Y_2}$、$\overline{Y_1}$和$\overline{Y_0}$。输入、输出均为低电平有效，即**0**表示信号有效，**1**表示信号无效。表 7.2.3 为 74LS147 真值表，表中×号表示可取任意值，即该输入的取值不影响输出状态，由此可以判定各输入的优先级别，$\overline{I_9}$为最高，$\overline{I_0}$为最低。

表 7.2.3　74LS147 真值表

十进制数	输入									输出			
	$\overline{I_9}$	$\overline{I_8}$	$\overline{I_7}$	$\overline{I_6}$	$\overline{I_5}$	$\overline{I_4}$	$\overline{I_3}$	$\overline{I_2}$	$\overline{I_1}$	$\overline{Y_3}$	$\overline{Y_2}$	$\overline{Y_1}$	$\overline{Y_0}$
0	1	1	1	1	1	1	1	1	1	1	1	1	1
1	1	1	1	1	1	1	1	1	0	1	1	1	0
2	1	1	1	1	1	1	1	0	×	1	1	0	1
3	1	1	1	1	1	1	0	×	×	1	1	0	0
4	1	1	1	1	1	0	×	×	×	1	0	1	1
5	1	1	1	1	0	×	×	×	×	1	0	1	0
6	1	1	1	0	×	×	×	×	×	1	0	0	1
7	1	1	0	×	×	×	×	×	×	1	0	0	0
8	1	0	×	×	×	×	×	×	×	0	1	1	1
9	0	×	×	×	×	×	×	×	×	0	1	1	0

做中学

实验——测试 74LS147 芯片的逻辑功能

（1）按图 7.2.6 所示电路完成电路接线。电路中，S1～S9 为单刀双掷开关，74LS147 芯片的各输入端分别通过 1 kΩ 电阻接开关公共端，开关的两个触点一个接+5 V电源，一个接地，以实现 **0**、**1** 输入；输出端各接一只发光二极管 LED，用于指示输出信号电平的高低。LED 负极通过 100 Ω 电阻接地，起限流作用。

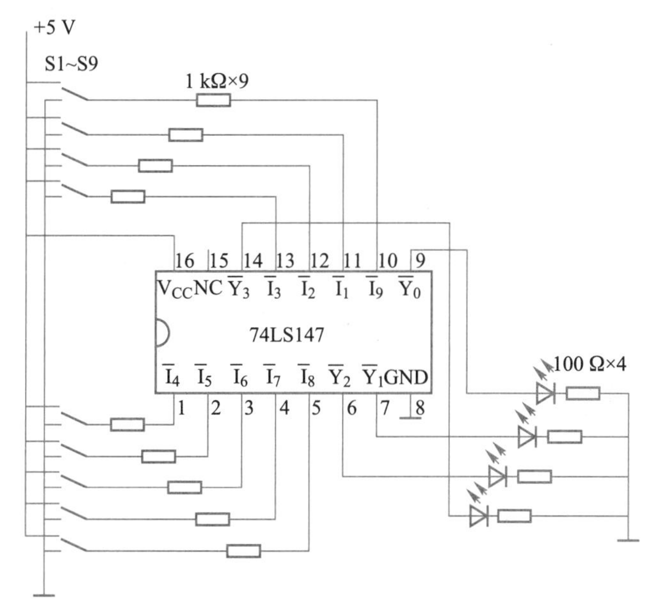

图 7.2.6　74LS147 逻辑功能测试电路

（2）操作开关 S1～S9，按表 7.2.4 和表 7.2.5 给定的$\overline{I_1}$～$\overline{I_9}$置值，同时填写相应$\overline{Y_3}$～$\overline{Y_0}$的值（灯亮为 **1**，不亮为 **0**）。用万用表测量输出端$\overline{Y_0}$的电压，并记录输出代码是对应哪个十进制数的编码。

表 7.2.4　74LS147 逻辑功能测试（1）

$\overline{Y_0}$端电压	十进制数	输入									输出			
		$\overline{I_9}$	$\overline{I_8}$	$\overline{I_7}$	$\overline{I_6}$	$\overline{I_5}$	$\overline{I_4}$	$\overline{I_3}$	$\overline{I_2}$	$\overline{I_1}$	$\overline{Y_3}$	$\overline{Y_2}$	$\overline{Y_1}$	$\overline{Y_0}$
		1	**1**	**1**	**1**	**1**	**1**	**1**	**1**	**1**				
		1	**1**	**1**	**1**	**1**	**1**	**1**	**1**	**0**				
		1	**1**	**1**	**1**	**1**	**1**	**1**	**0**	**1**				
		1	**1**	**1**	**1**	**1**	**1**	**0**	**1**	**1**				
		1	**1**	**1**	**1**	**1**	**0**	**1**	**1**	**1**				
		1	**1**	**1**	**1**	**0**	**1**	**1**	**1**	**1**				
		1	**1**	**1**	**0**	**1**	**1**	**1**	**1**	**1**				
		1	**1**	**0**	**1**	**1**	**1**	**1**	**1**	**1**				
		1	**0**	**1**	**1**	**1**	**1**	**1**	**1**	**1**				
		0	**1**	**1**	**1**	**1**	**1**	**1**	**1**	**1**				

表 7.2.5　74LS147 逻辑功能测试（2）

$\overline{Y_0}$端电压	十进制数	输入									输出			
		$\overline{I_9}$	$\overline{I_8}$	$\overline{I_7}$	$\overline{I_6}$	$\overline{I_5}$	$\overline{I_4}$	$\overline{I_3}$	$\overline{I_2}$	$\overline{I_1}$	$\overline{Y_3}$	$\overline{Y_2}$	$\overline{Y_1}$	$\overline{Y_0}$
		1	**1**	**1**	**1**	**0**	**1**	**1**	**1**	**1**				
		1	**1**	**1**	**0**	**1**	**1**	**1**	**1**	**0**				
		1	**1**	**1**	**1**	**1**	**0**	**1**	**0**	**0**				
		1	**1**	**1**	**1**	**1**	**1**	**0**	**0**	**0**				
		1	**1**	**1**	**1**	**1**	**0**	**0**	**0**	**0**				
		1	**1**	**1**	**0**	**0**	**1**	**0**	**0**	**0**				
		1	**1**	**1**	**1**	**0**	**0**	**0**	**0**	**0**				
		1	**1**	**0**	**0**	**1**	**0**	**0**	**0**	**0**				
		1	**0**	**0**	**0**	**0**	**0**	**0**	**0**	**0**				
		0	**0**	**0**	**0**	**0**	**0**	**0**	**0**	**0**				

（3）分析讨论：

① 74LS147 芯片各输入信号优先级别顺序是怎样的？你是如何判定的？

② 各组输入的顺序对输出结果是否有影响？为什么？

岗位知识积累

实验操作中，需注意 S1～S9 与$\overline{I_1}$～$\overline{I_9}$、4 个 LED 与$\overline{Y_3}$～$\overline{Y_0}$的对应关系，否则在给$\overline{I_1}$～$\overline{I_9}$置值和记录$\overline{Y_3}$～$\overline{Y_0}$的对应值时，易产生混淆而出现实验操作和数据记录错误。

7.3 译码器

译码是编码的逆过程。译码器的作用就是将某种代码的原意“翻译”出来，如将编码器产生的二进制代码复原为一个特定的输出信号，以表示它的原意，如图 7.3.1 所示。译码器有多个输入端和输出端。目前译码器主要由集成门电路构成，按其功能可分为通用译码器和显示译码器。

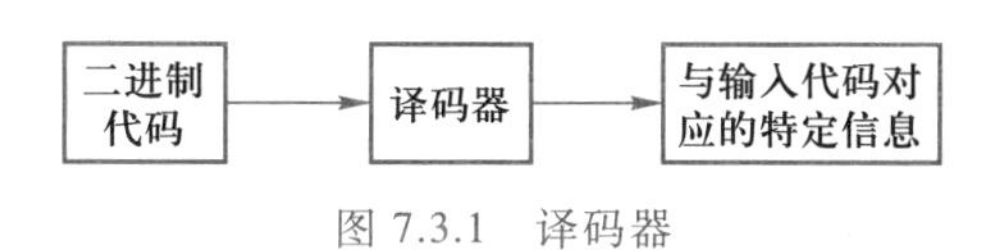

图 7.3.1　译码器

7.3.1　通用译码器

多媒体演示

译码器

通用译码器常用的有二进制译码器、二-十进制译码器。

一、二进制译码器

二进制译码器的功能是将二进制码按其原意翻译成相应的输出信号。按二进制译码器输入和输出的线数，二进制译码器可分为 2 线-4 线译码器、3 线-8 线译码器和 4 线-16 线译码器等。图 7.3.2 所示是 2 线-4 线译码器示意图，它有 2 条输入线 A_1、A_0，输入的是 2 位二进制代码（有 4 种输入信息：**00**、**01**、**10**、**11**），有 4 条输出线 $Y_0 \sim Y_3$。当 A_1A_0 输入为 **00** 时，只有 Y_0 有输出，当 A_1A_0 输入为 **11** 时，只有 Y_3 有输出，这样就实现了把输入的二进制代码译成特定的输出信号。

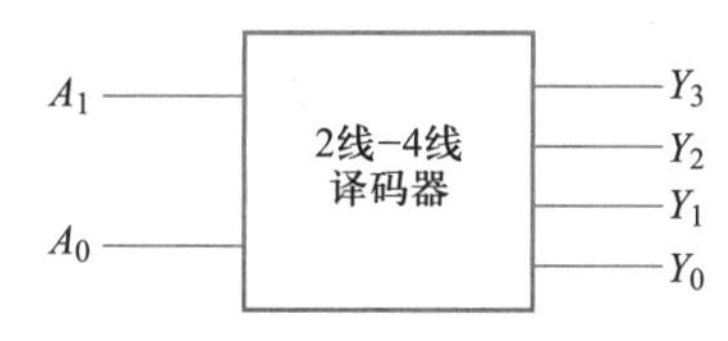

图 7.3.2　2 线-4 线译码器示意图

下面以 74LS138 为例介绍 3 线-8 线集成译码器。

74LS138 芯片是一种典型的二进制译码器，其实物和引脚排列如图 7.3.3 所示，其真值表见表 7.3.1。它有 3 个输入端 A_2、A_1、A_0 和 8 个输出端 $Y_0 \sim Y_7$，输出为低电平有效。

(a) 实物

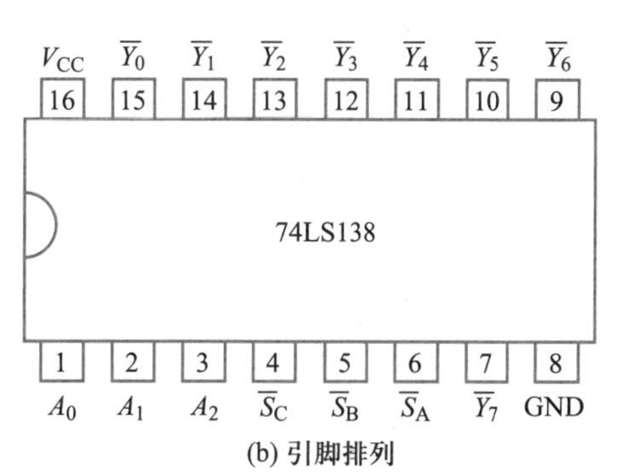

(b) 引脚排列

图 7.3.3　3 线-8 线集成译码器 74LS138

表 7.3.1　74LS138 译码器真值表

输入						输出							
S_A	$\overline{S_B}$	$\overline{S_C}$	A_2	A_1	A_0	$\overline{Y_0}$	$\overline{Y_1}$	$\overline{Y_2}$	$\overline{Y_3}$	$\overline{Y_4}$	$\overline{Y_5}$	$\overline{Y_6}$	$\overline{Y_7}$
×	**1**	×	×	×	×	**1**	**1**	**1**	**1**	**1**	**1**	**1**	**1**
×	×	**1**	×	×	×	**1**	**1**	**1**	**1**	**1**	**1**	**1**	**1**
0	×	×	×	×	×	**1**	**1**	**1**	**1**	**1**	**1**	**1**	**1**
1	**0**	**0**	**0**	**0**	**0**	**0**	**1**	**1**	**1**	**1**	**1**	**1**	**1**
1	**0**	**0**	**0**	**0**	**1**	**1**	**0**	**1**	**1**	**1**	**1**	**1**	**1**
1	**0**	**0**	**0**	**1**	**0**	**1**	**1**	**0**	**1**	**1**	**1**	**1**	**1**
1	**0**	**0**	**0**	**1**	**1**	**1**	**1**	**1**	**0**	**1**	**1**	**1**	**1**
1	**0**	**0**	**1**	**0**	**0**	**1**	**1**	**1**	**1**	**0**	**1**	**1**	**1**
1	**0**	**0**	**1**	**0**	**1**	**1**	**1**	**1**	**1**	**1**	**0**	**1**	**1**
1	**0**	**0**	**1**	**1**	**0**	**1**	**1**	**1**	**1**	**1**	**1**	**0**	**1**
1	**0**	**0**	**1**	**1**	**1**	**1**	**1**	**1**	**1**	**1**	**1**	**1**	**0**

S_A、$\overline{S_B}$、$\overline{S_C}$为三个使能控制端。由功能表可以看出，只有当 $S_A = \mathbf{1}$、$\overline{S_B} = \mathbf{0}$、$\overline{S_C} = \mathbf{0}$ 时，该译码器才有有效状态信号输出，即译码器处于译码工作状态，各输出状态由输入 A_2、A_1、A_0决定；若三个使能控制端中有一个不满足上述条件，则译码器被封锁不工作，输出全为高电平。

二、 二-十进制译码器

二-十进制译码器也称 BCD 译码器，它的功能是将输入的 BCD 码(4 位二进制码)译成对应的 10 个十进制输出信号，因此也称 4 线-10 线译码器。常用的二-十进制集成译码器型号有 74LS42、T1042、T4042 等。

图 7.3.4 所示为二-十进制集成译码器 74LS42 的实物和引脚排列。图中 A_3、A_2、A_1、A_0 为 BCD 码的 4 个输入端，$\overline{Y_0} \sim \overline{Y_9}$为 10 条输出线，分别对应十进制数的 0~9 十个数码，输出为低电平有效。

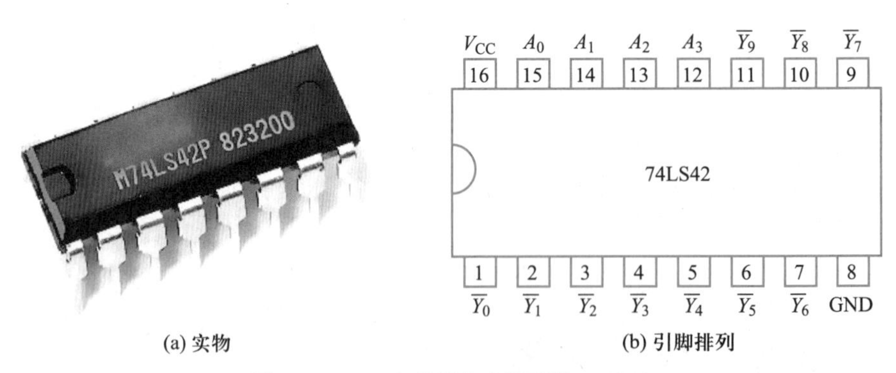

(a) 实物　　(b) 引脚排列

图 7.3.4　二-十进制集成译码器 74LS42

二-十进制集成译码器 74LS42 的真值表见表 7.3.2。由于 4 位二进制输入有 16 种组合状态，故 72LS42 芯片可以自动将其中的 6 种状态识别为伪码，即当输入为 **1010**~**1111** 时，输出均为 **1**，译码器拒绝译出。

表 7.3.2　二-十进制集成译码器 74LS42 真值表

输入				输出									
A_3	A_2	A_1	A_0	$\overline{Y_0}$	$\overline{Y_1}$	$\overline{Y_2}$	$\overline{Y_3}$	$\overline{Y_4}$	$\overline{Y_5}$	$\overline{Y_6}$	$\overline{Y_7}$	$\overline{Y_8}$	$\overline{Y_9}$
0	0	0	0	0	1	1	1	1	1	1	1	1	1
0	0	0	1	1	0	1	1	1	1	1	1	1	1
0	0	1	0	1	1	0	1	1	1	1	1	1	1
0	0	1	1	1	1	1	0	1	1	1	1	1	1
0	1	0	0	1	1	1	1	0	1	1	1	1	1
0	1	0	1	1	1	1	1	1	0	1	1	1	1
0	1	1	0	1	1	1	1	1	1	0	1	1	1
0	1	1	1	1	1	1	1	1	1	1	0	1	1
1	0	0	0	1	1	1	1	1	1	1	1	0	1
1	0	0	1	1	1	1	1	1	1	1	1	1	0
1	0	1	0	1	1	1	1	1	1	1	1	1	1
1	0	1	1	1	1	1	1	1	1	1	1	1	1
1	1	0	[illegible]	1	1	1	1	1	1	1	1	1	1
1	1	[illegible]	1	1	1	1	1	1	1	1	1	1	1
1	1	1	0	1	1	1	1	1	1	1	1	1	1
1	1	1	1	1	1	1	1	1	1	1	1	1	1

做中学

实验——测试 74LS42 芯片的逻辑功能

(1) 按图 7.3.5 所示电路完成电路接线。电路中，74LS42 芯片的各输入端分别通过1 kΩ电阻接开关公共端，开关两触点一个接+5 V 电源，一个接地，以实现 **0**、**1** 输入；每一输出端接一个 LED 的正极，LED 负极通过 100 Ω 电阻接地；V_{CC}端接+5 V 电源正极，GND 接+5 V 电源负极。

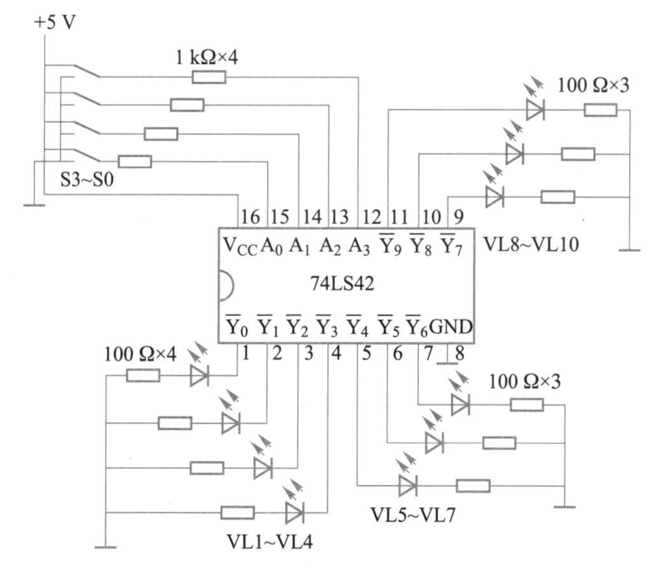

图 7.3.5　74LS42 芯片的逻辑功能测试电路

(2) 操作开关 S0～S3,按表 7.3.3 所给 $A_3 \sim A_0$ 的数据置值,同时填写相应 $\overline{Y_0} \sim \overline{Y_9}$的值(灯亮为 **1**,不亮为 **0**)。

表 7.3.3　74LS42 芯片逻辑功能测试(1)

输入				输出									
A_3	A_2	A_1	A_0	$\overline{Y_0}$	$\overline{Y_1}$	$\overline{Y_2}$	$\overline{Y_3}$	$\overline{Y_4}$	$\overline{Y_5}$	$\overline{Y_6}$	$\overline{Y_7}$	$\overline{Y_8}$	$\overline{Y_9}$
0	**0**	**0**	**0**										
0	**0**	**0**	**1**										
0	**0**	**1**	**0**										
0	**0**	**1**	**1**										
0	**1**	**0**	**0**										
0	**1**	**0**	**1**										
0	**1**	**1**	**0**										
0	**1**	**1**	**1**										
1	**0**	**0**	**0**										
1	**0**	**0**	**1**										

(3) 操作开关 S0～S3,按表 7.3.4 所给 $A_3 \sim A_0$ 的数值置值,观察 LED 的现象并记录。请简单分析所看到的现象。

表 7.3.4　74LS42 芯片逻辑功能测试(2)

输入				输出									
A_3	A_2	A_1	A_0	$\overline{Y_0}$	$\overline{Y_1}$	$\overline{Y_2}$	$\overline{Y_3}$	$\overline{Y_4}$	$\overline{Y_5}$	$\overline{Y_6}$	$\overline{Y_7}$	$\overline{Y_8}$	$\overline{Y_9}$
1	**0**	**1**	**0**										
1	**0**	**1**	**1**										
1	**1**	**0**	**0**										
1	**1**	**0**	**1**										
1	**1**	**1**	**0**										
1	**1**	**1**	**1**										

电路评价

通用译码器有多个输入端和多个输出端,设输入端数为 n、输出端数为 N,如果 $N=2^n$,就称为全译码器或二进制译码器,如 3 线-8 线集成译码器 74LS138;如果 $N<2^n$,则称为部分译码器,如集成二-十进制译码器 74LS42(4 个输入共可组成 16 个编码,其中有 6 个伪码,译码器拒绝译出,所以二-十进制译码器也称 4 线-10 线译码器)。

由真值表可知,通用译码器译码时的每一个输出都可对应由所有输入组成的一个乘积项(称为最小项),如 74LS138 芯片中:$\overline{Y_0}=\overline{\overline{A_2}\cdot\overline{A_1}\cdot\overline{A_0}}$、$\overline{Y_6}=\overline{\overline{A_2}\cdot A_1\cdot\overline{A_0}}$等,若将几个输出端通过合适的门电路进行组合,即可实现不同

的逻辑功能，也就是将译码器的功能进行拓展应用。另外，74LS138 芯片的三个使能端可以使其工作在不同的工作状态，所以 74LS138 芯片的拓展应用更加丰富。

7.3.2 显示译码器

与二进制译码器不同，显示译码器用来驱动显示器件，以显示数字或字符的中规模集成电路。图 7.3.6 所示为译码显示电路组成示意图。显示译码器随显示器件的类型而异，常用的半导体数码管、液晶数码管、荧光数码管等是由 7 个或 8 个字段构成字形的，因而与之相配的有 BCD 七段或 BCD 八段显示译码器。现以驱动半导体数码管的 BCD 七段译码器为例，简单介绍显示译码器。

图 7.3.6 译码显示电路组成示意图

一、 半导体数码管

半导体数码管是将 7 个发光二极管（LED）排列成“日”字形状制成的，如图 7.3.7(a) 所示。7 个发光二极管分别用 a、b、c、d、e、f、g 这 7 个小写英文字母表示。发光二极管外加正向电压时导通，发出清晰的光，有红、黄、绿等色，只要按规律控制各发光段的亮、灭，就可以显示各种字形或符号，如图 7.3.7(b) 所示。例如，当 a、c、d、f、g 发光二极管发光时，就能显示数字图形“5”，如图 7.3.7(c) 所示。

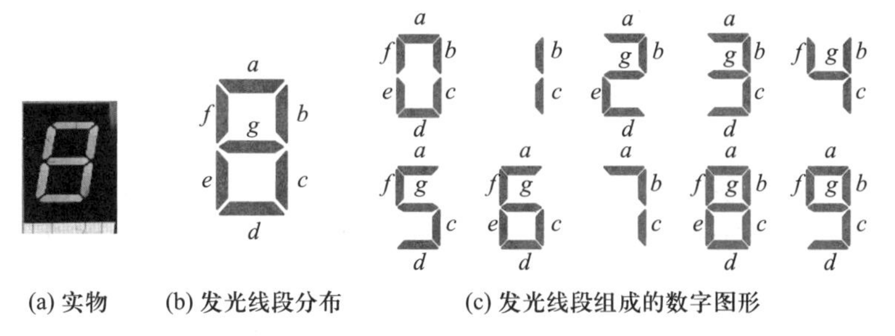
(a) 实物　(b) 发光线段分布　(c) 发光线段组成的数字图形

图 7.3.7 半导体数码管

半导体数码管的 7 个发光二极管的内部接法可分为共阴极和共阳极两种，分别如图 7.3.8(a)、(b) 所示。共阴极接法中各发光二极管的负极相连，$a \sim g$ 中，接高电平的线段发光，控制各引脚的电平高低，可显示 0~9 不同的数字图形。共阴极半导体数码管的型号主要有 BS201、BS207 等。共阳极接法中，各发光二极管的正极相连，$a \sim g$ 中，接低电平的线段发光，控制各引脚的电平高低，可显示 0~9 不同的数字图形。共阳极数码管的型号主要有 BS204、BS206、BS211 等。

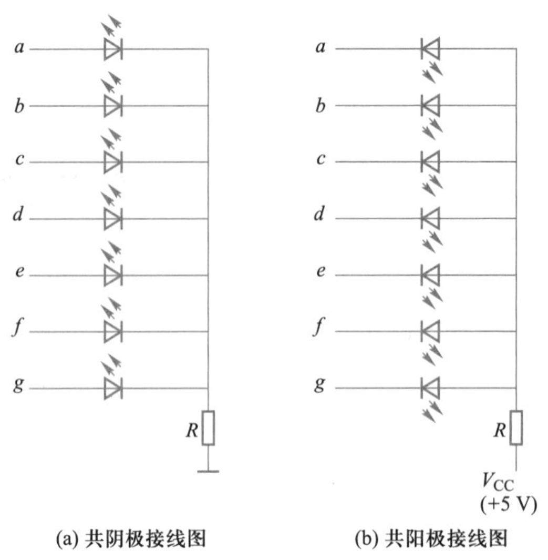

(a) 共阴极接线图　　(b) 共阳极接线图

图 7.3.8　半导体数码管内部的发光二极管电路

电路评价

半导体显示器的优点是工作电压较低(1.5~3 V)、体积小、寿命长、亮度高、响应速度快、工作可靠性高,可以由门电路直接驱动。其缺点是工作电流大,每个字段的工作电流约为 10 mA。

二、 集成显示译码器 74LS48

74LS48 集成显示译码器的作用是将输入端的 4 个 BCD 码译成能驱动半导体数码管的信号,并显示相应的十进制数字图形。74LS48 输出高电平有效,与共阴极半导体数码管配合使用。

图 7.3.9 所示为输出高电平有效的集成显示译码器 74LS48 的实物和引脚排列。图中 A_3、A_2、A_1、A_0 为 BCD 码的 4 个输入端,Y_a、Y_b、Y_c、Y_d、Y_e、Y_f、Y_g 为七段码的 7 个输出端,与数码管的 a、b、c、d、e、f、g 相对应;另外,它还有 3 个控制信号端:试灯输入信号$\overline{LT}$、灭零输入信号$\overline{RBI}$、特殊控制信号$\overline{BI}/\overline{RBO}$,$\overline{LT}$、$\overline{RBI}$、$\overline{BI}/\overline{RBO}$可组合应用形成不同的功能控制。74LS48 芯片的真值表见表 7.3.5。

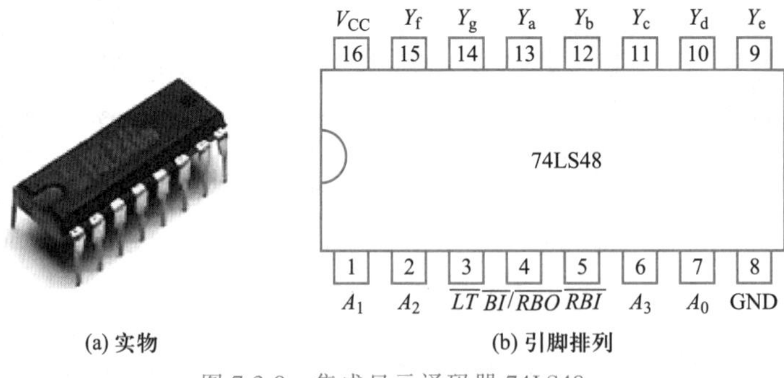

(a) 实物　　(b) 引脚排列

图 7.3.9　集成显示译码器 74LS48

表 7.3.5　74LS48 芯片的真值表

功能	输入						输入/输出	输出						
	$\overline{LT}$	$\overline{RBI}$	A_3	A_2	A_1	A_0	$\overline{BI}/\overline{RBO}$	Y_a	Y_b	Y_c	Y_d	Y_e	Y_f	Y_g
0	1	1	0	0	0	0	1	1	1	1	1	1	1	0
1	1	×	0	0	0	1	1	0	1	1	0	0	0	0

续表

功能	输入						输入/输出	输出						
	$\overline{LT}$	$\overline{RBI}$	A_3	A_2	A_1	A_0	$\overline{BI}/\overline{RBO}$	Y_a	Y_b	Y_c	Y_d	Y_e	Y_f	Y_g
2	1	×	0	0	1	0	1	1	1	0	1	1	0	1
3	1	×	0	0	1	1	1	1	1	1	1	0	0	1
4	1	×	0	1	0	0	1	0	1	1	0	0	1	1
5	1	×	0	1	0	1	1	1	0	1	1	0	1	1
6	1	×	0	1	1	0	1	0	0	1	1	1	1	1
7	1	×	0	1	1	1	1	1	1	1	0	0	0	0
8	1	×	1	0	0	0	1	1	1	1	1	1	1	1
9	1	×	1	0	0	1	1	1	1	1	1	0	1	1
10	1	×	1	0	1	0	1	0	0	0	1	1	0	1
11	1	×	1	0	1	1	1	0	0	1	1	0	0	1
12	1	×	1	1	0	0	1	0	1	0	0	0	1	1
13	1	×	1	1	0	1	1	1	0	0	1	0	1	1
14	1	×	1	1	1	0	1	0	0	0	1	1	1	1
15	1	×	1	1	1	1	1	0	0	0	0	0	0	0
灭灯	×	×	×	×	×	×	0	0	0	0	0	0	0	0
灭零	0	0	0	0	0	0	0	0	0	0	0	0	0	0
试灯	0	×	×	×	×	×	1	1	1	1	1	1	1	1

74LS47 芯片的引脚排列和功能基本与 74LS48 芯片相同,区别在于其输出为低电平有效。

做中学

编码器、译码器和显示器综合实验

(1) 按图 7.3.10 所示搭建实验电路,各集成电路和显示模块的引脚功能请参阅本书相关内容或查阅资料。

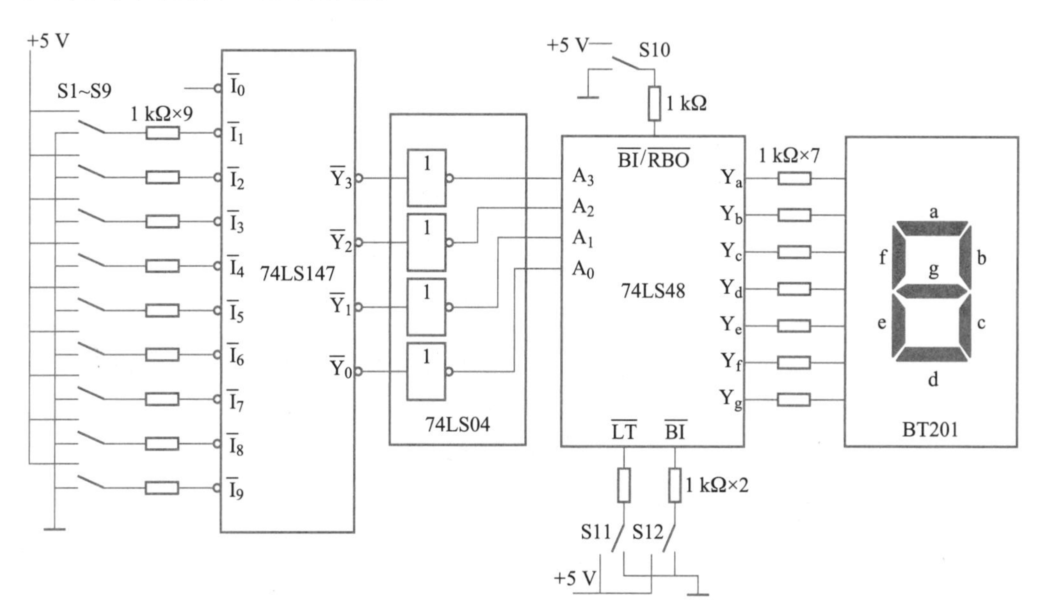

图 7.3.10 编码器、译码器和显示器综合实验电路

(2) 按 74LS48 芯片的真值表，拨动 S10、S11、S12，依次进行试灯、灭零、灭灯测试，并填写表 7.3.6。

表 7.3.6 功能测试

	S10($\overline{BI}/\overline{RBO}$)	S11($\overline{LT}$)	S12($\overline{BI}$)	BT201 芯片的显示状态
试灯				
灭零				
灭灯				

(3) 集成电路 74LS48 的$\overline{LT}$、$\overline{BI}$和$\overline{BI}/\overline{RBO}$端均置 **1**，依次拨动 S1～S9，使 BT201 芯片分别显示 0～9 十个数字图形。观察 S1～S9 在什么状态下时，BT201 芯片显示数字图形“0”。

复习与考工模拟

一、判断题

1. 组合逻辑电路根据需要可以加入反馈回路。(　　)

2. 编码器任意时刻都只有一个输入有效，故编码器只允许一个输入端输入有效信号。(　　)

3. 译码器的功能是将二进制码还原成给定的信息符号。(　　)

4. 输出高电平有效的显示译码器应该连接共阳极的数码显示器。(　　)

5. 根据最简表达式设计的逻辑电路是最佳的组合逻辑电路。(　　)

二、选择题

1. 二-十进制优先编码器输出的是(　　)。

A. 二进制数　　B. 八进制数　　C. 十进制数　　D. 十六进制数

2. 优先编码器同时有两个信号输入时，是按(　　)的输入信号编码。

A. 高电平　　B. 低电平　　C. 高优先级　　D. 高频率

3. 半导体数码管是由(　　)发光显示数字图形的。

A. 发光二极管　　B. 液晶　　C. 小灯泡　　D. 辉光器件

4. 要完成 BCD 码转换为数码管显示的段码，需用的电路为(　　)。

A. 二-十进制编码器　　B. 二-十进制译码器

C. 显示译码器　　D.优先编码器

5. 2 线-4 线译码器有(　　)。

A. 2 条输入线，4 条输出线　　B. 4 条输入线，2 条输出线

C. 4 条输入线，8 条输出线　　D. 8 条输入线，2 条输出线

三、填空题

1. 组合逻辑电路是由__________门、__________门和__________门等几种门电路组合而成。它没有__________回路，它的输出直接由__________所决定。

2. 编码器的功能是把输入的信号转化为__________数码。

3. 常用的二-十进制集成译码器的型号有__________、__________、__________等，常用的显示译码器型号有__________、__________、__________、__________等。

4. 半导体数码管按内部发光二极管的接法不同，可分为__________和__________两种。

5. 8421 编码器有__________个输入端，有__________个输出端，所以也称__________编码器。

6. 在编码过程中，1 位二进制数有________个状态，可以表示________种不同的输入；2 位二进制数有__________、__________、__________、__________四个状态，可以表示________种不同的输入；3 位二进制数有________个状态，可以表示________种不同的输入。依此类推，n 位二进制数有________个状态，可以表示________种输入。

四、综合题

1. 分析题图 7-1 所示电路的逻辑功能（提示：一致判别电路）。

2. 译码器 74LS138 芯片连接如题图 7-2 所示，试分析输出 F 与输入 A、B、C 之间的逻辑关系。

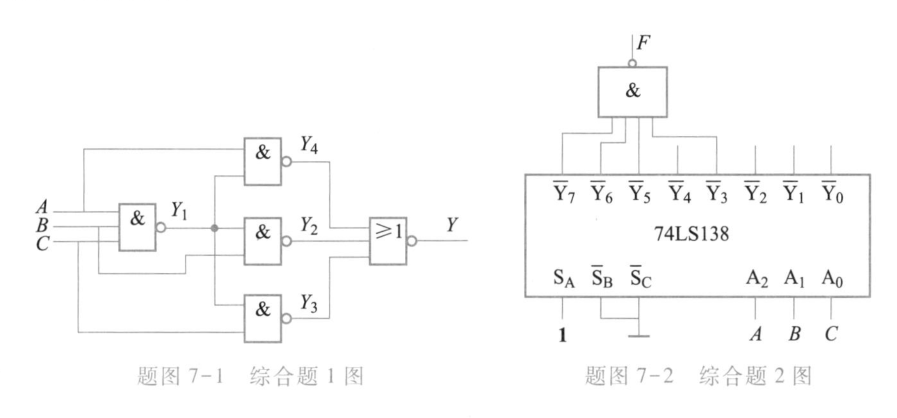

题图 7-1 综合题 1 图　　题图 7-2 综合题 2 图

3. 设计一个路灯控制电路，要求在四个不同的地方都能独立控制路灯的亮和灭。当一个开关动作后灯亮，另一个开关动作后灯灭。

4. 校园十佳歌手大赛中，为保证大赛评判的公正性，学校特聘一名音乐制作人作为三人评委会特别评委，特别评委有一票否决权。为了适应新的评选规则，在不增加元器件的情况下，对实训项目中制作的三人表决器做修改，你会怎么做？请画出电路原理图。

应知应会要点归纳

1. 组合逻辑电路由门电路组成，它的基本特点是输出仅取决于当前的输入信号，而与以前的输入、输出状态无关。

2. 组合逻辑电路的分析是根据已知的逻辑电路，找出输出与输入信号的逻辑关系，确定电路的逻辑功能。

3. 组合逻辑电路的设计是根据需要设计一个符合逻辑功能的逻辑电路。

4. 组合逻辑电路的种类很多，常见的有编码器、译码器、全加器、数据选择器、数据分配器、比较器等，一般都采用集成电路实现。着重介绍了编码器、译码器的逻辑功能、工作原理及应用方法，并简单介绍了集成编码器、译码器的功能拓展应用。

5. 编码器是将输入的一个信号电平按一定规律转换成一组二进制代码，编码器有多个输入，但任意时刻都只能有一个输入有效。通用译码器的功能正好与编码器相反。显示译码器的功能是将输入的二进制码译成能用于显示器件的特定信号，并驱动显示器件发光显示图形。

触发器

课程引入

智力竞赛中通常要用到图 8.0.1 所示的抢答器，才能使比赛有序和公平地进行。

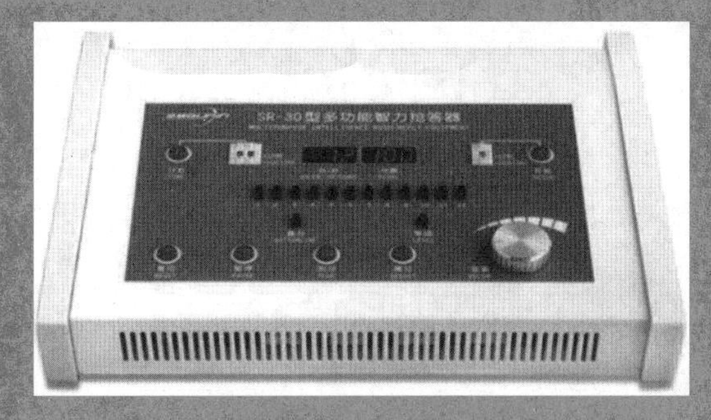

图 8.0.1　智力竞赛中应用的抢答器

图 8.0.2 所示是四路抢答器仿真实物电路，按钮开关 S1 ~S4 中的任何一个开关被先按下，与之对应的指示灯被点亮，此时再按其他开关均无效，按开关 S0 所有指示灯全部熄灭，可进行第二轮比赛。 从图中可看出，组成四路抢答器的核心器件是集成触发器（74LS112*JK* 触发器）。

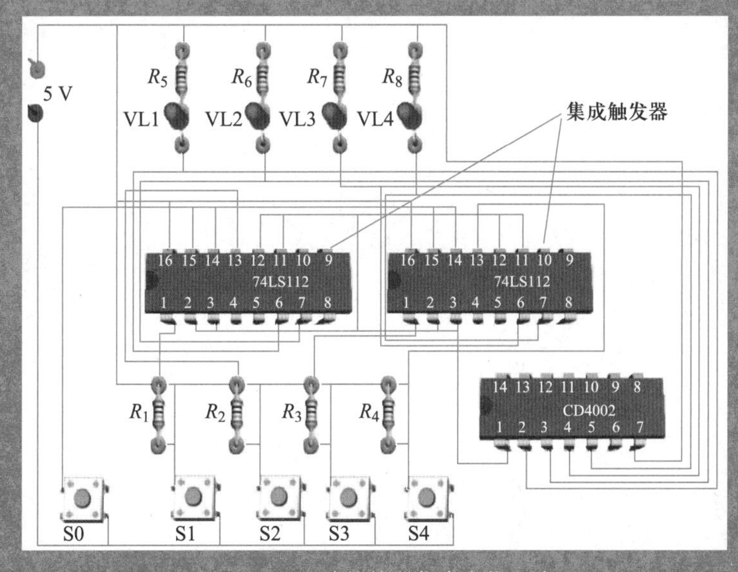

图 8.0.2　四路抢答器仿真实物电路

在数字电路中，需要具有记忆和存储功能的逻辑部件，触发器就是组成这类逻辑部件的基本单元。 触发器都具备以下特点：① 具有两个稳定的输出状态：**0** 状态和 **1** 状态;② 在输入信号作用下，触发器状态可以置成 **0** 状态或 **1** 状态；③ 在输入信号消失后，触发器将保持信号消失前的状态，即具有记忆功能。 触发器广泛应用于现代数字电路中，凡是涉及数字信号处理的装置，无不采用触发器来储存数字信息。 下面我们一起来学习各种常用触发器的电路组成、逻辑性能及动作特点。

职业岗位群应知应会目标

— 了解基本 *RS* 触发器的电路组成，掌握其逻辑功能。

— 了解同步 *RS* 触发器的特点和时钟脉冲的作用，掌握其逻辑功能。

— 了解 *JK* 触发器的电路组成和边沿触发方式，掌握其逻辑功能。

— 会测试集成 *JK* 触发器的逻辑功能，能用集成 *JK* 触发器制作简单功能电路。

— 了解 *D* 触发器的电路组成，掌握其逻辑功能。

— 会测试集成 *D* 触发器的逻辑功能，了解 *D* 触发器的应用。

8.1 *RS* 触发器

8.1.1 基本 *RS* 触发器

多媒体演示
基本 *RS* 触发器

一、电路结构和图形符号

将两个**与非**门的输入、输出端交叉连接，即构成一个基本 *RS* 触发器，如图 8.1.1(a)所示。图中 $\overline{R}$、$\overline{S}$ 是两个输入端，字母上面的非号表示低电平有效，即 $\overline{R}$、$\overline{S}$ 为低电平时表示有输入信号，高电平时表示没有输入信号；Q、$\overline{Q}$ 是一对互补输出端，当一个输出端为高电平时，另一个输出端则为低电平，反之亦然。图 8.1.1(b)所示是它的图形符号，$\overline{R}$、$\overline{S}$ 端框外的小圆圈表示输入信号只在低电平时才对触发器有作用，即低电平有效。

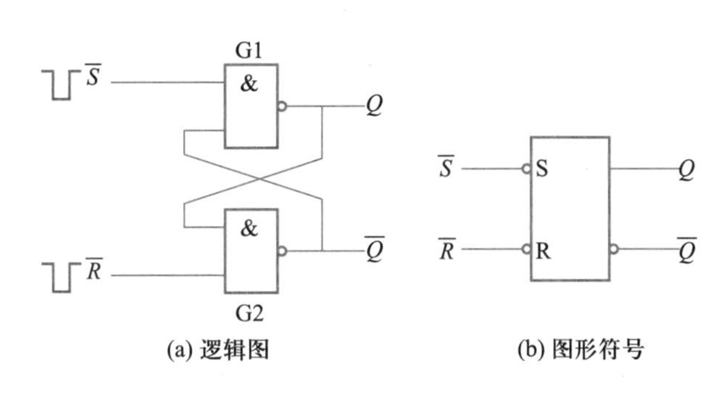

图 8.1.1 与非门组成的基本 *RS* 触发器

二、逻辑功能

通常规定以触发器两个互补输出端 Q、$\overline{Q}$ 中 Q 端的状态为触发器的状态。若 $Q=\mathbf{1}(\overline{Q}=\mathbf{0})$，则称触发器处于 **1** 状态；反之，若 $Q=\mathbf{0}(\overline{Q}=\mathbf{1})$，称触发器为 **0** 状态。基本 *RS* 触发器的逻辑功能见表 8.1.1（表中 Q^n 称为原状态，Q^{n+1} 称为次态）。

表 8.1.1 基本 *RS* 触发器的真值表

输入信号		输出状态	功能说明
$\overline{S}$	$\overline{R}$	Q^{n+1}	
0	**0**	不定	禁止
0	**1**	**1**	置 **1**
1	**0**	**0**	置 **0**
1	**1**	Q^n	保持

1. 当 $\overline{R}$=0，$\overline{S}$=1 时，具有置 0 功能

由于 $\overline{R}=\mathbf{0}$，无论触发器现态为 **0** 态还是 **1** 态，**与非**门 G2 输出为 **1**，使 $\overline{Q}=\mathbf{1}$；而 G1 的两个输入端均为 **1**，**与非**门 G1 输出为 **0**，使 $Q=\mathbf{0}$，即触发器完成置 **0**。$\overline{R}$

端称为触发器的置 **0** 端或复位端。

2. 当$\overline{R}$=1，$\overline{S}$=0 时，具有置 1 功能

由于 $\overline{S}=\mathbf{0}$，无论触发器现态为 **0** 态还是 **1** 态，与非门 G1 输出为 **1**，使 $Q=\mathbf{1}$；而 G2 的两个输入端均为 **1**，与非门 G2 输出为 **0**，使 $\overline{Q}=\mathbf{0}$，即触发器完成置 **1**。$\overline{S}$ 端称为触发器的置 **1** 端或置位端。

3. 当$\overline{R}$=1，$\overline{S}$=1 时，具有保持功能

若触发器原为 **0** 态，即 $Q=\mathbf{0}$、$\overline{Q}=\mathbf{1}$，G1 的两个输入均为 **1**，因此输出 Q 为 **0**，即触发器保持 **0** 状态不变。若触发器原为 **1** 态，即 $Q=\mathbf{1}$、$\overline{Q}=\mathbf{0}$，G1 的两个输入 $\overline{S}=\mathbf{1}$，$\overline{Q}=\mathbf{0}$，因此输出 $Q=\mathbf{1}$，即触发器保持 **1** 状态不变。

4. 当$\overline{R}$=0，$\overline{S}$=0 时，触发器状态不确定

当 $\overline{R}$ 和 $\overline{S}$ 全为 **0** 时，与非门被封锁，迫使 $Q=\overline{Q}=\mathbf{1}$，这在逻辑上是不允许的。这种情况应当禁止，否则会出现逻辑混乱或错误。

做中学

实验——测试与非门组成基本 *RS* 触发器的逻辑功能

（1）用 CC4011（或 CD4011）芯片组成的基本 *RS* 触发器，如图 8.1.2 所示。

（2）按表 8.1.2 操作要求输入信号。

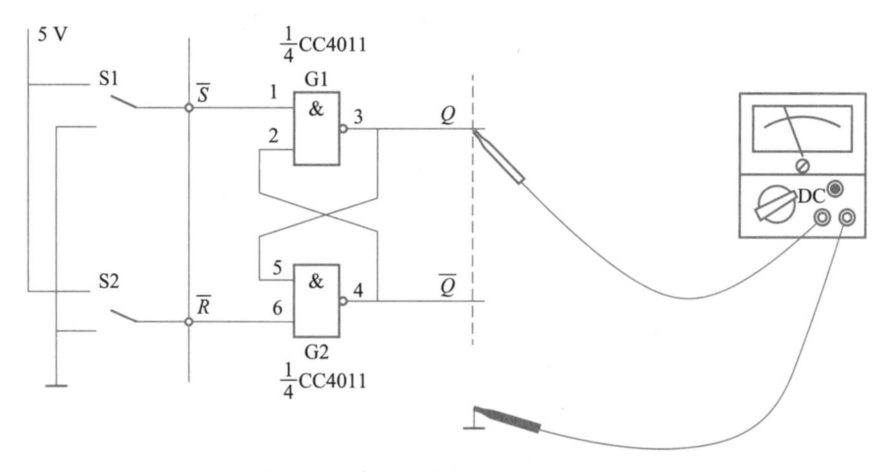

图 8.1.2　与非门组成的基本 *RS* 触发器

（3）用万用表直流电压挡测量输出端电压，即③、④引脚对地电压，输出高电平为 **1** 状态，输出低电平为 **0** 状态，填入表 8.1.2 中。

表 8.1.2　测试基本 *RS* 触发器的逻辑功能

操作	输入		输出		功能
	① 脚 $\overline{S}$	⑥ 脚 $\overline{R}$	③ 脚 Q	④ 脚 $\overline{Q}$	
先将逻辑电平开关 S1、S2 扳向上，使 $\overline{R}=\mathbf{1}$，$\overline{S}=\mathbf{1}$，再接通电源（可重复多次）	**1**	**1**			
扳下 S1，S2 仍在上，即 $\overline{S}=\mathbf{0}$，$\overline{R}=\mathbf{1}$	**0**	**1**			
再把 S1 扳向上，即 $\overline{S}=\mathbf{1}$，$\overline{R}=\mathbf{1}$	**1**	**1**			

续表

操作	输入		输出		功能
	① 脚 $\overline{S}$	⑥ 脚 $\overline{R}$	③ 脚 Q	④ 脚 $\overline{Q}$	
把 S2 扳向下，即 $\overline{S}=\mathbf{1},\overline{R}=\mathbf{0}$	**1**	**0**			
再把 S2 扳向上，即 $\overline{S}=\mathbf{1},\overline{R}=\mathbf{1}$	**1**	**1**			
把 S1、S2 都扳向下，即 $\overline{R}=\mathbf{0},\overline{S}=\mathbf{0}$	**0**	**0**			

电路评价

基本 *RS* 触发器电路简单，是构成各种功能触发器的基本单元。基本 *RS* 触发器的输出状态改变直接受输入信号的控制，使它的应用受到限制。在一个数字电路中，通常需要采用多个触发器，为了使系统协调工作，必须由一个同步信号控制，要求各触发器只有在同步信号到来时，才能由输入信号改变触发器的状态。这样的触发器称为同步 *RS* 触发器，这个同步信号称为时钟脉冲或 *CP* 脉冲。

应用拓展

由基本 *RS* 触发器构成的消抖电路

按键开关通常利用机械触点的开、合来实现功能。由于机械触点的弹性作用，按键开关在闭合和释放（断开）时并不会立即稳定地接通或断开，而会输出一个边沿陡峭的脉冲信号，闭合和释放的瞬间会伴随一连串的抖动，从而使输出电压信号产生抖动，抖动持续时间为 5~10 ms。

利用基本 *RS* 触发器可以构成消抖电路，如图 8.1.3(a) 所示。分析图 8.1.3(a) 可知，当按键 S 按下，即接 A 时，输出 Q 为 **1**，无论按键是否有弹跳，输出仍为 **1**；当按键 S 释放，即接 B 时，输出为 **0**，无论按键是否有弹跳，输出仍为 **0**，按键闭合、断开时的电压波形如图 8.1.3(b) 所示。

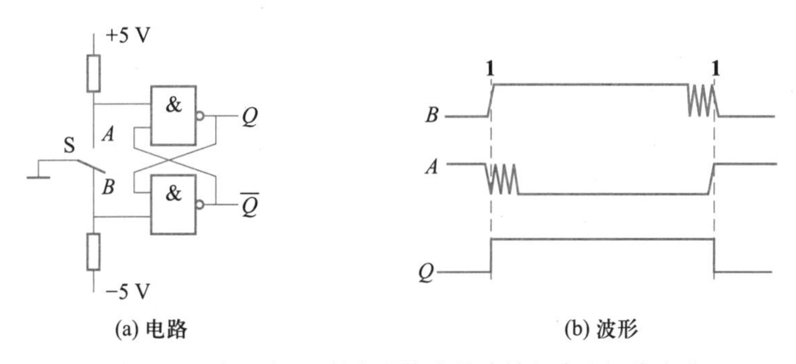

图 8.1.3　由基本 *RS* 触发器构成的消抖电路及相关波形

8.1.2 同步 *RS* 触发器

一、电路结构和图形符号

同步 *RS* 触发器是在基本 *RS* 触发器的基础上，增加了两个**与非**门 G3、G4 和一个时钟脉冲端 *CP*。其逻辑电路与图形符号如图 8.1.4 所示。

二、逻辑功能

同步 *RS* 触发器的真值表见表 8.1.3。

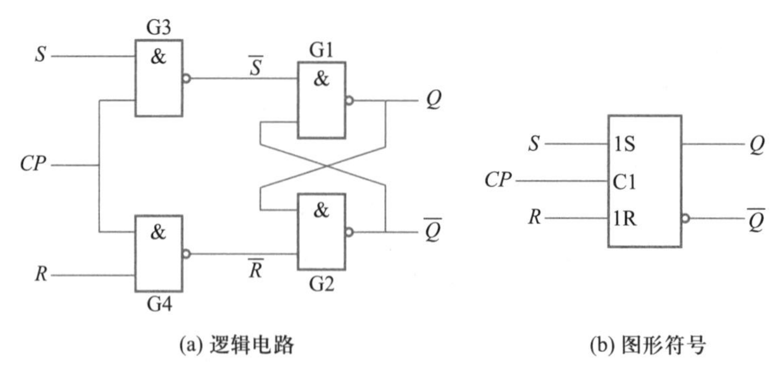

(a) 逻辑电路　　(b) 图形符号

图 8.1.4　同步 *RS* 触发器

表 8.1.3　同步 *RS* 触发器的真值表

CP	*S*	*R*	Q^{n+1}	功能说明
0	×	×	Q^n	保持
1	**0**	**0**	Q^n	保持
1	**0**	**1**	**0**	置 **0**
1	**1**	**0**	**1**	置 **1**
1	**1**	**1**	不定	禁止

在 $CP=\mathbf{0}$ 期间，**与非**门 G3、G4 被 *CP* 端的低电平关闭，使基本 *RS* 触发器的 $\overline{S}=\overline{R}=\mathbf{1}$，触发器保持原来状态不变。

在 $CP=\mathbf{1}$ 期间，G3、G4 组成的控制门开门，触发器输出状态由输入端 *R*、*S* 信号决定，*R*、*S* 输入高电平有效。触发器具有置 **0**、置 **1**、保持的逻辑功能。

电路评价

同步 *RS* 触发器在 $CP=\mathbf{0}$ 时，触发器输出状态不受 *R*、*S* 的直接控制，从而提高了触发器的抗干扰能力。但在 $CP=\mathbf{1}$ 期间，同步 *RS* 触发器还是存在状态不确定的现象，因而其应用也受到较大限制。为了克服上述缺点，后面将介绍功能更加完善的 *JK* 触发器和 *D* 触发器。

8.2 *JK*触发器

8.2.1 *JK*触发器的电路组成和逻辑功能

一、电路结构和图形符号

JK 触发器是在同步 *RS* 触发器的基础上引入两条反馈线构成的，如图 8.2.1 所示。这样当 $CP=\mathbf{1}$、$R=S=\mathbf{1}$ 时，使 $\overline{S}=Q$、$\overline{R}=\overline{Q}$（即 $\overline{S}$、$\overline{R}$ 不可能同时为 **0**），可以从根本上解决当 $R=S=\mathbf{1}$ 时，触发器输出不确定的问题。将 *S*、*R* 输入端改写成 *J*、*K* 输入端，即为 *JK* 触发器。图形符号中，C1、1J、1K 是关联标记，表示 1J、1K 受 C1 的控制。

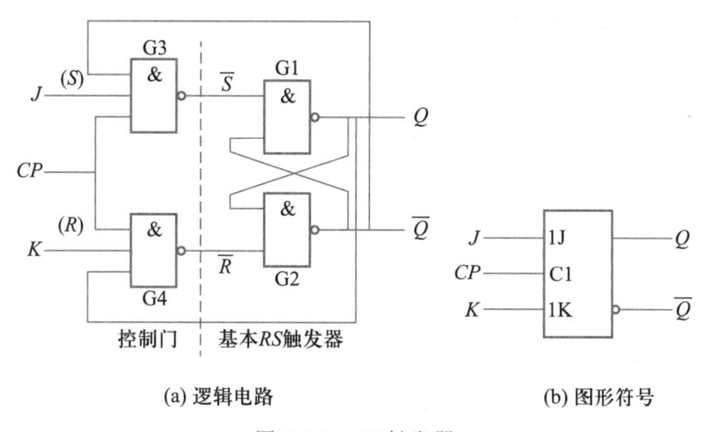

(a) 逻辑电路　　　　(b) 图形符号

图 8.2.1　*JK* 触发器

JK 触发器

二、逻辑功能

JK 触发器不仅可以避免不确定状态，而且增加了触发器的逻辑功能，见表 8.2.1。

表 8.2.1　*JK* 触发器的真值表

CP	J	K	Q^{n+1}	功能说明
0	×	×	Q^n	保持
1	**0**	**0**	Q^n	保持
1	**0**	**1**	**0**	置 **0**
1	**1**	**0**	**1**	置 **1**
1	**1**	**1**	$\overline{Q}^n$	翻转

对图 8.2.1 所示电路分析可知：

在 $CP=\mathbf{0}$ 期间：与非门 G3、G4 被 CP 端的低电平关闭，使输入信号不起作用，$\overline{S}=\overline{R}=\mathbf{1}$，基本 RS 触发器保持原来状态不变。

在 $CP=\mathbf{1}$ 期间：

1. 保持功能

当 $J=K=\mathbf{0}$ 时，与非门 G3、G4 的输出 $\overline{S}=\mathbf{1}$，$\overline{R}=\mathbf{1}$，触发器保持原来状态不变，即 $Q^{n+1}=Q^n$。

2. 置 0 功能

当 $J=\mathbf{0}$、$K=\mathbf{1}$ 时，与非门 G3 的输出 $\overline{S}=\mathbf{1}$、G4 的输出 $\overline{R}=\overline{Q}$。若触发器原状态为 **0**，则 $\overline{R}=\mathbf{1}$，触发器输出保持原来状态，即输出为 **0**；若触发器原状态为 **1**，则 $\overline{R}=\mathbf{0}$，触发器输出置 **0**。

3. 置 1 功能

当 $J=\mathbf{1}$、$K=\mathbf{0}$ 时，与非门 G3 的输出 $\overline{S}=Q$、G4 的输出 $\overline{R}=\mathbf{1}$。若触发器原状态为 **0**，则 $\overline{S}=\mathbf{0}$，触发器输出置 **1**；若触发器原状态为 **1**，则 $\overline{S}=\mathbf{1}$，触发器输出保持原来状态，输出为 **1**。

4. 翻转功能（又称为计数功能）

当 $J=\mathbf{1}$、$K=\mathbf{1}$ 时，与非门 G3 的输出 $\overline{S}=Q$、G4 的输出 $\overline{R}=\overline{Q}$。若触发器原状态为 **0**，则 $\overline{S}=\mathbf{0}$、$\overline{R}=\mathbf{1}$，触发器输出置 **1**；若触发器原状态为 **1**，则 $\overline{S}=\mathbf{1}$、$\overline{R}=\mathbf{0}$，触发

器输出置 **0**。也就是触发器的输出总与原状态相反，即 $Q^{n+1}=\overline{Q}^n$。

为方便记忆，*JK* 触发器的逻辑功能可归纳为：$J=K=\mathbf{0}$ 时，$Q^{n+1}=Q^n$（保持）；$J=K=\mathbf{1}$ 时，$Q^{n+1}=\overline{Q}^n$（翻转）；$J\neq K$ 时，$Q^{n+1}=J$。

电路评价

触发器在 $CP=\mathbf{1}$（高电平）期间才接收输入信号，这种受时钟脉冲电平控制的触发方式，称为电平触发。电平触发的缺点是：在 $CP=\mathbf{1}$ 期间不允许输入信号有变化，否则触发器输出状态也将随之变化，使输出状态在一个时钟脉冲作用期间出现多次翻转，这种现象称为空翻。上面介绍的 *JK* 触发器较好地解决了输出状态不确定的问题，同时触发器增加了翻转功能，但在 *CP* 高电平期间，输出信号会随输入信号变化，无法保证一个 *CP* 周期内触发器动作一次。为了克服电平触发的不足，多数 *JK* 触发器采用边沿触发方式来克服触发器的“空翻”。

8.2.2 集成边沿 JK 触发器

一、边沿触发方式

边沿触发是利用**与非**门之间的传输延迟时间来实现边沿控制，使触发器在 *CP* 脉冲上升沿（或下降沿）的瞬间，根据输入信号的状态产生触发器新的输出状态；而在 $CP=\mathbf{1}$（或 $CP=\mathbf{0}$）的期间，输入信号对触发器的状态均无影响。边沿触发方式保证了触发器在一个时钟脉冲作用期间只动作一次，有效地克服了触发器“空翻”现象。

CP 脉冲上升沿触发称为正边沿触发，*CP* 脉冲下降沿触发称为负边沿触发。边沿 *JK* 触发器的工作波形和图形符号如图 8.2.2 所示，图形符号中下降沿触发器除了用“>”符号外，还在 *CP* 引脚上标注小圆圈。

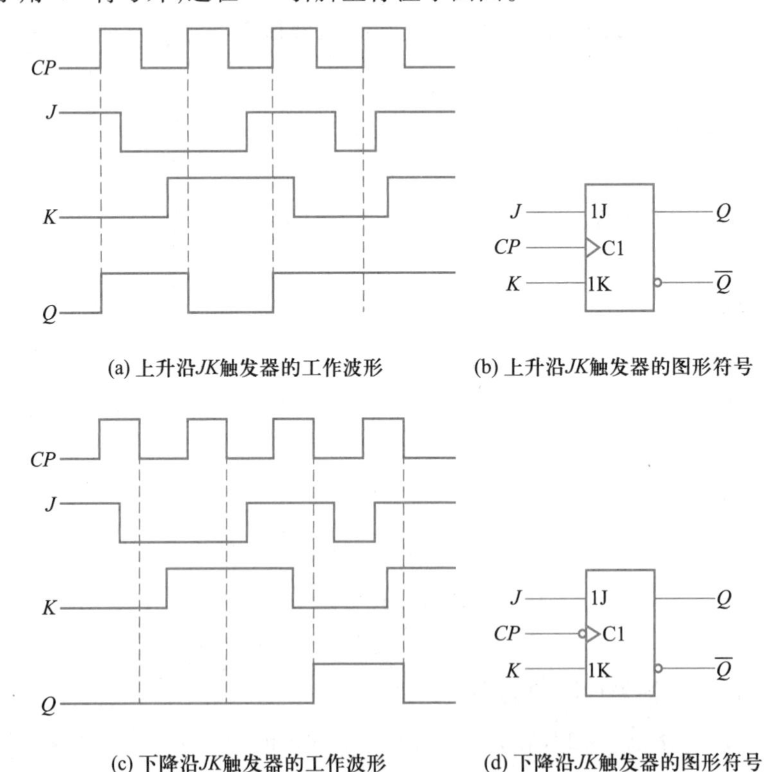

图 8.2.2 边沿 *JK* 触发器的工作波形和图形符号

二、集成JK触发器

实际应用中，多采用集成边沿 JK 触发器。集成边沿 JK 触发器的产品很多，可查阅数字集成电路手册。

下面对集成边沿 JK 触发器的典型器件 74LS112 作一介绍。

1. 引脚排列和图形符号

如图 8.2.3 所示为 74LS112 芯片的实物、引脚排列和图形符号。它内含两个下降沿触发的 JK 触发器，$\overline{R}_D$、$\overline{S}_D$ 的作用不受 CP 同步脉冲控制，$\overline{R}_D$ 称为直接置 **0** 端（又称直接复位端）、$\overline{S}_D$ 称为直接置 **1** 端（又称直接置位端），$\overline{R}_D$、$\overline{S}_D$ 端的小圆圈表示低电平有效。

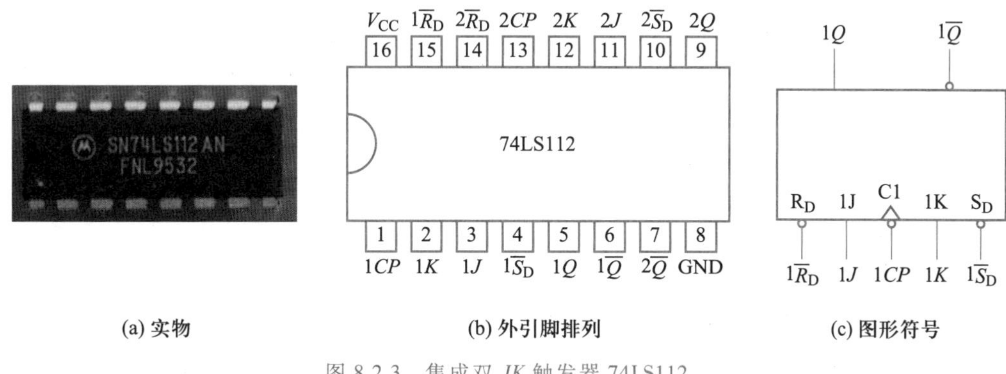

(a) 实物　(b) 外引脚排列　(c) 图形符号

图 8.2.3　集成双 JK 触发器 74LS112

2. 逻辑功能

表 8.2.2 是集成双 JK 触发器 74LS112 的逻辑功能表，表中的“↓”表示下降沿触发。

在实际应用中，$\overline{R}_D$、$\overline{S}_D$ 常用来设置触发器的初态，初态设置结束后，$\overline{R}_D$、$\overline{S}_D$ 都应保持无效状态（即 $\overline{R}_D=\overline{S}_D=\mathbf{1}$），以保证触发器正常工作。

表 8.2.2　集成双 JK 触发器 74LS112 的逻辑功能表

输入					输出	逻辑功能
$\overline{R}_D$	$\overline{S}_D$	CP	J	K	Q^{n+1}	
0	**1**	×	×	×	**0**	设置初态
1	**0**	×	×	×	**1**	
1	**1**	↓	**0**	**0**	Q^n	保持
1	**1**	↓	**0**	**1**	**0**	置 **0**
1	**1**	↓	**1**	**0**	**1**	置 **1**
1	**1**	↓	**1**	**1**	$\overline{Q}^n$	翻转

电路评价

集成 JK 触发器具有保持、置 **0**、置 **1** 和翻转的功能，不仅功能齐全，并且输入端 J、K 不受约束，使用方便。此外，触发器状态翻转只发生在 CP 下降沿（或上升沿）的瞬间，在 CP 其他时间，输入信号的任何变化，都不会影响触发器的状态，解决了因电平触发带来的触发器“空翻”现象，提高了触发器的工作可靠性和抗干扰能力。同时，由于边沿触发的时间极短，有利于提高触发器的工作速度。

做中学

实验——测试集成双 *JK* 触发器 74LS112 的逻辑功能

1. 测试$\overline{R}_D$、$\overline{S}_D$的复位和置位功能

（1）任取 74LS112 芯片中一组 *JK* 触发器，$\overline{R}_D$、$\overline{S}_D$、J、K 端接逻辑开关，*CP* 端接单次脉冲源，Q、$\overline{Q}$ 端接发光二极管，如图 8.2.4 所示。

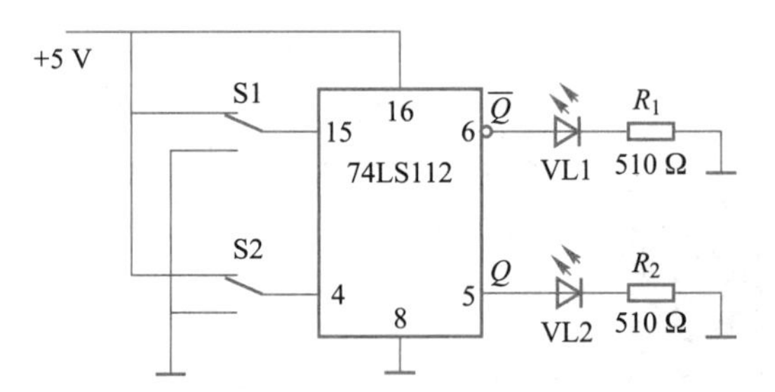

图 8.2.4　74LS112 芯片异步复位、置位功能测试

（2）按表 8.2.3 的要求，改变 $\overline{R}_D$、$\overline{S}_D$（J、K、*CP* 处于任意状态），并在 $\overline{R}_D$ = **0**（$\overline{S}_D$ = **1**）或 $\overline{R}_D$ = **1**（$\overline{S}_D$ = **0**）作用期间，任意改变 J、K、*CP* 状态，观察 Q、$\overline{Q}$ 的状态，将实验结果记录到表 8.2.3 中。

表 8.2.3　*JK* 触发器异步复位端和置位端测试表

CP	*J*	*K*	$\overline{R}_D$	$\overline{S}_D$	Q^{n+1}
×	×	×	**0**	**1**	
×	×	×	**1**	**0**	

2. 测试逻辑功能

（1）在 $\overline{R}_D$ = **1**、$\overline{S}_D$ = **1** 的情况下，按图 8.2.5 所示接线，*CP* 脉冲由 **0–1** 按钮提供。

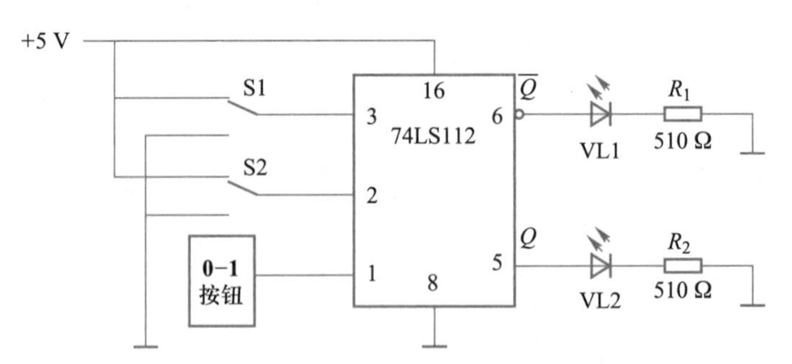

图 8.2.5　74LS112 芯片功能测试图

（2）按表 8.2.4 要求改变 J、K、*CP* 状态，观察 Q、$\overline{Q}$ 的状态变化和触发器状态更新是否发生在 *CP* 脉冲的下降沿（即 **1→0**），并记录到表 8.2.4 中。

表 8.2.4 *JK* 触发器的逻辑功能测试

J	*K*	*CP*	初态为 **0** 时,输出情况记录		初态为 **1** 时,输出情况记录		功能说明
			Q^n	Q^{n+1}	Q^n	Q^{n+1}	
0	**0**	**0→1**	**0**		**1**		
		1→0	**0**		**1**		
0	**1**	**0→1**	**0**		**1**		
		1→0	**0**		**1**		
1	**0**	**0→1**	**0**		**1**		
		1→0	**0**		**1**		
1	**1**	**0→1**	**0**		**1**		
		1→0	**0**		**1**		

应用拓展

数字电路中经常用到分频器,图 8.2.6 所示为用 74LS112 集成触发器中的一个单元构成的二分频电路,其工作原理如下:

分频是将频率较高的输入信号转变成频率较低的输出信号。图 8.2.6(a)中,$\overline{R}_D=\overline{S}_D=\mathbf{1}$,触发器处于正常工作状态。由于 $J=K=\mathbf{1}$ 满足触发器翻转条件,故随着 *CP* 的输入,触发器状态从 **0→1→0→1** 不断转换,每两个 *CP* 作用后,触发器又回复到初始状态,波形图如图 8.2.6(b)所示。

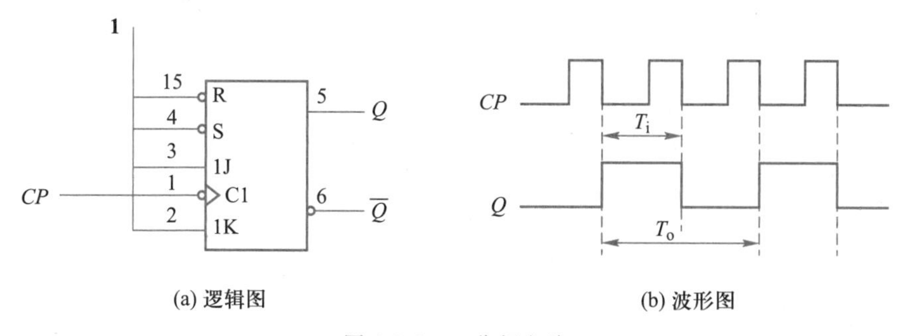

(a) 逻辑图　　(b) 波形图

图 8.2.6　二分频电路

由波形图可以看出 $T_o=2T_i$,即输出信号频率是输入信号频率的二分之一,故该电路为二分频电路。同理,若用两个触发器串联可构成四分频电路,用 *n* 个触发器串联可构成 2^n 分频电路。

技能实训 制作四人抢答器

工作任务书

一、任务目标

1. 按原理图 8.2.7 制作四人抢答器。
2. 学习集成门电路、触发器的应用,提高综合应用能力。
3. 会根据原理图绘制电路安装连接图。
4. 掌握抢答器电路的基本调试和测量方法。

仿真实训
四人抢答器

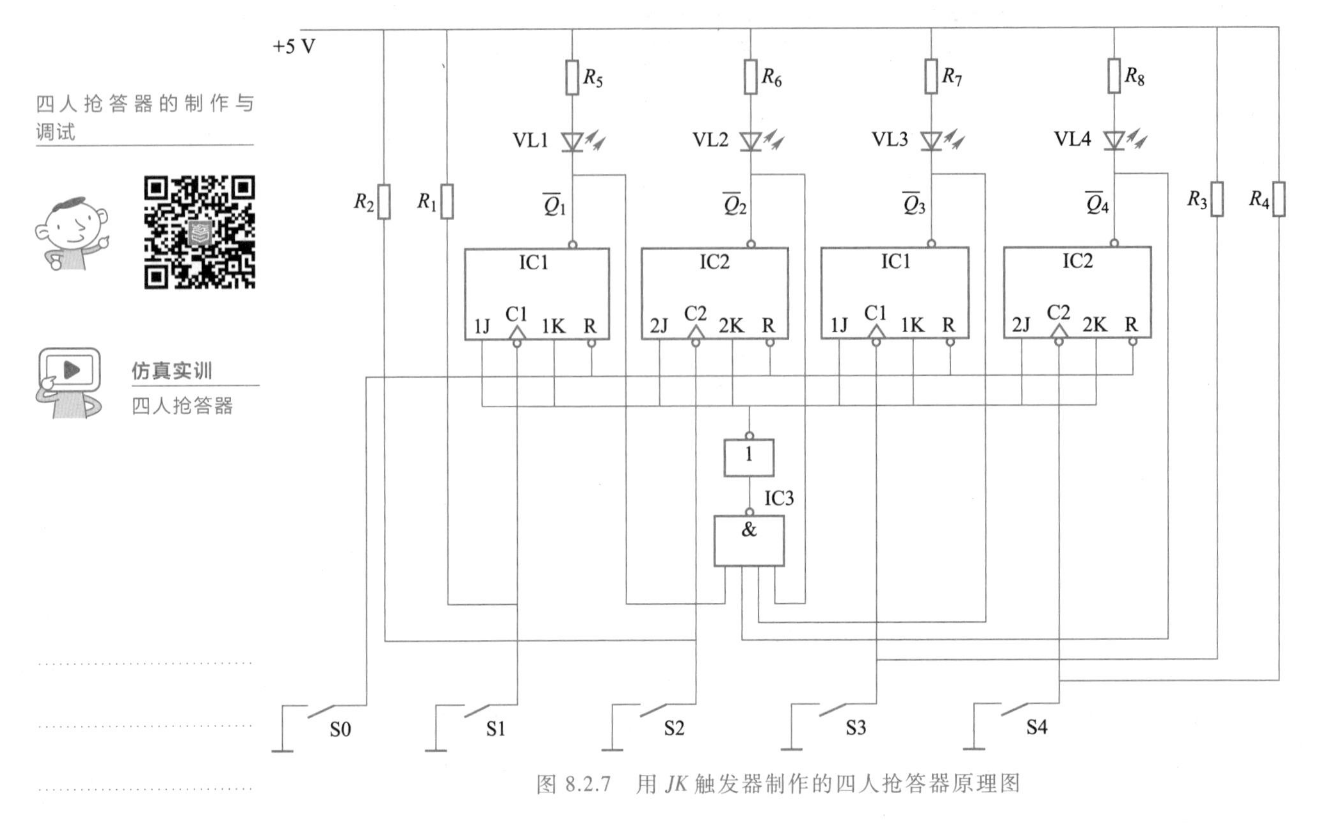

图 8.2.7 用 *JK* 触发器制作的四人抢答器原理图

二、实施步骤

绘制布线图→清点元器件→元器件检测→插装和焊接→通电前检查→通电调试和测量→数据记录。

三、调试与记录

检查元器件安装正确无误后，才可以接通电源（电源由外接稳压电源提供+5 V电压）调试。

（1）按下清零开关 S0 后，所有指示灯灭。

（2）选择开关 S1～S4 中的任何一个开关（如 S1）按下，与之对应的指示灯（如 VL1）应被点亮，此时再按其他开关均无效。

（3）按控制开关 S0，所有指示灯应全部熄灭。

（4）重复步骤（2）和（3），依次检查各指示灯是否被点亮。

按抢答器功能进行操作调试，若电路满足要求，说明电路没有故障。若某些功能不能实现，就要设法查找并排除故障。

将实训过程记录在表 8.2.5 中。

表 8.2.5 实训记录

实训名称：	姓名：	班级：
制作过程		
故障描述		
排故方法		

相关技能

▶ 相关技能一　认识电路

由图 8.2.7 分析可知：

当按下 S0 时，各 *JK* 触发器被清零，$\overline{Q}=\mathbf{1}$，VL 均熄灭。输出信号经门电路反馈至 *JK* 触发器输入端，$J=K=\overline{Q}_1\cdot\overline{Q}_2\cdot\overline{Q}_3\cdot\overline{Q}_4=\mathbf{1}$，*JK* 触发器处于待翻转状态。这时抢答器进入工作状态。

若按下抢答按钮 S1，*CP* 下降沿触发使 *JK* 触发器翻转，输出 $\overline{Q}_1=\mathbf{0}$，VL1 被点亮。这时输出信号反馈至 *JK* 触发器的输入端，$J=K=\overline{Q}_1\cdot\overline{Q}_2\cdot\overline{Q}_3\cdot\overline{Q}_4=\mathbf{0}$，各 *JK* 触发器处于保持状态，VL2～VL4 均保持熄灭。若有其他抢答按钮按下，*JK* 触发器因均处于保持状态不发生翻转，实现了抢答功能。

再次按下 S0，各 *JK* 触发器被清零，$\overline{Q}=\mathbf{1}$，VL 均熄灭，可进入第二轮抢答。

▶ 相关技能二　元器件选择

按原理图 8.2.7 选择元器件。

(1) IC1、IC2	集成双 *JK* 触发器 74LS112	2 块
(2) IC3	双 4 输入**与非**门 CC4012	1 块
(3) S0～S4	按钮开关(自动复位)TVDP01	5 个
(4) VL1～VL4	发光二极管 KSL-0311NYG	4 个
(5) R_1～R_4	5.1 kΩ	4 个
R_5～R_8	510 Ω	4 个

▶ 相关技能三　绘制安装布线图

根据图 8.2.7 所示原理图，在通用印制电路板工艺图上绘制安装图。按电路信号流向布放元器件，先大后小，先集成后分立，先主后次，相关元器件就近安放。注意避免导线交叉，必要时可用跨接线跨越连接。参考安装布线图如图 8.2.8所示，图中虚线 J1、J2、J3、J4、J5、J6 是跨接线(在印制电路板元器件安装面)。

▶ 相关技能四　器件检测与电路制作

按前面介绍的电路制作的相关工艺要求和器件检测方法进行操作。电阻、发光二极管采用卧式安装，集成电路采用底座安装。同时要会正确识别 74LS112 和 CC4012 集成电路的引脚排列。

▶ 相关技能五　调试、排除故障的方法和技巧

(1) 在调试过程中，有时发光二极管会无规则亮(无抢答信号)，这是因为干扰信号作用，相当于在 *CP* 端输入一个低电平，引起误触发，解决的方法是在 *CP* 和接地之间接一个小电容(0.01 μF)，提高抗干扰能力。

(2) 排除故障可按信息流程的正向(由输入到输出)查找，也可按信息流程的逆向(由输出到输入)查找。例如：当有抢答信号输入时，观察对应指示灯是否点亮，若不亮，可用万用表(或逻辑笔)分别测量相关**与非**门输入、输出端电平状态是否正确，由此检查线路的连接及芯片的好坏。若抢答开关按下时指示灯亮，松开时又灭掉，说明电路不能保持，此时应检查**与非**门相互连接是否正确，直至排除全部故障为止。

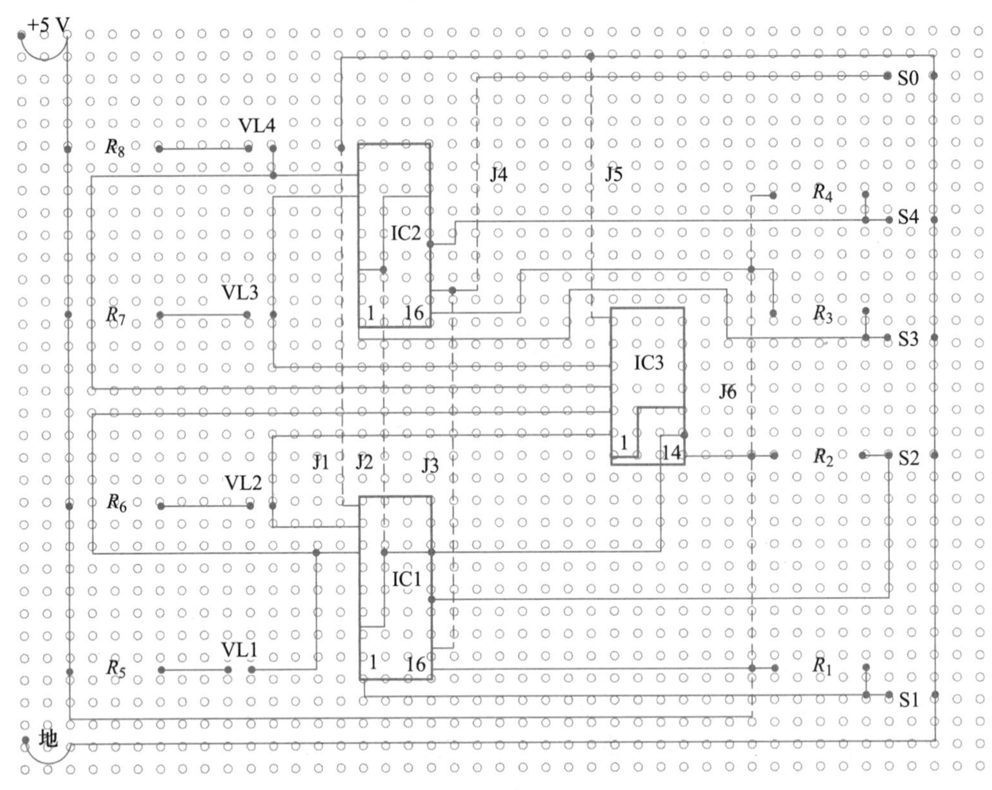

图 8.2.8 用 JK 触发器制作的四人抢答器元器件安装布线图

问题与讨论

1. 绘制电路安装布线图时主要考虑哪些问题？
2. 若抢答时还在发出声音，则电路要怎样改进？
3. 总结装配、调试电路的经验和教训与同学分享或借鉴。

技能评价

制作四人抢答器技能评价表见附录附表 1、附表 2 和附表 3。

* 8.3 D触发器

8.3.1 D触发器的电路组成和逻辑功能

一、电路结构和图形符号

如图 8.3.1 所示，在同步 RS 触发器的基础上，把**与非**门 G3 的输出 $\overline{S}$ 接到**与非**门 G4 的输入 R，使 $R=\overline{S}$，从而避免了 $\overline{S}=\overline{R}=\mathbf{0}$ 的情况。并将**与非**门 G3 的 S 端改为 D 输入端，即为 D 触发器。

二、逻辑功能

D 触发器只有一个输入端，消除了输出的不定状态。D 触发器具有置 **0**、置 **1** 的逻辑功能，见表 8.3.1。

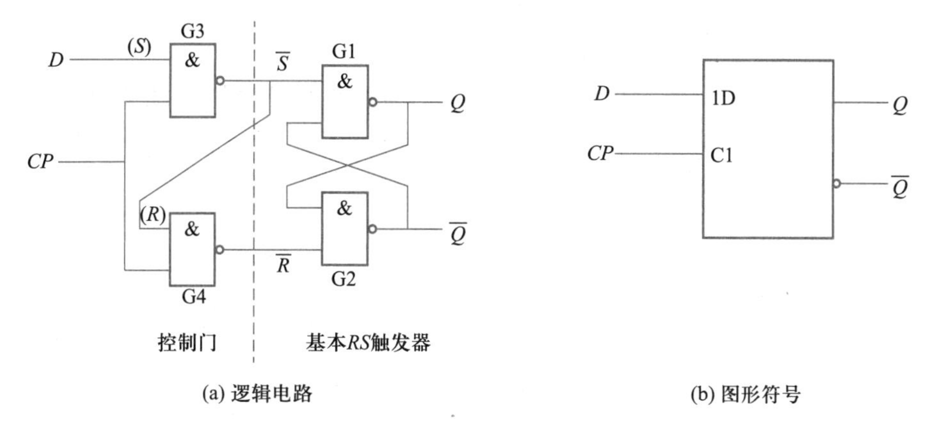

图 8.3.1　D 触发器

表 8.3.1　D 触发器的真值表

CP	D	Q^{n+1}	功能说明
0	×	Q^n	保持
1	**0**	**0**	置 **0**
1	**1**	**1**	置 **1**

由图 8.3.1 可知：

在 $CP=\mathbf{0}$ 期间：与非门 G3、G4 被 CP 端的低电平关闭，使输入信号不起作用，$\overline{S}=\overline{R}=\mathbf{1}$，基本 RS 触发器保持原来状态不变。

在 $CP=\mathbf{1}$ 期间：

1. 置 0 功能

当 $D=\mathbf{0}$ 时，与非门 G3 的输出 $\overline{S}=\mathbf{1}$、G4 的输出 $\overline{R}=\mathbf{0}$，则基本 RS 触发器输出置 **0**。

2. 置 1 功能

当 $D=\mathbf{1}$ 时，与非门 G3 的输出 $\overline{S}=\mathbf{0}$、G4 的输出 $\overline{R}=\mathbf{1}$，则基本 RS 触发器输出为 **1**。

D 触发器的逻辑功能可归纳为：$CP=\mathbf{0}$ 时，$Q^{n+1}=Q^n$（保持）；$CP=\mathbf{1}$ 时，$Q^{n+1}=D$，触发器的输出随 D 的变化而变化。图 8.3.2 所示波形说明了这一特点。

从图 8.3.2 中不难看出，在第 3 个 CP 脉冲作用期间，由于 D 的变化使触发器的状态变化了多次，存在空翻现象，使 CP 脉冲失去了同步的意义。因此在实际应用中，常使用边沿 D 触发器。

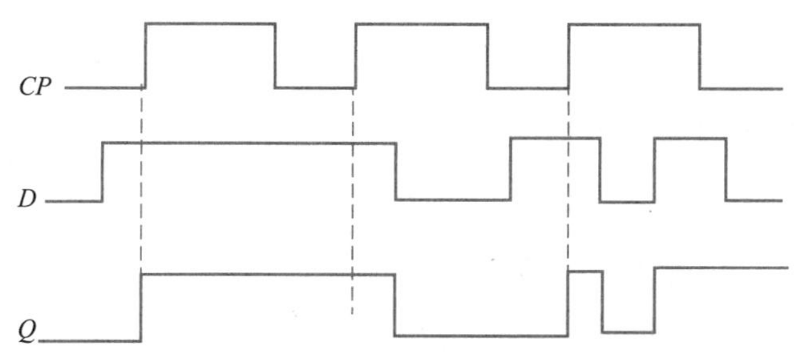

图 8.3.2　D 触发器的工作波形

8.3.2 集成边沿D触发器

边沿 D 触发器常采用集成电路。集成边沿 D 触发器的规格、品种很多,可查阅数字集成电路手册。

下面对集成边沿 D 触发器的典型器件 74LS74 作一介绍。

一、引脚排列和图形符号

74LS74 芯片为集成双上升沿 D 触发器,如图 8.3.3 所示。CP 为时钟输入端;D 为数据输入端;Q、$\overline{Q}$ 为互补输出端;$\overline{R}_D$ 为直接复位端,低电平有效;$\overline{S}_D$ 为直接置位端,低电平有效;$\overline{R}_D$ 和 $\overline{S}_D$ 用来设置初始状态。

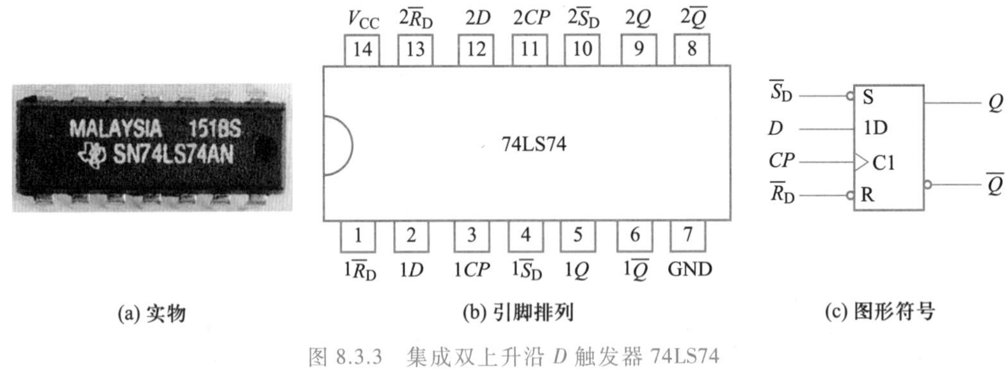

(a) 实物　(b) 引脚排列　(c) 图形符号

图 8.3.3　集成双上升沿 D 触发器 74LS74

二、逻辑功能

表 8.3.2 是集成双上升沿 D 触发器 74LS74 的功能表,表中的"↑"表示上升沿触发。

表 8.3.2　74LS74 的功能表

输入				输出	逻辑功能
$\overline{R}_D$	$\overline{S}_D$	CP	D	Q^{n+1}	
0	1	×	×	0	设置初态
1	0	×	×	1	
1	1	↑	1	1	置 1
1	1	↑	0	0	置 0

$\overline{R}_D$、$\overline{S}_D$ 常用作设置触发器的初态。集成 D 触发器的逻辑功能与前面介绍的 D 触发器基本一样,不同的是它只在 CP 上升沿时工作。

应用拓展

数字电路中经常要用到各种功能的触发器,但市售的集成触发器多为 JK 和 D 触发器,使用时要会相互转换,即把一种已有的触发器,通过加入转换逻辑电路后,成为另一种逻辑功能的触发器。如图 8.3.4 所示,将 JK 触发器的 K 端串接一个**非**门后再与 J 端相连,即构成了具有置 **0** 和置 **1** 功

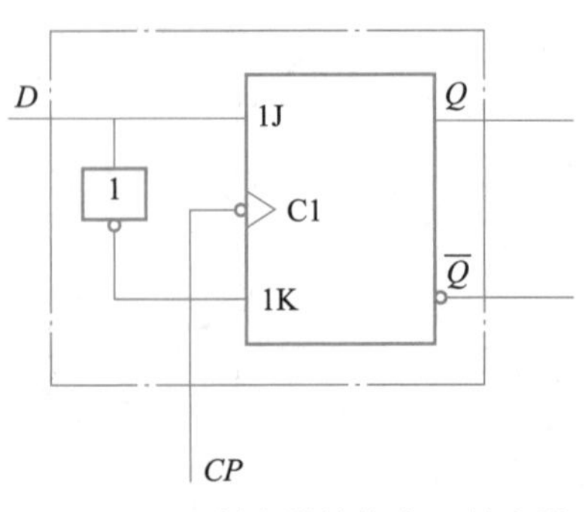

图 8.3.4　JK 触发器转换为 D 触发器

能的 D 触发器。

做中学

实验——测试集成双上升沿 D 触发器 74LS74 的逻辑功能

(1) 测试 $\overline{R}_D$、$\overline{S}_D$ 的复位和置位功能

测试方法同 JK 触发器。

(2) 测试 D 触发器的逻辑功能

按图 8.3.5 接线,按表 8.3.3 的要求进行测试,并观察触发器状态更新是否发生在 CP 脉冲的上升沿(即 **0→1**)。记录并分析实验结果,判断是否与 D 触发器的工作原理一致。

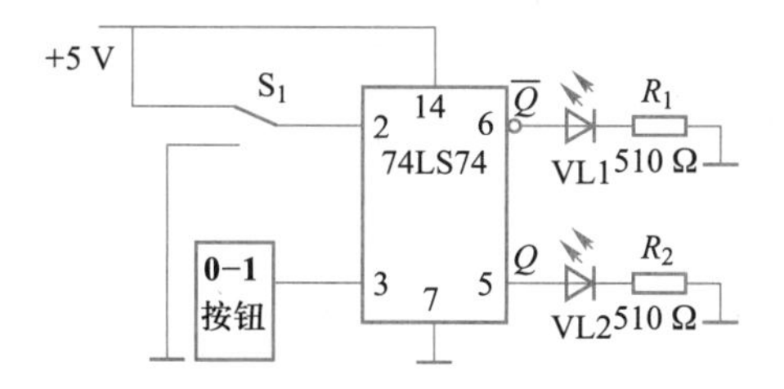

图 8.3.5　测试 74LS74 芯片功能的原理图

表 8.3.3　D 触发器的逻辑功能测试表

D	CP	初态为 **0** 时,输出情况记录		初态为 **1** 时,输出情况记录		功能说明
		Q^n	Q^{n+1}	Q^n	Q^{n+1}	
0	**0→1**	**0**		**1**		
	1→0	**0**		**1**		
1	**0→1**	**0**		**1**		
	1→0	**0**		**1**		

资料库

几种触发器的比较见表 8.3.4。

表 8.3.4　几种触发器的比较

触发方式	电路名称	图形符号	逻辑功能	控制特点
电平触发	基本 RS 触发器	$\overline{S}$ S; $\overline{R}$ R; Q; $\overline{Q}$	置 **0**、置 **1**、保持	直接控制,输入有约束
	同步 RS 触发器	S S; CP C1; R R; Q; $\overline{Q}$	置 **0**、置 **1**、保持	$CP=0$ 时输出状态不变,$CP=1$ 时接收输入端信号存在空翻现象

续表

触发方式	电路名称	图形符号	逻辑功能	控制特点
电平触发	同步 *JK* 触发器	*J* 1J, *CP* C1, *K* 1K, *Q*, $\overline{Q}$	置 **0**、置 **1**、保持、翻转	*CP*=0 时输出状态不变， *CP*=1 时接收输入端信号存在空翻现象
	同步 *D* 触发器	*D* 1D, *CP* C1, *Q*, $\overline{Q}$	置 **0**、置 **1**	
边沿触发	边沿 *JK* 触发器	*J* 1J, *CP* C1, *K* 1K, *Q*, $\overline{Q}$	置 **0**、置 **1**、保持、翻转	上升沿接收信号，无空翻
		J 1J, *CP* C1, *K* 1K, *Q*, $\overline{Q}$		下降沿接收信号，无空翻
	边沿 *D* 触发器	*D* 1D, *CP* C1, *Q*, $\overline{Q}$	置 **0**、置 **1**	上升沿接收信号，无空翻

复习与考工模拟

一、判断题

1. 触发器与门电路一样，输出状态仅决定于触发器的即时输入情况。(　　)

2. 当触发器互补输出时，通常规定 $\overline{Q}=\mathbf{0}$，$Q=\mathbf{1}$，称为 **0** 态。(　　)

3. 时钟脉冲的主要作用是使触发器的输出状态稳定。(　　)

4. 同步 *RS* 触发器只有在 *CP* 信号到来后，才依据 *R*、*S* 信号的变化来改变输出的状态。(　　)

5. 基本 *RS* 触发器只能由**与非**门构成。(　　)

6. 将 *JK* 触发器的 *J*、*K* 端连在一起作为输入，就构成了 *D* 触发器。(　　)

二、选择题

1. 基本 *RS* 触发器在触发脉冲消失后，其输出(　　)。

A. 保持状态　　B. 状态会翻转　　C. 状态不定　　D. 状态为 **0** 态

2. 基本 *RS* 触发器输入端禁止使用(　　)。

A. $\overline{R}_D=\mathbf{0},\overline{S}_D=\mathbf{0}$　　B. $R=\mathbf{1},S=\mathbf{1}$　　C. $\overline{R}_D=\mathbf{1},\overline{S}_D=\mathbf{1}$　　D. $R=\mathbf{0},S=\mathbf{0}$

3. *JK* 触发器在 *J*、*K* 端同时输入高电平，则处于(　　)状态。

A. 保持　　B. 置 **0**　　C. 翻转　　D. 置 **1**

4. 用于计数的触发器有(　　)。

A. 边沿触发 *D* 触发器　　B. 边沿 *JK* 触发器

C. 基本 *RS* 触发器　　D. 同步 *RS* 触发器

三、 填空题

1. 触发器具有__________稳定状态，在输入信号消失后，它能保持__________不变。

2. 触发器在 $CP = \mathbf{1}$（高电平）期间才接收输入信号，这种受时钟脉冲__________控制的触发方式，称为__________触发。

3. 触发器输出状态在一个时钟脉冲作用期间出现多次翻转，这种现象称为__________，采用__________触发方式能克服触发器的这种现象。

4. *RS* 触发器提供了__________、__________、__________三种功能。

5. *JK* 触发器提供了__________、__________、__________、__________四种功能。

6. *D* 触发器提供了__________、__________两种功能。

四、综合题

1. 在题图 8-1(a)所示电路中，输入信号 *A*、*B* 的波形如题图 8-1(b)所示。试对应画出 Q_1 端的波形（设触发器初态为 **0**）。

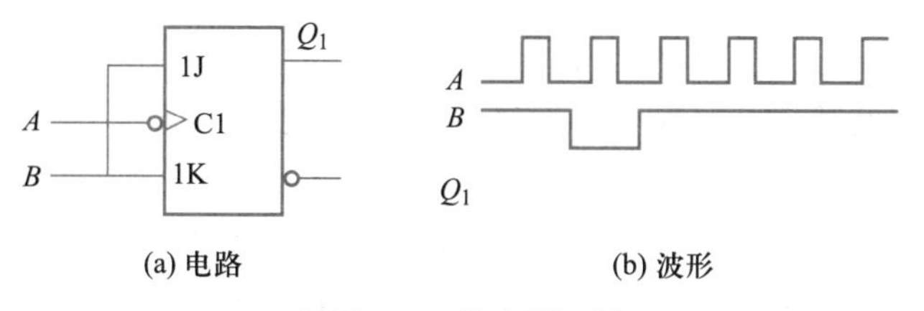

题图 8-1　综合题 1 图

2. 如题图 8-2(a)所示触发器，根据题图 8-2(b)所示输入波形，画出 *Q* 端的输出波形，设电路初态为 **0**。

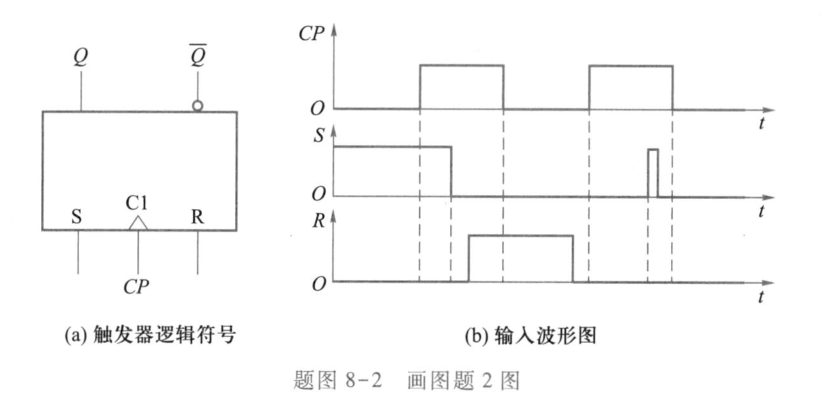

题图 8-2　画图题 2 图

3. 如题图 8-3 所示，*JK* 触发器的 *K* 端串接一个**非**门后再与 *J* 端相连，作为输入端 *D*，完成题表 8-1 的功能分析，并说明该电路实现的逻辑功能。

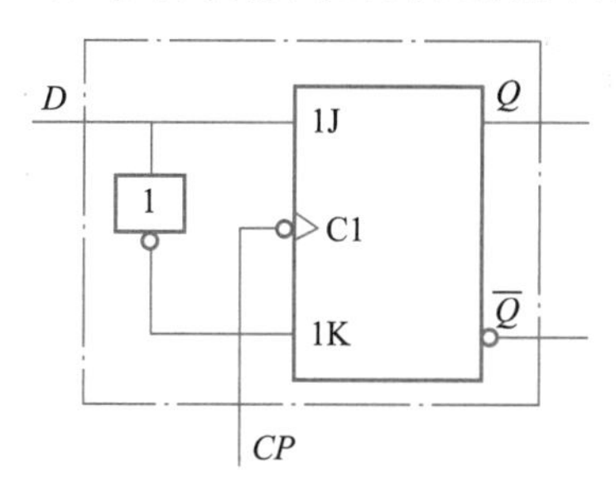

题图 8-3　综合题 3 图

题表 8-1 功能分析

输入			输出
D	J	K	Q^{n+1}
0			
1			

应知应会要点归纳

1. 触发器是数字电路中应用十分广泛的基本单元电路。在输入信号触发下，触发器可以处于 **0** 或 **1** 两种稳态之一，即使输入信号消失后该状态也将保持不变，直到再次输入信号，状态才可能改变。因此，触发器具有存放和记忆信息的功能，可作为二进制存储单元来使用。

2. 从逻辑功能上分，触发器可分为 *RS* 触发器、*JK* 触发器、*D* 触发器等。其中 *JK* 触发器功能最齐全，通用性强，应用最为广泛。

(1) *RS* 触发器具有置 **0**、置 **1** 和保持的逻辑功能。

(2) *JK* 触发器具有置 **0**、置 **1**、保持和计数的逻辑功能。

(3) *D* 触发器具有置 **0**、置 **1** 的逻辑功能。

3. 基本 *RS* 触发器是构成各种触发器的基础，它不受时钟脉冲 *CP* 控制。按 *CP* 时钟脉冲的触发方式分，触发器可分为同步触发器和边沿触发器等，边沿触发器能确保在一个 *CP* 脉冲期间，触发器只动作一次。

时序逻辑电路

课程引入

数字钟是一个典型的由数字电路组成的电子产品，它具有走时准确、显示直观、无机械传动等优点。图 9.0.1 所示是我们生活中常见的数字钟。

图 9.0.1 生活中常见的数字钟

组成数字钟的电路有很多种类，图 9.0.2 所示是电子专业学生制作的 60s 计数器实物电路。该电路由三端集成稳压器电路、计数脉冲产生电路和计数显示电路三部分组成。它能将计数脉冲产生电路输出的 1Hz 脉冲信号的个数通过数码管显示出来。计数显示电路中除前面我们已经学过的集成显示译码器（74LS48）和集成门电路（CC4012）外，关键的器件是集成计数器（74LS160）。

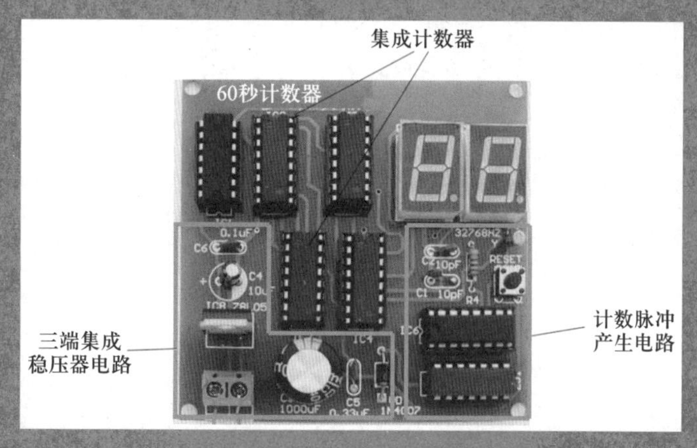

图 9.0.2 60s 计数器实物电路

计数器电路实质是由逻辑门电路和触发器组成，这类电路称为时序逻辑电路（简称时序电路）。常用的时序电路类型有寄存器和计数器，它们广泛应用于自动控制、自动检测和计时等领域。下面我们一起来学习寄存器、计数器的逻辑功能和典型应用电路。

职业岗位群应知应会目标

— 了解寄存器的功能、基本构成和常见类型。
— 掌握典型集成移位寄存器的引脚功能及应用，会测试其逻辑功能。
— 了解计数器的功能及计数器的类型。
— 掌握二进制、十进制典型集成计数器的引脚功能及应用，会测试其逻辑功能。
— 会按工艺要求制作印制电路板。
— 会安装和调试由集成计数器构成的逻辑功能电路。

9.1 寄存器

在数字电路中，常需要将数据或运算结果暂时存放起来。能够暂时存放二进制数据的电路称为寄存器。它由具有记忆功能的触发器和门电路构成。一个触发器只有 **0** 和 **1** 两个状态，只能存储 1 位二进制代码，n 个触发器可以构成能存储 n 位二进制数码的寄存器。在时钟脉冲 CP 控制下，寄存器接收输入的二进制数码并存储起来。按功能的不同，寄存器可分为数码寄存器和移位寄存器。

9.1.1 数码寄存器

寄存器

数码寄存器具有接收、存储和清除原有数据的功能。

一、电路组成

图 9.1.1 所示是一个由基本 RS 触发器和门电路组成的 4 位数码寄存器的逻辑电路图。4 个 RS 触发器的复位端连接在一起，作为寄存器的清零端 $\overline{CR}$，$D_0 \sim D_3$ 为寄存器的数据输入端，$Q_0 \sim Q_3$ 是数据的输出端。

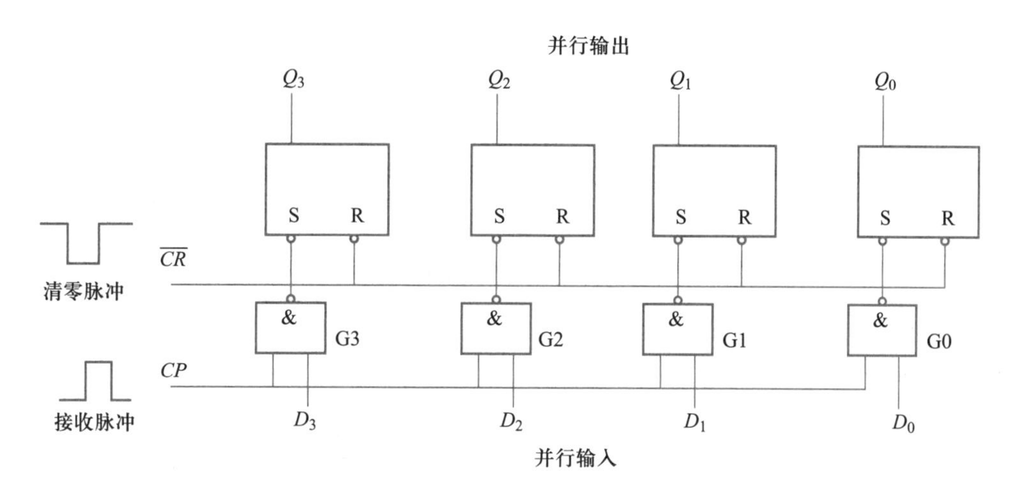

图 9.1.1 基本 RS 触发器和门电路组成的 4 位数码寄存器的逻辑电路图

二、工作过程

寄存器的工作分两步进行：

（1）寄存前先清零

在接收数据前先在复位端加一个负脉冲（清零脉冲），把所有触发器置 **0**，清零脉冲恢复高电平后，为接收数据做好准备。

（2）接收脉冲控制数据寄存

接收脉冲 CP（正脉冲）到来，将**与非门** G0 ~ G3 打开，接收输入数码 $D_3D_2D_1D_0$。例如，若 $D_3D_2D_1D_0$ = **1101**，则 G3、G2、G1、G0 输出为 **0010**，各触发器被置成 **1101**，即 $Q_3Q_2Q_1Q_0$ = **1101**，完成接收和寄存工作。

可以看出，上述寄存器在工作时，同时输入各位数码 $D_3D_2D_1D_0$，并同时输出各位数码 $Q_3Q_2Q_1Q_0$，这种数码输入、输出方式称为并行输入、并行输出方式。

电路评价

数码寄存器的优点是存储时间短、速度快，可用来当成高速缓冲存储器，其缺点是一旦停电后，所存储的数码便全部丢失。因此数码寄存器通常用于暂存工作过程中的数据和信息，不能作为永久的存储器使用。

9.1.2 移位寄存器

移位寄存器不仅能寄存数码，还具有移位功能。移位是指在移位脉冲的控制下，触发器向左或向右的相邻位依次转移数码的处理方式。在数字电路中进行二进制加法、乘法和除法等运算时，都需要移位这种逻辑功能。移位寄存器分为单向移位寄存器和双向移位寄存器两大类。

一、单向移位寄存器

1. 电路组成

图 9.1.2 所示为由 *JK* 触发器构成的 4 位单向右移寄存器。图中各触发器的 *J*、*K* 端均与相邻低位触发器的 Q、$\overline{Q}$ 端连接，左边最低位的 *JK* 触发器 FF0 的 *K* 端串接一个非门后再与 *J* 端相连，作为接收外来数据的输入端，各个 *JK* 触发器的 *J* 与 *K* 端总是处于相反状态，使 *JK* 触发器只具有置 **0** 和置 **1** 的功能。移位控制信号同时加到各触发器的 *CP* 端。

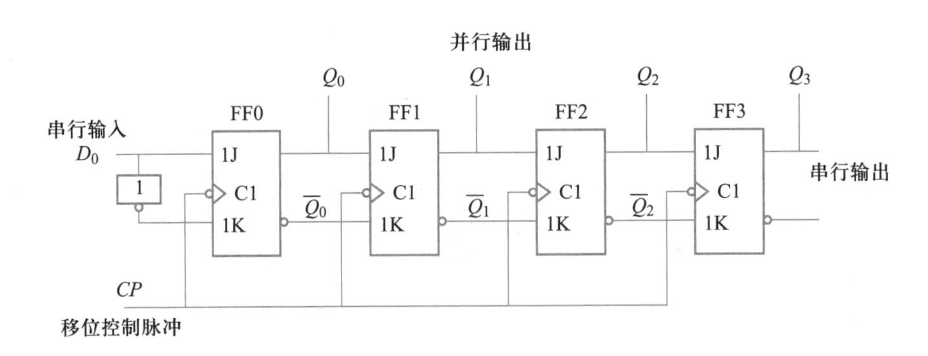

图 9.1.2　*JK* 触发器构成的 4 位单向右移寄存器

2. 工作过程

在 *CP* 下降沿作用下，待存数码送到 FF0，其他各触发器的状态与 *CP* 作用前一瞬间低 1 位触发器的状态相同，即寄存器中的原有数码依次右移 1 位。

下面以存入数码 **1011** 为例，分析 4 位右移寄存器的工作过程。

要寄存的数码 $D_3D_2D_1D_0$ = **1011**，一般先对寄存器清零，然后将被存放数码从高位到低位按移位脉冲节拍依次送到 D_0 端（称为串行输入方式）。当第一个 *CP* 下降沿到来时，D_0 = **1**，则 $Q_3Q_2Q_1Q_0$ = **0001**；当第二个 *CP* 下降沿到来时，D_0 = **0**，则 $Q_3Q_2Q_1Q_0$ = **0010**，经过 4 个移位脉冲后，寄存器状态为 $Q_3Q_2Q_1Q_0$ = **1011**，移位过程示意图如图 9.1.3 所示。

当外部需要该组数码时，可从 $Q_0 \sim Q_3$ 并行输出，也可再经 4 次移位将数码从 Q_3 端逐位输出（称串行输出方式）。

二、集成双向移位寄存器

集成双向移位寄存器中的数码既可左移，也可右移。集成双向移位寄存器产

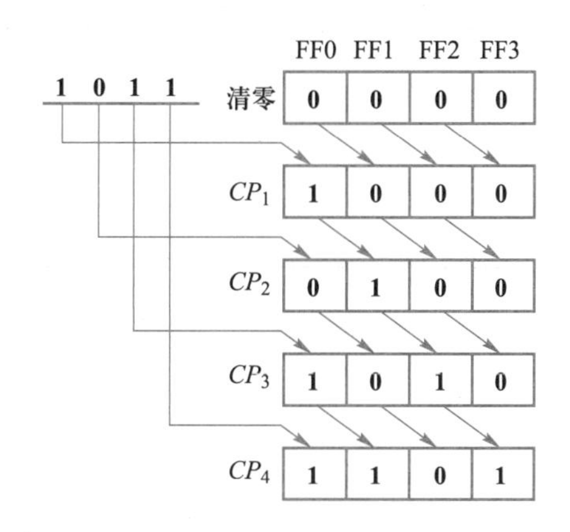

图 9.1.3　右移寄存器工作过程示意图

品较多，现以较典型的 TTL 型 4 位双向通用移位寄存器 74LS194 为例作简单介绍。

1. 74LS194 芯片的实物和引脚排列

图 9.1.4(a)所示为 74LS194 芯片实物，图 9.1.4(b)所示为其引脚排列。

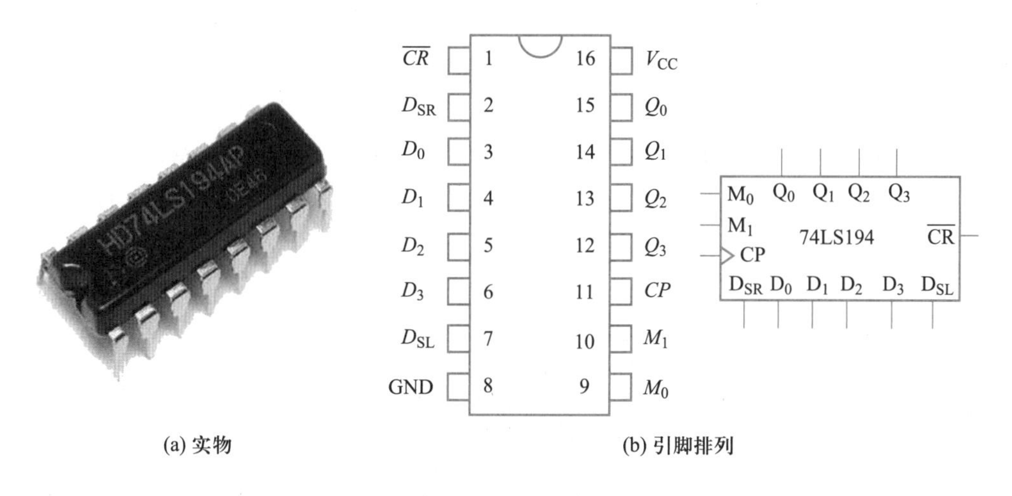

(a) 实物　　(b) 引脚排列

图 9.1.4　集成 4 位双向移位寄存器 74LS194

$D_0 \sim D_3$ 是并行数据输入端，D_{SR} 是右移串行数据输入端，D_{SL} 是左移串行数据输入端。

$Q_0 \sim Q_3$ 是寄存器并行数据输出端。

M_1 和 M_0 是双向移位寄存器的控制端。

2. 74LS194 芯片的逻辑功能

74LS194 芯片的逻辑功能表见表 9.1.1。

表 9.1.1　74LS194 芯片的逻辑功能表

控制输入				输出功能
$\overline{CR}$	M_1	M_0	CP	$Q_3Q_2Q_1Q_0$
0	×	×	×	清 **0**
1	**0**	**0**	×	状态不变（保持）
1	**0**	**1**	↑	右移，串入并出

续表

控制输入				输出功能
$\overline{CR}$	M_1	M_0	CP	$Q_3Q_2Q_1Q_0$
1	**1**	**0**	↑	左移，串入并出
1	**1**	**1**	↑	同步置数，并入并出

由表 9.1.1 可知，74LS194 芯片具有如下逻辑功能：

异步清零功能：当 $\overline{CR}=\mathbf{0}$ 时，直接清零，寄存器各位（$Q_3 \sim Q_0$）均为 **0**，不能进行置数和移位。只有当 $\overline{CR}=\mathbf{1}$ 时，寄存器允许工作。

右移功能：当 $M_1=\mathbf{0}$、$M_0=\mathbf{1}$ 时，在移位控制信号 CP 上升沿作用时，寄存器中数码依次右移一位，且将 D_{SR} 送到 Q_0。

左移功能：当 $M_1=\mathbf{1}$、$M_0=\mathbf{0}$ 时，在 CP 上升沿作用时，寄存器中数码依次左移一位，且将 D_{SL} 送到 Q_3。

并行置数功能：当 $M_1=M_0=\mathbf{1}$ 时，在 CP 上升沿作用时，将数据输入端的数码并行送到寄存器中，使 $Q_3Q_2Q_1Q_0=D_3D_2D_1D_0$。

保持功能：当 $M_1=M_0=\mathbf{0}$ 时，无论有无 CP 作用，寄存器中内容不变。

做中学

实验——测试 74LS194 芯片的逻辑功能

（1）按图 9.1.5 所示连线，其中第 16 脚接电源正端，第 8 脚接电源负极（图中未画出）；M_1、M_0、$\overline{CR}$、$D_0 \sim D_3$、D_{SR}、D_{SL} 共 9 个端与逻辑开关相连，CP 端与单次脉冲信号源相连；将 $Q_0 \sim Q_3$ 输出与发光二极管相连。

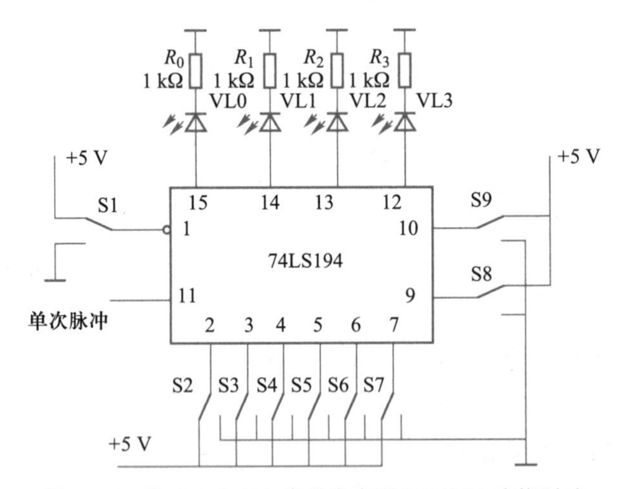

图 9.1.5　集成 4 位双向移位寄存器 74LS194 功能测试

（2）接通电源，按表 9.1.2 所示序号依次逐项进行测试。

表 9.1.2　集成 4 位双向移位寄存器 74LS194 功能测试

序号	输入										输出				功能
	$\overline{CR}$	M_1	M_0	CP	D_{SR}	D_{SL}	D_0	D_1	D_2	D_3	Q_0	Q_1	Q_2	Q_3	
1	**0**	×	×	×	×	×	×	×	×	×					
2	**1**	**1**	**1**	↑	×	×	**1**	**0**	**1**	**1**					

续表

序号	输入										输出				功能
	$\overline{CR}$	M_1	M_0	CP	D_{SR}	D_{SL}	D_0	D_1	D_2	D_3	Q_0	Q_1	Q_2	Q_3	
3	**1**	**1**	**0**	↑	×	**0**	×	×	×	×					
4	**1**	**1**	**0**	↑	×	**1**	×	×	×	×					
5	**1**	**0**	**1**	↑	**0**	×	×	×	×	×					
6	**1**	**0**	**1**	↑	**1**	×	×	×	×	×					
7	**1**	**0**	**0**	↑	×	×	×	×	×	×					

注:×表示任意状态。

应用拓展

计算机在执行一条指令时,总是把一条指令分成若干基本操作。由控制器发出一系列节拍信号,每一个节拍信号控制计算机完成一个或几个操作。用集成4位双向移位寄存器74LS194可构成一个节拍发生器,其电路如图9.1.6所示。$Q_3Q_2Q_1Q_0$作为节拍器的输出。

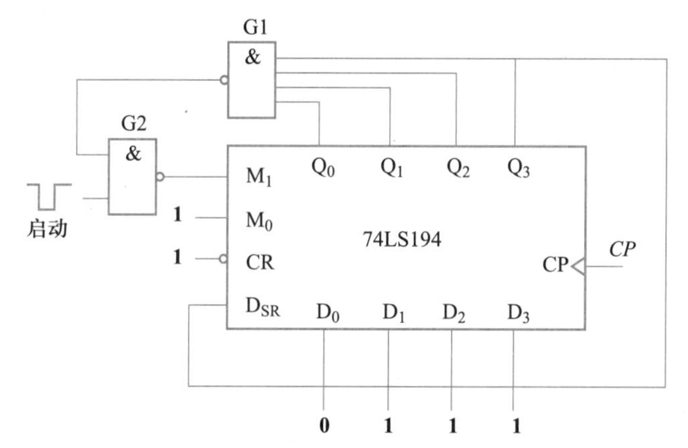

图 9.1.6 74LS194构成的节拍发生器

输入端预置数$D_3D_2D_1D_0 = \mathbf{1110}$,当启动信号为负脉冲时,使G2输出为**1**,$M_1 = M_0 = \mathbf{1}$,寄存器实现并行输入功能,$Q_3Q_2Q_1Q_0 = D_3D_2D_1D_0 = \mathbf{1110}$。启动信号消失后,由于寄存器输出端$Q_0 = \mathbf{0}$,使G1输出**1**,G**2**输出**0**,$M_1 = \mathbf{0}$,$M_0 = \mathbf{1}$,寄存器开始实现左移功能。在移位过程中,因G1输入端总有一个为**0**,所以能保证G1输出**1**,G2输出**0**,维持$M_1 = \mathbf{0}$,$M_0 = \mathbf{1}$,向右移位不断进行下去,即寄存器输出端按固定时序轮流输出低电平脉冲,如图9.1.7所示。

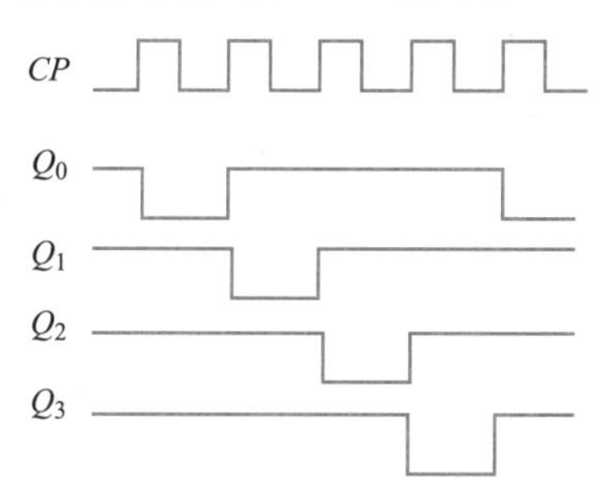

图 9.1.7 节拍发生器的工作波形

如果寄存器预置数 $D_3D_2D_1D_0$ = **0001**，则将输出高电平脉冲序列。这种节拍电路还可实现节日彩灯控制。

9.2 计数器

能累计输入脉冲个数的数字电路称为计数器，计数器是数字电路中应用十分广泛的单元逻辑电路，除直接用作计数、分频、定时外，还经常应用于数字仪表、程序控制、计算机等领域。

计数器的种类很多，按计数的进位体制不同，可分为二进制、十进制和 N 进制计数器等；按计数器中数值的增、减情况，可分为加法计数器、减法计数器、可逆(加/减)计数器；按计数器中各触发器状态转换时刻的不同，可分为同步计数器和异步计数器。

9.2.1 二进制计数器

在计数脉冲作用下，各触发器状态的转换按二进制数的编码规律进行计数的数字电路称为二进制计数器。

构成计数器电路的核心器件是具有计数功能的 JK 触发器。可将 JK 触发器接成计数状态 ($Q^{n+1}=\overline{Q^n}$)，如图 9.2.1 所示，这样在 CP 脉冲作用下，触发器的状态按 **0→1→0** 的规律翻转。可见，一个触发器即可连成一个最简单的 1 位二进制计数器。

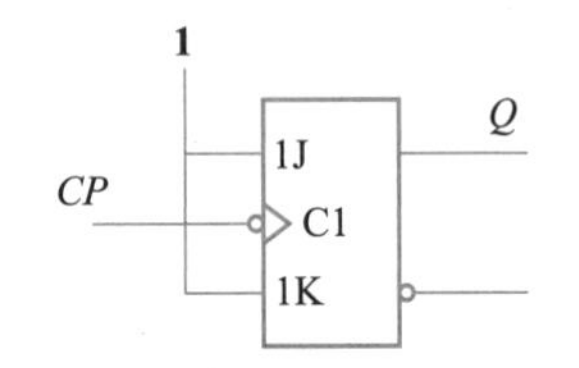

图 9.2.1　JK 触发器的计数状态

异步二进制加法计数器

一、异步二进制加法计数器

图 9.2.2 所示电路是用三个 JK 触发器连成的异步 3 位二进制加法计数器。图中各位触发器的 $\overline{R}_D$ 连接在一起作为计数器的直接复位输入信号；计数脉冲加到最低位触发器 FF0 的 CP 端，其他触发器的 CP 依次受低位触发器 Q 的控制。各触发器接收到负跳变脉冲信号时状态就翻转，它的工作波形如图 9.2.3 所示。

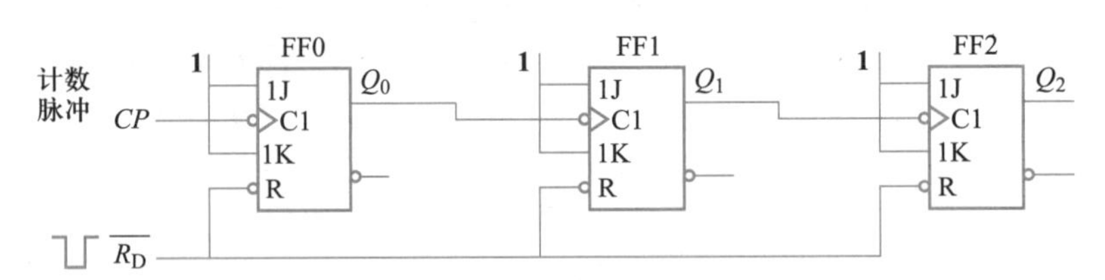

图 9.2.2　异步 3 位二进制加法计数器

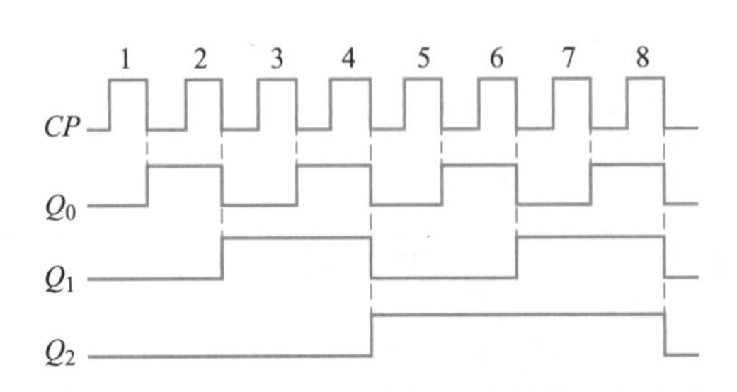

图 9.2.3　异步 3 位二进制加法计数器工作波形

计数前，在复位端 $\overline{R}_D$ 先输入一负脉冲，使 $Q_2Q_1Q_0=\mathbf{000}$，这一过程称为清零。清零后应使 $\overline{R}_D=\mathbf{1}$，才能正常计数。

当第一个计数脉冲 CP 作用后，该脉冲的下降沿使触发器 FF0 的 Q_0 由 **0** 态转变为 **1** 态，其他两个触发器因没有 CP 下降沿的作用，仍保持 **0** 态，所以当第一个 CP 作用后，计数器状态为 $Q_2Q_1Q_0=\mathbf{001}$。

当第二个 CP 作用时，触发器 FF0 翻转，Q_0 由 **1** 态转变为 **0** 态，Q_0 的下降沿加到 FF1 的时钟脉冲输入端，使 Q_1 从 **0** 态转变为 **1** 态，Q_1 上升沿变化对触发器 FF2 无效，Q_2 状态保持不变，所以当第二个 CP 作用后，计数器状态 $Q_2Q_1Q_0=\mathbf{010}$。

依此类推，当第七个 CP 作用后计数器状态为 **111**，当第八个 CP 作用后计数器又回到 **000** 状态，完成一次计数循环。

从以上分析可以看出，各触发器的翻转有先有后，是异步的，而每输入一个计数脉冲，计数器就进行一次加 1 运算。输入脉冲数与对应的二进制数见表 9.2.1。

表 9.2.1　3 位二进制加法计数器的计数状态表

计数脉冲	电路状态			等效十进制数
	Q_2	Q_1	Q_0	
0	**0**	**0**	**0**	0
1	**0**	**0**	**1**	1
2	**0**	**1**	**0**	2
3	**0**	**1**	**1**	3
4	**1**	**0**	**0**	4
5	**1**	**0**	**1**	5
6	**1**	**1**	**0**	6
7	**1**	**1**	**1**	7
8	**0**	**0**	**0**	0

应用拓展

图 9.2.4 所示是由 JK 触发器构成的另一种二进制计数器。与图 9.2.3 所示的异步二进制加法计数器的电路结构类似，区别只是高位触发器的 CP 端受低位 $\overline{Q}$ 端控制，当低位触发器的 $\overline{Q}$ 端由 $\mathbf{1}\rightarrow\mathbf{0}$（即 Q 从 $\mathbf{0}\rightarrow\mathbf{1}$）时，使高位触发器翻转。

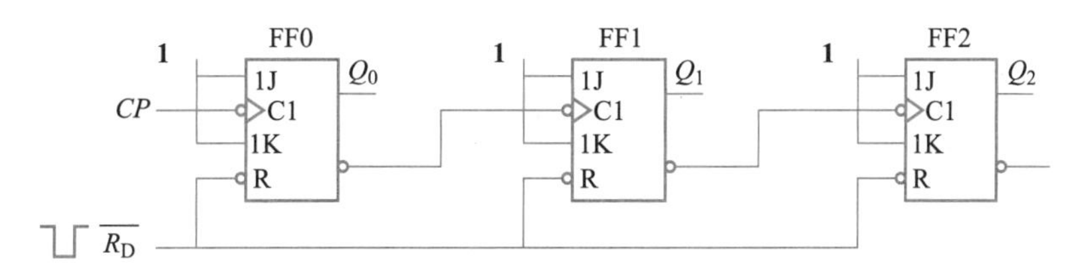

图 9.2.4　异步 3 位二进制减法计数器

若计数器初态 $Q_2Q_1Q_0=\mathbf{000}$。当第一个 CP 作用时，Q_0 从 $\mathbf{0}\rightarrow\mathbf{1}$，而 $\overline{Q}_0$ 从

1→0使 Q_1 从 **0→1**,$\overline{Q}_1$ 从 **1→0** 再使 Q_2 从 **0→1**,所以当第一个 CP 作用后,计数器的状态 $Q_2Q_1Q_0$ = **111**。当第二个 CP 作用时,Q_0 从 **1→0**,则 Q_1、Q_2 保持不变,计数器状态 $Q_2Q_1Q_0$ = **110**。随着 CP 的输入,计数器的数码依次减小。读者可自行分析计数器的计数状态表和各触发器的输出波形。这种每输入一个计数脉冲,就进行一次减 1 运算的计数器称为减法计数器。

二、 同步二进制加法计数器

图 9.2.5 所示电路为同步 3 位二进制加法计数器。由图可以看出,各级触发器的 CP 端连在一起,受同一个时钟脉冲控制,显然各触发器状态的翻转与时钟同步,故称同步计数器。

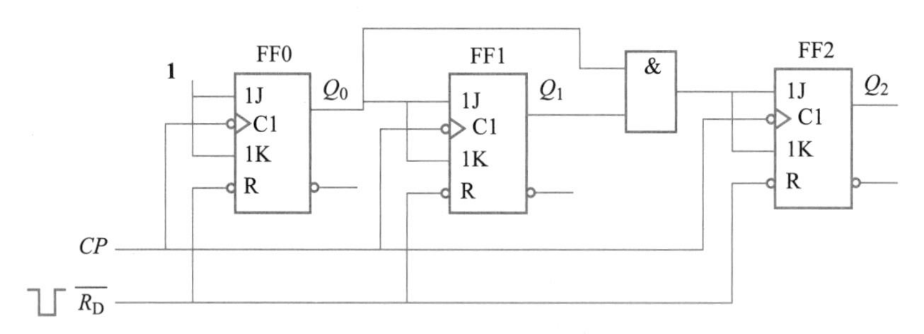

图 9.2.5　同步 3 位二进制加法计数器

分析同步计数器工作情况时,要特别注意各触发器 J、K 控制端的状态。

最低位 FF0:$J_0 = K_0 = \mathbf{1}$,每一次 CP 下降沿作用时,FF0 都翻转。

第二位 FF1:$J_1 = K_1 = Q_0$,当 $Q_0 = \mathbf{1}$ 且有 CP 下降沿作用时,FF1 翻转。

第三位 FF2:$J_2 = K_2 = Q_1Q_0$,当 $Q_1 = Q_0 = \mathbf{1}$ 且有 CP 下降沿作用时,FF2 翻转。

由此可画出同步 3 位二进制加法计数器的波形图,如图 9.2.6 所示。

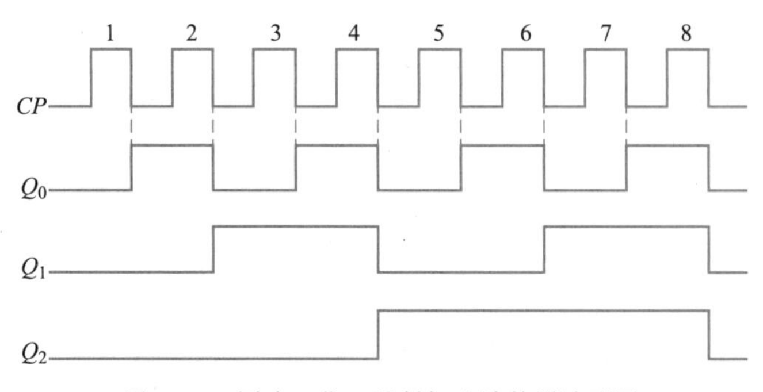

图 9.2.6　同步 3 位二进制加法计数器波形图

电路评价

比较同步 3 位二进制加法计数器和异步 3 位二进制加法计数器的工作波形,它们的逻辑状态完全相同,不同的是:异步计数器各触发器的状态更新是逐级进行的,工作速度较低,工作频率不能太高;而同步计数器各触发器的状态更新是同时的,减少了触发器之间的传输延迟时间,提高了计数器的工作速度。

从二进制计数器的工作波形图可以看出,Q_0、Q_1、Q_2 的周期分别是计数脉冲(CP)周期的 2 倍、4 倍、8 倍,即 Q_0、Q_1、Q_2 分别对 CP 脉冲进行了二分频、四分频、八分频。3 位二进制加法计数器,共有 $2^3 = 8$(**000**~**111**)种状态,每输入 8 个计数脉冲就循环一次,故又称模 8 计数器或八进制计数器。

应用拓展

二进制加法计数器的逻辑功能本质上基于 *CP* 脉冲进行逐级分频，根据不同的硬件资源，可以设计出很多实现此功能的电路结构形式。图 9.2.7 所示是采用上升沿触发 *JK* 触发器设计的同步 3 位二进制加法计数器，其输出取自各级触发器的反相输出端。

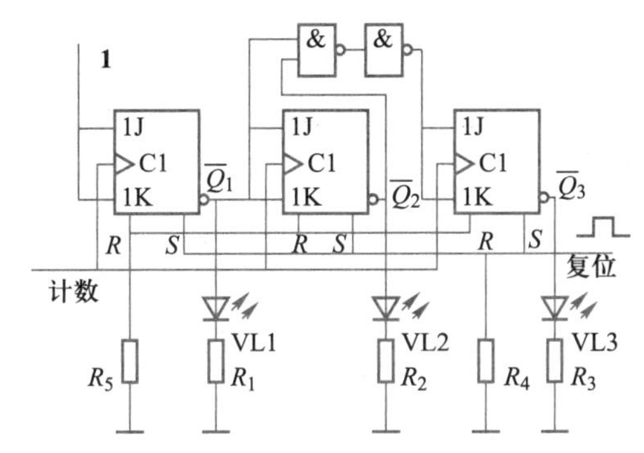

图 9.2.7 采用上升沿触发 *JK* 触发器设计的同步 3 位二进制加法计数器

9.2.2 十进制计数器

二进制计数器结构简单，运算方便。在数字式仪表中，为方便地显示读数，常采用十进制计数器。所谓十进制计数器是在计数脉冲作用下，各触发器状态按十进制数的编码规律进行转换的数字电路。

我们知道，用二进制数表示十进制数的方法称为二-十进制编码（即 BCD 码）。十进制数有 0~9 共 10 个数码，至少要用 4 位二进制数才能表示。而 4 位二进制数有 16 个状态，表示 1 位十进制数只需要 10 个状态，因此需要去掉其中的 6 个状态。在十进制计数器中常采用 8421 码的编码方式进行计数。8421 编码见表 9.2.2。

表 9.2.2 8421 编码表

计数脉冲个数	二进制数码				对应十进制数码
	Q_3	Q_2	Q_1	Q_0	
0	**0**	**0**	**0**	**0**	0
1	**0**	**0**	**0**	**1**	1
2	**0**	**0**	**1**	**0**	2
3	**0**	**0**	**1**	**1**	3
4	**0**	**1**	**0**	**0**	4
5	**0**	**1**	**0**	**1**	5
6	**0**	**1**	**1**	**0**	6
7	**0**	**1**	**1**	**1**	7
8	**1**	**0**	**0**	**0**	8
9	**1**	**0**	**0**	**1**	9

续表

计数脉冲个数	二进制数码				对应十进制数码
	Q_3	Q_2	Q_1	Q_0	
	1	**0**	**1**	**0**	不用
	1	**0**	**1**	**1**	
	1	**1**	**0**	**0**	
	1	**1**	**0**	**1**	
	1	**1**	**1**	**0**	
	1	**1**	**1**	**1**	
10	**0**	**0**	**0**	**0**	**0**

类似于二进制计数器，十进制计数器也可分为同步十进制加法计数器、同步十进制减法计数器、异步十进制加法计数器、异步十进制减法计数器等类型。下面以异步十进制加法计数器为例作一介绍。

一、 电路组成

异步十进制加法计数器电路由 4 位二进制计数器和一个用于计数器清零的门电路组成，如图 9.2.8 所示。与二进制加法计数器的主要差异是跳过了二进制数码 **1010~1111** 的 6 个状态。

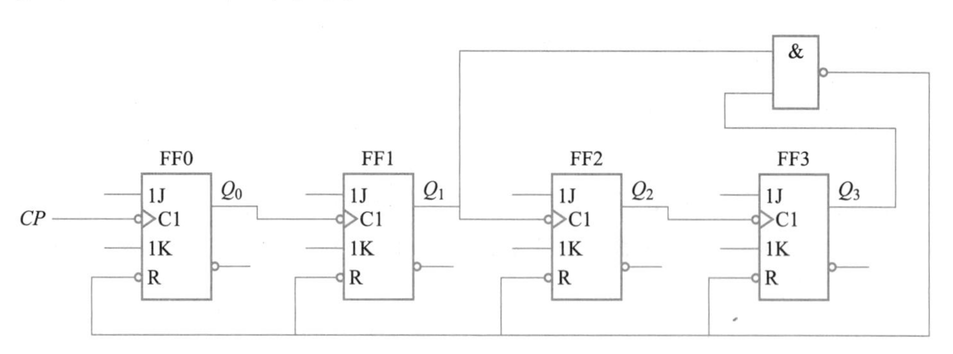

图 9.2.8 异步十进制加法计数器

二、 工作过程

计数器输入 0~9 个计数脉冲时，工作过程与 4 位二进制异步计数器完全相同，第 9 个计数脉冲后，$Q_3Q_2Q_1Q_0$ = **1001**。

当第 10 个计数脉冲到来后，计数器状态 $Q_3Q_2Q_1Q_0$ = **1010**，此时 $Q_3 = Q_1 =$ **1**，与非门输入全 **1**，输出为 **0**，使各触发器复位，即 $Q_3Q_2Q_1Q_0$ = **0000**，同时使与非门输出又变为 **1**，计数器重新开始工作。从而实现 8421 码十进制加法计数的功能。

电路评价

该电路能实现按 8421 码编码的十进制计数，但在工作过程中有一个复位过渡状态，即计数器要在 **1010** 状态下使各触发器同步复位。虽然复位过渡状态只是短暂的一瞬间，但若各触发器的翻转速度不一致，便会产生误动作。在实践中，如果没有出现预期的效果，调试时可在某一级触发器的输出端 Q_1 或 Q_2 和“地”之间接一个几百皮法的电容，一般可排除故障，也可采取其他措施保证电路可靠工作。

9.2.3 集成计数器

集成计数器是将触发器及有关门电路集成在一块芯片上,使用方便且便于扩展。中规模集成同步计数器类型很多,常见的 4 位十进制同步计数器有 74LS160、74LS162 等;4 位二进制同步计数器有 74LS161、74LS163 等。其引脚功能可查阅数字集成电路手册。

下面以 74LS161 芯片为例介绍集成二进制同步计数器的逻辑功能及应用。

一、引脚排列和图形符号

74LS161 芯片的引脚排列和图形符号如图 9.2.9 所示。

$\overline{LD}$为同步预置数控制端;$\overline{CR}$为异步置 **0** 控制端;CT_T、CT_P 为计数控制端;$D_0 \sim D_3$为置数输入端;CP 为计数脉冲输入端;$Q_0 \sim Q_3$ 为 4 位数码输出端;CO 为进位输出端。

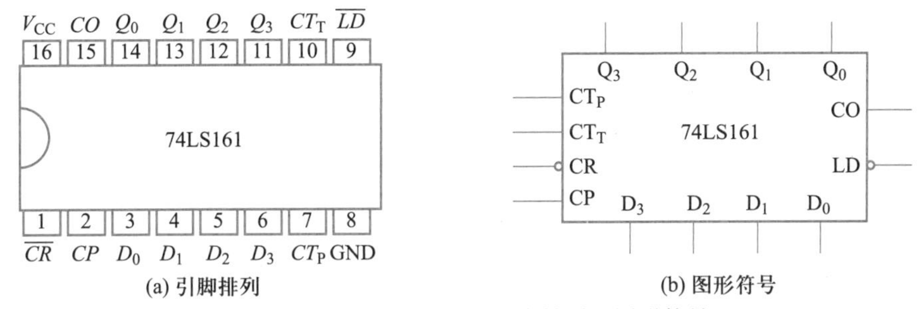

图 9.2.9 74LS161 芯片的引脚排列和图形符号

二、74LS161 芯片的逻辑功能

74LS161 芯片是 4 位同步二进制加法计数器,其逻辑功能见表 9.2.3。

表 9.2.3 74LS161 芯片的逻辑功能

输入									输出				功能
$\overline{CR}$	$\overline{LD}$	CT_P	CT_T	CP	D_3	D_2	D_1	D_0	Q_3	Q_2	Q_1	Q_0	
0	×	×	×	×	×	×	×	×	**0**	**0**	**0**	**0**	异步清零
1	**0**	×	×	↑	d_3	d_2	d_1	d_0	d_3	d_2	d_1	d_0	同步置数
1	**1**	**0**	×	×	×	×	×	×	保持				锁存数据
1	**1**	×	**0**	×	×	×	×	×					
1	**1**	**1**	**1**	↑	×	×	×	×	每来一次 CP,加 1 计数				4 位二进制加法计数

1. 异步清零

当异步置 **0** 控制端 $\overline{CR}$ = **0** 时,不论其他输入端的状态如何,无论有无时钟脉冲,计数器输出将直接置 **0**($Q_3Q_2Q_1Q_0$ = **0000**),又称异步清零。

2. 同步预置数

当 $\overline{CR}$ = **1**,同步置数控制端 $\overline{LD}$ = **0**,且在 CP 上升沿作用时,并行输入数据被置入计数器的输出端,使 $Q_3Q_2Q_1Q_0 = D_3D_2D_1D_0$。由于这个操作要与 CP 同步,所以又称同步预置数。

3. 保持

当 $\overline{CR} = \overline{LD}$ = **1**、$CT_T \cdot CT_P$ = **0** 时,输出 $Q_3Q_2Q_1Q_0$ 保持不变。这时如 CT_P = **0**、

$CT_T=\mathbf{1}$,则进位输出信号 CO 保持不变;若 $CT_P=\mathbf{1}$、$CT_T=\mathbf{0}$,进位输出信号 CO 为低电平。

4. 计数

当 $\overline{CR}=\overline{LD}=CT_T=CT_P=\mathbf{1}$,$CP$ 为上升沿有效时,实现加法计数功能。

做中学

实验——测试 74LS161 芯片的计数功能

(1) 按图 9.2.10 所示连线,其中 $Q_0 \sim Q_3$ 和 CO 分别接 5 只发光二极管,$\overline{LD}$、CT_P 和 CT_T 分别接开关 S0、S1、S2,$\overline{CR}$接清零脉冲 P_0,CP 接单次脉冲。

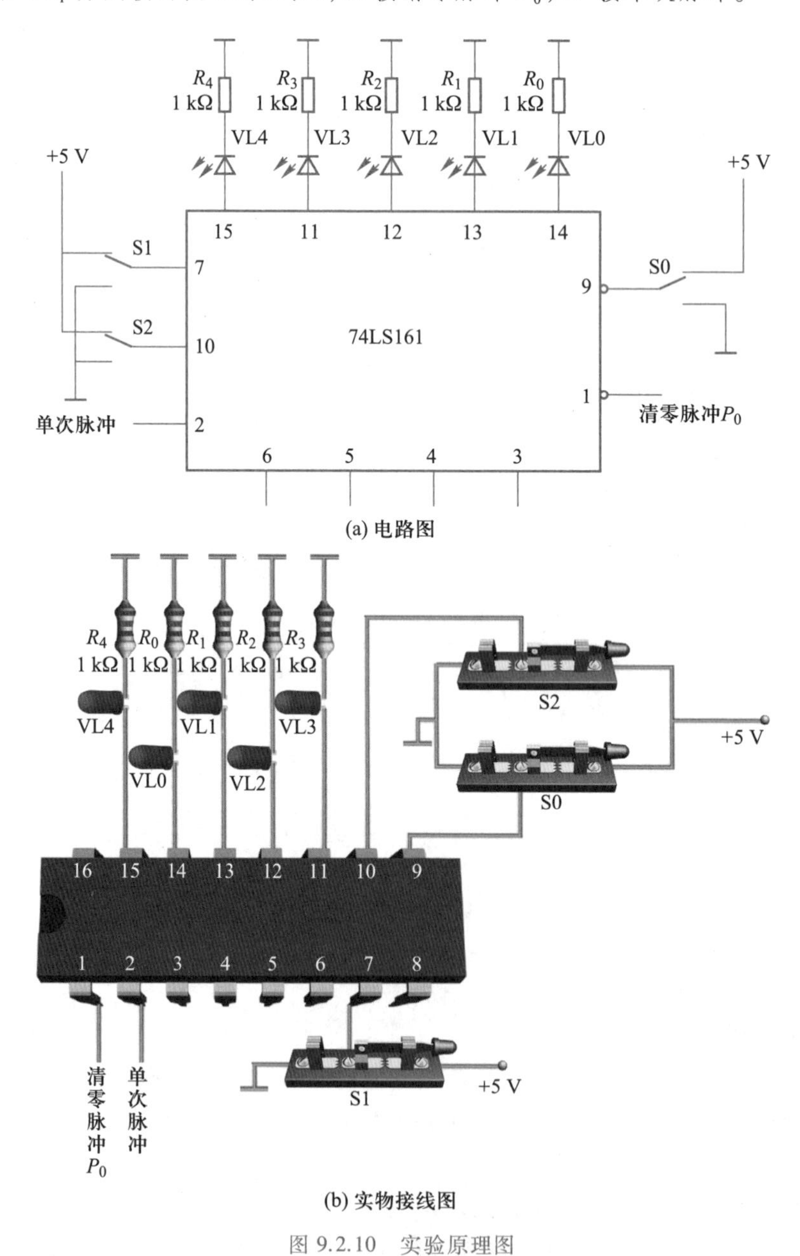

(a) 电路图

(b) 实物接线图

图 9.2.10 实验原理图

(2) 将计数器清零,即接入一次 P_0,然后令$\overline{LD}=CT_P=CT_T=\mathbf{1}$,按表 9.2.4 进行测试,并将结果填入表中。

（3）根据 74LS161 逻辑功能，分别尝试实现同步置数、锁存数据功能。

（4）先用同步置数功能将计数器输出置为 **0101**，再切换到二进制加法计数功能进行计数，观察其输出状态的变化。

表 9.2.4 74LS161 芯片逻辑功能测试记录表

CP 个数	输出				CO	CP 个数	输出				CO
	Q_3	Q_2	Q_1	Q_0			Q_3	Q_2	Q_1	Q_0	
1						10					
2						11					
3						12					
4						13					
5						14					
6						15					
7						16					
8						17					
9						18					

电路评价

74LS161 芯片具有异步清零、同步预置数、计数和保持等功能，其中异步清零的优先级最高，其次是同步预置数，第三是保持，计数的级别最低。若计数过程中出现清零或同步预置数信号，计数器将中断计数过程，迫使计数器清零或置数。74LS161 芯片工作时从被预置的状态开始计数，直至计满到 **1111** 再从 **0000** 开始计算，若要计数器从 **0000** 开始计数，可先清零或先预置 **0000** 后计数。

三、74LS161 芯片的应用举例

74LS161 芯片兼有异步清零和同步预置数功能，利用异步清零或同步预置数功能可方便地构成十进制加法计数器。

如图 9.2.11（a）所示，74LS161 芯片各功能端的状态是：$\overline{LD}=\mathbf{1}$（不需要置数），$CT_P=CT_T=\mathbf{1}$（允许计数），$\overline{CR}=\overline{Q_1\cdot Q_3}$。当 $\overline{CR}=\mathbf{1}$ 时，计数器为计数状态，当 $\overline{CR}=\mathbf{0}$ 时，计数器则清零。若计数器从 **0000** 开始计数，当输入第 10 个计数脉冲，计数器状态 $Q_3Q_2Q_1Q_0=\mathbf{1010}$ 时，$Q_3=Q_1=\mathbf{1}$，与非门输出为 **0**，则 $\overline{CR}=\mathbf{0}$，将计数器清零，计数器回到 **0000** 状态重新开始计数。利用清零使计数器复位实现十进制计数的方法称为清零法。

如图 9.2.11（b）所示，74LS161 芯片各功能端的状态是：$\overline{CR}=\mathbf{1}$（不需清零），$CT_P=CT_T=\mathbf{1}$（允许计数），数据端 $D_3D_2D_1D_0$ 均为 **0**，$\overline{LD}=\overline{Q_0\cdot Q_3}$。若计数器从 **0000** 开始计数，当未计到 9 时，Q_3 和 Q_0 中总有一个为 **0**，则 $\overline{LD}=\mathbf{1}$，计数器处于计数状态，当计到 9 时，$Q_3Q_2Q_1Q_0=\mathbf{1001}$，$Q_3$ 和 Q_0 全为 **1**，与非门输出为 **0**，则 $\overline{LD}=\mathbf{0}$，计数器处于待置数状态。在下一个时钟脉冲上升沿（即第十个计数脉冲）作用下，将数据端数据 **0000** 置入计数器，计数器回到 **0000** 状态重新开始计数。这种利用同步预置数控制端使计数器复位实现十进制计数的方法称为置数法。这种方法不会出现复位过渡状态，计数器工作更可靠。

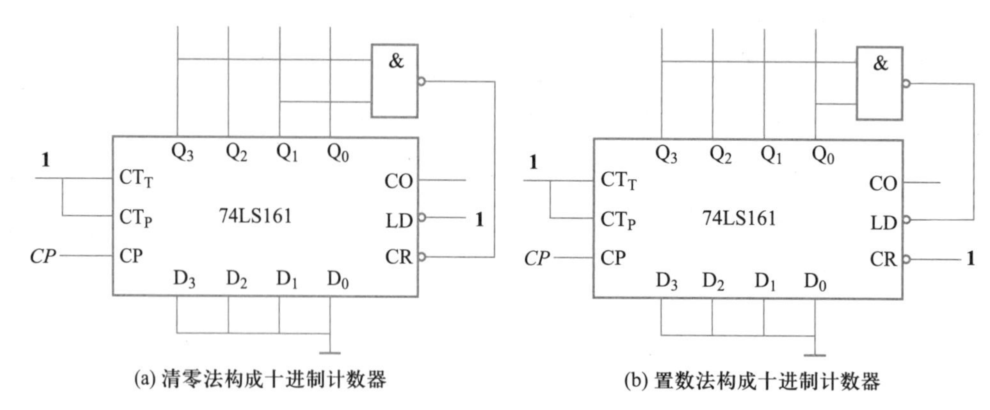

图 9.2.11 74LS161 芯片构成的十进制计数器

应用拓展

由于 74LS161 共有 **0000~1111** 这 16 个状态，即 16 个脉冲，发生一次进位，所以可以用清零法或置数法构成模不大于 16 的各进制计数器。

若所要求的计数器的模超过 16，则可通过几个 74LS161 进行级联来实现。如图 9.2.12 所示为两片 74LS161 级联成六十进制计数器，当高位片 74LS161(1)计数到 3(**0011**)时，低位片 74LS161(0)所计数为 16×3=48，之后低位片继续计数到 12(**1100**)，**与非**门输出 **0**，将两片计数器同时清零，计数器模为 60。

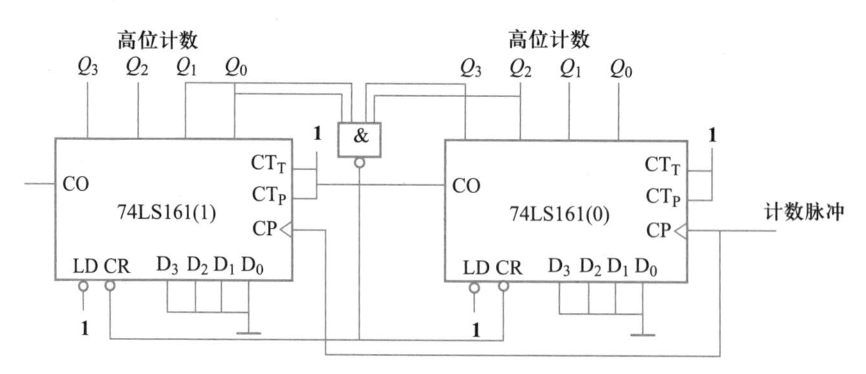

图 9.2.12 两片 74LS161 级联成六十进制计数器

资料库

与 74LS161 芯片引脚排列和封装完全相同的集成计数器还有 74LS160、74LS162 和 74LS163。它们的主要功能基本相同，但在实际使用中应注意它们的不同之处，见表 9.2.5。

表 9.2.5 74LS160/1/2/3 芯片的功能比较

<table>
<tr><th>型号</th><th>同步/异步</th><th>加/减</th><th>进制</th><th>预置作用</th><th>清零作用</th><th>辅助功能</th></tr>
<tr><td>74LS160</td><td rowspan="4">同步</td><td rowspan="4">加法</td><td>4 位十进制</td><td rowspan="4">同步置数
$\overline{LD}=\mathbf{0}$</td><td rowspan="2">异步清零
$\overline{CR}=\mathbf{0}$</td><td rowspan="4">进位:CO
计数控制:
$CT_T=CT_P=\mathbf{1}$</td></tr>
<tr><td>74LS161</td><td>4 位二进制</td></tr>
<tr><td>74LS162</td><td>4 位十进制</td><td rowspan="2">同步清零
$\overline{CR}=\mathbf{0}$</td></tr>
<tr><td>74LS163</td><td>4 位二进制</td></tr>
</table>

从表9.2.5中可以看出，这四种集成计数器除了进制上的差别外，74LS162/3芯片是依靠 *CP* 驱动实现清零，故称同步清零。

技能实训 制作60 s计数器

工作任务书

一、任务目标

1. 按图9.2.13所示电路原理图制作60 s计数器。

2. 学习集成门电路、显示译码器、数码显示器、计数器的应用，提高综合应用能力。

3. 会根据原理图绘制印制电路板安装图。

4. 掌握秒计数器电路的基本调试和测量方法。

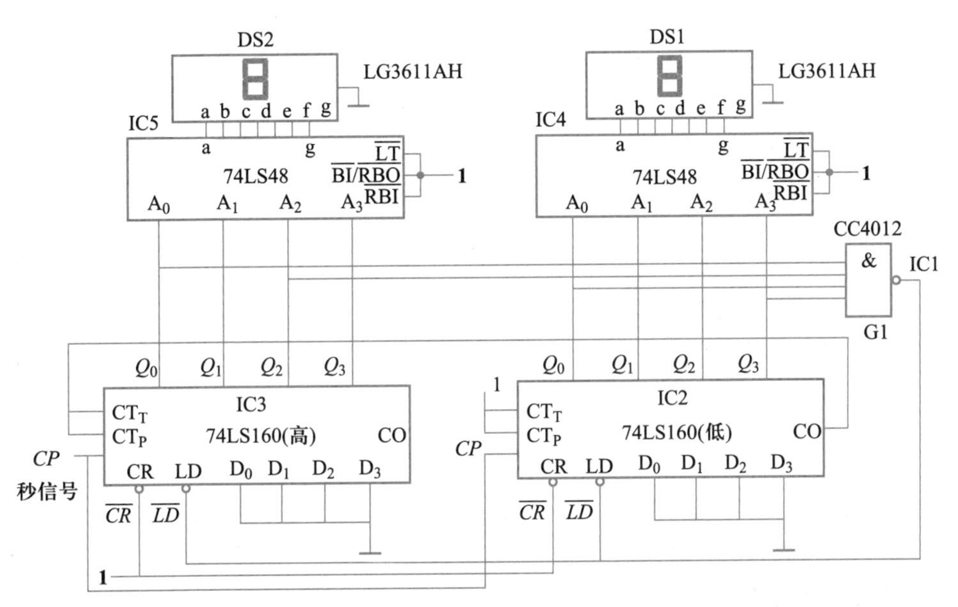

图9.2.13 60 s计数器电路原理图

二、实施步骤

绘制印制电路板图→制作印制电路板→清点元器件→元器件检测→插装和焊接→通电前检查→通电调试和测量→数据记录。

三、调试与记录

按印制电路板图插装和焊接，检查焊点质量，检查元器件安装位置是否正确，然后才可以接通电源(电源由外接稳压电源提供)。调试时，观察电路是否有异常现象，若有应该立即切断电源，排除故障后再通电。通电正常后，将1 Hz的脉冲信号送入 *CP* 端，计数器开始计数，数码显示器显示计数，到59后全部回0。

将实训过程记录在表9.2.6中。

表9.2.6 实训记录

实训名称：	姓　　名：	班　　级：
制作过程		
故障描述		
排故方法		

相关技能

▶ 相关技能一　认识电路

计数器从全0状态开始计数，当低位片从0(**0000**)计数到9(**1001**)时，*CO* 输出变为高电平，下一个 *CP* 信号到达时，高位片为计数工作状态，计入一个**1**，而低位片计成0(**0000**)。接着低位片再从0(**0000**)继续计数，当低位片计到9(**1001**)时，*CO* 输出变为高电平，下一个 *CP* 信号到达时，高位片为计数工作状态，高位片计入一个**1**，变为2(**0010**)……直到当高位片计到5(**0101**)，低位片计到9(**1001**)时，经**与非**门G1产生一个低电平信号立即将两片74LS160芯片的 *LD* 同时置**0**，第60个脉冲输入时，并行输入的数据 $D_3D_2D_1D_0=\mathbf{0000}$，被置入计数器的低位和高位，实现计数器的置零功能，从而实现六十进制计数。

▶ 相关技能二　元器件选择

根据图9.2.13选择元器件，元器件清单(参考)如下：

(1) IC1　双4输入**与非**门 CC4012　1块

(2) IC2、IC3　十进制同步计数器 74LS160　2块

(3) IC4、IC5　4线-七段译码驱动器 74LS48　2块

(4) DS1、DS2　数码显示器 LG3611AH(引脚排列如图9.2.14所示)　2块

(5) 印制电路板尺寸为85 mm×80 mm

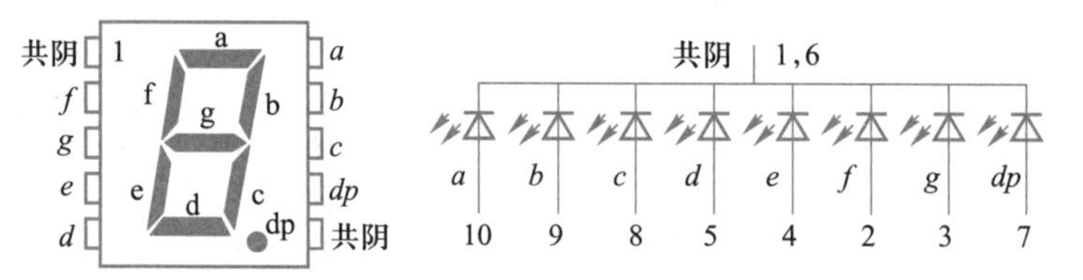

图9.2.14　LG3611AH芯片引脚排列

▶ 相关技能三　印制电路板图(简称PCB图)的绘制

1. 印制电路板布局

根据元器件型号、尺寸和印制电路板大小，在坐标纸上按水平、垂直方向布置元器件。具体方法是：按电路信号流程来安排功能电路，每个功能电路要围绕核心元器件来布线，元器件排列要均匀、紧凑，尽量减少各元器件间的连接，缩短各单元之间的引出线。留出固定电路板螺钉孔的位置，元器件距板边一般不少于2 mm。

2. 印制电路板布线

导线布局应遵循先信号线、后地线和电源线的原则布线。单面布线出现困难时，可采用跳线连接，但跳线要合理，不宜过多；正、反面布线时，应尽量互相垂直。输入线与输出线应避免相邻或平行。

(1) 线宽

信号线宽：0.3 mm左右；集成电路线宽：0.2~0.3 mm；电源线和地线尽可能选用宽线。

(2) 线间距离

通常为1~1.5 mm。间距为1 mm时，若绝缘电阻超过100 MΩ，则允许工作电压为200 V；间距为1.5 mm时，若绝缘电阻超过100 MΩ，则允许工作电压为300 V。

(3) 焊盘尺寸

孔的内径比元器件引脚直径大 0.3 mm 即可。一般采用：内径 ϕ0.8 mm，外径 ϕ2.1 mm。

根据上述要求绘制印制电路板图。

▶ 相关技能四　手工制作印制电路板

手工制作印制电路板有以下两种方法。

(1) 刀刻法

将绘制的印制电路板图(1∶1)贴在铜箔板上→用小刀刻下不用的铜箔→钻孔。

(2) 腐蚀法

工艺流程如图 9.2.15 所示。

说明：用水砂纸除去覆铜板上的氧化层。腐蚀电路板采用一定浓度(28%~42%)和温度(38~54 ℃)的三氯化铁。助焊剂为松香酒精液。

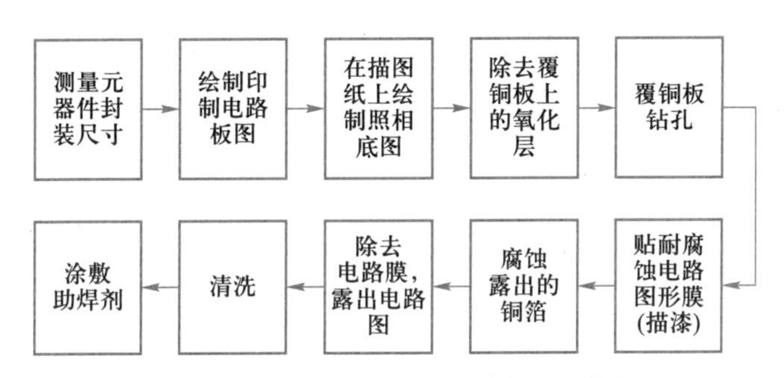

图 9.2.15　腐蚀法制作印制电路板的工艺流程

岗位知识积累

手工制作印制电路板应注意

(1) 打孔：一般打 ϕ0.8 mm 孔即可，对特殊元器件，应根据引脚的粗细作相应的变化，孔的内径比元器件引脚直径大 0.2~0.5 mm 即可。

(2) 所有孔，包括异形孔、安装孔以及电路板边框轮廓都要一并加工好，并要与外壳及关键元器件试配一次，保证尺寸无误。

(3) 尺寸没有问题后，用细砂纸将电路铜箔仔细打光，吹、擦干净后，立即涂一层薄薄的松香酒精液，晾干备用。

按上述要求制作 60 s 计数器印制电路板，参考图如图 9.2.16 所示。

▶ 相关技能五　印制电路板的质量检验

(1) 印制电路板表面应平整，无严重翘曲，边缘整齐，不应有明显碎裂、分层及毛刺。表面不应有未腐蚀的残铜箔，焊接面应有可焊的保护层。

(2) 印制电路板上导线表面及边缘均应光滑，没有影响使用的毛刺和凹陷，导线不应断裂，相邻导线不应短路。

(3) 金属化孔壁镀层无裂痕、黑斑现象，表面无严重波纹。

(4) 焊盘与加工中心应重合，外形尺寸、导线宽度、孔径位置和尺寸均应符合设计要求。

岗位知识积累

手工制作电路板，不仅设计周期长，偏离规范值较大，而且制作出来的印制

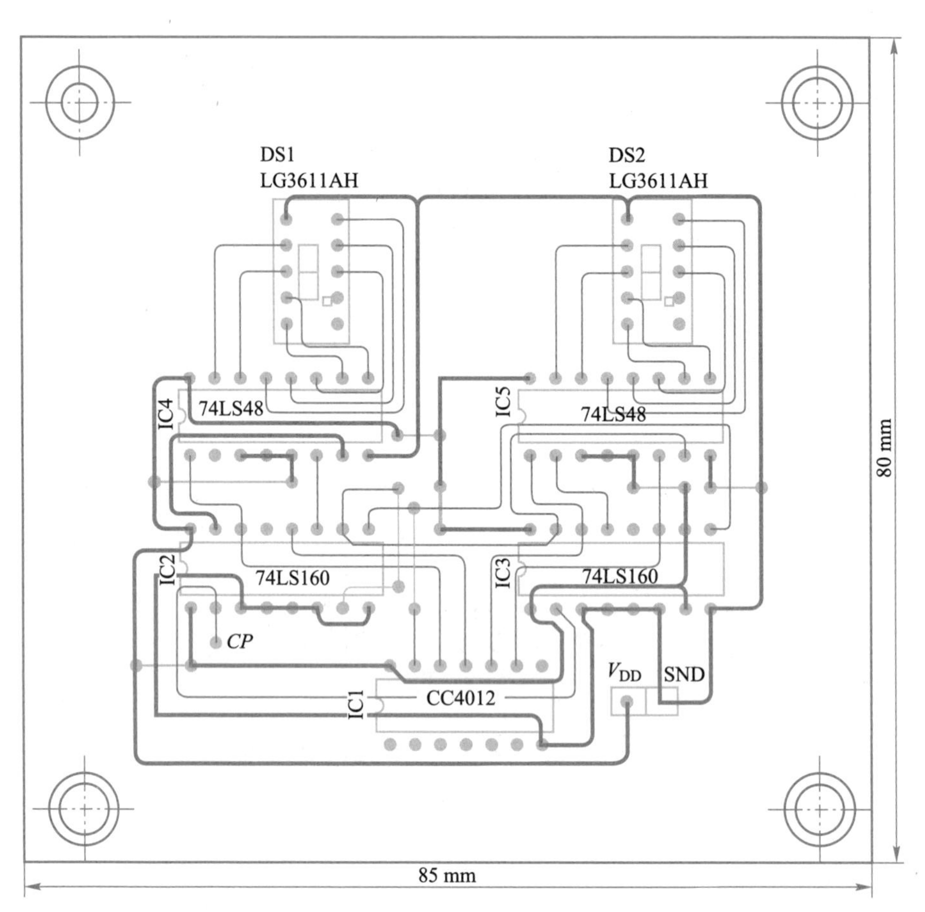

图 9.2.16　60 s 计数器印制电路板参考图

电路板布线密度低，导线精度差，可靠性也不好。现在生产实际中制作印制电路板是用 Protel 软件设计印制电路板图，再送到相关企业生产。对初学者来说，练习手工制作印制电路板是必要的，它可以为学习 Protel 软件打下良好的基础。

▶ **相关技能六　器件故障检测**

1. 数码显示器的检测

数码显示器的引脚判别和质量检查方法与发光二极管相同。要使数码显示器能显示 0~9 一系列可变数字，只要点亮内部相应的笔段即可。数码显示器的显示方式有静态和动态之分，静态显示采用直流驱动，动态显示采用脉冲驱动（动态显示可省电）。

2. 计数器常见故障的检测

（1）计数不正常

第一步，检查工作电源是否正常；第二步，检查触发器的复位端是否被长置成复位状态；第三步，用示波器观测计数脉冲是否加到了触发器的 *CP* 端；第四步，替换触发器，以确定集成电路是否损坏。

（2）计数进位不正常

第一步，检查低位触发器有无进位信号输出；第二步，检查高位触发器的 *J*、*K* 输入端的接线有无错误及有无开路；第三步，检查门电路器件是否损坏及连接线是否断开。

问题与讨论

1. 电路中的秒信号由外电路提供，若要得到 1 Hz 的脉冲信号，如何用石英晶体和分频电路获得？

2. 绘制印制电路板图时主要应该考虑哪些问题？

3. 总结装配、调试 60 s 计数器的制作经验和教训，并与同学分享。

4. 在安装、制作和维修 60 s 计数器的过程中如何利用团队合作完成任务？

技能评价

60 s 计数器印制电路板设计技能评价见表 9.2.7，电路装接、调试的技能评价和职业素养评价分别见附录附表 2 和附表 3。

表 9.2.7 印制电路板设计评价表

班级：		姓名：	学号：	得分	
考核时间		实际时间： 自 时 分起至 时 分		扣分	
评价项目	配分比例/分	评分标准		自评	互评
安全文明生产	10	违反操作规程扣 5~10 分			
元器件符号标注	20	每错一次扣 2~5 分			
电气连接	30	每出现一处工艺错误或不良扣 3~10 分			
布局	15	布局不均匀、不紧凑扣 5~10 分			
布线及焊盘	20	不合理扣 2~5 分			
超时	5	5 分钟内扣 1 分/分钟，超过 5 分钟总分按 70%计算			
签名	自评		互评		

岗位知识积累

表面贴装技术——SMT

电子产品都是以基板为线路承载，完成电子元器件间的互联。在电子产品加工中，通常要通过不同的生产工艺来完成 PCB 组装，再加以检测和包装保护，成为电子产品。PCB 是印制电路板（Printed Circuit Board）的英文缩写，是重要的电子部件，是电子元器件电气连接的载体。

SMT 是表面贴装技术（Surface Mount Technology）的英文缩写，是目前电子组装行业里较为流行的一种技术和工艺。一般是指用自动组装设备将片式化、微型化的无引线或端引线表面组装元件直接贴、焊到印制电路板表面或其他基板表面规定位置上的一种电子组装技术，正逐渐替代传统的组装方式。它将传统的电子元器件压缩成为体积只有原来几十分之一的器件，推动了电子元器件向片式化、小型化、薄型化、轻量化、高可靠、多功能方向发展。

SMT 是无需对印制板钻插装孔，直接将片式元器件或适合于表面贴装的微型元器件贴、焊到印制电路板或其他基板表面规定位置上的装联技术。SMT 通过锡膏印刷→元件贴装→焊接→检测这几个步骤来完成对电子元件的生产组装，使用锡膏印刷机、贴片机、回焊炉、AOI 检测仪等主要生产设备。

根据工艺流程，SMT 自动流水线的工序主要分为以下几部分：锡膏印刷、元器件贴装，再流焊焊接，最后进行品质检测（AOI），如图 9.2.17 所示。

图 9.2.17　简单的 SMT 生产流程框图

锡膏印刷：在 PCB 的焊盘上涂敷合适的焊膏。目前 SMT 生产中多采用丝网漏印的全自动焊膏印刷机实现工艺。

元器件贴装：在 PCB 相应位置放置元器件。生产中采用全自动贴片机实现贴装，贴片机分为高速贴片机和泛用贴片机（也称多功能贴片机）。

再流焊焊接：通过高温将焊膏中的合金粉末熔化，同时将焊膏中的助焊剂挥发；待合金粉末冷却凝固，即实现元器件引脚与焊盘的焊接。再流焊也称为回流焊，目前多采用热风回流形式。

复习与考工模拟

一、判断题

1. 时序逻辑电路在结构上是由具有控制作用的逻辑门电路和具有记忆作用的触发器两部分组成的。（　　）

2. 同步计数器中各触发器时钟是连在一起的，异步计数器各时钟不是连在一起的。（　　）

3. 在异步计数器中，各触发器不可能同时翻转。（　　）

4. 同步计数器中各触发器是同时更新状态的。（　　）

5. 4 位右移移位寄存器用串行输入方式存放一个数码，需要 4 个移位脉冲。（　　）

6. 数据寄存器只能并行输入数据，而移位寄存器只能串行输入数据。（　　）

二、选择题

1. 一个八进制计数器，最多能记忆（　　）个脉冲。

A. 7　　B. 8　　C. 9　　D. 16

2. 下列电路中不属于时序电路的是（　　）。

A. 同步计数器　　B. 数码寄存器

C. 组合逻辑电路　　D. 异步计数器

3. 如果一个寄存器的数码是“同时输入，同时输出”，则该寄存器采用（　　）。

A. 串行输入和输出　　B. 并行输入和输出

C. 串行输入、并行输出　　D. 并行输入、串行输出

4. 在相同的时钟脉冲作用下，同步计数器与异步计数器比较，工作速度（　　）。

A. 较快　　B. 较慢

C. 一样　　D. 差异不确定

5. 计数集成电路 74LS160 在计数到（　　）个时钟脉冲时，CO 端输出进位脉冲。

A. 2　　B. 8　　C. 10　　D. 16

6. 如题图 9-1 所示电路，输入（　　）个时钟脉冲，Q_1 端输出 2 个脉冲。

A. 1　　B. 2　　C. 4　　D. 8

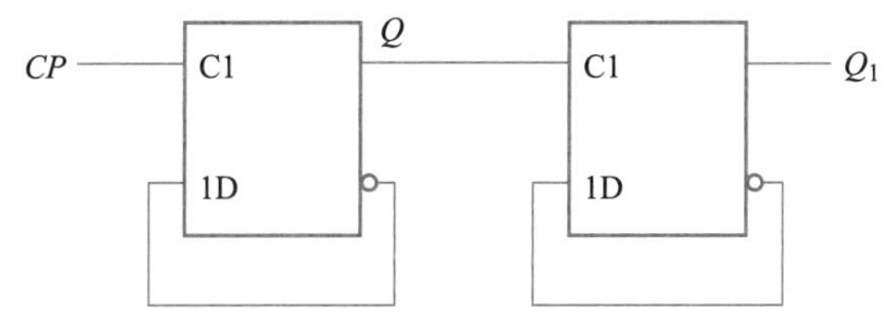

题图 9-1　选择题 6 图

三、 填空题

1. 常用的时序逻辑电路主要有两大类：________和________。

2. 对于时序电路来说，某时刻电路的输出不仅决定于该时刻的________，而且还决定于电路________，因此时序电路具有________性。

3. 按寄存器接收数码的方式不同可分为________和________两种。

4. 用来暂时存放数码的具有记忆功能的数字逻辑部件称为________，按其作用不同可分为________和________两大类。

5. 能累计输入脉冲个数的数字电路称为________，数值随输入脉冲增长而增加的计数器为________计数器，数值随输入脉冲增长而减少的计数器为________计数器。

6. 计数器按计数长度，分为________进制计数器、________进制计数器和________进制计数器。

7. 计数器除了直接用于计数外，还可用于________和________。

8. 寄存器输入数码方式有________和________两种，输出数码方式也有________和________两种。

四、 综合题

1. 题图 9-2 所示是由三个 *JK* 触发器构成的移位寄存器，设寄存器的初态 $Q_2Q_1Q_0$ = **000**，串行输入端输入数据 **101**，试填写在连续 3 个 *CP* 脉冲作用下，寄存器的输出状态表（见题表 9-1），它是右移还是左移寄存器？

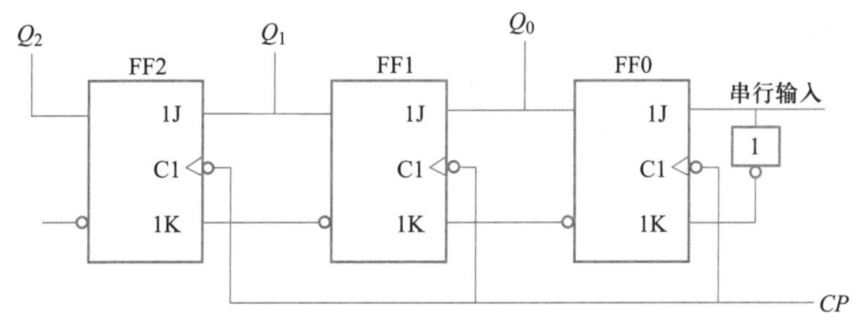

题图 9-2　综合题 1 图

题表 9-1　寄存器的输出状态表

CP 输入脉冲	输入	输出		
		Q_2	Q_1	Q_0
0	**0**	**0**	**0**	**0**
1	**1**			
2	**0**			
3	**1**			

2. 题图 9-3 所示是 74LS194 的应用电路，试填写输出状态表(见题表 9-2)。

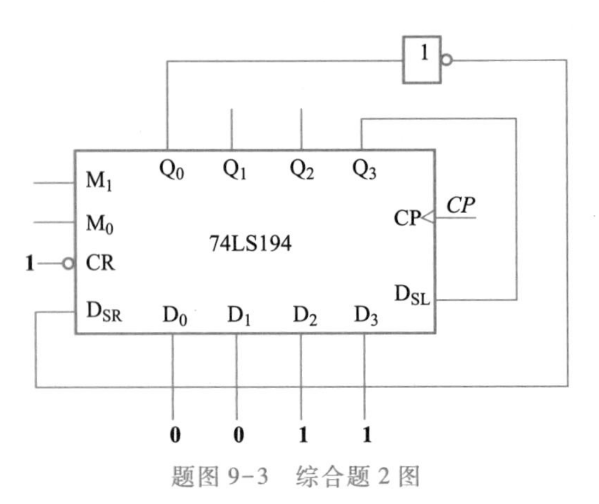

题图 9-3　综合题 2 图

题表 9-2　输出状态表

CP	M_1	M_0	Q_0	Q_1	Q_2	Q_3
1	**1**	**1**				
2	**0**	**1**				
3	**0**	**1**				
4	**0**	**0**				
5	**1**	**0**				
6	**1**	**0**				

3. 题图 9-4 所示计数器是加法计数还是减法计数？是同步还是异步？它的模是多少？若初态 Q_1Q_0=**00**，在连续 4 个 CP 脉冲作用下，画出 Q_0、Q_1 的工作波形。

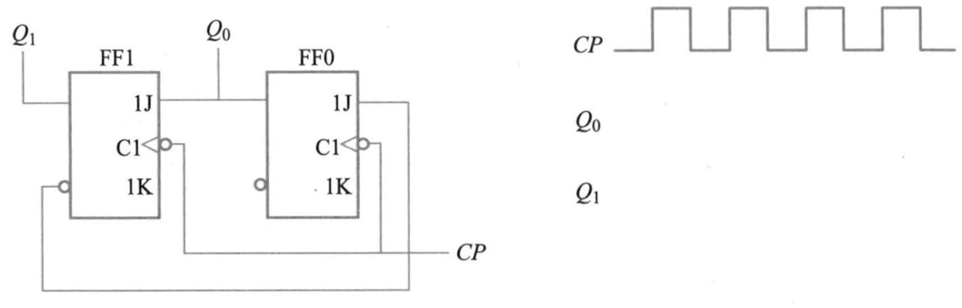

题图 9-4　综合题 3 图

4. 试分析题图 9-5 中用 74LS161 构成的是多少进制的计数器？

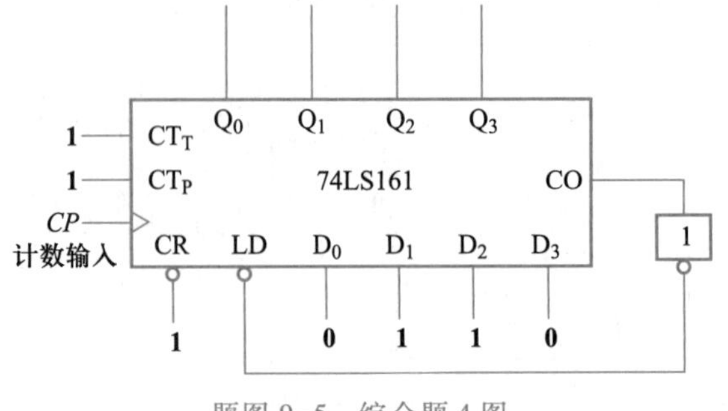

题图 9-5　综合题 4 图

应知应会要点归纳

1. 时序逻辑电路具有在任意时刻电路的输出状态不仅取决于该时刻的输入状态,还与前一时刻电路的状态有关的特点,其通常包含存储电路和组合电路两个部分,应用十分广泛。在时序逻辑电路的学习中,要注意掌握时序逻辑电路的分析方法。

2. 寄存器包括数码寄存器和移位寄存器,是计算机电路的重要部件。数码寄存器采用并行输入、并行输出的方式接收、存储和输出数码。移位寄存器不仅具有数码寄存器存储信息的功能,而且具有数码移位的逻辑功能,可以用来实现数据的串行与并行转换、数值的运算以及数据处理等。

3. 计数器是能够累计输入脉冲数目的数字电路。它除用作计数外,还可用于定时、分频等。计数器可分为异步和同步、加法和减法、二进制和非二进制等类别。二进制计数器是构成各种计数器的基础。

脉冲波形的产生与变换

*10

课程引入

电子门铃是我们每家每户都能用到的电子产品，图 10.0.1 所示是电子专业学生制作的电子门铃，按下按钮，该电路可输出一定频率的矩形波脉冲信号，通过扬声器可以发出音色比较动听的“嘟嘟”声。组成该电子门铃电路的核心器件是 555 时基电路。

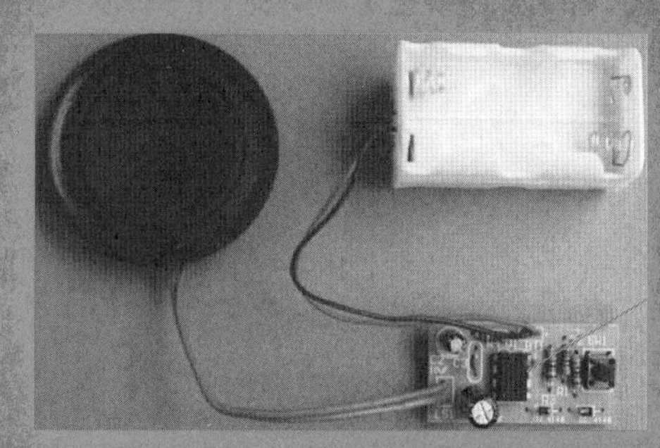

图 10.0.1　电子门铃

在数字电路中，需要各种不同频率、有一定宽度和幅度的矩形脉冲信号，如时钟脉冲信号 CP、控制过程中的定时信号等。获得矩形脉冲信号的方法通常有两种：一种是用脉冲振荡器直接产生，在数字电路中最常用的脉冲振荡器为多谐振荡器、石英晶体振荡器等；另一种是用整形电路把一种已有的不理想的信号波形变换成所需要的脉冲波形，常用的整形电路有单稳态触发器、施密特触发器等。

目前脉冲波形产生与变换的具体电路很多，可由分立元器件构成，也可由门电路或 555 定时器构成。下面我们一起来学习由集成门电路和 555 集成定时器组成的脉冲产生和整形电路及相应的集成电路产品。

职业岗位群应知应会目标

— 了解脉冲波形的主要参数及常见脉冲波形。
— 理解多谐振荡器、单稳态触发器和施密特触发器的工作特点和基本功能。
— 会用示波器观测多谐振荡器的振荡波形、用频率计测试振荡频率。
— 了解典型集成单稳态触发器、集成施密特触发器的引脚功能及基本应用。
— 了解 555 时基电路的电路框图和引脚功能，掌握 555 时基电路的逻辑功能。
— 会用 555 时基电路搭接多谐振荡器、单稳态触发器和施密特触发器。
— 会安装、测试和调整 555 时基电路构成的典型应用电路。

10.1 常见的脉冲产生电路

10.1.1 脉冲的基本概念

一、脉冲的概念

脉冲是指一种瞬间突变、持续时间极短的电压或电流信号。它可以是周期性变化的，也可以是非周期性的或单次的。

图 10.1.1 所示是一个简单的矩形脉冲信号发生器。反复接通和断开开关S，在电阻 R_2 上得到的输出电压波形如图 10.1.2 所示，这就是一串矩形脉冲波。

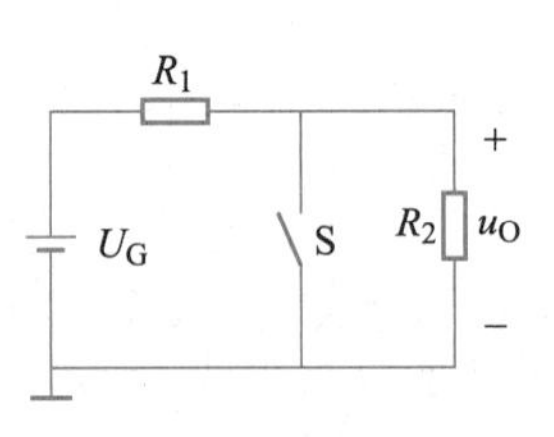

图 10.1.1 简单的矩形脉冲信号发生器

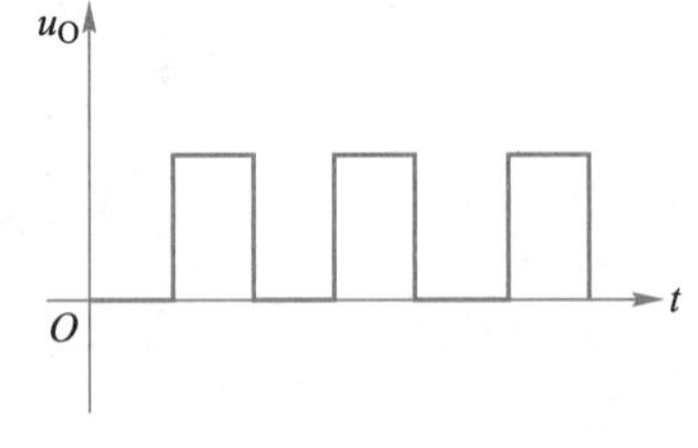

图 10.1.2 输出电压波形

脉冲信号有正负之分。如果脉冲跃变后的值比初始值高，则为正脉冲；反之为负脉冲，如图 10.1.3 所示。

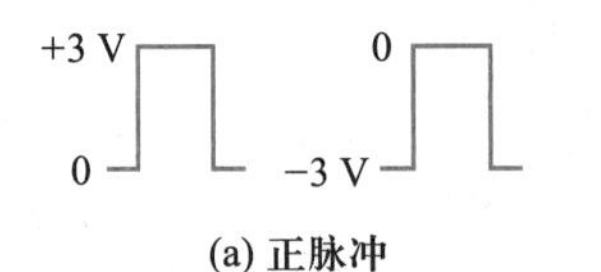

(a) 正脉冲

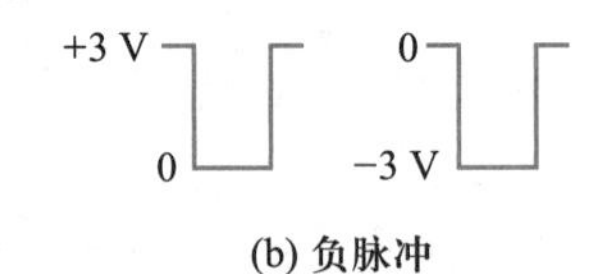

(b) 负脉冲

图 10.1.3 正脉冲和负脉冲

二、常见的几种脉冲波形

脉冲信号种类繁多，常见的脉冲波形有矩形波、锯齿波、尖峰波、梯形波、阶梯波等，如图 10.1.4 所示。数字电路中用到的脉冲波形通常为矩形波。

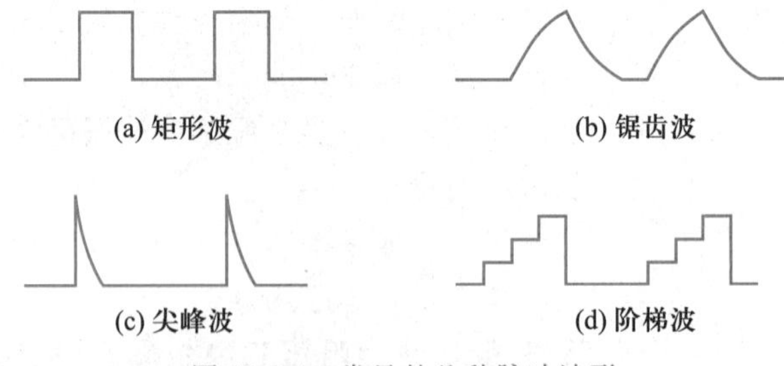

图 10.1.4 常见的几种脉冲波形

三、矩形脉冲信号的参数

理想的和实际的矩形波及其参数如图 10.1.5 所示。对于理想的矩形脉冲信号，一般只要有脉冲幅值 U_m、脉冲重复周期 T 和脉冲宽度 t_w 就可以描绘出它的特性，对于实际的矩形脉冲信号则需要更多的参数来描述其特征。

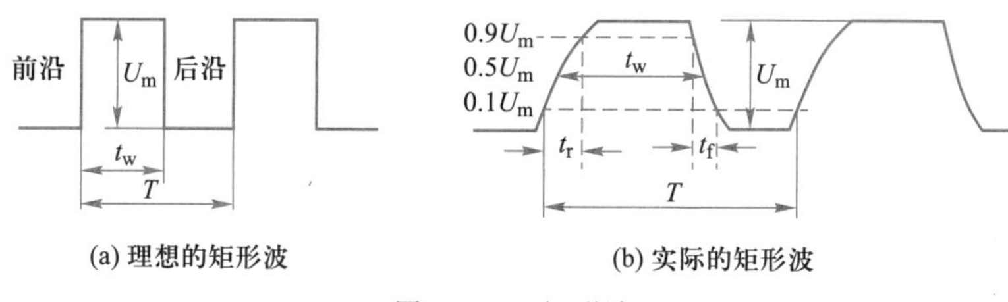

图 10.1.5　矩形波

脉冲幅值 U_m　是脉冲从起始值到最大值之间的变化量，是表征脉冲信号强弱的参数。

脉冲上升时间 t_r　脉冲从起始值开始突变的一边称为脉冲前沿。脉冲前沿从 $0.1U_m$上升到 $0.9U_m$所需的时间称为上升时间 t_r。t_r值越小，脉冲前沿越陡直，波形越接近理想的脉冲波形。

脉冲下降时间 t_f　脉冲从峰值跃变到起始值的一边称为脉冲后沿。脉冲后沿从 $0.9U_m$下降到 $0.1U_m$所需的时间称为下降时间 t_f。t_f值越小，脉冲后沿越陡直。

脉冲宽度 t_w　在 $0.5U_m$处从一个脉冲的前沿到后沿之间的时间称为脉冲宽度 t_w。t_w越大，脉冲出现后持续时间越长。

脉冲周期 T　周期性重复的脉冲，两个相邻脉冲前沿（或后沿）之间的时间间隔称为脉冲周期 T。其倒数为脉冲的频率 f，$f=\frac{1}{T}$。

占空比 D　脉冲宽度 t_w与脉冲周期 T 之比称为占空比，即

$$D=\frac{t_w}{T}$$

占空比为 50%的矩形脉冲波即为方波。

在数字电路中，通常是根据脉冲信号的有无、个数、宽度和频率来进行工作，所以抗干扰能力较强（干扰往往只影响脉冲幅度），准确度较高。

10.1.2　多谐振荡器

多谐振荡器是一种自激振荡器，它不需要输入信号就可以产生矩形脉冲。多谐振荡器起振之后，电路没有稳定状态，只有两个暂稳态交替变化，输出连续的矩形脉冲信号，因此又被称为无稳态电路，常用作脉冲信号发生器，其图形符号如图 10.1.6 所示。

一、集成门电路组成的多谐振荡器

1. 电路组成

如图 10.1.7 所示是常用的非门电路多谐振荡器，图中两个非门接成 RC 耦合正反馈电路，使之产生振荡。RC 的另一个重要作用是组成定时电路，决定多谐振荡器的振荡频率和脉冲宽度。

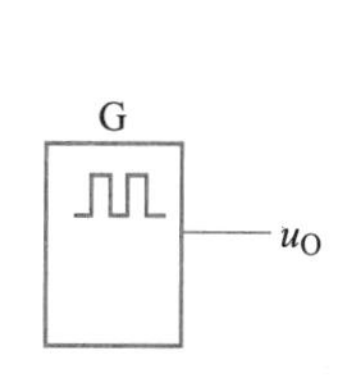

图 10.1.6　多谐振荡器的图形符号

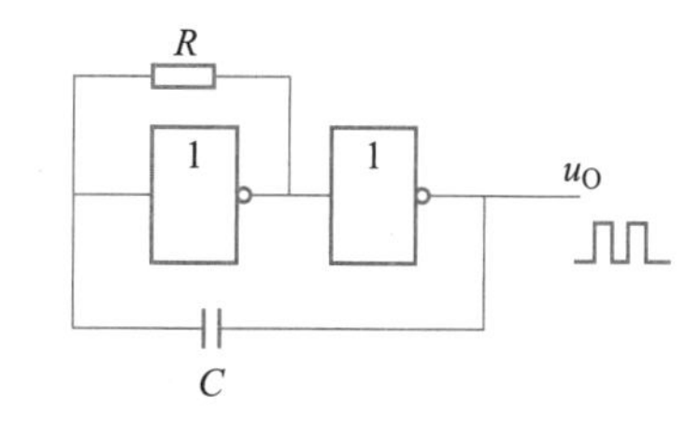

图 10.1.7　常用的非门电路多谐振荡器

做中学

实验——非门组成的多谐振荡器的测试

(1) 如图 10.1.8 所示为用 CC4069(CMOS 六反相器)芯片接成的多谐振荡器。电阻 $R=20\ \text{k}\Omega$,电位器 $R_P=100\ \text{k}\Omega$,$C=0.068\ \mu\text{F}$,$V_{DD}=+5\ \text{V}$。注意,多余输入端接地。

(2) 用双踪示波器测试图 10.1.8 所示多谐振荡器,其有关开关的参考位置如下:

① 显示方式:双踪。

② 触发方式:自动、正极性触发。

③ Y_1 通道输入灵敏度 V/div:置于 2 V。

④ Y_2 通道输入灵敏度 V/div:置于 2 V。

⑤ 扫描时间 t/div:置于 0.5 ms。

⑥ 耦合方式:AC、DC 均可。

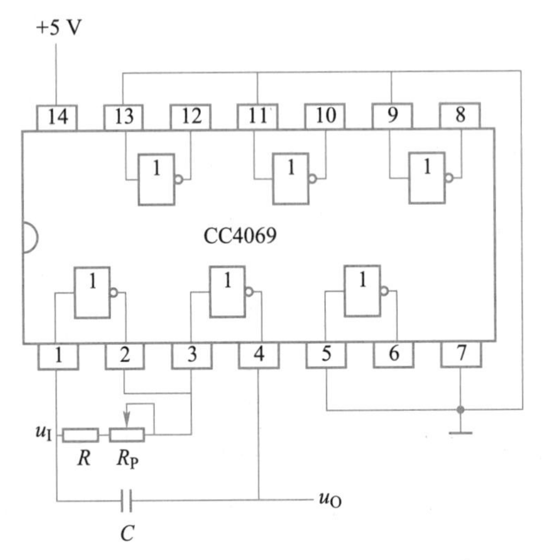

图 10.1.8　CC4069 芯片接成的多谐振荡器

(3) 检查接线无误后,接通电源,用双踪示波器可观察振荡波形 u_I 和 u_O,如图 10.1.9 所示。电路的输出在高、低电平之间不停地翻转,没有稳定的状态,故多谐振荡器又称无稳态触发器。

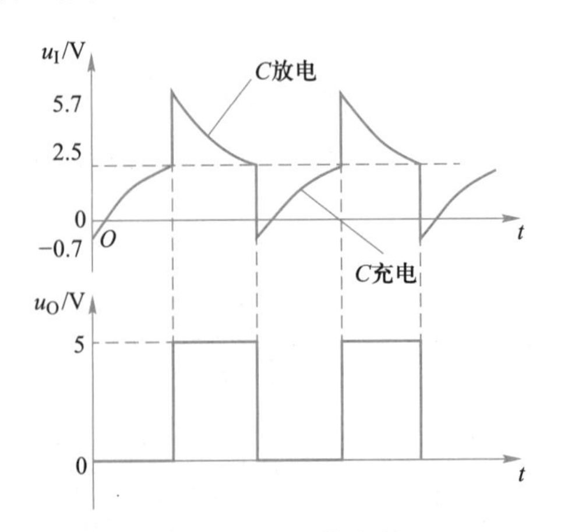

图 10.1.9　振荡波形

（4）调节 R_P 分别为 50 kΩ、80 kΩ，观察振荡输出信号的幅度、周期、脉冲宽度，并记录在表 10.1.1 中。

表 10.1.1 多谐振荡器的输出波形测试记录

测试项目 / 测试条件	输出电压幅度	脉冲周期	脉冲宽度
	U_m/V	T/ms	t_w/ms
$R_P=50\ \text{k}\Omega$			
$R_P=80\ \text{k}\Omega$			

岗位知识积累

由 CMOS 反相器的电压传输特性可知，CMOS 反相器的阈值电压 $U_{TH}=\dfrac{V_{DD}}{2}$。当输入信号 $u_I>\dfrac{V_{DD}}{2}$ 为高电平时，输出为低电平，电压 $u_O\approx 0$ V；当输入信号 $u_I<\dfrac{V_{DD}}{2}$ 为低电平时，输出为高电平，电压 $u_O\approx V_{DD}$。

由振荡波形和电路图可看出，当 u_O 输出低电平时，电容 C 充电路径：②脚（+5 V）→R 和 R_P→C→④脚（0 V），C 两端电压（即 u_I）上升。当 u_O 输出高电平时，电容 C 放电路径：④脚（+5 V）→C→R 和 R_P→②脚（0 V），C 两端电压（即 u_I）下降。因此，输出电压 u_O 的两个状态转换是通过电容 C 充放电来实现的，电容的充放电过程又集中体现在 u_I 的变化上。

2. 振荡周期的估算

矩形脉冲信号的周期是由电容充、放电时间决定的，可按下式估算

$$T\approx 1.4RC$$

在实际应用中，常通过调换电容 C 的容量来粗调振荡周期，通过改变电阻 R 的值来细调振荡周期，使电路的振荡频率达到要求。

用 RC 作为定时元件与**非**门电路组成多谐振荡器有多种电路形式，图 10.1.10所示是使用两个**非**门和两个 RC 电路组成的多谐振荡器，图 10.1.11 所示是用三个**非**门和 RC 元件组成的环形多谐振荡器。还可用**与非**门或者**或非**门与 RC 元件构成多谐振荡器。

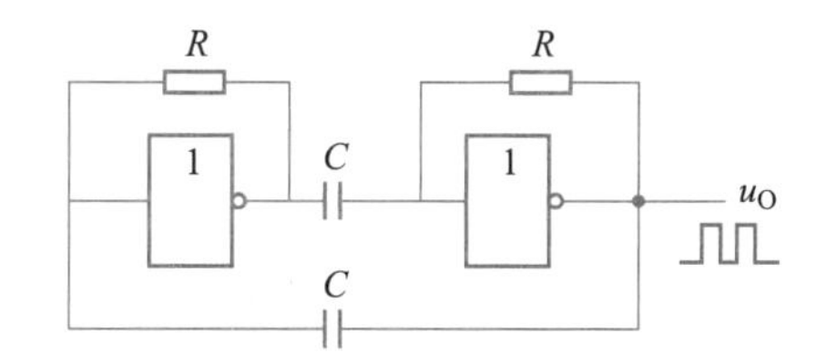

图 10.1.10 两个非门和两个 RC 电路组成的多谐振荡器

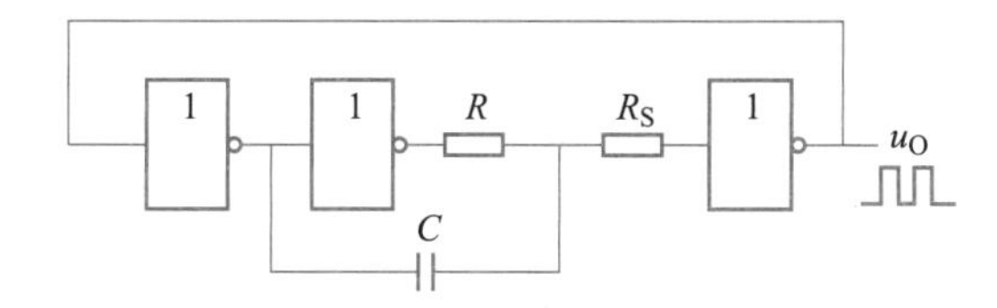

图 10.1.11 三个非门和 RC 元件组成的环形多谐振荡器

电路评价

由门电路和 RC 元件等组成的多谐振荡器，输出信号的幅值稳定性好，但振荡频率易受温度、元件性能、电源波动等因素的影响，只能使用在对振荡频率稳定性要求不高的场合。在对频率稳定性要求较高的数字电路中，都要求采用脉冲频率十分稳定的石英晶体多谐振荡器。

二、石英晶体多谐振荡器

如图 10.1.12 所示，可在多谐振荡器中接入石英晶体，构成石英晶体多谐振荡器。

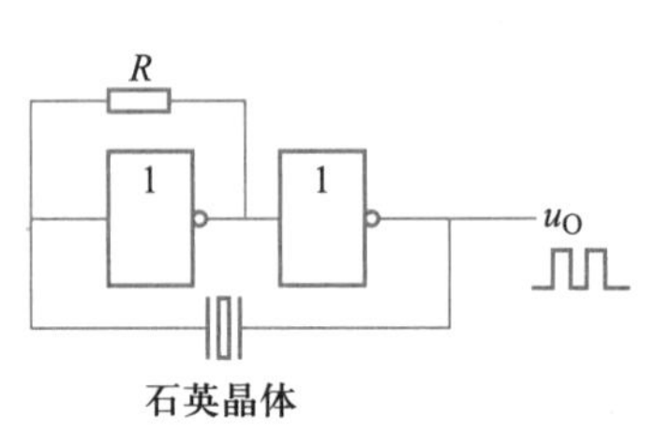

图 10.1.12 石英晶体多谐振荡器

当信号频率与石英晶体固有的谐振频率 f_0 相等时，它的阻抗为 0，使该信号容易通过，形成正反馈，产生振荡。而对其他频率，石英晶体呈现高阻抗，正反馈的路径被切断，不能起振。因此，振荡器输出矩形脉冲信号的频率 f 就等于石英晶体的谐振频率 f_0，与电路其他元器件参数无关。

石英晶体的温度系数很小，振荡频率稳定，常用于电子设备的基准时间信号。选购石英晶体，除市场供应的常规产品外，还可按实际应用要求，定制石英晶体的频率及有关参数。

做中学

实验——CC4011 芯片构成石英晶体多谐振荡器的测试

(1) 如图 10.1.13 所示，用 CC4011（四 2 输入**与非**门）芯片和 32768 石英晶体（$f_0=32768$ Hz）接成多谐振荡器。电阻 $R_F=10$ MΩ，$C_1=62$ pF，$C_2=47$ pF，$V_{DD}=+5$ V。注意 CC4011 芯片的多余输入端接固定的高电平。

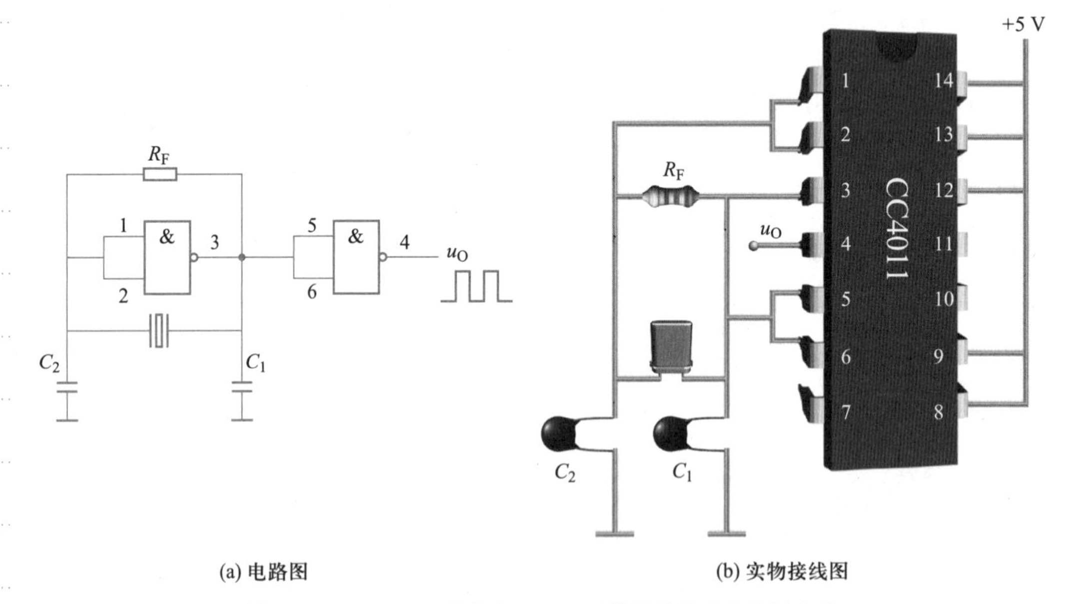

图 10.1.13 CC4011 芯片和 32768 石英晶体接成多谐振荡器

(2) 示波器有关开关的参考位置如下：

① 显示方式：单踪 Y_1 通道。

② 触发方式：自动、正极性触发。

③ Y_1 通道输入灵敏度 V/div：置于 2 V。

④ 扫描时间 t/div：置于 20 μs。

⑤ 耦合方式：AC、DC 均可。

（3）检查接线无误后，接通电源，用示波器观察振荡输出波形。

（4）用频率计测量输出端的频率 f，并计算$\Delta f=f-f_0$ 的值。

10.1.3 单稳态触发器

单稳态触发器是指有一个稳态和一个暂稳态的波形变换电路。它的工作特性具有如下显著特点：

（1）它有一个稳定状态和一个暂稳定状态。若无外界触发脉冲作用，电路将始终保持稳定状态。

（2）在外界触发脉冲作用下，能从稳态翻转到暂稳态，在暂稳态维持一段时间以后，再自动返回稳态。

（3）暂稳态维持时间的长短通常都是靠 RC 电路的充、放电过程来维持的，与触发脉冲的宽度和幅度无关。

电路评价

单稳态触发器可用普通门电路组成，如图 10.1.14 所示。根据 RC 电路的不同接法，可把单稳态触发器分为微分型和积分型两种，具体的原理及分析过程这里不做详细介绍。用门电路组成的单稳态触发器，电路结构简单，但它存在触发方式单一、输出脉宽稳定性差、调节范围小等缺点。

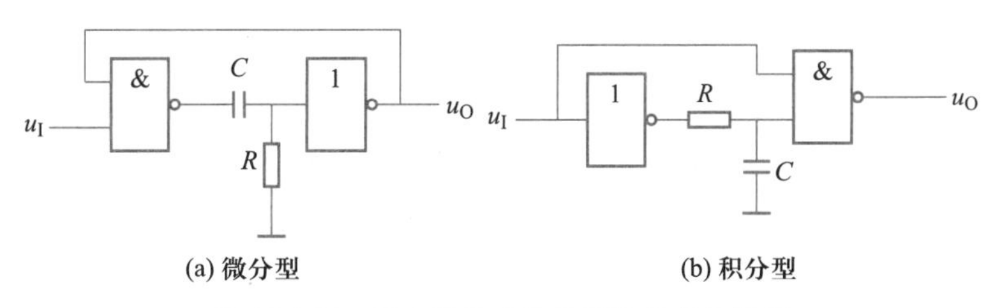

图 10.1.14　门电路构成的常用单稳态触发器

在 TTL 和 CMOS 产品中，都有单片的集成单稳态触发器，目前应用比较广。使用这些器件时只需要很少的外接元件和连线，而且由于器件内部电路一般还附加了上升沿与下降沿触发的控制和置零等功能，所以使用极为方便。此外，由于将元器件集成于同一芯片上，并且在电路上采取了温漂补偿措施，所以芯片的温度稳定性比较好。集成单稳态触发器有不可重复触发型和可重复触发型两种。

一、不可重复触发的集成单稳态触发器

不可重复触发的单稳态触发器一旦被触发进入暂稳态以后，再加入触发脉冲，电路的输出脉冲宽度 t_w 不受其影响，仍由电路中的 R、C 参数确定，必须在暂稳态结束以后，它才能接收下一个触发脉冲而转入暂稳态。不可重复触发的单稳态触发器的图形符号和工作波形如图 10.1.15 所示。

下面对中规模集成单稳态触发器 74LS121 作一介绍。

1. 引脚排列及图形符号

74LS121 芯片内含一个不可重复触发的单稳态触发器，如图 10.1.16 所示。A_1、A_2 和 B 为三个触发信号输入端，它们有两种触发输入方式：下降沿触发

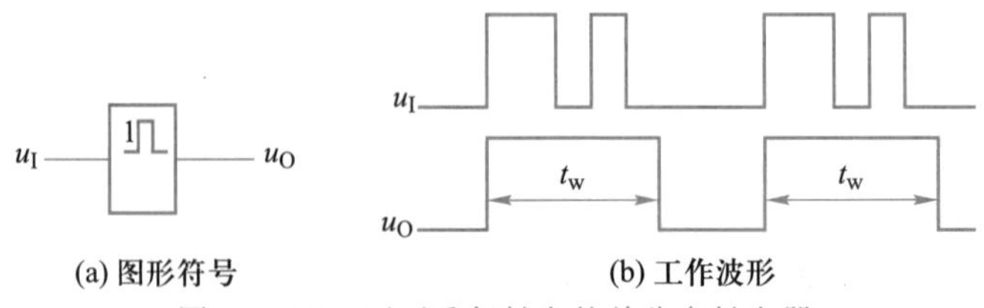

(a) 图形符号　　(b) 工作波形

图 10.1.15　不可重复触发的单稳态触发器

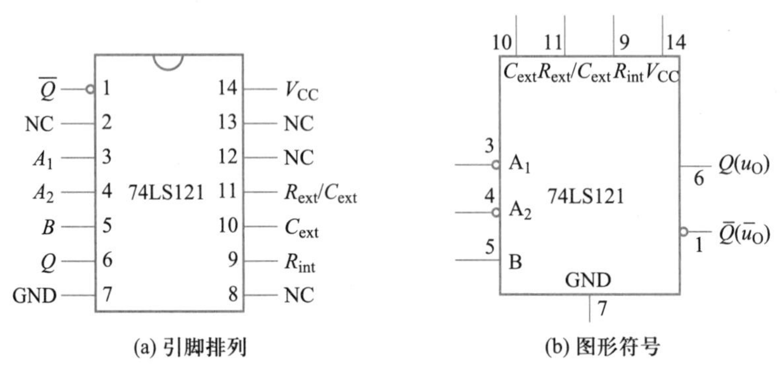

(a) 引脚排列　　(b) 图形符号

图 10.1.16　TTL 集成单稳态触发器 74LS121

和上升沿触发,其中 A_1、A_2 是两个下降沿有效的触发输入端,B 是上升沿有效的触发输入端。

u_O 和$\overline{u}_O$是两个状态互补的输出端,u_O为正脉冲输出端,$\overline{u}_O$为负脉冲输出端。

R_{ext}/C_{ext}、C_{ext}是外接定时电阻和电容的连接端。

R_{int}是内部 2 kΩ 的定时电阻的引出端。

NC 为空脚,V_{CC}为电源端,GND 为接地端。

2. 逻辑功能

表 10.1.2 是集成单稳态触发器 74LS121 的功能表。

表 10.1.2　集成单稳态触发器 74LS121 的功能表

输入			输出		工作特征
A_1	A_2	B	u_O	$\overline{u}_O$	
0	×	**1**	**0**	**1**	保持稳态
×	**0**	**1**	**0**	**1**	
×	×	**0**	**0**	**1**	
1	**1**	×	**0**	**1**	
1	↓	**1**	⊓	⊔	下降沿触发
↓	**1**	**1**	⊓	⊔	
↓	↓	**1**	⊓	⊔	
0	×	↑	⊓	⊔	上升沿触发
×	**0**	↑	⊓	⊔	

(1) 禁止触发状态

当 B 为高电平,A_1、A_2 中有一个输入为低电平(或全为低电平)时,电路为禁止触发状态(即稳定状态),u_O端维持 **0**。

当 B 为低电平时,电路为禁止触发状态,u_O端维持 **0**。

当 A_1、A_2 两个输入全为高电平时,电路为禁止触发状态,u_O端维持 **0**。

（2）单稳态触发

当 B 为高电平，A_1、A_2 中有一个或两个产生由 **1** 到 **0** 的负跳变时，u_O端有正脉冲输出。

当 A_1、A_2 两个输入中有一个或两个为低电平，B 产生由 **0** 到 **1** 的正跳变时，u_O端有正脉冲输出。

应用拓展

在使用单稳态触发器 74LS121 时，要在芯片的第 10、11 脚之间外接定时电容，若采用电解电容，则正极接第 10 脚。定时电阻可以用内电阻，也可外接，外接时第 9 脚悬空。

（1）使用外接电阻 R_{ext} 且电路为下降沿触发连接方式，如图 10.1.17（a）所示。电阻的取值为 2~30 kΩ，C 的数值为 10 pF~10 μF。

输出脉冲宽度为：

$$t_w \approx 0.7R_{ext}C_{ext}$$

（2）使用内接电阻 R_{int} 且电路为上升沿触发连接方式，如图 10.1.17（b）所示。

输出脉冲宽度为

$$t_w \approx 0.7R_{int}C_{ext}$$

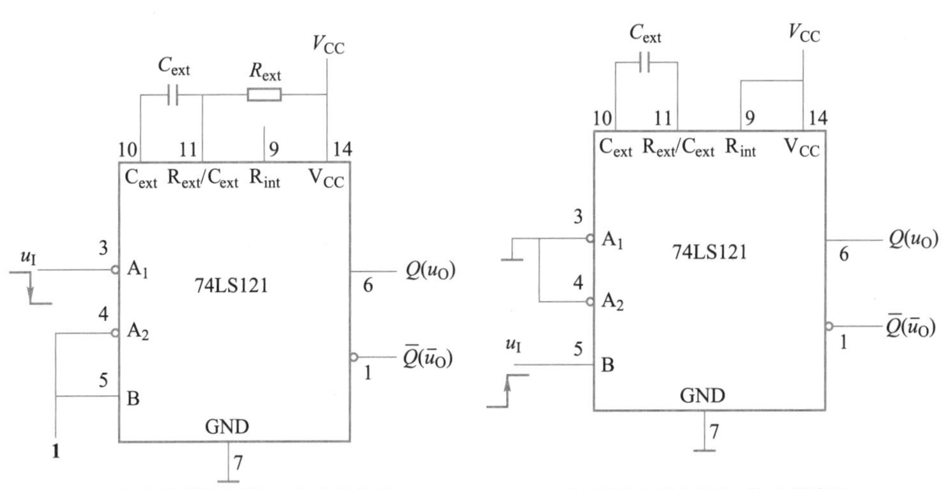

图 10.1.17　74LS121 定时电容和电阻的连接

二、可重复触发的集成单稳态触发器

可重复触发的单稳态触发器在电路被触发而进入暂稳态以后，如果再次加入触发脉冲，电路将重新被触发，使输出脉冲再继续维持一个 t_w 宽度，如图 10.1.18所示。它的输出脉冲宽度可根据触发脉冲的输入情况的不同而改变。

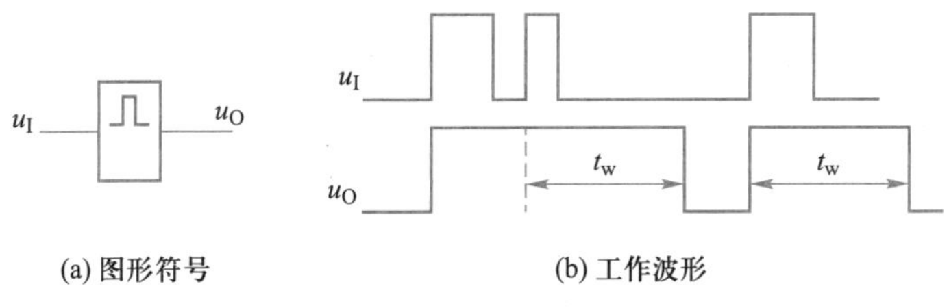

图 10.1.18　可重复触发的单稳态触发器

下面对可重复触发的集成单稳态触发器 74LS123 作一介绍。

1. 引脚排列及图形符号

74LS123 芯片内部含两个独立的可重复触发的单稳态触发器，每一个电路分别具有各自的正触发输入端 B、负触发输入端 $\overline{A}$、复位输入端 $\overline{R}_D$、外接电容端 C_{ext}、外接电阻/电容端 R_{ext}/C_{ext}、输出端 Q 和 $\overline{Q}$，如图 10.1.19 所示。

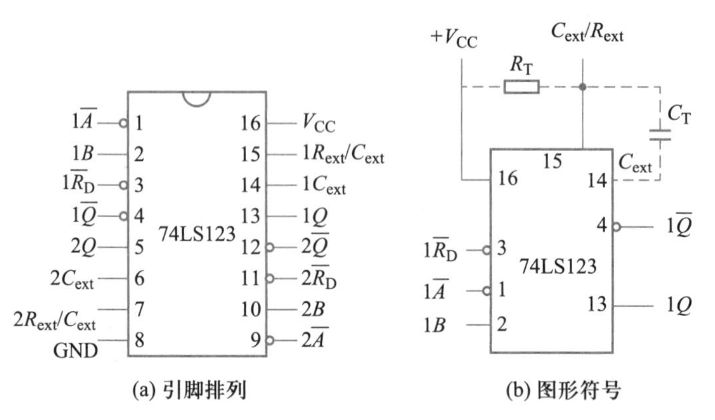

(a) 引脚排列　　(b) 图形符号

图 10.1.19　TTL 集成可重复触发的单稳态触发器 74LS123

2. 逻辑功能

表 10.1.3 是可重复触发的集成单稳态触发器 74LS123 的功能表。

(1) 复位清零

当 $\overline{R}_D=\mathbf{0}$ 时，不论其他输入端为何种状态，输出端 Q 立即为 **0**。故 $\overline{R}_D$ 的清零功能具有最高优先级。使用其他输入引脚功能时，$\overline{R}_D$ 必须置 **1**。

(2) 单稳态触发

当 $\overline{R}_D=\mathbf{1}$、$\overline{A}=\mathbf{0}$，$B$ 由 **0** 到 **1** 正跳变时，Q 端有正脉冲输出。

当 $\overline{R}_D=\mathbf{1}$、$B=\mathbf{1}$，$\overline{A}$ 由 **1** 到 **0** 负跳变时，Q 端有正脉冲输出。

当 $\overline{A}=\mathbf{0}$、$B=\mathbf{1}$，$\overline{R}_D$ 由 **0** 到 **1** 正跳变时，Q 端也有正脉冲输出。

输出脉冲宽度由外接定时电阻 R_T 和电容 C_T 决定，外接定时电阻 R_T 的取值范围为 5 kΩ～1 MΩ，对外接定时电容 C_T 通常没有限制。脉宽 $t_w=0.45R_TC_T$。

表 10.1.3　可重复触发的集成单稳态触发器 74LS123 的功能表

输入			输出		工作特征
$\overline{R}_D$	$\overline{A}$	B	Q	$\overline{Q}$	
0	×	×	**0**	**1**	复位清零
1	**0**	↑	⊓	⊔	上升沿触发
1	↓	**1**	⊓	⊔	下降沿触发
↑	**0**	**1**	⊓	⊔	上升沿触发
×	**1**	×	**0**	**1**	稳定状态
×	×	**0**	**0**	**1**	

(3) 禁止触发

在 $\overline{A}=\mathbf{1}$ 或 $B=\mathbf{0}$ 时，电路处于禁止触发状态（即稳定状态），Q 维持 **0**。

应用拓展

1. 定时控制

利用单稳态触发器的暂稳态脉冲信号可控制电子开关在规定的时间动作，达到定时的目的。如图 10.1.20 所示是利用 74LS123 芯片构成的曝光定时电路，按一下开关 S，触发器进入暂稳态，继电器 K 吸合，灯亮。曝光时间长短即为暂稳态的时间 t_w。可根据曝光要求设定 R_T、C_T 的参数。

图 10.1.20　曝光定时电路

2. 延时脉冲信号

单稳态触发器在输入信号的上升沿时刻被触发，输出信号的下降沿比输入信号的上升沿延迟了 t_w 时间，调节 RC 时间常数可改变延时的时间。如图 10.1.21(a)所示是用两片 74LS121 组成的脉冲延时电路，第一级单稳态触发器在输入信号 u_I 的上升沿触发下，产生脉宽为 t_{w1} 的信号 u_{O1} 输出，再利用 u_{O1} 的下降沿作为第二级单稳态触发器的触发信号，再产生脉宽为 t_{w2} 的信号 u_O 输出，如图 10.1.21(b)所示波形。这样输出信号 u_O 比输入信号 u_I 延迟了 t_{w1}。

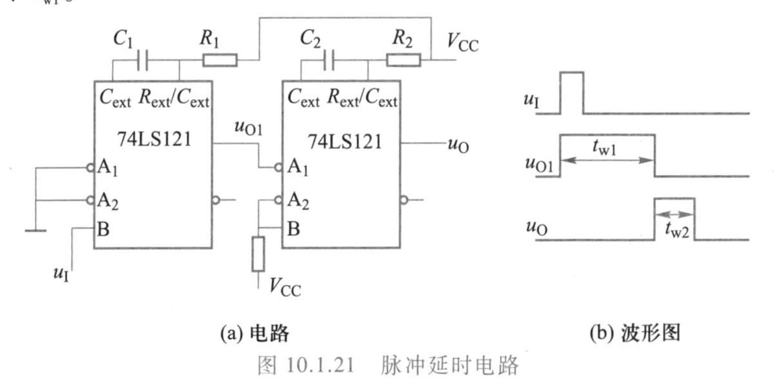

(a) 电路　　(b) 波形图

图 10.1.21　脉冲延时电路

单稳态触发器除应用于定时、延时场合下，还可用于脉冲整形、变换脉冲宽度等场合，应用范围很广。

3. 脉冲整形

单稳态触发器的脉宽及幅度是确定的，利用这一性质可将不规则脉冲波形通过单稳态触发器得到脉宽、幅度一定和上升沿、下降沿陡峭的矩形脉冲波形，这一过程称为脉冲整形，如图 10.1.22 所示。

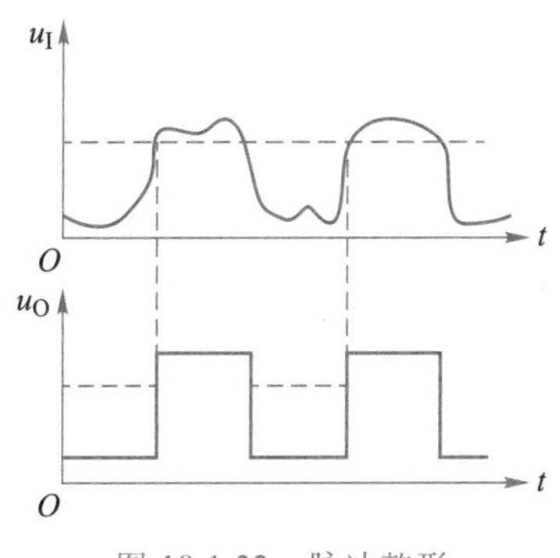

图 10.1.22　脉冲整形

10.1.4 施密特触发器

施密特触发器是一种靠输入触发信号维持的双稳态触发器。其特点是：电路具有两个稳态，当输入信号电压升高至上限触发电压 U_{T+}时，电路翻转到第二稳态；当输入触发信号降低至下限触发电压 U_{T-}时，电路就由第二稳态返回到第一稳态。

一、 施密特触发器的主要参数与工作波形

施密特触发器有同相输出和反相输出两种类型。其图形符号及电压传输特性如图 10.1.23 和图 10.1.24 所示。

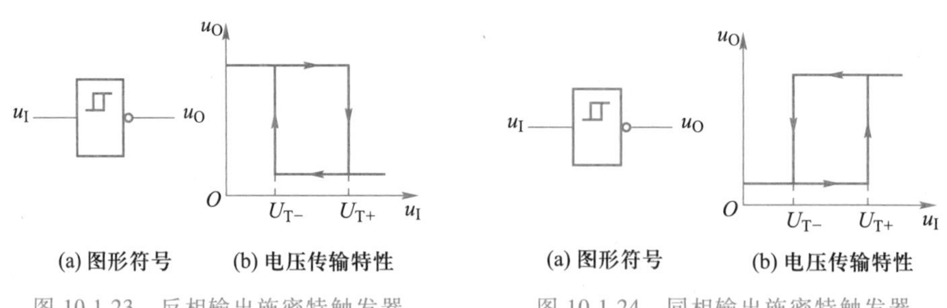

图 10.1.23 反相输出施密特触发器

图 10.1.24 同相输出施密特触发器

1. 主要参数

上限触发电压（正向阈值电压）U_{T+} u_I上升过程中，输出电压 u_O产生跳变所对应的输入电压值。

下限触发电压（负向阈值电压）U_{T-} u_I下降过程中，输出电压 u_O产生跳变所对应的输入电压值。

回差电压 $\Delta U_T = U_{T+} - U_{T-}$ 回差电压越大，施密特触发器的抗干扰性能越强。施密特触发器的这种特性称为滞回特性。

2. 工作波形

如图 10.1.25 所示，当输入三角波时，根据施密特触发器的电压传输特性，可得到对应施密特触发器的输出波形。

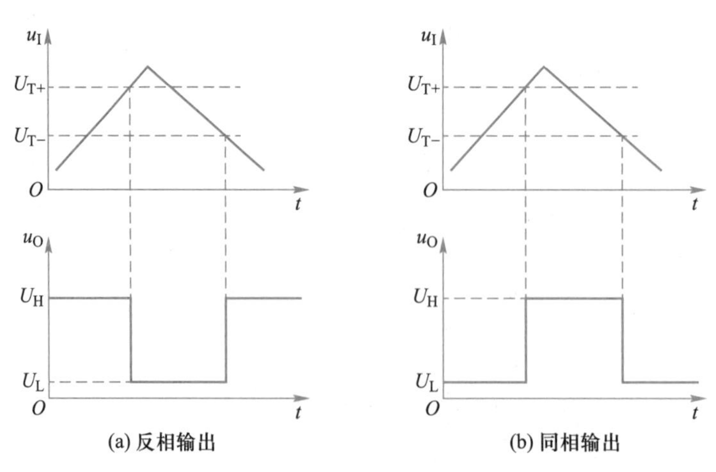

图 10.1.25 施密特触发器的工作波形

施密特触发器可以由分立元器件和集成门电路组成，是数字电路中常用的单元电路。由于施密特触发器应用十分广泛，市场上有专门的集成电路产品出售，称为集成施密特触发器。集成施密特触发器的性能一致性好，触发电平稳

定，使用方便，主要有 CMOS 和 TTL 两大类。

二、CMOS 集成施密特触发器

CC4093 芯片为四 2 输入施密特**与非**门，引脚与 74LS00 芯片兼容。

CC40106 芯片为六施密特反相器，引脚与 74LS04 芯片兼容。图 10.1.26 所示为 CC40106 芯片的引脚排列，它与普通反相器的逻辑功能一样，差异在于施密特反相器存在上、下限触发电压。表 10.1.4 列出了其主要静态参数。不同型号的集成施密特触发器的 U_{T+} 和 U_{T-} 具体数值可从集成电路手册中查到。

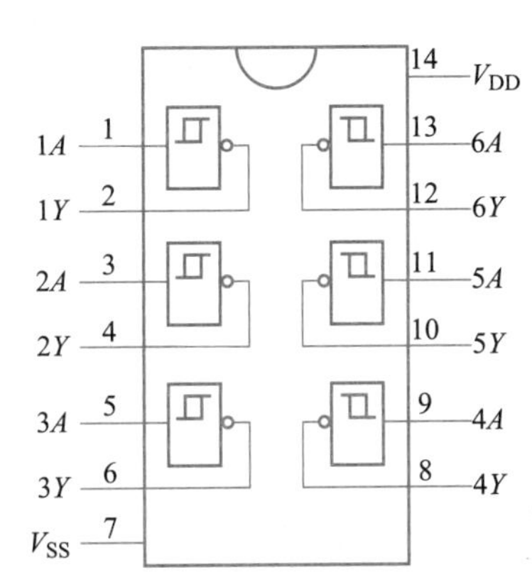

图 10.1.26　CC40106 芯片的引脚排列

表 10.1.4　集成施密特反相器 CC40106 的主要静态参数

电源电压 V_{DD}/V	U_{T+}最小值/V	U_{T+}最大值/V	U_{T-}最小值/V	U_{T-}最大值/V	ΔU_T 最小值/V	ΔU_T 最大值/V
5	2.2	3.6	0.9	2.8	0.3	1.6
10	4.6	7.1	2.5	5.2	1.2	3.4
15	6.8	10.8	4	7.4	1.6	5

做中学

实验——集成施密特反相器 CC40106 阈值电压的测试

由于器件内部电路参数的离散性，对某一块集成施密特触发器要通过实测来确定 U_{T+} 和 U_{T-} 的数值。

（1）用 CC40106 芯片和电位器构成的测试电路如图 10.1.27 所示。电位器 $R_P = 10\ \text{k}\Omega$。注意 CC40106 芯片的多余输入端接地。

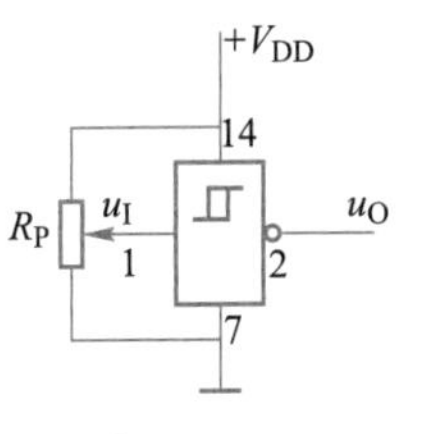

图 10.1.27　CC40106 阈值电压的测试电路

（2）示波器有关开关的参考位置如下：

① 显示方式：单踪 Y_1 通道。

② 触发方式：自动、正极性触发。

③ Y_1 通道输入灵敏度 V/div：置于 2 V。

④ 扫描时间 t/div：置于 2 ms。

⑤ 耦合方式：AC、DC 均可。

（3）将电源调至+5 V，关闭电源后与 CC40106 芯片电源端连接。

（4）开启电源后调节 R_P 使 u_I 从 0 V 开始逐渐增加，用示波器观察输出电平 u_O 高低的变化，当示波器显示由高电平 5 V 刚好转变为 0 V 的时刻，用万用表直流电压挡测量此时 u_I 的值，即为正向阈值电压 U_{T+}。将测得的结果填入表 10.1.5 中。

(5) 再调节 R_P 使 u_I 从 V_{DD} 逐渐减小，用示波器观察输出电平 u_O 高低的变化，当示波器显示由低电平 0 V 刚好转变为 5 V 的时刻，用万用表直流电压挡测量此时 u_I 的值，即为负向阈值电压 U_{T-}。将测得的结果填入表 10.1.5 中。

(6) 将直流稳压电源 V_{DD} 调整到 +10 V，重复上述(3)、(4)、(5)测试过程，此时 u_O 高电平为 10 V，而低电平为 0 V，将测得的 U_{T+} 和 U_{T-} 填入表 10.1.5 中。

(7) 将直流稳压电源 V_{DD} 调整到 +15 V，重复上述(3)、(4)、(5)测试过程，此时 u_O 高电平为 15 V，而低电平为 0 V，将测得的 U_{T+} 和 U_{T-} 填入表 10.1.5 中。

表 10.1.5　CC40106 施密特反相器阈值电压

序号	电源电压 V_{DD}/V	正向阈值电压 U_{T+}/V	负向阈值电压 U_{T-}/V
1	5		
2	10		
3	15		

三、TTL 集成施密特触发器

74LS24、74LS32、74LS132 为四 2 输入施密特**与非**门，引脚与 74LS00 芯片兼容。

74LS13、74LS18 为二 4 输入施密特**与非**门，引脚与 74LS20 芯片兼容。

74LS14、74LS19 为六施密特反相器，引脚与 74LS04 芯片兼容。

其主要参数的典型值见表 10.1.6。

表 10.1.6　TTL 集成施密特触发器主要参数的典型值

器件型号	延迟时间/ns	每门功耗/mW	U_{T+}/V	U_{T-}/V	ΔU_T/V
74LS14	15	8.6	1.6	0.8	0.8
74LS132	15	8.8	1.6	0.8	0.8
74LS13	16.5	8.75	1.6	0.8	0.8

应用拓展

1. 波形变换

用施密特触发器可将三角波、正弦波及其他不规则信号波形变换成矩形脉冲。如图 10.1.28 所示为用施密特触发器将正弦波变换成同周期的矩形脉冲的波形变换。

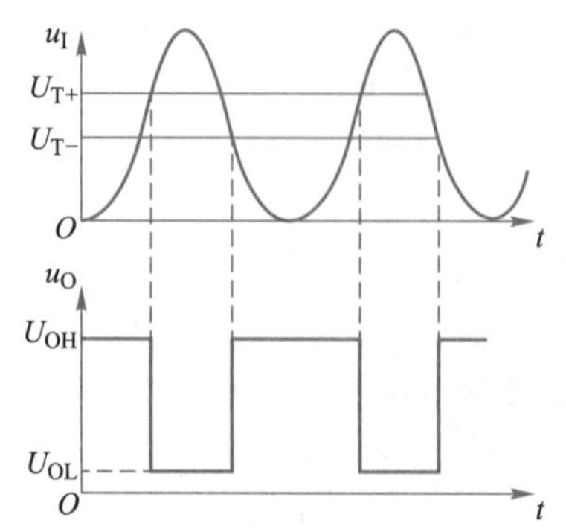

图 10.1.28　施密特触发器的波形变换

2. 脉冲整形

当传输的信号受到干扰而发生畸变时，可利用施密特触发器的回差特性，将受到干扰的信号整形成较好的矩形脉冲信号，如图 10.1.29 所示。

3. 幅度鉴别

如输入信号为一组幅度不等的脉冲，可用施密特触发器将输入幅度大于 U_{T+} 的脉冲信号选出来，而将幅度小于 U_{T+} 的脉冲信号去掉，如图 10.1.30 所示。

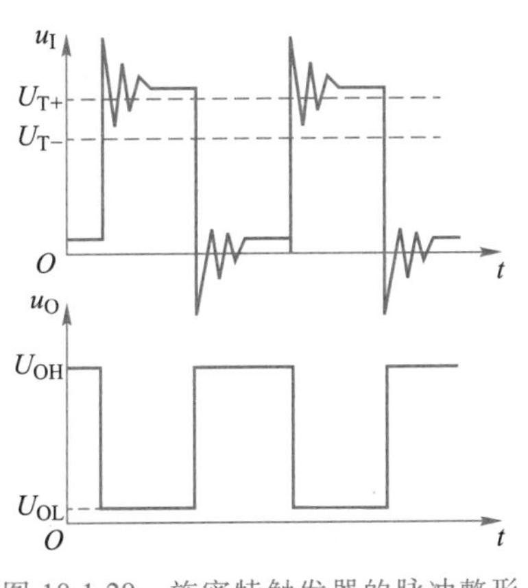

图 10.1.29　施密特触发器的脉冲整形

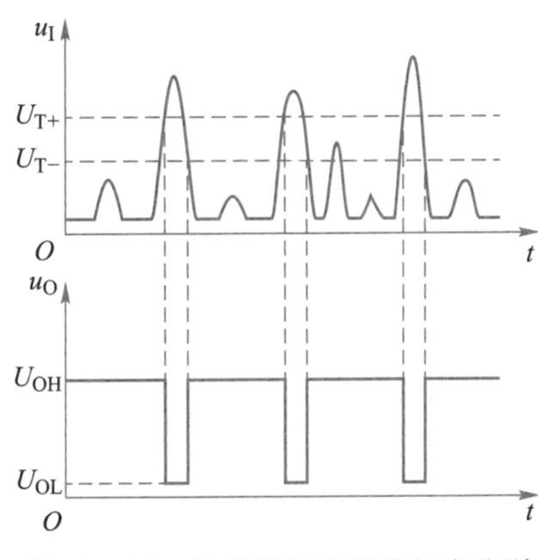

图 10.1.30　施密特触发器的幅度鉴别

利用施密特触发器还可构成多谐振荡器和单稳态触发器等，应用范围很广。

电路评价

施密特触发器和前面介绍的各类双稳态触发器之间的区别：在一般的双稳态触发器中，触发脉冲仅仅是状态转换的触发信号，电路翻转以后的稳定状态并不需要由触发脉冲来维持；而在施密特触发器中，不仅状态的转换要由输入信号来触发，而且输出的高、低电平也有赖于输入信号的高、低电平来维持。

10.2 555 时基电路及应用

555 时基电路（又称 555 定时器）是中规模单片集成电路。它具有功能强、使用灵活、适用范围宽的特点。通常只需外接少量阻容元件，就可以方便地组成施密特触发器、单稳态触发器和多谐振荡器等应用电路，它在工业控制、定时、仿声、电子乐器等诸多领域有着广泛的应用。

10.2.1 555 时基电路

555 时基电路采用 8 脚双列直插式封装，其产品型号繁多，但它们的电路结构、功能及外部引脚排列都基本相同。

一、电路组成和引脚功能

1. 电路组成

555 时基电路的内部电路如图 10.2.1 所示，一般由分压器、比较器、触发器和放电三极管及缓冲器等组成。

（1）由三个阻值为 5 kΩ 的电阻串联组成分压器（555 由此得名）。

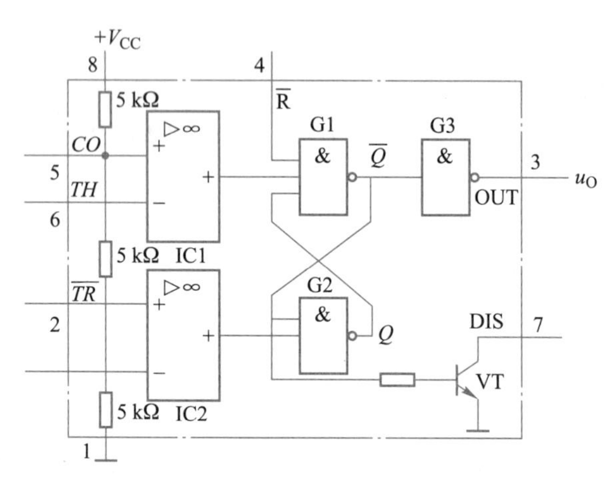

图 10.2.1　555 时基电路的内部电路

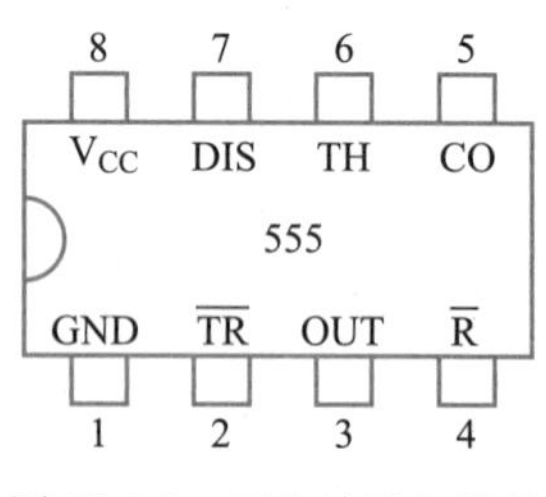

图 10.2.2　555 时基电路的引脚排列

（2）两个电压比较器 IC1 和 IC2。

（3）基本 *RS* 触发器。

（4）放电三极管 VT 及缓冲器 G3。

2. 引脚功能

图 10.2.2 所示是 555 时基电路的引脚排列。555 时基电路的外部引脚可分为三类，见表 10.2.1。

表 10.2.1　555 时基电路外部引脚及功能

类别	引脚	符号	名称	功能
电源	8	$V_{CC}(V_{DD})$	电源正端	电源电压在 4.5～12 V 范围内均能工作
	1	GND(V_{SS})	电源负端	
输入端	2	$\overline{TR}$	触发端	该引脚电位低于$\frac{1}{3}V_{CC}$时，第 3 脚输出为高电平
	6	*TH*	阈值输入端	该引脚电位大于$\frac{2}{3}V_{CC}$时，第 3 脚输出为低电平
	4	$\overline{R}$	复位端	该引脚加上低电平时，第 3 脚输出为低电平（清零）
	5	*CO*	控制电压端	外加电压时可改变“阈值”和“触发”端的比较电平；一般对地接一个 0.01 μF 的电容
输出端	3	*OUT*	输出端	最大输出电流达 200 mA，可与 TTL、MOS 逻辑电路或模拟电路相配合使用
	7	*DIS*	放电端	输出逻辑状态与第 3 脚相同。输出高电平时 VT 截止；输出低电平时 VT 导通

二、逻辑功能

表 10.2.2 是 555 时基电路的功能表。

表 10.2.2　555 时基电路的功能表

$\overline{R}$	u_{TH}	$u_{\overline{TR}}$	u_O	VT 的状态
0	×	×	**0**	导通
1	$>\frac{2}{3}V_{CC}$	$>\frac{1}{3}V_{CC}$	**0**	导通
1	$<\frac{2}{3}V_{CC}$	$>\frac{1}{3}V_{CC}$	保持原状态不变	不变
1	$<\frac{2}{3}V_{CC}$	$<\frac{1}{3}V_{CC}$	**1**	截止

为便于记忆上述功能，把 TH 输入端电压在大于$\frac{2}{3}V_{CC}$时作为 **1** 状态，在小于$\frac{2}{3}V_{CC}$时作为 **0** 状态；而把$\overline{TR}$输入端电压在大于$\frac{1}{3}V_{CC}$时作为 **1** 状态，在小于$\frac{1}{3}V_{CC}$时作为 **0** 状态。这样在$\overline{R}=\mathbf{1}$时，555 时基电路的输入 TH、$\overline{TR}$与输出 OUT 的状态关系可归纳为：**1**、**1** 出 **0**；**0**、**0** 出 **1**；**0**、**1** 不变。

值得注意的是，当 $u_{TH}>\frac{2}{3}V_{CC}$、$u_{\overline{TR}}<\frac{1}{3}V_{CC}$时，电路的工作状态不确定。在实际应用中不允许使用，应避免。

资料库

555 时基电路是一种模拟和数字功能相结合的中规模集成器件。一般用 TTL 工艺制作的称为 555 时基电路，用 CMOS 工艺制作的称为 7555 时基电路。它们的逻辑功能和外部引线排列完全相同。除单定时器外，还有对应的双定时器 556/7556 时基电路。其主要参数见表 10.2.3。

表 10.2.3　555 时基电路与 7555 时基电路主要参数

参数名称	单位	××555	××7555
电源电压 $V_{CC}(V_{DD})$	V	4.5~16	3~18
静态电流 $I_{CC}(I_{DD})$	mA	10	0.12
阈值电压 U_{TH}	V	$\frac{2}{3}V_{CC}$	$\frac{2}{3}V_{DD}$
触发电压 U_{TR}	V	$\frac{1}{3}V_{CC}$	$\frac{1}{3}V_{DD}$
输出低电平 U_{OL}	V	1	0.1
输出高电平 U_{OH}	V	13.3	14.8
最大输出电流 I_{OMAX}	mA	200	20（与 V_{DD} 有关）
最高振荡频率 f_{MAX}	kHz	300	500
定时精度	%	1	2

10.2.2　555 时基电路的应用

一、构成多谐振荡器

1. 电路组成

图 10.2.3（a）所示是由 555 时基电路组成的一个典型多谐振荡器，外接的

R_1、R_2 和 C 为多谐振荡器的定时元件，第 2 脚 $\overline{TR}$ 端和第 6 脚 TH 端连接在一起并对地外接电容 C，第 7 脚放电三极管 VT 的集电极接 R_1、R_2 的连接点。

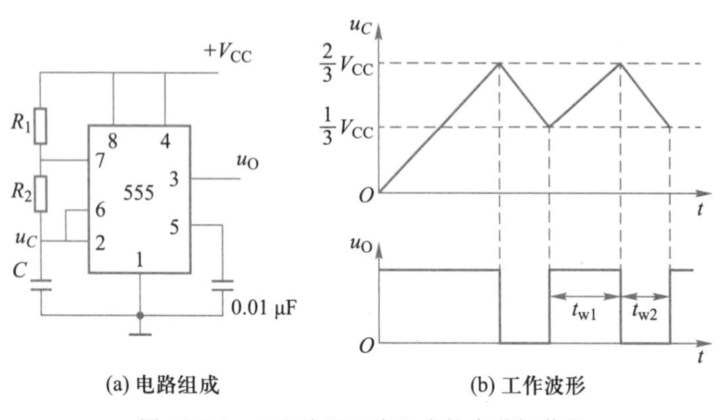

图 10.2.3　555 时基电路组成的多谐振荡器

2. 工作过程

设电路中电容两端的初始电压为 0，$u_C = u_{TH} = u_{\overline{TR}} < \frac{1}{3}V_{CC}$，输出端为高电平，$u_O = V_{CC}$，放电端断开。电源 V_{CC} 对电容 C 充电，充电回路为 $V_{CC} \to R_1 \to R_2 \to C \to$ 地，使 u_C 逐渐升高。当 $u_C < \frac{2}{3}V_{CC}$ 时，电路仍保持原态，输出为高电平。

随着电容充电，u_C 继续升高，当 $u_C > \frac{2}{3}V_{CC}$ 时，电路状态翻转，输出为低电平，$u_O = 0$。此时放电端导通，电容通过放电三极管 VT 放电，放电回路为 $C \to R_2 \to$ VT $\to$ 地，使 u_C 逐渐下降。当 $u_C < \frac{1}{3}V_{CC}$ 时，电路状态翻转，输出为高电平，放电端断开，电容 C 又开始充电，重复上述过程形成振荡，输出电压为连续的矩形波，工作波形如图 10.2.3(b) 所示。

3. 输出脉冲周期

电容充电形成的第一暂稳态时间　　$t_{w1} = 0.7(R_1 + R_2)C$

电容放电形成的第二暂稳态时间　　$t_{w2} = 0.7R_2C$

所以，电路输出脉冲的周期　　$T = t_{w1} + t_{w2} = 0.7(R_1 + 2R_2)C$

二、构成单稳态触发器

1. 电路组成

图 10.2.4(a) 所示是由 555 时基电路组成的一个单稳态触发器，外接的 R、C 为定时元件，外加触发脉冲 u_I 置于第 2 脚 $\overline{TR}$ 端，第 6 脚 TH 端与第 7 脚放电三极管 VT 的集电极相连，并连接在 R、C 之间。

2. 工作过程

接通电源，V_{CC} 通过 R、C 对电容 C 充电，使 $u_C > \frac{2}{3}V_{CC}$，而 u_I 的负触发脉冲未到，$u_I > \frac{1}{3}V_{CC}$，定时器输出为低电平，$u_O = 0$，电路处于稳定状态。这时，放电三极管 VT 导通，电容 C 被旁路，$u_C = 0$，电路仍处于原稳定状态，输出为低电平。

当 u_I 的负触发脉冲到来时，$u_I < \frac{1}{3}V_{CC}$，电路状态翻转，进入暂稳态，输出为高

电平，$u_O=V_{CC}$。这时，放电三极管 VT 截止，电源通过电阻 R 向电容 C 充电，u_C 逐渐升高。当 $u_C>\frac{2}{3}V_{CC}$时（负触发脉冲已结束，$u_I>\frac{1}{3}V_{CC}$），电路状态翻转，输出为低电平，$u_O=0$，电路由暂稳态变为稳态，此时，放电三极管 VT 导通，电容 C 被旁路，$u_C=0$，电路一直处于稳定状态，输出为低电平。

到下一个触发脉冲来到时，电路重复上述过程。电路的工作波形如图 10.2.4(b)所示。

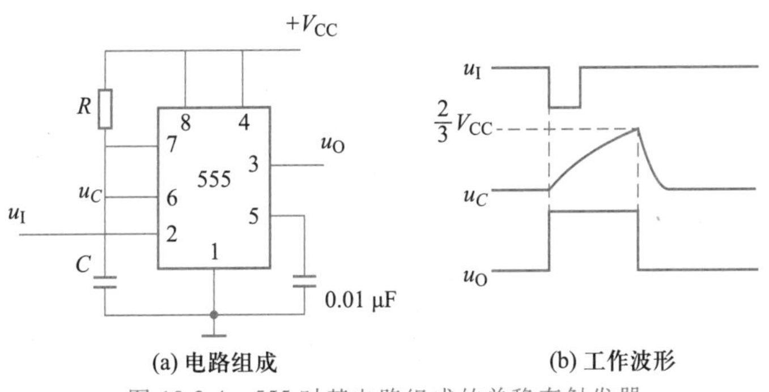

(a) 电路组成　　(b) 工作波形

图 10.2.4　555 时基电路组成的单稳态触发器

3. 输出脉冲宽度 t_w

电容 C 充电形成的暂态时间　　$t_w=1.1RC$

三、 构成施密特触发器

1. 电路组成

图 10.2.5(a)所示是由 555 时基电路组成的一个施密特触发器，第 2 脚$\overline{TR}$端与第 6 脚 TH 端短接在一起作为输入端。通过此电路可将输入的锯齿波电压或正弦波电压变换成矩形波电压输出。

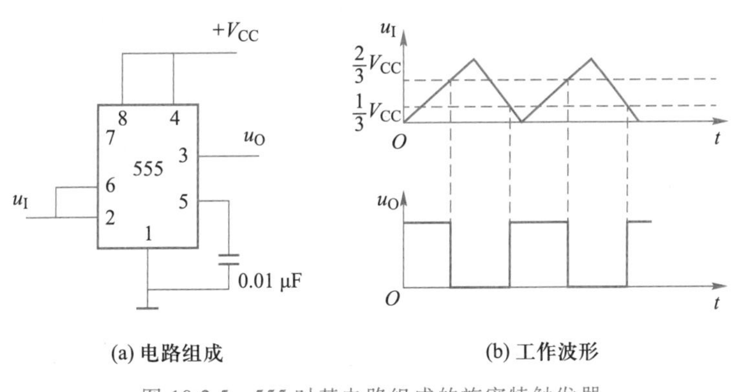

(a) 电路组成　　(b) 工作波形

图 10.2.5　555 时基电路组成的施密特触发器

若在第 5 脚 CO 端加一控制电压，可改变电路的阈值电压，也就是改变回差电压 ΔU_T。

2. 工作过程

当输入信号 $u_I<\frac{1}{3}V_{CC}$时，输出端为高电平，$u_O=V_{CC}$。随着 u_I 的增加，当 $u_I>\frac{2}{3}V_{CC}$时，电路翻转，输出端为低电平，$u_O=0$。u_I继续增加，电路保持原状态。随着 u_I 的减小，当$u_I<\frac{1}{3}V_{CC}$时，电路状态又翻转，输出高电平，$u_O=V_{CC}$。工作波形

如图 10.2.5(b)所示。

应用拓展

1. 60 s 定时电路

如图 10.2.6 所示，当按下按钮 S 时，第 2 脚就输入一个小于$\frac{1}{3}V_{CC}$的负脉冲，第 3 脚输出高电平，发光二极管 VL 亮。此时，放电三极管 VT 截止，电源 V_{CC} 通过 R_1 和 R_P 对电容 C 充电。当电容上电压升高至$\frac{2}{3}V_{CC}$时，电路翻转，第 3 脚输出低电平，VL 灭，表示定时结束。调节 R_P 可使电路定时为 60 s 一个周期。发光二极管 VL 的亮灭，表示定时过程的开始和结束。

2. 路灯光控电路

如图 10.2.7 所示，当自然光线降低时，光敏电阻阻值增大至 200 kΩ 以上时，第 2、6 脚电位大于$\frac{2}{3}V_{CC}$，第 3 脚输出为低电平，继电器 KA 吸合，灯亮。灯亮后即使光敏电阻阻值在 200 kΩ 附近波动，但只要阻值不小于 50 kΩ，电路输出就保持不变。而当自然光线增强时，光敏电阻阻值减小为 50 kΩ 时，第 2、6 脚电位小于$\frac{1}{3}V_{CC}$，电路输出为高电平，继电器 KA 释放，灯灭。同样光敏电阻阻值在 50 kΩ 附近波动时，也不会造成继电器 KA 吸合。

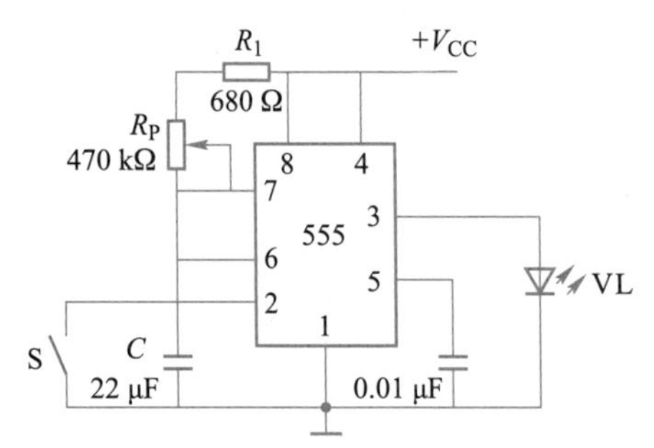

图 10.2.6　60 s 定时电路

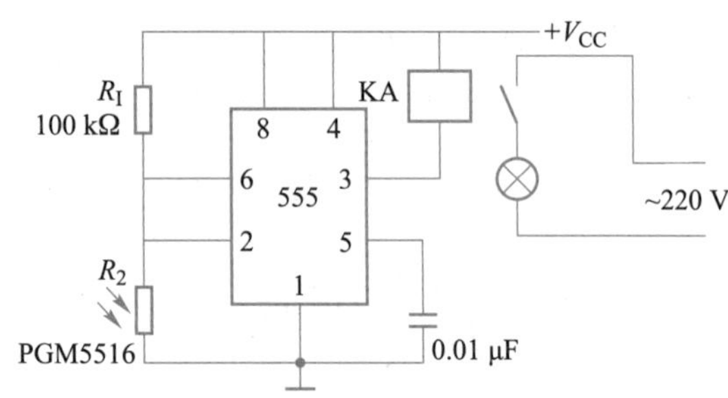

图 10.2.7　路灯光控电路

技能实训 用 555 时基电路制作双音报警器

工作任务书

一、任务目标

1. 按图 10.2.8 所示制作双音报警器。
2. 学习 555 时基电路的应用，提高综合应用能力。
3. 会根据电路原理图绘制电路安装布线图。
4. 掌握 555 时基电路的基本调试和测量方法。

二、实施步骤

绘制布线图→清点元器件→元器件检测→插装和焊接→通电前检查→通电调试和测量→数据记录。

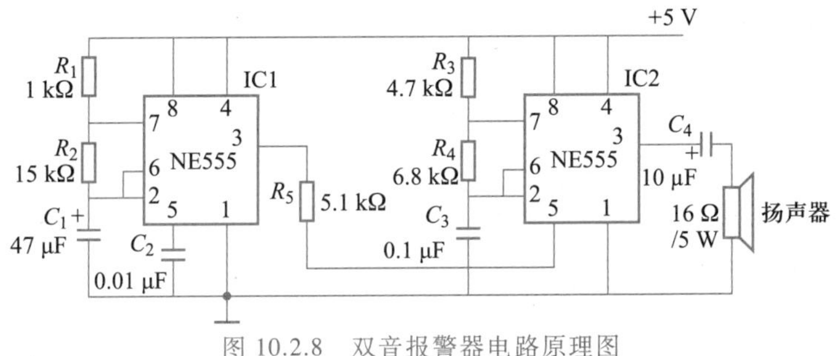

图 10.2.8 双音报警器电路原理图

三、调试与记录

检查元器件安装正确无误后，才可以接通电源。调试时，先连线后接电源（或断开电源开关），拆线或改线时一定要先关电源。电源线不能接错，否则将可能损坏元器件。若电路工作正常，扬声器就会产生双音交替的报警声。

将实训过程记录在表 10.2.4 中。

表 10.2.4 实训记录

实训名称：			姓名：			班级：		
用指针式万用表测量555时基电路各引脚的电位，并观察万用表指针的变化情况	IC1							
	第1脚/V	第2脚/V	第3脚/V	第4脚/V	第5脚/V	第6脚/V	第7脚/V	第8脚/V
	IC2							
	第1脚/V	第2脚/V	第3脚/V	第4脚/V	第5脚/V	第6脚/V	第7脚/V	第8脚/V
用示波器观察555时基电路第2脚、第3脚的波形	IC2							
	第2脚				第3脚			
制作过程								
故障描述								
排故方法								

相关技能

▶ 相关技能一 认识电路

如图 10.2.8 所示，电路的核心器件是 555 时基电路，IC1 和 IC2 接成典型的多谐振荡器。IC2 的控制电压端受 IC1 输出的振荡电压控制。当 IC1 输出为高电平时，IC2 控制端电位高于$\frac{2}{3}V_{CC}$，此时电容 C_3 充放电时间变长，振荡周期增大，频率降低。当 IC1 输出为低电平时，IC2 控制端电位低于$\frac{2}{3}V_{CC}$，此时电容 C_3 的充放电时间变短，振荡周期减小，频率升高。这样在 IC1 一个振荡周期内，扬声器就会产生交替一次的双音报警声。

▶ **相关技能二　元器件选择**

根据图 10.2.8 选择元器件，并对应表 10.2.5 逐一进行识别和清点。

▶ **相关技能三　绘制安装布线图**

根据图 10.2.8，结合元器件实物，在通用印制电路板工艺图上绘制安装布线图。参考安装布线图如图 10.2.9 所示。

表 10.2.5　电路元器件清单

符号	名称	规格
R_1	色环电阻	1 kΩ
R_2		15 kΩ
R_3		4.7 kΩ
R_4		6.8 kΩ
R_5		5.1 kΩ
C_1	电解电容	47 μF/16 V
C_4		10 μF/25 V
C_2	涤纶电容	0.01 μF
C_3		0.1 μF
IC1	集成电路	NE555
IC2		
—	集成电路插座	8 脚
—	扬声器	16 Ω/0.5 W
V_{CC}	直流稳压电源	5 V

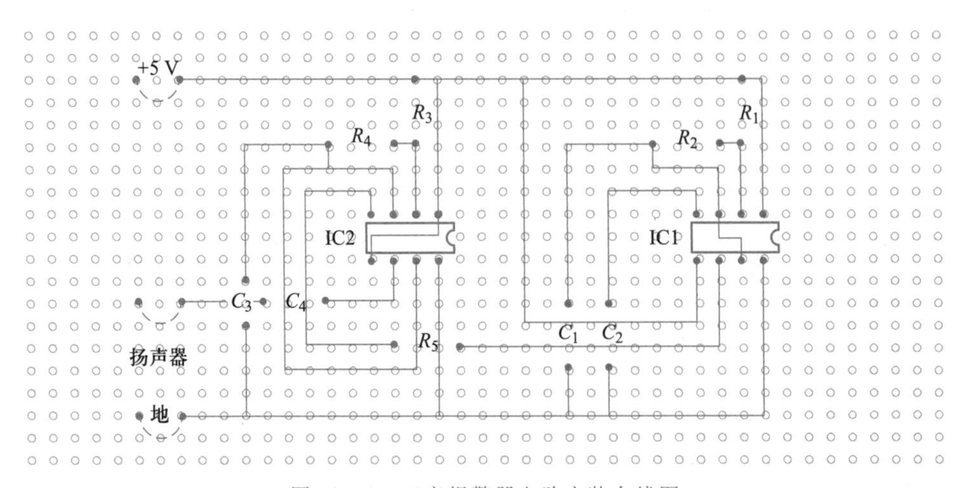

图 10.2.9　双音报警器电路安装布线图

▶ **相关技能四　器件检测与电路制作**

1. 色环电阻、涤纶电容、电解电容的检测

可参考前面相关实训内容。

2. 扬声器的检测

（1）识别正负极性：音圈引出线的接线端上标有+、−极性标记。

（2）将万用表置于 $R\times1$ 挡，当两根表笔分别接触扬声器引出线的两个接线端时，能听到明显的“咯咯”声响，表明音圈正常；声音越响，扬声器的灵敏度越高。

3. 元器件安装

按前面电路制作的相关工艺要求进行。电阻采用卧式安装，电容采用立式安装，集成电路采用底座安装。应注意电解电容、扬声器的正负极性，同时要会正确识别555时基电路的8个引脚的排列。

问题与讨论

1. 双音报警器多长时间交替一次？交替的快慢可通过调节哪些参数实现？
2. 电路是如何实现IC2振荡频率改变的？
3. 请你总结装配、调试的经验和教训，并与同学分享。

技能评价

用555时基电路制作双音报警器技能评价表见附录附表1、附表2和附表3。

复习与考工模拟

一、判断题

1. 脉冲跃变后的值比初始值高，则为正脉冲。(　　)
2. 多谐振荡器输出的信号为正弦波。(　　)
3. 单稳态触发器只有一个稳态，没有暂稳态。(　　)
4. 施密特触发器的状态转换及维持取决于外加触发信号。(　　)
5. 对初学者来说，可把555集成电路等效为一个带放电开关的 *RS* 触发器。(　　)
6. 7555定时器是用CMOS工艺制作的集成电路。(　　)

二、选择题

1. 多谐振荡器是一种自激振荡器，能产生(　　)。

A. 矩形脉冲波　B. 三角波　C. 正弦波　D. 尖脉冲

2. 单稳态触发器一般不适合应用于(　　)。

A. 定时　B. 延时　C. 脉冲整形　D. 自激振荡产生脉冲波

3. 单稳态触发器的输出脉冲的宽度取决于(　　)。

A. 触发信号的周期　B. 触发信号的幅度

C. 电路的 *RC* 时间常数　D. 触发信号的波形

4. 施密特触发器一般不适合用于(　　)。

A. 延时　B. 波形变换

C. 波形整形　D. 幅度鉴别

5. 555时基电路是(　　)。

A. 计数器　B. 定时器

C. 存储器　D. 数码选择器

三、填空题

1. 有一周期性的脉冲矩形波，高电平持续时间为6 ms，低电平持续时间为10 ms，则该脉冲波的周期为__________ms，频率为__________Hz，占空比为__________。

2. 多谐振荡器能输出__________信号，该电路的输出不停地在__________状态和__________状态间翻转，没有__________状态，所以又称__________。

3. 单稳态触发器在触发脉冲的作用下，从__________转换到__________；依靠__________作用，自动返回到__________。

4. 单稳态触发器 74LS123 的 A 引脚功能是________________，B 引脚的功能是________________，$\overline{R}_D$ 引脚功能为________________。

5. 施密特触发器有__________稳态，电路从__________翻转到__________，然后再从__________翻转到__________，两次翻转所需的__________是不同的。

6. 555 时基电路是因为内部输入端设计有 3 个__________而得名。

四、 综合题

1. 题图 10-1 所示是 74LS00 的引脚排列，定时元件 $R=1\ \text{k}\Omega$，$C=2200\ \text{pF}$，使用+5 V 工作电源，试画出由 74LS00 接成的多谐振荡器电路，并计算其振荡频率。

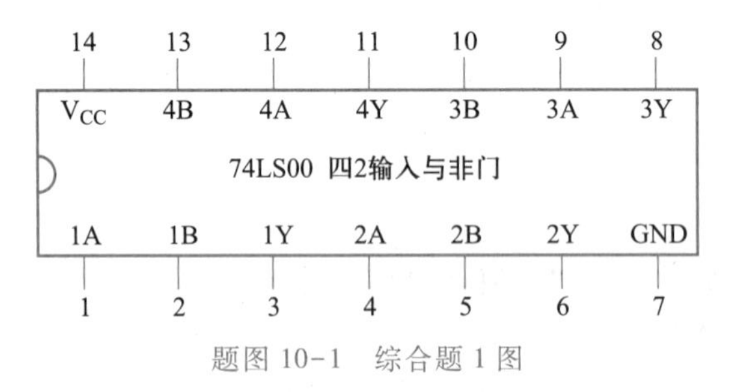

题图 10-1　综合题 1 图

2. 题图 10-2 所示是由 74LS123 芯片组成的单稳态触发器。试问：

(1) 电路采用的是上升沿触发还是下降沿触发？

(2) 电路中 R、C 的作用是什么？

(3) 触发后输出脉冲的宽度为多少？

3. 题图 10-3 所示为某一门铃电路。

(1) 试分析其工作原理。

(2) 当按下按钮 S 后，计算门铃的振荡频率。

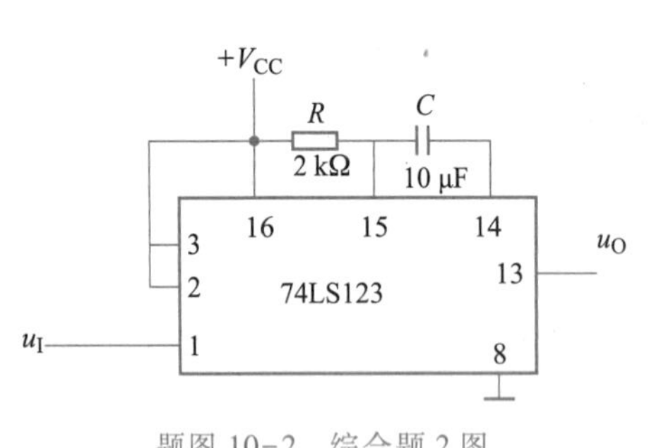

题图 10-2　综合题 2 图

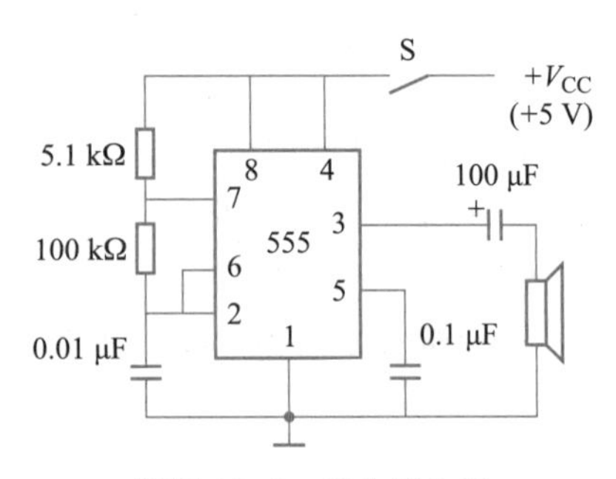

题图 10-3　综合题 3 图

4. “嘟、嘟……刚才最后一响是北京时间 8 点整”，这是我们经常听到的无线电台的报时信号。电台报时信号 4 声的频率为 800 Hz，而最后一声的频率为 1.6 kHz。使用 555 电路制作一个振荡电路，要求使用两个按钮开关 SA 和 SB 控制电路工作，按下按钮开关 SA 时电路工作，振荡频率为 800 Hz，同时按下按钮开关 SA 和 SB 时电路振荡频率为1.6 kHz，并将设计的电路和感受记录下来。

应知应会要点归纳

1. 脉冲信号的主要参数有幅度、上升时间、下降时间、脉冲宽度、脉冲周期等。最常用的脉冲信号是矩形脉冲信号。

2. 多谐振荡器是一种能自动输出矩形脉冲信号的振荡电路，它由**非**门和 *RC* 定时元件（或石英晶体）组成，振荡频率由 *RC* 元件（或石英晶体）决定。

3. 单稳态触发器是常用的波形变换电路，它有一个稳态和一个暂稳态，在外加触发信号作用下可以从稳态翻转为暂稳态，经过一段时间后又自动回到稳态。暂稳态持续时间决定于 *RC* 定时元件。单稳态触发器应用广泛，常用于自动控制系统中的定时和延时电路，还用于对脉冲信号进行整形处理等。

4. 施密特触发器也是一种常用的波形变换电路，它的状态转换及维持都取决于外加的触发信号电平，且两个稳态的触发翻转电平不同，存在回差电压。应用回差特性，可以进行波形变换、整形、鉴幅，其用途十分广泛。

5. 555 时基电路是一种功能灵活多样，使用方便的集成器件，除了组成多谐振荡器、单稳态触发器和施密特触发器外，还可以接成各种应用电路，广泛应用于各种自动控制电路中。

附录 技能评价表

附表 1 电路安装布线图设计评价

班级		姓名		学号		得分	
考核时间		实际时间：自　　时　　分起至　　时　　分					

评价项目	评价内容	配分/分	评分标准	扣分
设计布局	1. 元器件排列应按电路信号流向布放，输入、输出部分不要交叉； 2. 相关电路部分不允许走远路、绕弯路、交叉穿插； 3. 元器件布置合理，排列整齐，疏密得当	50	1. 不符合评价内容 1，扣 3~20 分； 2. 不符合评价内容 2，扣 3~15 分； 3. 不符合评价内容 3，扣 3~15 分	
布线	1. 在通用印制电路板上单面走线； 2. 接线连接正确； 3. 走线排列整齐，有规则	50	1. 不符合评价内容 1，扣 3~15 分； 2. 不符合评价内容 2，扣 3~20 分； 3. 不符合评价内容 3，扣 3~15 分	
合计		100		
教师签名：				

附表 2 电路装接、调试评价

班级		姓名		学号		得分	
考核时间		实际时间：自　　时　　分起至　　时　　分					

评价项目	评价内容	配分/分	评分标准	扣分
元器件识别与检测	按电路要求对元器件进行识别与检测	20	1. 元器件识别错一个，扣 1 分； 2. 元器件检测错一个，扣 2 分	
元器件成形及插装	1. 元器件按工艺表要求成形； 2. 元器件插装符合工艺要求； 3. 元器件排列整齐，标志方向一致	20	1. 元器件成形不符合工艺要求，每处扣 1 分； 2. 插装位置、极性错误，每处扣1 分； 3. 排列不整齐，标志方向混乱，每处扣 1 分	

续表

评价项目	评价内容	配分/分	评分标准	扣分
焊接	1. 焊点表面光滑、大小均匀、无针孔、无起泡、无溅锡等； 2. 无虚焊、漏焊、桥焊等现象； 3. 印制电路板导线和焊盘无断裂、翘起、脱落等现象	30	1. 不符合评价内容 1,每点扣 1 分； 2. 不符合评价内容 2,每处扣 3 分； 3.不符合评价内容 3,每处扣 5 分	
测量	1. 能正确使用测量仪表； 2. 能正确读数； 3. 能正确做好记录	15	1. 测量方法不正确,扣 2~6 分； 2. 不能正确读数,扣 2~6 分； 3. 不会正确做记录,扣 3 分	
调试	能正确按操作指导对电路进行调试	15	1. 调试失败,扣 15 分； 2. 调试方法不正确,扣 2~10 分	
合计		100		
教师签名：				

附表 3 职业素养评价

班级		姓名		学号		得分	
考核时间		实际时间：自 时 分起至 时 分					

评价项目	评价内容	配分/分	评分标准	扣分
安全文明操作	1. 严格按实训室安全用电规程,按章操作； 2. 遵守实训室管理制度	50	1. 违反安全操作规程的,酌情扣 10 分；引起短路事故,损坏仪器、仪表、电路的,扣 30 分； 2. 不遵守实训室管理制度,扣 10~20 分	
现场管理	1. 工作台上工具、图纸、元器件整齐摆放； 2. 善于沟通,按 6S 企业管理体系要求进行现场管理； 3. 工具使用保存完好,节能环保	50	1. 工具、图纸、元器件整齐摆放杂乱,扣 10~20 分； 2. 未按现场管理要求,酌情扣 5~10 分； 3. 不爱惜实训室工具、浪费物品等,酌情扣 10~20分	
合计		100		
教师签名：				

参考文献

[1] 康华光. 电子技术基础数字部分[M]. 6版. 北京:高等教育出版社,2018.

[2] 周良权,方向乔. 数字电子技术基础[M]. 4版. 北京:高等教育出版社,2014.

[3] 黄连根. 数字电子技术基础[M]. 上海:上海交通大学出版社,2004.

[4] 俞雅珍. 电子工艺技术[M]. 上海:复旦大学出版社,2007.

[5] 沈任元,吴勇. 模拟电子技术基础[M]. 2版. 北京:机械工业出版社,2009.

[6] 陈振源. 电子线路[M]. 北京:高等教育出版社,2006.

[7] 张龙兴. 电子技术基础[M]. 2版. 北京:高等教育出版社,2007.

[8] 赵景波,周祥龙,于亦凡. 电子技术基础与技能[M]. 北京:人民邮电出版社,2008.

[9] 孔凡才,周良权. 电子技术综合应用创新实训教程[M]. 北京:高等教育出版社,2008.

郑重声明

读者意见反馈

为收集对教材的意见建议，进一步完善教材编写并做好服务工作，读者可将对本教材的意见建议通过如下渠道反馈至我社。

咨询电话　400-810-0598

反馈邮箱　zz_dzyj@pub.hep.cn

通信地址　北京市朝阳区惠新东街4号富盛大厦1座

高等教育出版社总编辑办公室

邮政编码　100029

防伪查询说明

用户购书后刮开封底防伪涂层，使用手机微信等软件扫描二维码，会跳转至防伪查询网页，获得所购图书详细信息。

防伪客服电话

（010）58582300

学习卡账号使用说明

一、注册/登录

访问http://abook.hep.com.cn/sve，点击“注册”，在注册页面输入用户名、密码及常用的邮箱进行注册。已注册的用户直接输入用户名和密码登录即可进入“我的课程”页面。

二、课程绑定

点击“我的课程”页面右上方“绑定课程”，在“明码”框中正确输入教材封底防伪标签上的20位数字，点击“确定”完成课程绑定。

三、访问课程

在“正在学习”列表中选择已绑定的课程，点击“进入课程”即可浏览或下载与本书配套的课程资源。刚绑定的课程请在“申请学习”列表中选择相应课程并点击“进入课程”。

如有账号问题，请发邮件至：4a_admin_zz@pub.hep.cn。